计算机技术开发与应用丛书

Node.js全栈开发项目实践
Egg.js+Vue.js+uni-app+MongoDB
微课视频版

葛天胜 ◎ 编著

清华大学出版社

北京

内 容 简 介

本书以项目实践为导向，通过真实案例带领读者全面掌握JavaScript、Egg.js、Vue.js、uni-app和MongoDB技术的应用，从而实现从零基础到项目完成的全程学习。

本书分为基础篇、后端篇和前端篇，共9章。

基础篇（第1~3章）首先对全栈工程师所需的技术广度和深度进行介绍，然后详尽地指导读者搭建一个高效的开发环境，包括Node.js、MongoDB、VS Code等必备工具的安装，以及如何使用Postman进行接口测试，以确保后续开发工作的顺利进行。最后，第3章致力于讲解JavaScript的核心知识，全面解读ECMAScript 6的新特性，涉及从基本数据类型到先进的语法和编程技巧，让读者在进阶前端和后端开发之前，打下坚实的基础。

后端篇（第4~6章）专注于后端开发，读者将学习如何运用Egg.js初始化项目、配置路由、中间件、控制器、服务和插件，学习如何设计和搭建高效、可维护的后端服务。以实践项目的方式，带领读者一步步地构建出一个功能完备的RESTful API服务。从项目的初始化到最终的线上生产环境部署，将一步一个脚印地展示真实世界中后端开发的全过程。

前端篇（第7~9章）则转向了前端领域，深入Vue.js和uni-app前端框架的使用，揭示打造互动式网页应用的秘密。从组件化思维到状态管理，读者将学习前端开发的精华，并通过一个完整的实践项目将理论转变为实践。

本书适合前端开发者学习使用，也适合零编程经验、有兴趣从事全栈开发工作及想深入了解全栈开发的读者阅读，还可作为高等院校计算机相关专业的师生用书和培训机构的教学参考用书。

版权所有，侵权必究。举报：010-62782989，beiqinquan@tup.tsinghua.edu.cn。

图书在版编目(CIP)数据

Node.js全栈开发项目实践：Egg.js+Vue.js+uni-app+MongoDB：微课视频版 / 葛天胜编著. -- 北京：清华大学出版社，2025.3. -- (计算机技术开发与应用丛书). -- ISBN 978-7-302-68521-0

Ⅰ.TP312.8

中国国家版本馆CIP数据核字第2025A4R759号

责任编辑：赵佳霓
封面设计：吴　刚
责任校对：时翠兰
责任印制：杨　艳

出版发行：清华大学出版社
　　　　　网　　址：https://www.tup.com.cn，https://www.wqxuetang.com
　　　　　地　　址：北京清华大学学研大厦A座　　邮　编：100084
　　　　　社 总 机：010-83470000　　　　　　　　邮　购：010-62786544
　　　　　投稿与读者服务：010-62776969，c-service@tup.tsinghua.edu.cn
　　　　　质 量 反 馈：010-62772015，zhiliang@tup.tsinghua.edu.cn
　　　　　课 件 下 载：https://www.tup.com.cn，010-83470236
印 装 者：三河市铭诚印务有限公司
经　　销：全国新华书店
开　　本：186mm×240mm　　　印　张：41.75　　　字　数：1067千字
版　　次：2025年5月第1版　　　　　　　　　　　印　次：2025年5月第1次印刷
印　　数：1~1500
定　　价：169.00元

产品编号：101520-01

前言
PREFACE

我们生活在一个数字化日益加速的时代，互联网的影响无处不在。作为互联网的基石，Web 开发一直在不断演进。自 Web 诞生以来，已经从简单的静态页面发展到复杂的具有各种交互功能的应用程序，Web 开发技术也在不断进步。全栈开发作为一种将前端和后端技能集于一身的开发范式，越来越受到企业和开发人员的青睐。

全栈开发意味着开发者需要具备跨越前端、后端乃至部署运维的技能，这种跨领域能力使他们能够为企业节省资源，同时也为个人职业增添无限的可能性。基于这样的认识，笔者编写了这本《Node.js 全栈开发项目实践——Egg.js + Vue.js + uni-app + MongoDB（微课视频版）》，希望能够为想要进入这一领域的开发者提供一个全面深入的学习蓝图。Egg.js 是阿里巴巴的一个基于 Koa.js 的开源框架，专为企业级框架和应用而生，为构建复杂的服务器端逻辑提供了坚实的基础。uni-app 是一款基于 Vue.js 的前端开发框架，开发者可以编写一套代码，轻松部署到 iOS、Android、Web（包括响应式网站）、各种小程序和快应用等多个平台，极大地提升了开发效率和项目的可维护性。

本书深入剖析了 Egg.js 与 uni-app 的协同工作流程，旨在帮助开发者打通前后端技术瓶颈，使开发者能在 Node.js 的生态圈内，用统一的技术栈方便快捷地打造和维护前后端集成的应用程序。通过对本书内容的学习和实践，开发者不仅能全面提升前后端开发技能，还可以进一步拓宽自己的职业技术路径。

本书旨在分阶段、全方位地为前、后端开发人员提供一个系统的学习路径。无论你是刚入门的新手，还是希望进一步提升自己能力的开发者，本书都能为你提供实用的知识和技能。

第 1 章对全栈开发的概念、开发实践和所涉及的技术栈进行介绍，旨在构建一个大局观，理解全栈开发涵盖的广度和深度。

第 2 章深入讨论如何搭建高效的开发环境，涵盖从 Node.js、MongoDB、VS Code 等开发工具的安装和配置，到 Postman 接口测试工具的使用。为后续的开发提供高效便捷的支持。

第 3 章全面引导读者深入探索 JavaScript，特别是 ECMAScript 6 的新特性和概念，使读者能够掌握 ECMAScript 6 语言特性和编程技巧。从基础数据类型，到深入 let 和 const 的使用，再到解构赋值、函数、正则、数组、对象、Set、Map、遍历、Promise、async/await 及 class 与 Module 的相关知识，都是为了构建扎实可靠的 JavaScript 编程基础。

第 4~6 章专注于后端开发，带领读者深入实践，学习如何构建一个 RESTful API 项目，通过具体的案例，了解构建一个完整的后端系统所需要的所有步骤和技巧，以及如何使用中间件增强应用的安全性与健壮性。在后端项目实战中，选择 Egg.js 作为后端框架。Egg.js 是一个为企业级框架和应用而生的框架。会从初始化项目开始，搭建好整个项目的基础架构。接下来，利用 egg-mongoose 插件建立用户数据表，这是用户系统的基石。为了解决跨域的问题，引入了 egg-cors 插件，保证前端应用能够无障碍地访问后端服务。用户系统是重点开发的部分，将实现注册、登录等基础功能，引入错误处理中间件、表单验证、密码加密等机制保证系统的安全性和稳定性。为了更好地管理用户鉴权，引入 JWT（JSON Web Tokens）技术，这在当前的 Web 应用中被广泛地用于处理用户登录信息。随着用户系统的逐步完善，还将涉及一系列中间件的开发，如判断是否是用户、判断是否是管理员、判断是否是用户自己等中间件，这些中间件用来判断用户的登录状态、权限等。在实际应用中，图片上传是一个不可或缺的功能，将演示如何将图片上传到阿里云的 OSS。除了用户系统，评论系统也是项目实战中的核心功能之一，我们将学习如何设计和实现评论的发布、评论列表获取、评论点赞等功能。为了保障评论平台内容的健康，将集成百度 AI 对评论内容进行自动审核。在后端项目开发的后期，涉及管理功能的开发，包括评论管理、用户管理、素材管理、评论举报处理等功能模块，管理员通过这些功能模块维护评论系统的正常运行。

最后，为了将开发的应用部署到互联网上，需要购买服务器和域名、进行域名备案和解析、申请 SSL 证书、搭建服务器环境，并最终将项目部署上线。整个过程不仅对项目进行了编码实践，还包括了在实际工作中的运维知识，这些都是一个全栈工程师所必备的技能。

通过以上的学习，读者不仅能掌握使用 Egg.js 搭建 RESTful API 的技术，还能获得一系列从开发到部署的实践经验，为读者成为一名合格的后端开发人员打下坚实的基础。

第 7~9 章则转向了前端领域，深入 Vue.js 和 uni-app 前端框架的使用。

第 7 章全面介绍 Vue.js 的核心概念与应用，为深入理解和掌握 Vue.js 的开发奠定坚实的基础。将从初始化 Vue.js 项目入手，逐步深入探讨其各项基本功能，包括模板语法、指令、数据绑定、条件渲染、列表渲染、事件处理、表单绑定、计算属性、侦听器及 Vue.js 的组件系统。通过对这些概念的细致剖析，读者将学会如何高效地使用 Vue.js 构建现代化的响应式的前端应用。接着，分析 Vue.js 组件并演示如何注册和使用组件优化代码重用和应用结构。在掌握了组件化的基础上，进一步学习如何通过 props 传递数据与事件，并理解组件系统中的单向数据流和数据验证方法。本章也将探讨组合式 API，它引入了更灵活的逻辑复用与组件组合策略，助力开发者编写更清晰精简的代码。通过对组合式 API 的介绍与示例，读者将了解如何通过 Script Setup 和响应式系统有效地构建组件，并利用动态组件与生命周期钩子函数进一步提升应用的响应性。为了应对大型应用状态管理的复杂性，本章引入 Pinia 状态管理解决方案。它不仅提供了一套简单直观的状态管理模式，还能与应用的持久化需求无缝整合，确保应用数据的一致性与可维护性。

通过深入学习本章的内容，读者将获得全面的 Vue.js 知识体系，并具备使用 Vue.js 框架开发高质量 Web 应用的能力。无论你是初学者还是希望巩固已有技能的开发者，本章内容都将为你的 Vue.js 学习之旅提供指引和助力。让我们一起探索 Vue.js 的世界，构建下一代的响应式 Web 应用。

第 8 章深入地介绍如何使用 uni-app 开发框架进行移动应用开发，帮助读者快速入门并掌握其核心技术。作为 uni-app 开发的起点，Builder 是一个优秀的集成开发环境（IDE），旨在提供高效、流畅的开发体验。本章将介绍 HBuilder X 的基本概况，并详细讲解 Windows 及 macOS 系统下的安装流程，确保读者能够顺利开始 uni-app 的旅程。接下来，将指导读者创建 uni-app 项目，详细剖析项目的目录结构，并逐步介绍如何在 HBuilder X 中运行项目。这些基础知识将为后续的开发工作打下坚实的基础。在掌握了项目的创建和运行之后，本章将继续讲述 uni-app 的基础语言和开发规范。此外，本章也将深入探讨 uni-app 的编译器和运行时机制，理解它们在应用开发中的作用和重要性。为了配置和管理应用的页面与样式，本章还将介绍 pages.json 和 manifest.json 的配置方法。这包括如何创建页面，设置全局样式，以及使用 tabBar 实现底部导航等。编译器的条件编译功能是 uni-app 的一个强大特性，有助于针对不同平台进行特定的代码编写。本章将详细介绍 API、组件、样式等方面的条件编译技巧。应用生命周期与页面的生命周期对于理解组件的生命周期及实现复杂交互和状态管理同样至关重要。深入了解这些概念将有助于读者编写出响应性良好，用户体验出色的应用。此外，uni-app 的路由系统也将在本章得到解读，从组件路由到 API 路由，再到路由传参与接收参数的各种场景都将一一讲解，以确保可以灵活地处理页面间的跳转逻辑。本章还将展示 uni-app 提供的常用 API，这些 API 将帮助读者实现网络请求、操作导航条、交互反馈、tabBar 的设置及下拉刷新和上拉加载等功能。同时，还会讲解如何使用 uni-app 进行数据的本地存储。

随着对 uni-app 理解的深入，读者将能够构建出功能丰富并且可在多个平台上运行的移动应用。

第 9 章将通过一个实际的项目全面掌握 uni-app 的应用开发流程，构建一个响应式的用户界面。本章将从环境搭建开始，指导读者如何在 VS Code 中安装插件和进行相关配置，为 uni-app 开发做好准备。接下来，将介绍如何创建一个新项目，并掌握项目的运行调试技巧。为了提升页面样式编写的效率，将引入 Sass，并带领读者完成其安装和配置。随后，本章将深入项目的具体实践中，包括 uni-ui 组件库的引入、Pinia 状态管理的数据持久化及数据请求的封装等。还将通过编写自己的 API 请求和配置路径别名，使项目结构更为清晰，代码更易于管理。在具体的页面开发过程中，首页的实现将是一个重要环节。本章将讲解如何发起评论列表请求、编写对应的布局和样式，并渲染出数据。此外，本章还将讨论如何通过组件封装实现复用，并测试其功能。将介绍用户注册和登录的实现，这将涵盖从 UI 组件的创建到前后端交互的完整流程。随着基础功能的完成，本章着重介绍评论功能的实现，包括创建评论组件、图片预览、用户点赞列表、举报功能等。这些实践环节不仅让用户的交互变得更加丰富，也会带给读者更为深入的开发经验。为了提升应用的用户体验，还将实现下拉刷新和上拉加载等交互功能。将集成百度 AI 来加强内容检测，引入 uni-app 插件以实现平滑的页面切换动画。在项目收尾阶段，本章将引导读者完成用户中心和管理中心页面的构建。最后，在项目发布上线环节，实现从构建应用、上传服务器到 Nginx 配置等一系列生产环境部署步骤，以确保读者熟悉整个上线流程，并可以针对线上应用进行监控和优化。

本章旨在通过实际操作一个详尽的 uni-app 项目，让读者获得全方位的实践训练，奠定坚实的基础，为未来更复杂的项目开发打下坚实的基础，并为开发跨平台应用储备必要的技术。

无论你是刚刚起步的初学者，还是有一定经验寻求突破的开发者，通过阅读本书，你将能够构建起从 0 到 1 的全栈知识体系，成为真正的全栈工程师。

最后，笔者诚挚地希望读者能在学习本书的过程中找到乐趣，同时收获知识与技能，为个人职业生涯或者企业发展带来实际性的提升。让我们一起开始这趟精彩的全栈开发之旅吧！

资源下载提示

素材（源码）等资源：扫描目录上方的二维码下载。

视频等资源：扫描封底的文泉云盘防盗码，再扫描书中相应章节的二维码，可以在线学习。

致谢

特别感谢清华大学出版社赵佳霓编辑，感谢她的耐心和专业性。同时，还要感谢我的妻子和女儿在我创作本书的过程中所给予的无私支持与鼓励，是她们的理解和爱让我能够专注于将最好的内容分享给大家。

笔者的阅历有限，书中难免存在疏漏，希望读者热心指正，在此表示感谢！

葛天胜
2025年1月
于扬州

目录
CONTENTS

配套资源（教学课件、本书源码）

基 础 篇

第1章 全栈（▶25min） 3
第2章 开发环境准备（▶115min） 5
  2.1 Node.js 5
    2.1.1 Node.js 介绍 5
    2.1.2 Node.js 安装 6
    2.1.3 NPM 国内镜像源配置和 CNPM 的安装 12
    2.1.4 YARN 的介绍 13
    2.1.5 YARN 的安装 13
  2.2 MongoDB 13
    2.2.1 MongoDB 介绍 13
    2.2.2 MongoDB 安装 14
  2.3 VS Code 23
    2.3.1 VS Code 介绍 23
    2.3.2 VS Code 安装 23
    2.3.3 安装 VS Code 扩展 29
  2.4 Postman 41
    2.4.1 Postman 介绍 41
    2.4.2 Postman 下载并安装 41
    2.4.3 创建 Postman 账户 44

第3章 ECMAScript 6（▶285min） 46
  3.1 ECMAScript 6 介绍 46
  3.2 数据类型 47
    3.2.1 Number 47
    3.2.2 String 51
    3.2.3 Boolean 52
    3.2.4 null 53
    3.2.5 undefined 53
    3.2.6 Symbol 53

- 3.2.7 BigInt ... 54
- 3.3 let 和 const ... 54
  - 3.3.1 let ... 54
  - 3.3.2 const ... 55
- 3.4 解构赋值 ... 55
  - 3.4.1 数组的解构赋值 ... 55
  - 3.4.2 对象的解构赋值 ... 56
- 3.5 函数 ... 58
  - 3.5.1 箭头函数 ... 58
  - 3.5.2 默认参数 ... 58
  - 3.5.3 剩余参数 ... 58
  - 3.5.4 解构参数 ... 59
- 3.6 正则 ... 59
- 3.7 数组 ... 61
  - 3.7.1 扩展运算符 ... 61
  - 3.7.2 Array.from() 方法 ... 61
  - 3.7.3 find() 方法和 findIndex() 方法 ... 62
  - 3.7.4 includes() 方法 ... 62
  - 3.7.5 entries() 方法、keys() 方法和 values() 方法 ... 63
  - 3.7.6 flat() 方法和 flatMap() 方法 ... 64
  - 3.7.7 sort() 方法 ... 64
- 3.8 对象 ... 65
  - 3.8.1 定义对象 ... 65
  - 3.8.2 使用计算属性名动态创建属性名 ... 65
  - 3.8.3 对象解构 ... 66
  - 3.8.4 对象扩展运算符 ... 66
- 3.9 Set 和 Map ... 67
  - 3.9.1 Set ... 67
  - 3.9.2 Map ... 70
- 3.10 遍历 ... 73
  - 3.10.1 for…of 循环 ... 73
  - 3.10.2 forEach() ... 73
  - 3.10.3 for…in ... 74
  - 3.10.4 Object.entries() ... 74
- 3.11 Promise 对象 ... 75
- 3.12 async 和 await ... 76
- 3.13 class ... 78
  - 3.13.1 类的定义 ... 78

- 3.13.2 构造函数 ... 78
- 3.13.3 实例方法 ... 78
- 3.13.4 getter() 和 setter() 方法 ... 79
- 3.13.5 静态方法 ... 80
- 3.13.6 封装 ... 80
- 3.13.7 继承 ... 81
- 3.13.8 多态 ... 82
- 3.14 Generator 函数 ... 83
- 3.15 Module ... 84
  - 3.15.1 导出变量和函数 ... 84
  - 3.15.2 导入模块 ... 84
  - 3.15.3 默认导出和导入 ... 85
  - 3.15.4 命名空间导入 ... 85
  - 3.15.5 动态导入 ... 86

后 端 篇

第4章 Egg.js（▶ 45min） ... 89
- 4.1 Egg.js 是什么 ... 89
- 4.2 初始化 Egg.js 项目 ... 89
  - 4.2.1 环境准备 ... 89
  - 4.2.2 初始化项目 ... 89
- 4.3 Egg.js 的目录介绍 ... 90
- 4.4 Egg.js 的 config 配置 ... 91
  - 4.4.1 配置文件 ... 91
  - 4.4.2 配置加载顺序 ... 92
- 4.5 Egg.js 的中间件 ... 92
  - 4.5.1 编写中间件 ... 93
  - 4.5.2 配置中间件 ... 93
  - 4.5.3 使用中间件 ... 93
- 4.6 Egg.js 的路由 ... 94
- 4.7 Egg.js 的控制器 ... 94
  - 4.7.1 获取请求参数 ... 95
  - 4.7.2 将数据返给用户 ... 95
  - 4.7.3 渲染模板 ... 95
  - 4.7.4 控制请求流程 ... 96
- 4.8 Egg.js 的服务 ... 97
- 4.9 Egg.js 的插件 ... 97
  - 4.9.1 安装插件 ... 97

| | 4.9.2 配置插件 | 98 |
| | 4.9.3 使用插件 | 98 |

第 5 章 RESTful API（▶ 7min） 99
5.1 REST 的诞生 99
5.2 RESTful API 的特征 99
5.3 RESTful API 的规范 100

第 6 章 RESTful API 项目实战（▶ 649min） 103
6.1 初始化项目 104
6.2 用户系统开发 106
    6.2.1 安装 egg-mongoose 插件 107
    6.2.2 建立用户数据表 108
    6.2.3 安装 egg-cors 插件 109
    6.2.4 用户注册 110
    6.2.5 安装 egg-validate 插件 113
    6.2.6 错误拦截中间件 118
    6.2.7 用户登录 120
    6.2.8 用户密码 SHA1 加密 122
    6.2.9 分离逻辑到 Service 126
    6.2.10 JWT 用户鉴权 131
    6.2.11 获取用户列表 136
    6.2.12 更新用户信息 139
    6.2.13 获取某个用户信息 144
    6.2.14 删除用户 145
6.3 中间件 152
    6.3.1 判断是否是用户 153
    6.3.2 判断是否是管理员 156
    6.3.3 判断是否是用户自己 163
6.4 Postman 设置全局 Token 166
6.5 用户头像上传到阿里云对象存储 OSS 166
    6.5.1 阿里云对象存储 OSS 介绍 167
    6.5.2 获取阿里云对象存储 OSS 相关参数 167
    6.5.3 安装 egg-oss 插件 175
    6.5.4 创建用户上传素材数据表 175
    6.5.5 编写用户上传素材数据表业务逻辑 177
    6.5.6 封装阿里云对象存储 OSS 文件上传和文件删除 178
    6.5.7 安装 Day.js 180
    6.5.8 上传用户头像 180
6.6 完善用户注册时头像上传的问题 185

- 6.7 IP 归属地查询 ··· 190
  - 6.7.1 购买 IP 归属地查询接口 ··· 190
  - 6.7.2 创建 IP 地址库数据表保存 IP 归属地查询记录 ··· 194
  - 6.7.3 封装 IP 归属地查询 ··· 195
  - 6.7.4 在用户注册时应用 IP 归属地查询 ··· 197
  - 6.7.5 测试在新用户注册时是否可以获取 IP 地址、IP 所在地 ··· 199
- 6.8 评论系统开发 ··· 199
  - 6.8.1 创建评论数据表 ··· 201
  - 6.8.2 增加评论 ··· 202
  - 6.8.3 上传评论图片 ··· 206
  - 6.8.4 获取评论列表 ··· 207
  - 6.8.5 查看某个评论 ··· 210
  - 6.8.6 给评论点赞 ··· 212
  - 6.8.7 给某个评论点赞的用户列表 ··· 215
  - 6.8.8 更新评论 ··· 216
  - 6.8.9 删除评论 ··· 219
- 6.9 举报评论 ··· 222
  - 6.9.1 创建举报评论 ··· 222
  - 6.9.2 我举报的评论列表 ··· 226
- 6.10 百度 AI 内容审核 ··· 229
  - 6.10.1 申请百度 AI 内容审核接口 ··· 229
  - 6.10.2 封装内容审核 ··· 233
- 6.11 评论管理 ··· 237
  - 6.11.1 管理员查看评论列表 ··· 237
  - 6.11.2 管理员查看某个评论 ··· 239
  - 6.11.3 管理员修改编辑评论 ··· 240
  - 6.11.4 管理员删除评论 ··· 241
  - 6.11.5 管理员查看举报评论列表 ··· 243
  - 6.11.6 管理员处理举报评论 ··· 245
- 6.12 用户上传素材管理 ··· 248
  - 6.12.1 管理员查看素材列表 ··· 248
  - 6.12.2 管理员删除素材 ··· 251
- 6.13 启用 CSRF ··· 253
  - 6.13.1 启用 CSRF 设置 ··· 253
  - 6.13.2 创建获取 CSRF Token 路由 ··· 253
  - 6.13.3 编写获取 CSRF Token 控制器 ··· 253
  - 6.13.4 使用 Postman 测试获取 CSRF Token ··· 254
- 6.14 修改 API 首页界面 ··· 254

6.15 发布上线 255
 6.15.1 购买服务器 256
 6.15.2 购买域名 256
 6.15.3 域名备案 257
 6.15.4 域名解析 257
 6.15.5 申请 SSL 证书 263
 6.15.6 服务器环境搭建 268
 6.15.7 在服务器部署网站 271

前 端 篇

第 7 章 Vue.js（▶429min） 313

7.1 基础 314
 7.1.1 初始化 Vue.js 项目 314
 7.1.2 模板语法 315
 7.1.3 指令 317
 7.1.4 Data 选项 319
 7.1.5 class 的绑定 320
 7.1.6 内联样式 Style 的绑定 321

7.2 条件渲染 322
 7.2.1 v-if 和 v-else 322
 7.2.2 v-show 323
 7.2.3 v-if 和 v-show 的区别 324

7.3 列表渲染 324
 7.3.1 在 v-for 里使用数组 324
 7.3.2 在 v-for 里使用对象 325
 7.3.3 在 v-for 里使用范围值 325
 7.3.4 通过 key 维护状态 326
 7.3.5 在组件上使用 v-for 327

7.4 事件处理 327
 7.4.1 监听事件 328
 7.4.2 事件处理方法 328
 7.4.3 在内联处理器中调用方法 328
 7.4.4 在内联事件处理器中访问事件参数 329

7.5 表单输入绑定 v-model 329

7.6 计算属性和侦听器 331
 7.6.1 计算属性 computed 331
 7.6.2 计算属性和方法 332
 7.6.3 侦听器 watch 333

7.7 组件 335

7.7.1 概念 ... 335
7.7.2 组件优势 ... 336
7.7.3 注册 ... 337
7.7.4 props ... 340
7.7.5 传递静态或动态的 props ... 341
7.7.6 单向数据流 ... 344
7.7.7 props 验证 ... 346
7.7.8 事件 ... 348
7.7.9 组件的 v-model ... 349
7.7.10 插槽 ... 349
7.7.11 命名限制 ... 353
7.8 组合式 API ... 353
7.8.1 使用组合式 API ... 354
7.8.2 使用 Script Setup ... 354
7.8.3 基本语法 ... 355
7.8.4 响应式 ... 355
7.8.5 使用组件 ... 356
7.8.6 动态组件 ... 356
7.8.7 defineProps() 函数和 defineEmits() 函数 ... 357
7.8.8 生命周期钩子函数 ... 359
7.9 状态管理 Pinia ... 363
7.9.1 安装 ... 363
7.9.2 创建 Pinia 实例并挂载到根元素 ... 363
7.9.3 定义 store ... 364
7.9.4 state ... 365
7.9.5 getter ... 367
7.9.6 action ... 369
7.9.7 Pinia 数据持久化 ... 373

第 8 章 uni-app（▶316min） ... 377
8.1 HBuilder X ... 377
8.1.1 HBuilder X 介绍 ... 377
8.1.2 HBuilder X 下载并安装 ... 377
8.2 创建 uni-app 项目 ... 382
8.3 运行项目 ... 383
8.4 基础语言和开发规范 ... 387
8.5 编译器 ... 387
8.6 运行时 ... 388
8.7 目录结构 ... 389

8.8 pages.json 配置 ··· 389
　　8.8.1 新建默认模板项目 ··· 389
　　8.8.2 创建页面 ··· 389
　　8.8.3 完善 pages.json ·· 391
　　8.8.4 查看 globalStyle 全局样式 ·· 391
　　8.8.5 tabBar 底部导航栏 ·· 392
8.9 manifest.json 配置 ··· 393
8.10 编译器 ··· 395
　　8.10.1 跨端兼容 ·· 395
　　8.10.2 条件编译 ·· 395
8.11 应用生命周期 ··· 399
8.12 页面生命周期 ··· 400
8.13 组件生命周期 ··· 404
8.14 uni-app 路由 ··· 411
　　8.14.1 组件路由 ·· 412
　　8.14.2 API 路由 ·· 413
　　8.14.3 路由传参与接收传参 ·· 418
8.15 uni-app 常用 API ··· 421
　　8.15.1 网络请求 ·· 421
　　8.15.2 导航条 ·· 425
　　8.15.3 交互反馈 ·· 427
　　8.15.4 tabBar ··· 432
　　8.15.5 下拉刷新和上拉加载 ·· 436
　　8.15.6 窗口 ·· 440
　　8.15.7 数据缓存 ·· 440

第 9 章 项目实战（▶893min） ·· 470

9.1 给 VS Code 安装扩展和配置设置 ··· 470
　　9.1.1 安装 uni-helper ·· 470
　　9.1.2 安装 Vue Language Features (Volar) ·· 471
　　9.1.3 安装 Vetur ·· 472
　　9.1.4 安装 uniapp 小程序扩展 ·· 472
　　9.1.5 设置 VS Code 保存自动格式化 ··· 473
9.2 创建项目 ·· 474
9.3 运行项目 ·· 474
　　9.3.1 安装项目依赖 ··· 474
　　9.3.2 运行项目 ·· 475
　　9.3.3 JSON 文件不能写注释的问题 ·· 475
　　9.3.4 修改项目名称 ··· 478

9.3.5 修改 API 风格 ·· 478
9.4 Sass ··· 480
   9.4.1 Sass 简介 ··· 480
   9.4.2 安装 Sass ·· 480
9.5 引入 uni-ui 组件库 ·· 481
   9.5.1 安装 uni-ui 组件库 ·· 481
   9.5.2 easycom 引入组件 ·· 481
9.6 Pinia 数据持久化 ··· 482
   9.6.1 安装 Pinia ··· 482
   9.6.2 安装数据持久化插件 ·· 482
   9.6.3 配置数据持久化插件 ·· 483
9.7 数据请求封装 ·· 484
   9.7.1 封装 request 数据请求和 uploadFile 文件上传 ··· 484
   9.7.2 封装 API 请求 ·· 487
   9.7.3 配置路径别名 @ ··· 489
9.8 首页 ··· 490
   9.8.1 首页功能预览 ··· 490
   9.8.2 发起评论列表请求 ·· 490
   9.8.3 编写布局和样式，渲染数据 ·· 492
9.9 评论列表组件封装 ··· 500
   9.9.1 安装 VS Code 插件 uni-create-view ··· 500
   9.9.2 封装组件 app-list-item ··· 500
   9.9.3 测试组件 app-list-item ··· 504
   9.9.4 单击查看评论详情 ·· 504
   9.9.5 查看评论图片预览 ·· 505
9.10 评论二级页面 ·· 506
   9.10.1 创建评论二级页面 ··· 506
   9.10.2 评论二级页面模板代码 ··· 507
   9.10.3 改造 app-list-item 组件 ··· 508
   9.10.4 评论二级页面逻辑代码 ··· 510
   9.10.5 评论二级页面样式代码 ··· 511
   9.10.6 查看二级页面演示 ··· 512
9.11 用户注册 ·· 512
   9.11.1 创建注册页面 ··· 512
   9.11.2 注册页面模板代码 ··· 513
   9.11.3 注册页面逻辑代码 ··· 515
   9.11.4 注册页面样式代码 ··· 518
   9.11.5 在 Pinia 状态管理中编写用户注册和上传用户头像方法 ·· 519

  9.11.6 注册用户 ·················· 519
9.12 用户登录 ························ 526
  9.12.1 创建登录页面 ················ 526
  9.12.2 登录页面模板代码 ·············· 526
  9.12.3 登录页面逻辑代码 ·············· 526
  9.12.4 登录页面样式代码 ·············· 527
  9.12.5 封装 app-my-login 组件 ············ 527
9.13 创建写评论组件 ······················ 531
9.14 引用写评论组件 ······················ 541
  9.14.1 在评论首页引用 app-write-comment 组件 ······ 541
  9.14.2 在评论二级页面引用 app-write-comment 组件 ····· 543
  9.14.3 在评论列表单击回复评论 ·········· 545
  9.14.4 评论列表限制字数 ·············· 551
9.15 点赞 ··························· 552
  9.15.1 修改 app-list-item 组件 ············ 553
  9.15.2 修改评论首页 ················ 555
  9.15.3 修改评论二级页面 ·············· 558
9.16 点赞用户列表 ······················ 562
  9.16.1 在评论二级页面增加跳转到点赞用户列表交互 ··· 562
  9.16.2 创建点赞用户列表页面 ············ 563
9.17 评论举报 ························ 565
  9.17.1 在 app-list-item 组件中增加举报功能 ······ 565
  9.17.2 在状态管理封装 report 方法 ·········· 567
  9.17.3 测试举报功能 ················ 567
9.18 下拉刷新、上拉加载 ··················· 568
  9.18.1 封装 app-comment-list 组件 ·········· 568
  9.18.2 修改 app-list-item 组件样式 ·········· 574
  9.18.3 在评论首页引入 app-comment-list 组件 ······ 574
  9.18.4 在评论二级页面引入 app-comment-list 组件 ···· 575
9.19 百度 AI 检测文本、检测图片 ················ 578
  9.19.1 在状态管理封装百度 AI 检测文本、检测图片 ···· 578
  9.19.2 在 app-write-comment 组件中引入图片检测和文本检测 ·· 579
  9.19.3 效果演示 ·················· 581
9.20 页面切换动画 ······················ 581
  9.20.1 安装 uniapp 插件市场的插件 ·········· 581
  9.20.2 页面切换动画效果测试 ············ 583
9.21 用户中心 ························ 583
  9.21.1 创建我的页面 ················ 583

- 9.21.2 封装 app-userinfo 组件 ········· 586
- 9.21.3 创建查看用户评论页面 ········· 590
- 9.21.4 用户设置页面 ········· 591
- 9.21.5 修改 pages.json 页面配置 ········· 600
- 9.21.6 修改 app-comment-list 组件适配"我的"页面和"查看用户评论"页面 ········· 603
- 9.21.7 修改 app-list-item 组件增加"查看用户评论"按钮 ········· 607

9.22 管理中心 ········· 611
- 9.22.1 创建管理中心页面 ········· 611
- 9.22.2 在 pages.json 文件中设置管理界面下拉刷新 ········· 635
- 9.22.3 在工具文件中增加格式化时间 ········· 635
- 9.22.4 在浏览器查看演示 ········· 636

9.23 发布上线 ········· 639
- 9.23.1 将后端 API 地址修改为线上生产环境地址 ········· 639
- 9.23.2 构建 h5 应用 ········· 639
- 9.23.3 将文件上传到服务器 ········· 640
- 9.23.4 配置 Nginx 的 nginx.conf 配置文件 ········· 641
- 9.23.5 测试网站可访问性 ········· 646
- 9.23.6 监控和优化 ········· 646

基 础 篇

第 1 章　全　栈

最初，Web 开发只是简单的静态页面开发，后来，随着技术的发展，出现了动态页面、服务器端渲染、前后端分离等新技术，Web 应用变得越来越复杂，需要越来越多的技术和知识来支持。

在过去，前端开发和后端开发往往由不同的开发人员负责。随着 JavaScript 的发展和前端框架（如 Angular、React、Vue.js 等）的出现，前端开发人员可以使用这些框架来构建复杂的应用程序。前端开发人员借助这些框架可以实现比以往更加复杂的逻辑和功能，而不必依赖于后端开发人员。在这个过程中，越来越多的开发者开始涉及不同领域的技术，如前端、后端、数据库、服务器等。一些开发者掌握了多个领域的技术，可以独立地完成一个 Web 应用程序的开发、测试、部署和维护等各方面的工作，这就形成了"全栈"的概念。

全栈开发人员需要掌握前端和后端技术，以及数据库、服务器管理等方面的知识。他们需要具备跨越不同技术栈的能力，以便能够快速地开发出完整的应用程序。全栈开发人员可以使用各种工具和框架来构建应用程序，如 Node.js、MongoDB、Koa.js、Vue.js、React、Java 等。

"全栈"一词，最早来源于 Meta 公司（原名 Facebook）的工程师 Calos Bueno 在 2010 年发表的文章 *The Full Stack*。百度百科对"全栈工程师"的定义是指掌握多种技能，胜任前端与后端，能利用多种技能独立完成产品的人。

随着电子商务产业、移动互联网产业，以及软件技术的发展和市场需求的变化，全栈工程师已经变成未来发展的趋势。全栈工程师具备更强的横向技能，对前端技术和后端构架都有深入的了解。

全栈开发需要具备以下技能和能力。

1. 前端开发

技术栈：前端开发主要涉及 HTML、CSS 和 JavaScript 等技术。HTML 用于构建网页结构，CSS 用于样式设计，JavaScript 负责网页的交互逻辑。

框架与库：为了提升开发效率和用户体验，前端开发者通常会使用各种框架和库，如 React、Vue.js 和 Angular 等。这些框架提供了组件化开发、状态管理、路由等功能。

响应式设计：随着移动设备的普及，前端开发者还需要确保网页能够在不同尺寸和分辨率的设备上正确显示。

前端开发者还需要关注网页性能，通过代码压缩、图片优化、缓存等技术提升网页加载速度和响应速度。

2. 后端开发

服务器端语言：后端开发主要涉及如 Python、Java、Node.js、PHP 等服务器端编程语言。这些语言用于处理业务逻辑、与数据库交互及提供 API 等。

框架与库：为了加速开发过程，后端开发者会使用各种框架和库，如 Django、Koa.js 等。这些框架提供了路由处理、数据库访问、身份验证等功能。

API 设计：后端开发者需要设计合理的 API，以便前端或其他客户端能够方便地访问服务器资源。

后端开发者还需要关注服务器的安全性和性能，通过加密、身份验证、缓存等技术提升服务器的安全性和响应速度。

3. 数据库管理

根据项目需求选择合适的数据库系统，如关系数据库 MySQL、SQL Server 或非关系数据库 MongoDB 等。

根据业务需求设计数据库结构，包括表的设计、索引的创建等。

通过优化查询语句、创建合适的索引等手段提升数据库查询性能。

定期备份数据库，确保数据的安全性和可恢复性。在必要时能够快速恢复数据。

4. 系统架构

深入理解业务需求，明确系统的功能和性能需求。

根据需求分析并选择合适的技术栈，包括前端、后端和数据库等。

设计系统的整体架构，包括系统的分层结构、模块划分、接口设计等。

考虑系统的可扩展性和可维护性，确保系统能够随着业务的发展而灵活扩展和易于维护。

5. UI/UX 设计

关注用户体验，设计出直观、易用且令人愉悦的界面和交互流程。

根据需求，设计界面布局、元素样式和交互效果等。

制作高保真原型，通过用户测试收集反馈并持续优化设计方案。

与产品经理、开发团队等紧密协作，确保设计方案能够顺利实施并满足需求。

6. 网络安全

使用加密技术保护数据的传输和存储安全，如 SSL/TLS 加密、AES 加密等。

配置防火墙规则以阻止未经授权的访问，使用入侵检测系统（IDS）监控网络流量并识别潜在的威胁。

实现用户身份验证和授权机制，确保只有合法用户才能够访问受保护的资源。

定期进行安全漏洞扫描和评估，以及时修复发现的安全漏洞防止潜在攻击。同时，保持对最新安全威胁和漏洞信息的关注，以便及时应对新的安全挑战。

全栈开发的优势在于能够更好地掌控整个应用程序开发的流程，提高开发效率和质量，同时也能够更好地理解应用程序的架构和设计，从而提高维护和升级的效率。

全栈开发人员需要在多个技术领域进行学习和实践，需要花费更多的时间和精力。

第 2 章 开发环境准备

工欲善其事，必先利其器。在开始学习 Node.js 全栈开发前，首先需要搭建开发环境。学习任何编程语言都需要学会搭建和熟悉开发环境。本节笔者将带着读者完成两种主流操作系统（Windows 和 macOS）的开发环境搭建。

通过本章节的阅读，可以掌握以下知识。

（1）掌握如何在 Windows 和 macOS 系统安装 Node.js。
（2）掌握如何配置 NPM 国内镜像源和安装 CNPM。
（3）掌握如何安装 YARN。
（4）掌握如何在 Windows 和 macOS 系统安装 MongoDB。
（5）掌握如何在 Windows 和 macOS 系统安装 VS Code。
（6）掌握如何在 Windows 和 macOS 系统安装 Postman。

2.1 Node.js

Node.js 是一个基于 Chrome V8 引擎的开源、跨平台的 JavaScript 运行时环境，允许开发者在服务器端使用 JavaScript 进行开发。这使开发者能够使用同一种语言（JavaScript）进行前端和后端的开发，从而提高开发效率，并且可以使代码具有一致性。

2.1.1 Node.js 介绍

Node.js 起源于 2009 年，当时 Ryan Dahl 为了解决 Web 应用程序开发中的性能问题，开始着手开发一种基于 Chrome V8 引擎的 JavaScript 运行时环境，使 JavaScript 代码可以在服务器端运行。

在创建 Node.js 之前，Ryan Dahl 是一位网络应用程序员，曾使用过很多不同的服务器端语言和框架，但发现它们在处理高负载和并发连接时都存在问题。他开始思考如何创建一种更好的方式来处理这些问题，最终决定使用 JavaScript 语言和 Chrome V8 引擎，创建一种可以在服务器端运行的 JavaScript 运行时环境，即 Node.js。

Node.js 的最初版本在 2009 年 5 月发布，得到了开发者广泛的关注和支持，Node.js 在开发高并发、高性能、实时性强的 Web 应用程序时非常实用，例如社交网络、在线聊天应用程序、在线游戏、实时监控等。Node.js 的发布标志着 JavaScript 语言从客户端向服务器端扩展，成为一个全栈开发语言。

Node.js 已经成为 Web 开发中的重要工具和技术，得到了众多开发者和企业的支持。

Node.js 主要有以下特点。

（1）异步 I/O：Node.js 基于事件驱动和异步 I/O 模型，可以处理大量并发请求，并且不会因为阻塞 I/O 操作而降低性能。这使 Node.js 非常适合编写高性能、可扩展的网络应用程序。

（2）跨平台：Node.js 可以在多个平台上运行，包括 Windows、Linux 和 macOS 等，这使开发人员可以使用一种统一的语言和工具来开发服务器端应用程序，而不需要针对不同平台编写不同的代码。

（3）模块化：Node.js 支持模块化编程，可以使用 NPM（Node.js Package Manager）来管理和分享模块，这使开发人员可以轻松地重用代码和扩展功能。

（4）单线程：Node.js 基于单线程模型，但是通过事件循环和异步 I/O 模型，可以同时处理多个请求。这种设计可以避免多线程带来的锁竞争、死锁等问题，并且减少了开发人员在编写并发代码时的复杂性。

（5）轻量级：Node.js 的核心代码非常小，但是可以通过模块系统来扩展功能，这使 Node.js 非常灵活和可定制化。

Node.js 是一种非常流行的服务器端 JavaScript 运行环境，具有异步 I/O、跨平台、模块化、单线程和轻量级等特点，可以帮助开发者编写高性能、可扩展的网络应用程序。

2.1.2　Node.js 安装

1. Windows 系统下安装 Node.js

1）下载 Node.js Windows 安装程序

打开浏览器，访问 Node.js 官方网站 https://nodejs.org/ 会看到两个版本，一个是 LTS（长期支持版本）版本，推荐大多数用户使用；另一个是 Current 版本，此版本含有最新功能。

笔者建议选择 LTS 长期维护版，单击相应版本即可下载 .msi 安装文件，如图 2-1 所示。

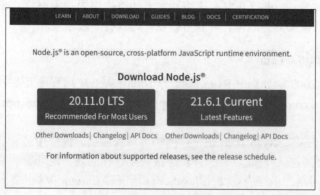

图 2-1　下载 Node.js 安装程序

2）运行安装程序

下载完成后，找到下载的 .msi 文件，双击启动安装程序，如图 2-2 所示。

当出现欢迎界面后，单击 Next 按钮，继续下一步，如图 2-3 所示。

图 2-2　找到下载的 .msi 文件，双击启动安装程序

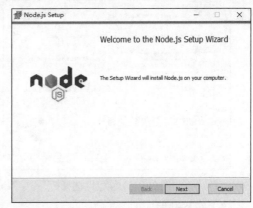

图 2-3　Node.js 安装欢迎界面

阅读许可协议，选中 I accept the terms in the License Agreement（我接受许可协议条件），只有接受许可协议才可以继续进行下一步安装操作，然后单击 Next 按钮，继续下一步，如图 2-4 所示。

选择 Node.js 安装目录，可以使用默认路径，也可以单击 Change 按钮选择安装目录，单击 Next 按钮继续下一步，如图 2-5 所示。

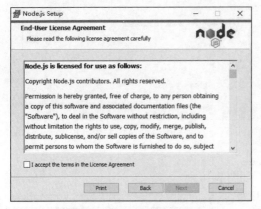

图 2-4　Node.js 许可协议

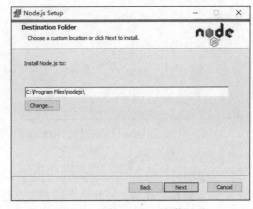

图 2-5　选择 Node.js 安装目录

在选择功能组件界面，笔者建议使用默认选项，直接单击 Next 按钮，继续下一步，如图 2-6 所示。

安装原生模块工具，可选，有些 NPM 模块在安装时需要从 C/C++ 编译，如果希望能够安装此类模块，则需要安装一些工具（如 Python 和 Visual Studio Build Tools），这种情况就需要勾选安装。

笔者未安装此类模块，所以没有勾选，读者看自己的需求进行选择安装，单击 Next 按钮，继续下一步，如图 2-7 所示。

所有的前期安装准备工作完成后，单击 Install 按钮，开始正式安装。此外可以单击 Back 按钮返回，更改安装配置，或者单击 Cancel 按钮取消安装操作，如图 2-8 所示。

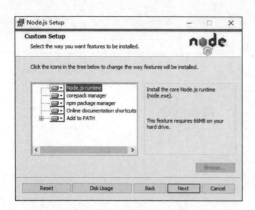
图 2-6　功能组件选择

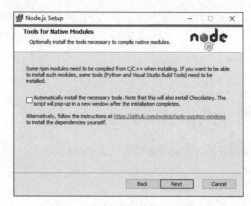
图 2-7　安装原生模块，可选安装

3）安装过程

安装过程可能需要一些时间，稍等片刻。安装程序会自动完成文件复制和配置，如图 2-9 所示。

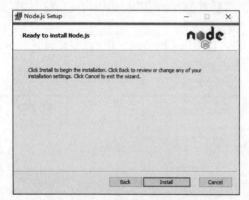
图 2-8　单击 Install 按钮安装 Node.js

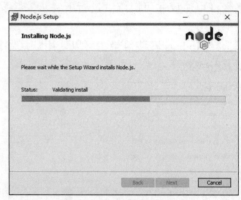
图 2-9　Node.js 安装过程

4）完成安装并验证

安装成功后，单击 Finish 按钮退出安装向导，如图 2-10 所示。

验证安装是否成功，打开命令行窗口。在"开始菜单"中搜索 cmd 或者单击"开始菜单"找到"命令提示符"打开，或者按 Win+R 组合键，在弹出的输入框输入 cmd，按"确定"按钮，打开运行窗口。

在命令行窗口，输入命令查看 Node.js 的版本，命令如下：

```
node -v
```

如果显示出版本号，如 v20.11.0，则说明安装成功。

同样，输入命令检查 NPM，查看是否安装成功，NPM 是 Node.js 的包管理器工具，命令如下：

图 2-10　Node.js 安装成功

```
npm -v
```

如果也出现了版本号，则说明 NPM 已成功安装。

2. macOS 系统安装 Node.js

在 macOS 安装 Node.js 有 3 种常见方法。对于 Node.js 的新手，推荐使用官方安装包进行安装。如果需要管理多个 Node.js 版本，则 NVM 是一个很好的选择。

1）使用官方安装包安装

打开 Node.js 网站（https://nodejs.org/en/download）会看到 LTS 和 Current 两个版本。LTS 是长期支持版，适合需要稳定环境的大多数用户，Current 是尝鲜版，包含了最新的特性和功能，Current 版本适合高级用户，不建议新手用户下载，如图 2-11 所示。

单击 macOS Installer 下载 Mac 版本，如图 2-12 所示。

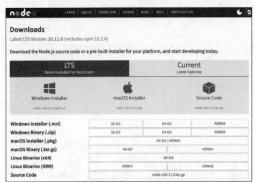

图 2-11　Node.js 下载界面　　　　　图 2-12　下载 Node.js

下载完成后，找到下载的 .pkg 文件，双击启动安装程序，如图 2-13 所示。

当出现欢迎界面后，单击"继续"按钮，执行下一步安装，如图 2-14 所示。

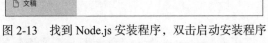

图 2-13　找到 Node.js 安装程序，双击启动安装程序　　图 2-14　Node.js 安装欢迎界面

阅读软件许可协议，单击"打印"按钮，可以打印许可协议。单击"存储"按钮，可以保存许可协议。单击"返回"按钮，可以返回上一个界面。

单击"继续"按钮，执行下一步操作，如图 2-15 所示。

如果需要继续安装，则必须同意软件许可协议中的条款，单击"同意"按钮，继续安装，如果单击"不同意"按钮，则将取消安装，并退出安装器。

单击"同意"按钮，执行下一步安装操作，如图 2-16 所示。

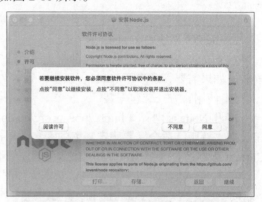

图 2-15　Node.js 软件许可协议　　　　　　图 2-16　Node.js 同意软件许可协议

安装类型，默认为标准安装。单击"自定"按钮，可以自定义安装。笔者建议默认安装，单击"安装"按钮，执行安装，如图 2-17 所示。

安装器在执行新软件安装操作时，需要输入密码来确认允许此次操作，密码为 Mac 系统的开机登录密码，如图 2-18 所示。

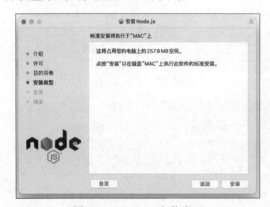

图 2-17　Node.js 安装类型　　　　　　图 2-18　输入密码确认允许此次操作

安装过程可能需要一点时间，安装程序会自动完成 Node.js 的安装，如图 2-19 所示。

安装成功后，单击"关闭"按钮，退出安装器，如图 2-20 所示。

这种方法会同时安装 NPM。安装完成后，可以使用命令来检查安装的版本，命令如下：

```
node -v
npm -v
```

2）使用 Homebrew 安装

Homebrew 是 macOS 上的一个包管理工具，用于安装 macOS 上没有预装但是需要安装的一些软件。

如果已经安装了 Homebrew，则可以直接通过以下命令安装 Node.js，命令如下：

```
brew install node
```

这条命令会自动安装 Node.js 和 NPM，NPM 是 Node.js 的包管理工具。

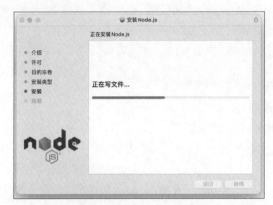
图 2-19 Node.js 安装过程

图 2-20 Node.js 安装成功

安装完成后，可以使用以下命令来检查安装的版本：

```
node -v
npm -v
```

查看本机是否安装了 Homebrew，命令如下：

```
brew -v
```

如果已经安装了，则会显示 Homebrew 版本号，如果没有安装 Homebrew，则可以在终端窗口中输入以下命令来安装。

```
/bin/bash -c "$(curl -fsSL https://raw.githubusercontent.com/Homebrew/install/HEAD/install.sh)"
```

安装完成后再执行 Node.js 安装命令。

3）使用 NVM 安装

NVM 为 Node Version Manager 的简写，是一个 Node.js 的版本管理工具，可以在同一台机器上安装和使用多个版本的 Node.js 和 NPM。

安装 NVM 的脚本，可以通过以下命令安装。

```
curl -o- https://raw.githubusercontent.com/nvm-sh/nvm/v0.39.1/install.sh | bash
```

或者使用 wget，命令如下：

```
wget -qO- https://raw.githubusercontent.com/nvm-sh/nvm/v0.39.1/install.sh | bash
```

安装完成后，需要重启终端或者运行下面的命令获取对 NVM 的访问权限：

```
export NVM_DIR="$([ -z "${XDG_CONFIG_HOME-}" ] && printf %s "${HOME}/.nvm" || printf %s "${XDG_CONFIG_HOME}/nvm")"
[ -s "$NVM_DIR/nvm.sh" ] && \. "$NVM_DIR/nvm.sh" #This loads NVM
```

之后就可以使用 NVM 命令安装 Node.js 了，命令如下：

```
nvm install node # 安装最新版本
nvm install --lts # 安装最新的 LTS 版本
nvm install 20.10.0 # 举例安装指定的版本号
```

使用 NVM 安装 Node.js 时会同时安装 NPM。

通过 nvm list 命令查看本机已经安装的版本列表，命令如下：

```
nvm list

  * 20.10.0 (Currently using 64-bit executable)
    18.17.1
    18.13.0
    16.19.0
```

执行 nvm list 命令后会显示本机安装的 Node.js 列表。

通过"nvm use 版本号"来切换不同的 Node.js 版本，命令如下：

```
nvm use 18.17.1
Now using node v18.17.1 (64-bit)
```

执行命令成功后会返回 Now using node v18.17.1 (64-bit)，表示 Node.js 版本已经切换到 18.17.1。

检查 Node.js 和 NPM 的版本，命令如下：

```
node -v
npm -v
```

2.1.3　NPM 国内镜像源配置和 CNPM 的安装

1. NPM 国内镜像源配置

NPM 是 Node.js 包管理器，可以用来下载和管理 Node.js 模块，但有时在国内使用 NPM 会受到网络限制，导致下载速度慢或者无法下载。

npmmirror.com（原淘宝 NPM）是一个提供 NPM 镜像服务的网站。可以让国内用户更快地下载和安装 Node.js 模块，避免了 NPM 官方源在国内的网络不稳定和访问速度慢的问题。

使用 npmmirror.com 提供的镜像服务，需要将 NPM 的 registry 配置为 npmmirror.com 的镜像网址，在命令行中输入的命令如下：

```
npm config set registry https://registry.npmmirror.com
```

这样便可将 NPM 的 registry 配置为 npmmirror.com 的镜像网址，如图 2-21 所示。

图 2-21　将 NPM 的 registry 配置为 npmmirror.com 的镜像网址

配置完成后，就可使用 NPM 下载和管理 Node.js 模块了，NPM 会自动从 npmmirror.com 的镜像源中获取模块，在此感谢 npmmirror.com。

2. CNPM 的安装

安装 CNPM 非常简单，可以使用 NPM 来安装。在命令行中输入的命令如下：

```
npm install -g cnpm --registry=https://registry.npmmirror.com
```

安装完成后,可以使用 CNPM 来代替 NPM,命令如下:

```
cnpm install <package-name>
```

注意:虽然 npmmirror.com 可以加速 Node.js 模块的下载和安装,但由于 npmmirror.com 是第三方提供的镜像服务,可能存在镜像源更新不及时、模块缺失等问题。在使用 npmmirror.com 时,需要注意查看模块的版本和更新情况。

2.1.4 YARN 的介绍

YARN 是一个由 Meta 公司(原名 Facebook)开发的 JavaScript 包管理器,旨在改善 NPM 的性能和可靠性。于 2016 年推出,基于 NPM 的设计思想和模块格式,但是采用了一些不同的技术来提高性能和稳定性。

YARN 的创立是为了解决 NPM 的性能问题,尤其是在大型项目中处理依赖关系时的问题,例如安装时间过长、下载失败等。YARN 采用了本地缓存并行下载和智能更新等技术,从而提高安装和更新模块的速度,减少网络传输的次数和数据量。此外,YARN 还提供了更强大的依赖管理功能,包括锁定版本、快速安装和重建构等,使项目的管理和维护更加简单和可靠。

YARN 是一种更加高效和可靠的 JavaScript 包管理器,YARN 的出现推动了 NPM 的改进和发展,也为 JavaScript 开发者提供了更好的选择。

2.1.5 YARN 的安装

使用 NPM 安装 YARN,命令如下:

```
npm install --global yarn
```

上述命令用于全局安装 YARN。

安装后,测试 YARN 是否安装成功,命令如下:

```
yarn -v
```

如果安装成功,则会显示 YARN 的版本。

2.2 MongoDB

MongoDB 是一种基于文档的 NoSQL 数据库管理系统,使用 JSON 格式存储数据,具有可扩展性、灵活性和高性能等特点。

2.2.1 MongoDB 介绍

MongoDB 采用分布式架构,可以在多个服务器上存储数据,支持水平扩展,非常适合处理大规模数据和高并发访问的场景。MongoDB 支持丰富的查询语言和索引功能,方便开发人员进行数据检索和分析。

MongoDB 使用文档模型来存储数据,文档是一个 JSON 格式的数据结构,可以嵌套子文档和数组等数据类型。这种数据模型非常灵活,可以满足不同类型的数据存储需求。

MongoDB 使用基于文档的查询语言,可以对文档进行查询、更新、删除和聚合等操作,支持多种查询条件和聚合函数,非常方便和灵活。

MongoDB 支持自动故障转移和数据复制等功能,可以保证数据的可靠性和可用性。

MongoDB 有一个活跃的社区支持,提供了丰富的文档、教程和工具等资源,可以帮助开发人员更好地使用和管理 MongoDB 数据库。

MongoDB 支持水平扩展和垂直扩展两种方式,可以通过增加节点或者增加硬件资源来提高性能和可用性。

2.2.2 MongoDB 安装

1. Windows 系统下安装 MongoDB

1)下载 MongoDB Windows 安装程序

前往 MongoDB 网站的下载中心:https://www.mongodb.com/try/download/community,如图 2-22 所示。

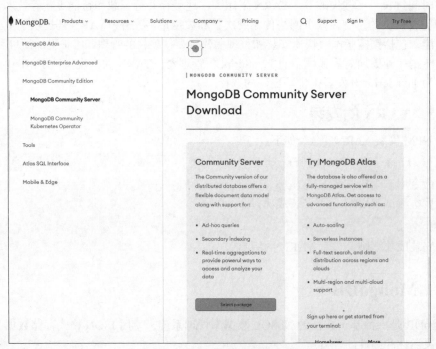

图 2-22 MongoDB 社区版下载页面

单击 Select package 按钮,在下载选项中,选择对应的平台和版本,单击 Download 按钮下载软件,如图 2-23 所示。

2)运行安装程序

下载完成后,找到下载的 .msi 文件,双击启动安装程序,如图 2-24 所示。

当出现欢迎界面后,单击 Next 按钮,继续下一步,如图 2-25 所示。

阅读许可协议,选中 I accept the terms in the License Agreement(我接受许可协议条件),只有接受许可协议才可以继续进行下一步安装操作,然后单击 Next 按钮,继续下一步,如图 2-26 所示。

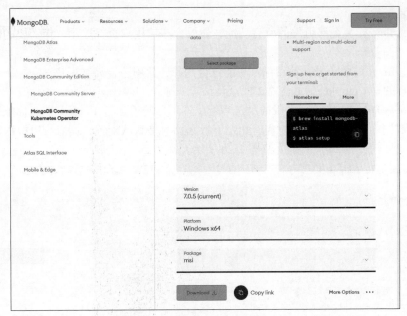

图 2-23　选择 MongoDB 版本和平台

图 2-24　找到 MongoDB 安装程序，双击启动安装程序

图 2-25　MongoDB 安装程序欢迎界面

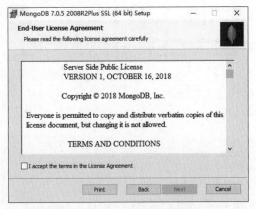

图 2-26　MongoDB 许可协议

选择安装类型：

（1）Complete 安装全部组件的所有功能，建议大多数用户选择此项，但需要的磁盘空间相对多些。

（2）Custom 允许用户对安装目录及功能进行选择，此项适合高级用户。

笔者选择的是 Complete，如图 2-27 所示。

配置 MongoDB，如选择网络服务身份运行（本地域身份运行），服务器名称配置，数据库存放目录及数据库日志存放目录配置。此处笔者选择的是默认配置，读者可以根据需求进行配置，单击 Next 按钮，继续下一步，如图 2-28 所示。

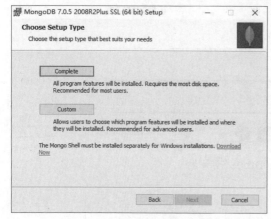 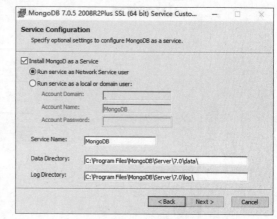

图 2-27　MongoDB 安装类型　　　　　　　图 2-28　MongoDB 配置

安装 MongoDB 可视化管理工具，此处是可选操作，如果想要安装，就勾选此项，勾选后安装时间会比较长，因为需要从 MongoDB 服务器下载 MongoDB Compass 安装文件。

如果不想安装，就不要勾选，可以单独下载 MongoDB Compass 进行安装，详见 2.2.2 节。

笔者在安装过程中没有勾选此项，单击 Next 按钮，继续下一步，如图 2-29 所示。

所有的前期安装准备工作完成后，单击 Install 按钮，开始正式安装。还可以单击 Back 按钮返回，更改安装配置，或者单击 Cancel 按钮取消安装操作，如图 2-30 所示。

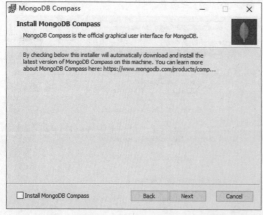 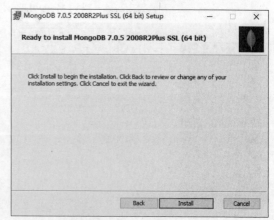

图 2-29　MongoDB 选配安装 MongoDB Compass　　　图 2-30　MongoDB 安装

3）安装过程

安装过程可能需要一些时间，稍等片刻。安装程序会自动完成文件复制和配置，如图 2-31 所示。

安装过程中有可能会出现以下提示，单击 OK 按钮，如图 2-32 所示。

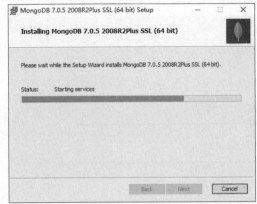

图 2-31　MongoDB 安装过程

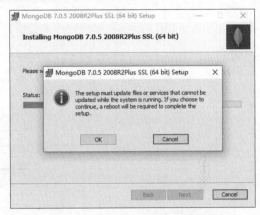

图 2-32　MongoDB 安装过程提示

4）完成安装

安装成功后，单击 Finish 按钮退出安装向导，如图 2-33 所示。

在 MongoDB 安装成功后，需要重新启动系统，单击 Yes 按钮重启系统，如图 2-34 所示。

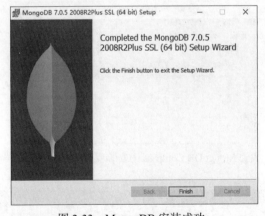

图 2-33　MongoDB 安装成功

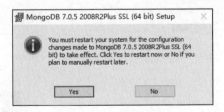

图 2-34　重启系统

5）单独安装 MongoDB Compass

如果在 2.2.2 节没有选择安装 MongoDB Compass，或者没有安装成功，则需要到官方网站单独下载并安装，打开网址 https://www.mongodb.com/try/download/compass，如图 2-35 所示。

选择版本、平台及安装包格式。单击 Download 按钮将 MongoDB Compass 下载到本机，如图 2-36 所示。

下载完成后，找到下载的 .exe 文件，如图 2-37 所示。

双击启动安装程序，安装 MongoDB Compass，如图 2-38 所示。

MongoDB Compass 安装成功，如图 2-39 所示。

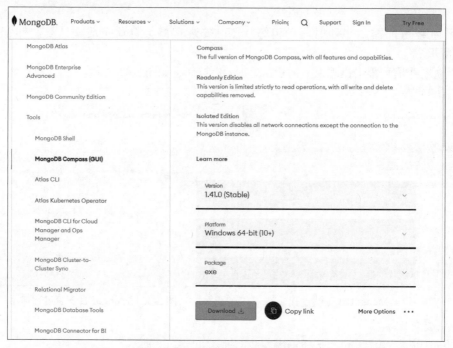

图 2-35 下载 MongoDB Compass

图 2-36 下载 MongoDB Compass 中

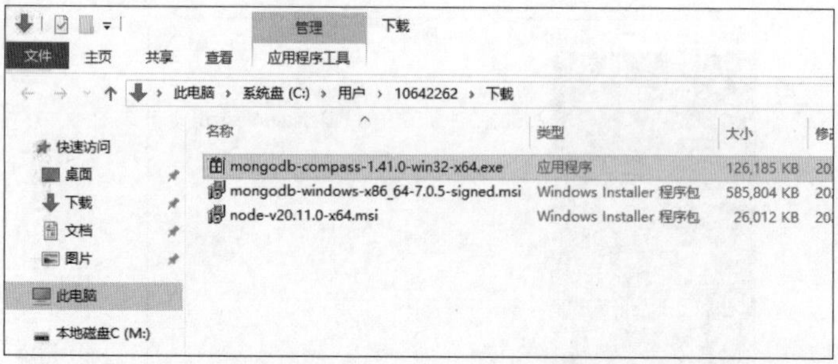

图 2-37 找到 MongoDB Compass 的安装程序，双击启动安装程序

图 2-38 安装 MongoDB Compass

图 2-39 MongoDB Compass 安装成功

2. macOS 系统下安装 MongoDB

macOS 系统下安装 MongoDB 可以通过多种方式进行，例如使用 MongoDB 官方社区版、使用 Homebrew 等。以下是通过 Homebrew 及官方社区版安装 MongoDB 的步骤。

1）使用 Homebrew 安装

使用 Homebrew 安装 MongoDB 社区版，命令如下：

```
brew tap mongodb/brew
brew install mongodb-community
```

启动 MongoDB 服务。

```
brew services start mongodb/brewmongodb-community
```

2）下载官方社区版 MongoDB Mac 安装程序

（1）下载并安装程序：前往 MongoDB 网站的下载中心 https://www.mongodb.com/try/download/community，如图 2-40 所示。

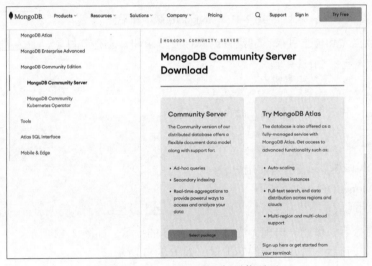

图 2-40　MongoDB 社区版下载页面

单击 Select package 按钮，在下载选择中，选择对应的平台，macOS 版本有两种，Apple 芯片选择 macOS ARM x64，Intel 芯片选择 macOS x64，读者可根据芯片类型进行选择。

单击 Download 按钮下载软件，如图 2-41 所示。

（2）安装程序：下载完成后，找到下载的 .tgz 文件目录，使用命令解压缩 tgz 包，命令如下：

```
tar -zxvf mongodb-macos-x86_64-7.0.5.tgz
```

将解压后的目录内的 bin 目录复制到 /usr/local/bin 目录下，命令如下：

```
sudo cp ./mongodb-macos-x86_64-7.0.5/bin/* /usr/local/bin
sudo ln ./mongodb-macos-x86_64-7.0.5/bin/* /usr/local/bin
```

sudo 的字面意思是超级管理员执行，对于 Mac 系统的管理员或者高级用户来讲，这是一个必不可少的命令。

使用 sudo 命令会验证用户密码。

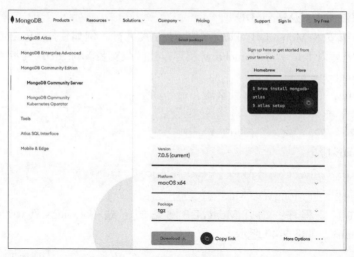

图 2-41　MongoDB 版本和平台

（3）创建数据库和日志目录：创建数据库存放目录和日志存放目录，命令如下：

```
//创建数据库和日志存放目录
sudo mkdir -p ~/data/db
sudo mkdir -p ~/data/log/mongodb
```

设置数据目录和日志目录权限，命令如下：

```
sudo chown <user> ~/data/db
sudo chown <user> ~/data/log/mongodb
```

在上述命令中 <user> 表示当前用户名称。

（4）运行 MongoDB，命令如下：

```
mongod --dbpath ~/data/db --logpath ~/data/log/mongodb.log --fork
```

执行上述命令后，可能会出现无法打开 mongod 的提示，如图 2-42 所示。

单击"好"按钮后，打开系统偏好设置，如图 2-43 所示。

图 2-42　无法打开 mongod 的提示

图 2-43　系统偏好设置

单击系统偏好设置面板上的"安全性与隐私",如图 2-44 所示。

单击"点按锁按钮以进行更改"按钮,进行解锁,如图 2-45 所示。

图 2-44　安全性与隐私　　　　　　　图 2-45　系统偏好解锁设置

再次运行 MongoDB,命令如下:

```
mongod --dbpath ~/data/db --logpath ~/data/log/mongodb.log --fork
```

(5)安装 MongoDB Shell:打开 https://www.mongodb.com/try/download/shell 网址,选择版本和平台,单击 Download 按钮下载,如图 2-46 所示。

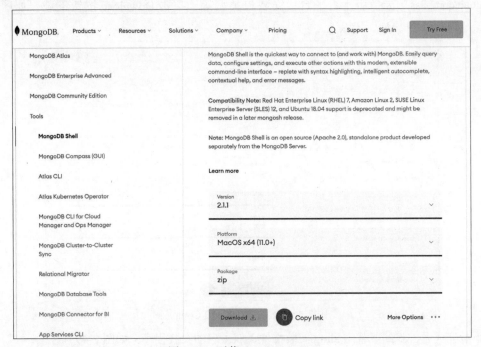

图 2-46　下载 MongoDB Shell

找到下载好的 .zip 压缩包,双击解压缩,如图 2-47 所示。

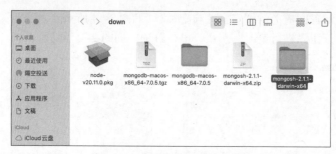

图 2-47　解压 MongoDB Shell

在终端找到解压缩目录，将 ./mongosh-2.1.1-darwin-x64/bin/mongosh 文件复制到 /usr/local/bin 目录，命令如下：

```
sudo cp ./mongosh-2.1.1-darwin-x64/bin/mongosh /usr/local/bin
```

将 ./mongosh-2.1.1-darwin-x64/bin/mongosh_crypt_v1.dylib 文件复制到 /usr/local/lib 目录，命令如下：

```
sudo cp ./mongosh-2.1.1-darwin-x64/bin/mongosh_crypt_v1.dylib /usr/local/lib
```

运行 mongosh 命令，命令如下：

```
mongosh
```

（6）安装 MongoDB Compass 可视化工具：在浏览器打开 https://www.Mongodb.com/try/download/compass，选择版本、平台、安装包类型等，单击 Download 按钮下载，如图 2-48 所示。

图 2-48　下载 MongoDB Compass

下载完成后，找到下载的 .dmg 安装文件，双击启动安装程序，如图 2-49 所示。

安装 MongoDB Compass 采用的是拖曳式安装，按住 MongoDB Compass 图标，拖曳到 Applications 文件夹，完成安装，如图 2-50 所示。

图 2-49　找到 MongoDB Compass 安装程序，双击启动安装程序

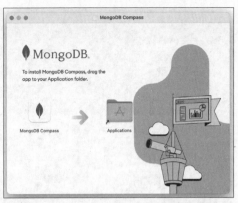
图 2-50　拖曳式安装 MongoDB Compass

2.3　VS Code

VS Code（Visual Studio Code）是一款由微软开发的免费开源的跨平台代码编辑器，支持多种编程语言和框架，提供了丰富的插件和扩展功能，可以满足开发人员的多种需求。

2.3.1　VS Code 介绍

VS Code 是一款功能强大、易于使用的代码编辑器，可以满足不同编程语言和框架的开发需求，提供了丰富的插件和扩展功能，可以帮助开发人员更好地管理代码和提高开发效率。

VS Code 支持 Windows、Linux 和 macOS 等多种操作系统，可以在不同的开发环境中使用，非常方便和灵活。VS Code 支持多种编程语言和框架，包括 JavaScript、TypeScript、Python、Java 等，可以满足不同的开发需求。VS Code 提供了丰富的插件和扩展功能，可以帮助开发人员更好地管理代码、调试和测试等方面的工作。VS Code 使用高效的编辑器引擎和自动补全功能，可以快速响应用户的输入和操作。VS Code 集成了命令行终端，可以在编辑器中直接运行命令和脚本，非常方便和实用。

在 2019 年的 Stack Overflow 组织的开发者调查中，Visual Studio Code 被认为是最受开发者欢迎的开发环境之一。

2.3.2　VS Code 安装

1. Windows 系统下安装 VS Code

在 Windows 系统下安装 VS Code 有以下步骤。

1）下载并安装程序

打开浏览器，访问 VS Code 网站 https://code.visualstudio.com，单击 Download for Windows 按钮，下载 VS Code 安装程序，如图 2-51 所示。

单击 Download for Windows 按钮后会跳转到新的页面，下载将自动开始，如图 2-52 所示。

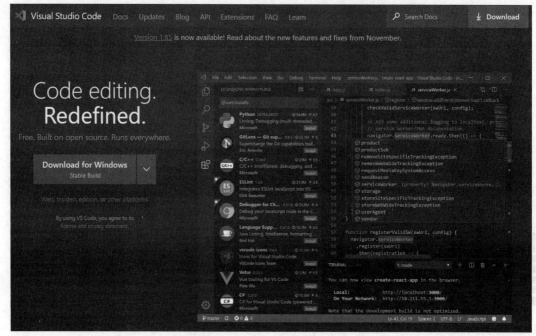

图 2-51　VS Code 官方网站

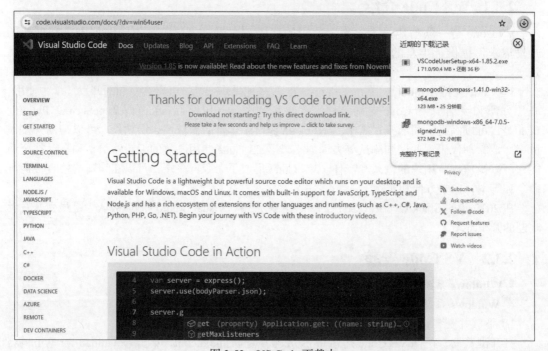

图 2-52　VS Code 下载中

2）运行安装程序

下载完成后，找到下载的 .exe 安装程序文件，双击启动安装程序，如图 2-53 所示。

图 2-53　找到 VS Code 安装程序，双击启动安装程序

双击安装程序后有可能出现以下提示，如图 2-54 所示。

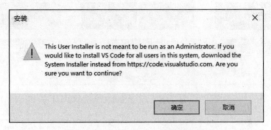

图 2-54　VS Code 安装提示

图 2-54 提示的意思是，正在以管理员身份尝试安装 VS Code，但是正在运行的是"用户安装程序"版本。在 Windows 系统中，像 VS Code 这样的应用程序通常有两种安装程序：

（1）用户安装程序（User Installer），用于仅为当前用户安装应用程序。不需要管理员权限，安装的应用程序只会位于用户的个人目录中（如 C:\Users\< 用户名 >\AppData\Local\Programs）。

（2）系统安装程序（System Installer），用于为系统上的所有用户安装应用程序。需要管理员权限，安装的应用程序会位于系统范围内的位置（例如，C:\Program Files）。

如果打算让系统上的所有用户都可以使用 VS Code，则应该取消当前的安装过程，从官方网站（https://code.visualstudio.com/）下载"系统安装程序"安装。

如果只打算为自己的账户安装 VS Code，则不需要让机器上的其他用户也能访问这个程序，可以继续使用"用户安装程序"进行安装。

读者如果需要下载 System Installer 版本，则可以在浏览器打开 https://code.visualstudio.com/Download，找到笔者标注的位置，如果是 Intel 的芯片，则单击 x64 按钮下载 System Installer 版本。如果是 ARM 的芯片，则单击 Arm64 按钮下载 System Installer 版本，如图 2-55 所示。

如果不是多个用户使用一台计算机，则可以直接单击"确定"按钮继续安装，当出现安装许可协议时，勾选"我同意此协议"，单击"下一步"按钮，继续安装，如图 2-56 所示。

选择安装目录，默认安装目录适用于大多数用户，但如果想安装到其他位置，则可单击"浏览"按钮，选择安装目录。

单击"下一步"按钮继续安装，如图 2-57 所示。

选择开始菜单文件夹。可以保留默认或者自定义，然后单击"下一步"按钮继续安装，如图 2-58 所示。

选择附加任务，如创建桌面快捷方式，将 VS Code 添加到 PATH 环境变量等，笔者建议全部勾选。配置完成后单击"下一步"按钮，继续安装，如图 2-59 所示。

图 2-55　下载 VS Code System Installer 版本

图 2-56　VS Code 许可协议

图 2-57　VS Code 选择安装目录

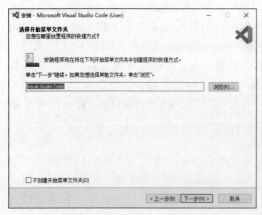

图 2-58　VS Code 选择开始菜单文件夹

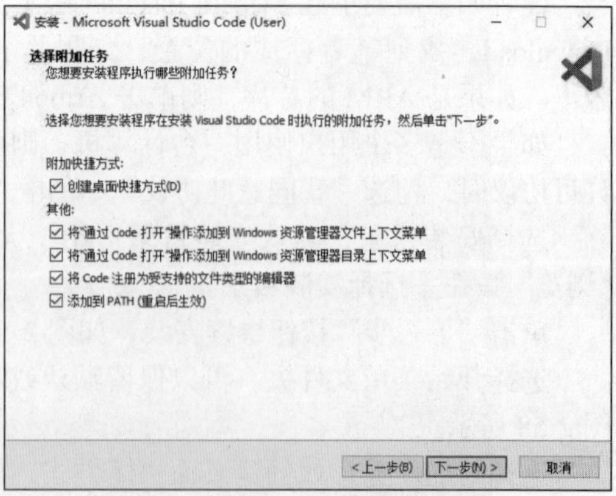

图 2-59　VS Code 选择附加任务

所有的前期安装准备工作完成后,单击"安装"按钮,开始正式安装。还可以单击"上一步"按钮返回,更改安装配置,或者单击"取消"按钮取消安装操作,如图 2-60 所示。

安装过程可能需要一些时间,稍等片刻。安装程序会自动完成文件复制和配置,如图 2-61 所示。

图 2-60　VS Code 准备安装

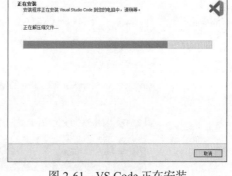

图 2-61　VS Code 正在安装

安装成功后,单击"完成"按钮退出安装向导,如果勾选了"运行 Visual Studio Code",则 VS Code 将自动运行,如图 2-62 所示。

2. macOS 系统下安装 VS Code

1)下载程序

打开浏览器,访问 VS Code 网站 https://code.visualstudio.com,单击 Download Mac Universal 按钮,下载 VS Code for Mac 软件,如图 2-63 所示。

单击 Download Mac Universal 按钮后会跳转到新的页面,设置程序保存地址,如图 2-64 所示。

图 2-62　VS Code 安装完成

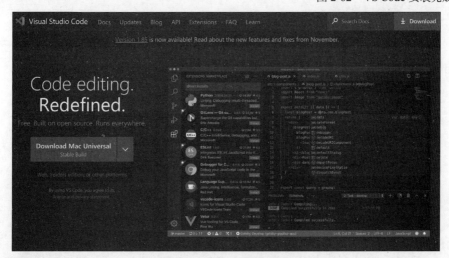

图 2-63　VS Code 官方网站

图 2-64　设置程序保存地址

2）运行程序

下载完成后，找到下载的 .zip 文件，如图 2-65 所示。

图 2-65　找到下载的 VS Code Zip 文件

双击解压缩文件，如图 2-66 所示。

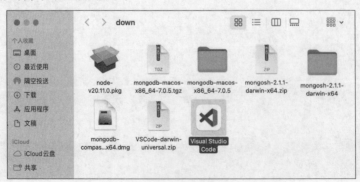

图 2-66　双击解压缩 VS Code Zip 文件

双击 Visual Studio Code 图标后会出现安全提示，如图 2-67 所示。

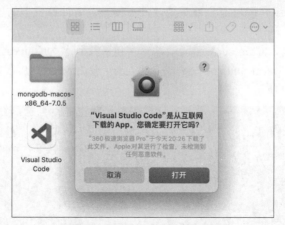

图 2-67　安装 VS Code 安全提示

单击"打开"按钮，即可打开 VS Code。

2.3.3　安装 VS Code 扩展

1. 安装 VS Code 中文（简体）语言包

打开 VS Code 软件，如图 2-68 所示。

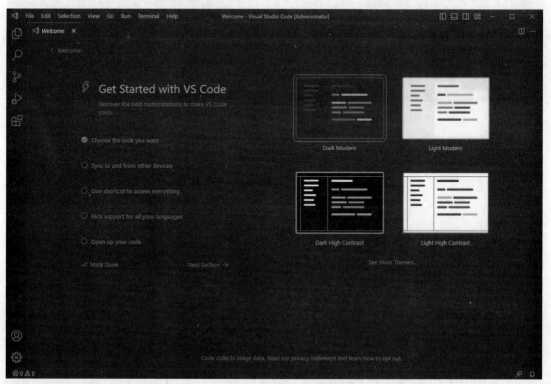

图 2-68　VS Code 软件界面

跳转到扩展视图，可以通过单击左侧活动栏中的 扩展图标或按 Ctrl+Shift+X 组合键实现，某些时候 Ctrl+Shift+X 组合键可能会被其他软件占用。笔者计算机上的这组组合键就被 360 截图占用了。

在扩展搜索框中输入 Chinese 关键词搜索语言包，找到名为 Chinese（Simplified）（简体中文）Language Pack for Visual Studio Code 的扩展，该扩展由 Microsoft 官方提供，单击 Install 按钮进行安装，如图 2-69 所示。

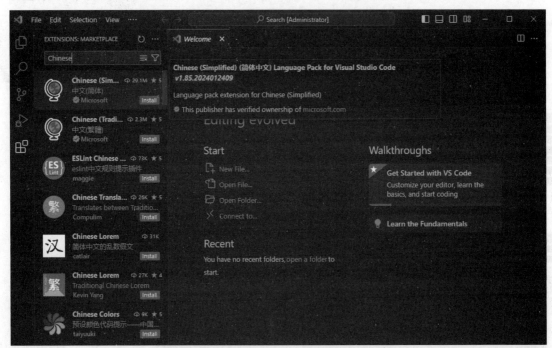

图 2-69　在扩展搜索框中输入 Chinese 搜索语言包并安装

安装完成后，VS Code 会提示 Change Language and Restart 改变语言并重启 VS Code，如图 2-70 所示。

图 2-70　改变语言并重启 VS Code

VS Code 会自动检测到系统语言，提示是否切换到中文界面。如果没有自动切换，则可以通过 Ctrl+Shift+P 组合键打开命令面板，输入 Configure Display Language，在弹出的语言选项中选择"中文（简体）"并确认，如图 2-71 所示。

重新加载 VS Code，VS Code 便可以切换到简体中文界面。

2. 安装 Auto Close Tag

Auto Close Tag 是一款代码编辑器插件，可以在输入开始标记后自动插入结束标记，从而加速代码的编写。这样可以避免遗漏输入结束标记或输入错误的情况,提高了工作效率。Auto Close Tag 通常可用于多种编辑器和 IDE,如 VS Code、Sublime Text 等。

图 2-71　选择语言

在扩展搜索框中输入 Auto Close Tag 关键词搜索,找到名为 Auto Close Tag 的扩展,单击"安装"按钮进行安装,如图 2-72 所示。

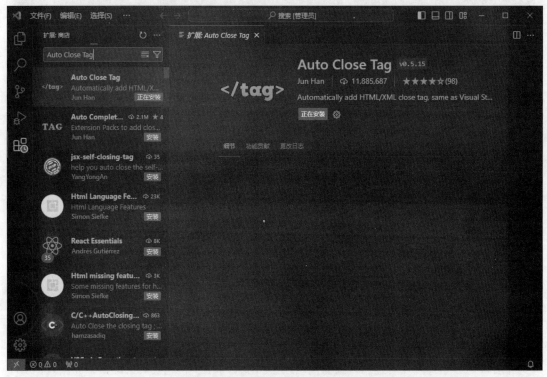

图 2-72　安装 Auto Close Tag 扩展

3. 安装 Auto Rename Tag

Auto Rename Tag 是一款用于 Visual Studio Code 的插件。可以一次性重命名 HTML 或 XML 标记的起始和结束标签。当对起始标签或结束标签进行更改时,插件会自动更新相应的标记。

该插件可以极大地提高前端开发的效率,特别是在大型项目中进行更改时。不再需要手动更改每个起始和结束标记，Auto Rename Tag 可以自动地完成这项任务。

在扩展搜索框中输入 Auto Rename Tag 关键词进行搜索，找到名为 Auto Rename Tag 的扩展，单击"安装"按钮进行安装，如图 2-73 所示。

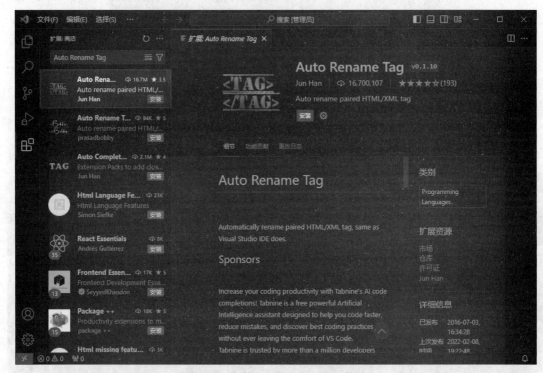

图 2-73　安装 Auto Rename Tag 扩展

4. 安装 ESLint

ESLint 是一个适用于 JavaScript 代码的静态代码分析工具，可以识别和报告代码中的规范和错误。ESLint 可以帮助开发者在编写代码时发现和修复常见的错误，提高代码质量和可读性。

使用 ESLint 可以指定一组代码规则，以此来约束和检查代码风格和质量。当代码不符合规则时，可以生成警告或错误提示。开发者可以根据自己的需求自定义规则，并且可以集成到开发环境中。

ESLint 支持多种编辑器和 IDE，如 Visual Studio Code、Sublime Text 和 Atom 等，并且可以与其他工具和任务运行器进行集成。同时，也支持与许多流行框架和工具进行集成，如 React、Vue.js、Webpack 和 Babel 等。

ESLint 可以帮助开发者遵循一致的代码风格和质量标准，检查代码中的错误和问题，从而提高代码的可读性和可维护性。

在扩展搜索框中输入 ESLint 关键词进行搜索，找到名为 ESLint 的扩展程序，单击"安装"按钮进行安装，该扩展由 Microsoft 提供，如图 2-74 所示。

5. 安装 JavaScript (ES6) code snippets

JavaScript (ES6) code snippets 是一款适用于 Visual Studio Code 编辑器的扩展程序。该扩展程序提供了大量的 JavaScript 代码片段，可以帮助开发者快速生成常用的 JavaScript 代码段，例如函数、条件语句、数组、对象等。

图 2-74　安装 ESLint 扩展

该扩展程序支持 ES6 语法，并且包括常见的 JavaScript 框架和库的代码段，如 React、Vue.js、Angular、jQuery 等。还支持自定义代码片段和代码段缩写。

JavaScript (ES6) code snippets 可以极大地提高开发者的效率，尤其是当时间紧促时。允许开发者快速编写代码，减少代码书写错误的可能性。同时，开发者还可以从代码段中学习常见的代码结构和模式，提高自己的编程技能和知识水平。

在扩展搜索框中输入 JavaScript (ES6) code snippets 关键词进行搜索，找到名为 JavaScript (ES6) code snippets 的扩展程序，单击"安装"按钮进行安装，如图 2-75 所示。

6. 安装 vscode-icons

vscode-icons 是一款 Visual Studio Code 编辑器的扩展程序，为文件资源管理器添加了图标，可以帮助开发者更方便地识别文件类型。

vscode-icons 提供了大量的图标，支持大多数文件类型，包括常见的编程语言、框架、库和工具，如 JavaScript、React、Vue.js、Angular、Node.js、Babel、Webpack、Git 等。开发者可以根据自己的需求进行配置，自定义图标样式。

该扩展程序还支持主题，可以根据当前的主题自动匹配相应的图标。如果更改了主题，则所有图标也会随之更新。

vscode-icons 使 Visual Studio Code 的文件资源管理器变得更加美观和易于使用。让开发者可以更轻松地找到所需要的文件类型，提高工作效率。

图 2-75　安装 JavaScript (ES6) code snippets 扩展程序

在扩展搜索框中输入 vscode-icons 关键词进行搜索，找到名为 vscode-icons 的扩展，单击"安装"按钮进行安装，如图 2-76 所示。

图 2-76　安装 vscode-icons 扩展

安装成功以后会弹出选择文件图标主题选项，如图 2-77 所示。

图 2-77　选择文件图标主题

如果没有弹出选择文件图标主题，则可选择"文件"→"首选项"→"主题"→"文件图标主题"，如图 2-78 所示。

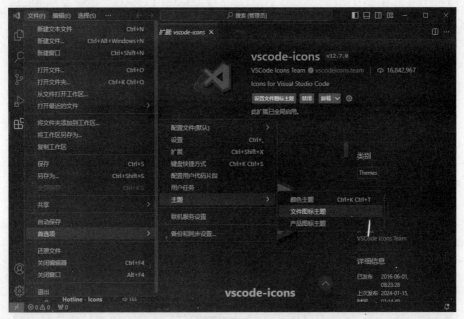

图 2-78　手动选择文件图标主题（1）

编辑器中间位置会出现文件图标主题下拉选项，选择 vscode-icons 即可，如图 2-79 所示。

图 2-79　手动选择文件图标主题（2）

7. 安装 vscode-author-generator

vscode-author-generator 是一款简化 Visual Studio Code 扩展程序作者信息添加的扩展程序。使用此扩展程序，开发者可以快速地生成包含该扩展程序作者信息的代码。

在扩展搜索框中输入 vscode-author-generator 关键词进行搜索，找到名为 vscode-author-generator 的扩展，单击"安装"按钮进行安装，如图 2-80 所示。

图 2-80　安装 vscode-author-generator 扩展

单击 ⚙ 设置图标，在下拉菜单中单击"扩展设置"按钮，如图 2-81 所示。

图 2-81　vscode-author-generator 扩展设置（1）

在用户表单，填写 author name 和 email address 信息，如图 2-82 所示。

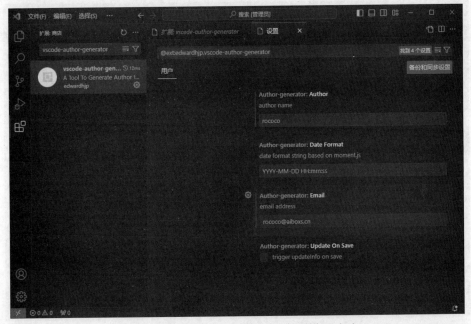

图 2-82　vscode-author-generator 扩展设置（2）

使用 vscode-author-generator，新建一个任意名字的 .js 文件，在键盘上按 F1 键，在弹出的输入框输入 author，如图 2-83 所示。

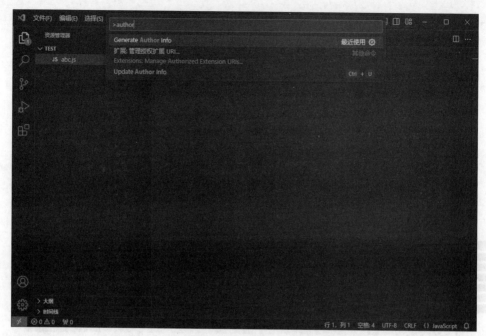

图 2-83　应用 vscode-author-generator 扩展（1）

单击 Generate Author Info，可以自动生成作者信息，如图 2-84 所示。

图 2-84　应用 vscode-author-generator 扩展（2）

按 F1 键，此时会弹出输入框，在输入框输入 settings.json，在下拉菜单里，单击"首选项：打开用户设置（JSON）"，如图 2-85 所示。

图 2-85　应用 vscode-author-generator 扩展（3）

在 settings.json 文件里面插入的代码如下：

```
"author-generator.updateOnSave": true,
```

对 settings.json 文件进行修改，如图 2-86 所示。

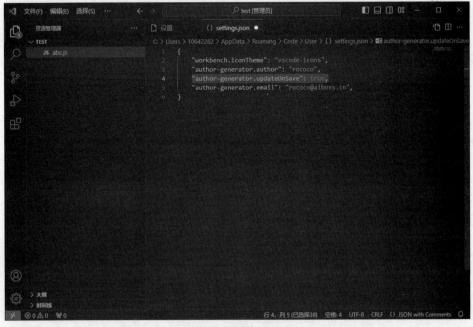

图 2-86　应用 vscode-author-generator 扩展（4）

上述设置用于自动保存更新时间。

在 settings.json 文件里插入的代码如下：

```
"editor.codeActionsOnSave": {
    "source.fixAll.eslint": explicit
},
```

上述代码用于设置 VS Code 编辑器的自动保存功能，在文件保存时自动运行 ESLint 的自动修复功能。每次保存文件的时候，不用手动运行，自动使用 ESLint 检查并修复那些已定义好规则的格式错误。

这样做有助于确保代码质量和风格的一致性。

完整的 settings.json 文件中的代码如下：

```
{
    "workbench.iconTheme": "vscode-icons",
    "author-generator.author": "rococo",
    "author-generator.email": "rococo@aiboxs.cn",
    "author-generator.updateOnSave": true,
    "editor.codeActionsOnSave": {
        "source.fixAll.eslint": explicit
    },
}
```

8. 安装 Code Runner

Code Runner 是一款在 Visual Studio Code 中运行代码的扩展程序。支持多种编程语言，可以方便地用于编写、调试和测试各种类型的代码。

Code Runner 是一款功能强大、易于使用的扩展程序，能够大大地提高工作效率。

在扩展搜索框中输入 Code Runner 关键词进行搜索，找到名为 Code Runner 的扩展，单击"安装"按钮进行安装，如图 2-87 所示。

图 2-87　安装 Code Runner 扩展

2.4 Postman

Postman 是一款广泛使用的 API 测试工具,提供了一个可视化的界面,使测试和调试 API 变得非常容易。使用 Postman 可以方便地发送请求、测试 API、查看响应、检查数据格式和验证数据等,还可以自定义请求头、请求体、参数和认证等。

2.4.1 Postman 介绍

Postman 是一种流行的 API 开发工具,允许开发人员和测试人员轻松地创建、测试、调试和共享 API。通过 Postman 可以轻松地发送和接收 HTTP 请求,查看响应、调试代码、管理环境和变量等。Postman 还提供了许多其他功能,如自动化测试、监视、文档生成和协作工具等。Postman 支持各种 API 协议和格式,如 REST、SOAP、GraphQL 和 JSON 等。可以在 Windows、macOS 和 Linux 操作系统上运行。

Postman 于 2012 年首次发布,迅速成为 API 开发人员和测试人员的流行工具之一。Postman 提供了许多功能,包括发送和接收 HTTP 请求、测试 API 端点和协作等。在 2019 年 6 月,Postman 宣布获得了 2.7 亿美元的 D 轮融资,证明了其在 API 开发领域的重要性。

Postman 的界面非常直观和友好,易于使用,提供了多种常用的请求类型,包括 GET、POST、PUT、DELETE 等。提供了多种自定义请求选项,包括请求头、请求体、参数、认证和代理等,可以满足不同的 API 测试需求。支持多种环境配置,可以方便地切换不同的测试环境,支持环境变量和全局变量等。提供了多种测试和调试工具,包括断言、测试脚本、Mock、监视器等,可以帮助开发者更好地测试和验证 API,提高开发效率和质量,支持多种定制和集成功能,非常适合团队协作和发布管理。

2.4.2 Postman 下载并安装

1. Windows 系统下安装 Postman

进入 Postman 的官网(https://www.postman.com/downloads/),单击 Windows 64-bit 按钮,下载 Windows 版本的安装包,如图 2-88 所示。

图 2-88　Postman 官网

找到下载的 .exe 文件，如图 2-89 所示。

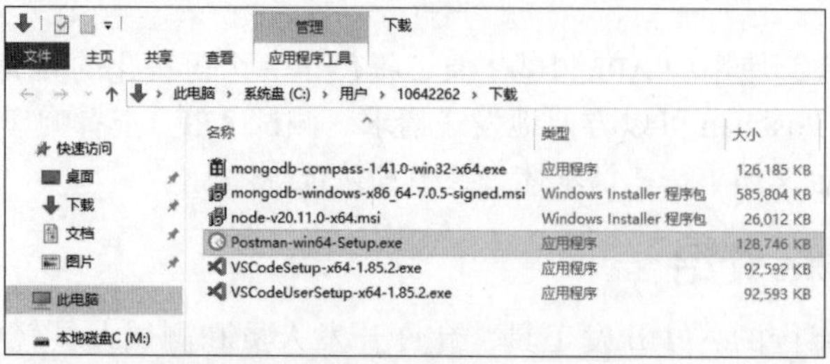

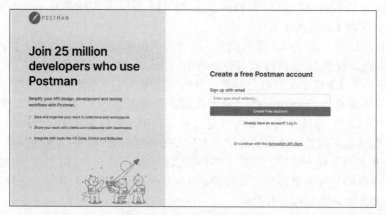

图 2-89　找到下载的 Postman 软件

双击打开此文件，如图 2-90 所示。

图 2-90　进入 Postman 软件

2. macOS 系统下安装 Postman

在浏览器打开 https://www.postman.com/downloads 网址，Postman 软件的版本有两种，Apple 芯片选择 Mac Apple Chip，Intel 芯片选择 Mac Intel Chip，读者根据芯片类型进行选择。

单击相应的按钮下载软件，如图 2-91 所示。

图 2-91　Postman 官网

由于笔者的 Apple 芯片是 Intel 的，所以笔者选择 Mac Intel Chip 按钮下载，如图 2-92 所示。

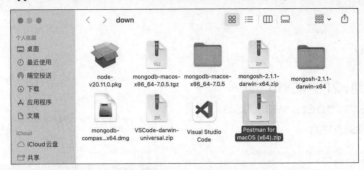

图 2-92　找到下载的 Postman 压缩包 .zip 文件

单击下载的 .zip 压缩包，双击解压缩，如图 2-93 所示。

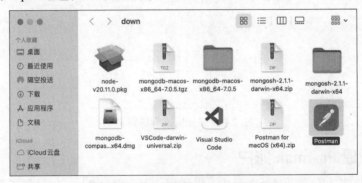

图 2-93　双击解压缩 Postman 压缩包

双击 Postman 软件，打开后会出现安全警报提示，如图 2-94 所示。

单击"打开"按钮，打开软件，询问是否移动到应用程序文件夹，如果选择移动，则单击 Move to Applications Folder 按钮，如果不移动，则单击 Do Not Move 按钮，笔者选择了移动到应用程序文件夹，如图 2-95 所示。

图 2-94　运行 Postman 安全警报

图 2-95　将 Postman 移动到应用程序文件夹

打开 Postman 软件，如图 2-96 所示。

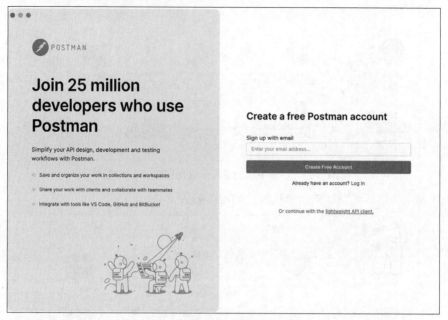

图 2-96　Postman 软件首页

2.4.3　创建 Postman 账户

Postman 的许多功能需要登录之后才可以使用，因此使用 Postman 最好先创建一个账号并登录。

打开 Postman 软件，单击 Create Free Account 按钮，创建一个免费账户，如图 2-97 所示。

图 2-97　注册表单

在注册表单填写 Email、Username、Password 等信息，如图 2-98 所示。

图 2-98　填写注册表单

完成注册表单的填写后，单击 Create free account 按钮，完成用户注册。

第3章 ECMAScript 6

ECMA 是 European Computer Manufacturers Association 的缩写，即欧洲计算机制造商协会。欧洲计算机制造商协会是制定信息传输与通信的国际化标准组织。

1996 年 11 月，JavaScript 的创造者 Netscape 公司决定将 JavaScript 提交给 ECMA，希望这种语言能够成为国际标准。次年，ECMA 发布 262 号标准文件（ECMA-262）的第 1 版，规定了浏览器脚本语言的标准，将这种语言称为 ECMAScript，这个版本就是 1.0 版。该标准从一开始就是针对 JavaScript 语言制定的，但之所以不叫 JavaScript，有两个原因：一是商标，Java 是 Sun 公司的商标，根据授权协议，只有 Netscape 公司可以合法地使用 JavaScript 这个名字，并且 JavaScript 本身也已经被 Netscape 公司注册为商标。二是想体现这门语言的制定者是 ECMA，而不是 Netscape，这样有利于保证这门语言的开放性和中立性。

因此，ECMAScript 和 JavaScript 的关系是，ECMA 是 JavaScript 的标准，JavaScript 是 ECMA 的一种实现。

ECMAScript 最初的版本是 1997 年发布的 ECMAScript 1.0，后来又陆续发布了 ECMAScript 2.0（1998 年）、ECMAScript 3.0（1999 年）、ECMAScript 4.0（2008 年被放弃）和 ECMAScript 5.0（2009 年）。自此以后，每年都会发布一个新的 ECMAScript 版本，例如 ECMAScript 6（2015 年）、ECMAScript 7（2016 年）和 ECMAScript 8（2017 年）等，每个版本都包含了新的语言特性和改进。

3.1 ECMAScript 6 介绍

ECMAScript 6（简称 ES6 或 ES2015）是 JavaScript 语言的一次重大更新，增加了很多新的语法特性和功能，使 JavaScript 变得更加现代化和强大，提高了开发效率和代码质量。

ES6 的主要特性如下。

（1）let 和 const 关键字：ES6 引入了 let 和 const 关键字，用于声明块级作用域变量和常量，解决了变量提升和作用域链等问题。

（2）箭头函数：ES6 引入了箭头函数，可以更简洁地定义匿名函数和简化 this 绑定问题。

（3）模板字符串：ES6 引入了模板字符串，可以更方便地定义多行字符串和变量插值。

（4）解构赋值：ES6 引入了解构赋值语法，可以方便地从对象和数组中提取数据并赋值给变量。

（5）扩展运算符：ES6引入了扩展运算符，可以方便地将数组和对象展开成单个元素或多个元素。

（6）类和继承：ES6引入了类和继承语法，可以更方便地定义类和继承关系。

（7）Promise和async/await：ES6引入了Promise和async/await语法，可以更方便地处理异步操作和避免回调地狱。

3.2　数据类型

JavaScript的基本数据类型有Number、String、Boolean、null、undefined、Symbol和BigInt共7种。Symbol、BigInt为ES6新增数据类型。

3.2.1　Number

1. 整数和浮点数

Number类型可以表示整数和浮点数。如果一个数字没有小数部分，则被视为整数，这种类型的数字称为整型。

打开VS Code软件，如图3-1所示。

单击左上角资源管理器图标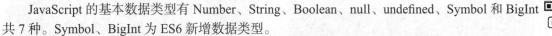或者按Ctrl+Shift+E组合键打开，如图3-2所示。

图3-1　VS Code界面

图3-2　打开VS Code资源管理器

单击"打开文件夹"按钮，选择一个文件夹，笔者选择的文件夹的名字叫作ES6，如图3-3所示。

文件夹选择完成后，单击"选择文件夹"按钮确认，如图3-4所示。

将鼠标移动到ES6上会出现菜单图标，如图3-5所示。

单击图标，新建文件，在输入框输入number.js，按Enter键确认，如图3-6所示。

单击number.js文件，编写的代码如下：

```
//ch3/number.js
const intNum = 10; // 声明一个整数
console.log(intNum); // 输出：10
```

在上述代码中，声明了一个名为intNum的常量，将其赋值为10。由于没有小数部分，因此被视为整数。

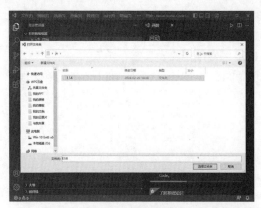

图 3-3 选择文件夹

图 3-4 选择文件夹完成

图 3-5 新建文件（1）

图 3-6 新建文件（2）

编写好代码后按 Ctrl+S 组合键保存代码，按编辑器右上角的 ▶ Run Code 按钮运行代码，输出结果会出现在编辑器的下方，如图 3-7 所示。

编写好的代码一定要先保存，然后单击 Run Code 按钮，这样才可以正确地输出到控制台，如果读者发现运行的代码和之前的结果没有什么变化，则需检查文件是否已经保存成功。

未保存的文件会在文件名后面有一个明显的圆圈，读者应注意观察，如图 3-8 所示。

图 3-7 运行代码

图 3-8 未保存的代码

注意：在JavaScript中，整数的范围受到一定的限制。具体而言，JavaScript中的整数范围是从-2^{53}到2^{53}的所有整数，超出这个范围的整数将被转换为浮点数。

2. 超出范围的整数

超出范围的整数示例。

打开 number.js 文件，编写代码如下：

```
//ch3/number.js
const largeInt = 9007199254740992;
console.log(largeInt); // 输出：9007199254740992
```

在上述代码中，声明了一个名为 largeInt 的常量，将其赋值为 9007199254740992，超出了 JavaScript 整数的最大范围（9007199254740991），因此被转换为浮点数。

编写好代码后按 Ctrl+S 组合键保存代码，按编辑器右上角的 ▶ Run Code 按钮运行代码。

3. 二进制和八进制

JavaScript 还支持其他进制的数值表示法，如二进制和八进制数值表示法。

ES6 引入了二进制数值（以 0b 或 0B 开头）和八进制数值（以 0o 或 0O 开头）表示法，方便数值的表示。

打开 number.js 文件，编写的代码如下：

```
//ch3/number.js
// 二进制和八进制数值表示法
const binary = 0b1010; // 二进制数值10
console.log(binary); // 输出：10

const octal = 0o777; // 八进制数值511
console.log(octal); // 输出：511
```

上述代码使用了二进制和八进制数值表示法。

二进制是一种基于 2 的数字系统，只使用两个数字：0 和 1。在 JavaScript 中，二进制字面量以 0b 或 0B 开头，后面跟上由 0 和 1 组成的序列。0b1010 表示二进制数 1010，等同于十进制中的 10，所以当执行 console.log(binary) 时，控制台输出的是十进制表示的 10。

八进制是一种基于 8 的数字系统，使用数字 0 到 7。在 JavaScript 中，一个八进制数值是以 0o 或 0O（数字零后面跟一个小写或大写的字母 o）开头的，后面跟上由 0 到 7 数字组成的序列。0o777 表示八进制数 777，相当于十进制中的 511，所以执行 console.log(octal) 时，控制台输出的是十进制表示的 511。

二进制和八进制数值一旦定义，在 JavaScript 中运算和打印时都会被当作十进制数值进行处理。

4. Number.isNaN() 方法

判断一个值是否为 NaN。

打开 number.js 文件，编写的代码如下：

```
//ch3/number.js
//Number.isNaN() 方法
console.log(Number.isNaN(NaN)); // 输出：true
console.log(Number.isNaN(10));  // 输出：false
```

在上述代码中 Number.isNaN() 方法用来确定一个值是否为 NaN（Not-a-Number），其语义是"非数字"。

当将 NaN 传递给 Number.isNaN() 方法时，返回值为 true，表示这个值确实是非数字。

当将一个实际的数字传递给 Number.isNaN() 方法时，不管这个数字是整数、浮点数、正数、负数或者 0，返回值总是为 false，因为这个值是一个数字，不是 NaN。

5. Number.parseInt() 方法和 Number.parseFloat() 方法

将字符串转换为整数和浮点数。

打开 number.js 文件，编写的代码如下：

```
//ch3/number.js
//Number.parseInt() 和 Number.parseFloat() 方法
console.log(Number.parseInt('123'));  // 输出：123
console.log(Number.parseInt('12345ABC'));  // 输出：12345
console.log(Number.parseInt('ABC123'));  // 输出：NaN
console.log(Number.parseFloat('3.14'));  // 输出：3.14
console.log(Number.parseFloat('314e-2'));  // 输出：3.14
console.log(Number.parseFloat('0.0314E+2'));  // 输出：3.14
console.log(Number.parseFloat('ABC3.14'));  // 输出：NaN
```

在上述代码中 Number.parseInt() 方法和 Number.parseFloat() 方法是两个用来将字符串转换为数字的方法。

Number.parseInt() 方法用于将字符串转换为整数。接受两个参数：第 1 个参数是要转换的字符串，第 2 个参数是基数，即数字系统的基本数字，例如 10 表示十进制，2 表示二进制等。第 2 个参数是可选的。如果字符串以数字开始，则 parseInt() 方法会解析直到遇到非数字字符，然后停止。如果第 1 个字符不能转换为数字，则将返回 NaN。

Number.parseFloat() 方法用于将字符串转换为浮点数。接受一个参数，即需要转换的字符串。与 parseInt() 方法不同的是，parseFloat() 方法将解析字符串中的所有数字，直到遇到一个非数字字符并返回结果。如果字符串中包含一个小数点，则 parseFloat() 方法会包含小数点和小数部分。如果第 1 个字符不能转换为数字，就像 parseInt() 方法一样，将返回 NaN。

6. Number.isInteger() 方法

判断一个数值是否为整数。

打开 number.js 文件，编写的代码如下：

```
//ch3/number.js
//Number.isInteger() 方法
console.log(Number.isInteger(10));      // 输出：true
console.log(Number.isInteger(3.14));    // 输出：false
```

上述代码用于检查一个数值是否为整数。在 JavaScript 中，整数是没有小数部分的数字。

如果传入的参数是一个整数，则 Number.isInteger() 方法的返回值为 true。

如果传入的参数不是一个整数，则无论是一个含有小数的数字，还是任何其他类型的值（例如字符串、对象或 undefined），其返回值都为 false。

7. Number.MAX_SAFE_INTEGER 和 Number.MIN_SAFE_INTEGER 常量

JavaScript 中最大和最小的安全整数。

打开 number.js 文件，编写的代码如下：

```
//ch3/number.js
//Number.MAX_SAFE_INTEGER 和 Number.MIN_SAFE_INTEGER 常量
```

```
console.log(Number.MAX_SAFE_INTEGER);  // 输出：9007199254740991
console.log(Number.MIN_SAFE_INTEGER);  // 输出:-9007199254740991
```

在 JavaScript 中，Number.MAX_SAFE_INTEGER 和 Number.MIN_SAFE_INTEGER 是两个代表安全整数范围的常量。这里的"安全"指的是能够在 JavaScript 中被精确表示和准确处理的最大和最小整数边界。

Number.MAX_SAFE_INTEGER 表示在 JavaScript 中能够安全表示的最大整数值。值是 9007199254740991。

Number.MIN_SAFE_INTEGER 是相对应的最小安全整数，值是 –9007199254740991，也就是 Number.MAX_SAFE_INTEGER 的相反数。

超出这个范围的整数值可能无法精确表示，从而会导致精度丢失，在做精确的整数运算时可能会产生问题。尤其是在进行大数的加、减、乘、除等运算时，结果可能不准确。

正因为有了这个安全范围的概念，对于大于 Number.MAX_SAFE_INTEGER 或小于 Number.MIN_SAFE_INTEGER 的整数值，通常需要使用特殊的库，如使用 BigInt 来处理，从而保证运算的精度，详见 3.2.7 节。

8. Number.isSafeInteger() 方法

判断一个数值是否在安全整数范围内。

打开 number.js 文件，编写的代码如下：

```
//ch3/number.js
//Number.isSafeInteger() 方法
console.log(Number.isSafeInteger(10));                  // 输出:true
console.log(Number.isSafeInteger(9007199254740992));    // 输出:false
```

上述方法是用于检查一个数值是否在这个安全整数范围内的方法。如果是一个安全整数，则返回值为 true，否则返回值为 false。

数值 10 小于 Number.MAX_SAFE_INTEGER，并且大于 Number.MIN_SAFE_INTEGER，在安全范围之内，输出 true。

数值 9007199254740992 大于 Number.MAX_SAFE_INTEGER，在安全范围之外，输出 false。

3.2.2　String

字符串是一个基本数据类型，表示文本数据。在使用字符串时，需要将文本数据放在双引号 ""、单引号 '' 或反引号 `` 中。

新建 string.js 文件，详细的新建文件的方法可参考 3.2.1 节，编写的代码如下：

```
//ch3/string.js
const str1 = 'Hello, world!'; // 使用单引号声明字符串
const str2 = "Hello, world!"; // 使用双引号声明字符串
const str3 = `Hello, world!`; // 使用反引号声明字符串
```

上述代码用于声明一个字符串。

单引号、双引号和反引号都可以用于声明字符串，但用法略有不同。使用反引号声明的字符串可以包含换行符和其他特殊字符，而单引号和双引号声明的字符串则不能。

使用反引号声明的包含特殊字符和换行符的字符串示例。

打开 string.js 文件，编写的代码如下：

```
//ch3/string.js
const str = `这是一个
多行字符串
并且包含特殊字符及换行符：\n \t \\ " '`;
console.log(str);
```

反引号是模板字符串，在 JavaScript 中，模板字符串（Template Literals）是一个非常有用的特性，允许开发者创建包含嵌入表达式的字符串。

模板字符串用反引号来标识。在模板字符串内部，可以使用 ${expression} 这样的语法来嵌入表达式，这些表达式会被计算，计算结果会被转换成字符串形式，拼接在原字符串中相应的位置，打开 string.js 文件，编写的代码如下：

```
//ch3/string.js
const username = "ZhangSan";
const greeting = `Hello, ${username}!`;
console.log(greeting); // 输出：Hello, ZhangSan!
```

当模板字符串跨越多行时，不需要使用额外的字符串连接操作，因为模板字符串支持换行，打开 string.js 文件，编写的代码如下：

```
//ch3/string.js
const item = "咖啡";
const price = 5.8;
const message = `这杯${item}的价格是￥${price.toFixed(2)}元.
感谢您的购买!`;
console.log(message);
// 输出：
// 这杯咖啡的价格是￥5.80元.
// 感谢您的购买!
```

在上述代码中，由于 ${item} 和 ${price.toFixed(2)} 都是模板字符串中的表达式，所以会被计算并替换成相应的字符串。

模板字符串是 ES6 引入的新特性，在一些老版本的 JavaScript 环境中可能无法使用。在这些环境中，可能依旧需要使用传统的字符串拼接方法。

3.2.3 Boolean

Boolean 是一个基本数据类型，只有两个值：true 和 false。Boolean 类型常用于条件语句和逻辑运算。

新建 boolean.js 文件，编写的代码如下：

```
//ch3/boolean.js
const b1 = true;
console.log(b1); // 输出：true
const b2 = false;
console.log(b2); // 输出：false
```

在上述代码中，声明了两个 Boolean 类型的变量，b1 的值为 true，b2 的值为 false。

需要注意的是，JavaScript 中还存在一些"假值"（false），例如 0、null、undefined、NaN 和空字符串 ""，它们在条件语句中会被视为 false。除此之外，其他值都会被视为 true。

3.2.4 null

null 是一个基本数据类型，表示一个变量或属性的值为空。与 undefined 不同，null 是一个明确的空值，null 用于表示一个对象不存在，或者表示一个已知存在的值没有值或空值。使用 null 来初始化一个变量或对象，以表示该变量或对象没有被赋值或不存在。

新建 null.js 文件，编写的代码如下：

```
//ch3/null.js
const a = null; // 初始化变量 a 为空值
console.log(a); // 输出：null
const b = {username: 'zhangshan', age: null}; // 对象属性 age 的值为 null
console.log(b); // 输出：{username: 'zhangshan', age: null}
```

在上述代码中，分别将变量 a 和对象 b 的属性 age 的值赋为 null。表示没有值或不存在。

null 是一个特殊的值，表示空值或不存在，因此不是一个对象，也不具有任何属性或方法。如果尝试访问 null 的属性或方法，则会导致 TypeError 异常。

3.2.5 undefined

undefined 是一个基本数据类型，表示一个变量或属性未被赋值或不存在。当声明一个变量但未赋值时，值就是 undefined。同样地，当访问一个不存在的属性时，值也是 undefined。

新建 undefined.js 文件，编写的代码如下：

```
//ch3/undefined.js
let a; // 声明一个变量 a，值为 undefined
console.log(a); // 输出：undefined
const obj = {username: 'zhangshan'};
console.log(obj.age); // 输出：undefined。访问对象属性 age，因为 obj.age 属性不存
                      // 在，所以它的值为 undefined
```

在上述代码中，分别声明了一个变量 a 和一个对象 obj，访问变量 a，输出值为 undefined。访问对象 obj 的属性 age，因为对象 obj 的 age 属性不存在，所以值是 undefined。

3.2.6 Symbol

Symbol 是 ES6 中新增的一种基本数据类型，表示一个独一无二的值，可以用于对象属性名或其他需要唯一标识的场合。

新建 symbol.js 文件，编写的代码如下：

```
//ch3/symbol.js
const sym1 = Symbol(); // 声明一个 Symbol 类型的常量
const sym2 = Symbol('description'); // 声明一个带有描述信息的 Symbol 常量
const obj = {
  [sym1]: 'value1', // 使用 Symbol 作为属性名
  [sym2]: 'value2',
};
console.log(obj[sym1]); // 访问对象的 Symbol 属性
console.log(obj[sym2]);
```

在上述代码中，分别声明了两个 Symbol 类型的常量 sym1 和 sym2，sym2 带有描述信息，然后又定义了一个对象 obj，使用 Symbol 作为属性名，赋值为对应的值。最后通过对象的属性访问方式获取 Symbol 属性的值。

Symbol 是一种独一无二的数据类型,即使描述信息相同的 Symbol 也不相等。另外,Symbol 是一种原始数据类型,不可被 new 操作符调用。

3.2.7 BigInt

BigInt 是 ES6 中新增的一种基本数据类型,可以用来表示任意精度的整数。在 JavaScript 中,Number 类型的整数是有最大值的,JavaScript 中的整数范围是从 -2^{53} 到 2^{53} 的所有整数,当超过这个最大值时会出现精度丢失的问题,而 BigInt 则可以表示比 Number 更大的整数,并且不会出现丢失精度的问题。

新建 bigint.js 文件,编写的代码如下:

```
//ch3/bigint.js
const bigInt1 = 9007199254740991n; // 声明一个 BigInt 类型的常量
const bigInt2 = BigInt('12345678901234567890');  // 使用 BigInt 函数将字符串
                                                  // 转换为 BigInt 类型
console.log(bigInt1); // 输出: 9007199254740991n
console.log(bigInt2); // 输出: 12345678901234567890n
const sum = bigInt1 + bigInt2; // 可以对 BigInt 类型的常量进行数学运算
console.log(sum); // 输出: 12354686100489308881n
```

在上述代码中,分别声明了两个 BigInt 类型的常量 bigInt1 和 bigInt2,bigInt1 的值为 Number 类型最大值的上限,bigInt2 使用 BigInt() 方法将一个超过 Number 类型最大值的整数转换为 BigInt 类型,然后将这两个 BigInt 类型的常量相加,在控制台输出相加后的值。

需要注意的是,BigInt 和 Number 是两种不同的数据类型,不能相互转换,也不能混合使用,例如不能将 BigInt 和 Number 直接相加。

3.3 let 和 const

3.3.1 let

在 ES6 中,使用 let 关键字声明变量,使用 const 关键字声明常量。

let 关键字用于声明一个块级作用域的变量。块级作用域指的是在花括号 {} 内部声明的变量,只在花括号内部有效,出了花括号就无法访问。

新建 let.js 文件,编写的代码如下:

```
//ch3/let.js
let num = 10; // 声明一个变量
if (true) {
    let num = 20; // 声明一个块级作用域的变量,与外部变量 num 不同
    num = 25; // 变量可以被修改
    console.log(num); // 输出: 25
}
console.log(num); // 输出: 10
```

在上述代码中,使用 let 声明了一个变量 num,然后在一个 if 语句块中重新声明了一个同名变量,这个变量只在 if 语句块内有效。let 声明的变量可以被修改,其作用域为块级作用域。

3.3.2　const

const 关键字用于声明一个常量。与 let 类似，const 也是块级作用域的，只在声明的块级作用域内有效。const 声明的变量必须被初始化，即必须赋初值，否则会报错。

新建 const.js 文件，编写的代码如下：

```
//ch3/const.js
const PI = 3.14; //声明一个常量
if (true) {
    const PI = 3.1415926; //声明一个块级作用域的常量，与外部常量PI不同
    console.log(PI); // 输出: 3.1415926
    //PI = 3; // 会抛出一个TypeError，因为常量不能被修改
}
console.log(PI); // 输出: 3.14
```

在上述代码中，使用 const 声明了一个常量 PI，常量一旦赋值便不可以更改，然后在一个 if 语句块中重新声明了一个同名变量，这个变量只在 if 语句块内有效。const 声明的常量一旦被赋值就不能再次被修改，其作用域为块级作用域。

如果 const 声明的是一个对象或数组，则其存储的地址不能被修改，但是对象或数组内部的元素可以被修改。

打开 const.js 文件，编写的代码如下：

```
//ch3/const.js
const person = {username: '张三', age: 18};
person.username = '李四'; //可以修改 person 对象的属性
console.log(person); // 输出:{username: '李四', age: 18}
```

在 JavaScript 中，对象是可变的数据结构，可以修改对象内部的属性。

在使用变量和常量时，建议尽量使用 const 声明常量，有助于提高代码的可读性和可维护性。只有在需要修改变量的情况下才使用 let。

3.4　解构赋值

ES6 引入了解构赋值（Destructuring Assignment）语法，可以从数组或对象中提取值并将其赋给变量，使代码更加简洁易读。

解构赋值可以用于数组和对象的解构。

3.4.1　数组的解构赋值

数组解构是一种方便的语法，允许将数组中的元素解构为单独的变量。

新建 destructuringAssignment.js 文件，编写的代码如下：

```
//ch3/destructuringAssignment.js
const arr = [1, 2, 3];
const [a, b, c] = arr;
console.log(a); // 输出: 1
console.log(b); // 输出: 2
console.log(c); // 输出: 3
```

在上述代码中，将数组 arr 中的值 [1, 2, 3] 解构赋值给变量 a、b 和 c。

如果解构不成功，变量的值就等于 undefined。可以使用默认值来为变量指定默认值，当数组中不存在对应的值时，变量将被赋予默认值。

打开 destructuringAssignment.js 文件，编写的代码如下：

```
//ch3/destructuringAssignment.js
const arr = [1, 2];
const [a, b, c = 3] = arr;
console.log(a); // 输出: 1
console.log(b); // 输出: 2
console.log(c); // 输出: 3
```

在上述代码中，由于数组 arr 中不存在第 3 个元素，因此 c 被赋予默认值 3。

数组解构支持嵌套解构，可以解构嵌套在数组中的数组或对象。

打开 destructuringAssignment.js 文件，编写的代码如下：

```
//ch3/destructuringAssignment.js
const numbers = [1, 2, [3, 4], 5];
const [a, b, [c, d], e] = numbers;
console.log(a); // 输出: 1
console.log(b); // 输出: 2
console.log(c); // 输出: 3
console.log(d); // 输出: 4
console.log(e); // 输出: 5
```

在上述代码中，创建了一个包含 4 个元素的数组 numbers，其中第 3 个元素是另一个数组。使用嵌套的解构赋值将 numbers 数组中的第 1 个元素赋值给 a，将第 2 个元素赋值给 b，将第 3 个元素分别赋值给 c 和 d，将第 4 个元素赋值给 e。

剩余操作符"..."用来收集剩余的数组元素。

打开 destructuringAssignment.js 文件，编写的代码如下：

```
//ch3/destructuringAssignment.js
const numbers = [1, 2, 3, 4];
const [x, y, ...rest] = numbers;
console.log(x); // 输出: 1
console.log(y); // 输出: 2
console.log(rest); // 输出: [3, 4]
```

在上述代码中，创建了一个包含 4 个数字的数组 numbers。使用解构赋值将前两个数字分别赋值给 x 和 y，使用剩余操作符"..."将剩余的数字收集到数组 rest 中。

3.4.2 对象的解构赋值

对象的解构与数组的解构有一些区别。数组的元素是按次序排列的，变量的取值由元素的位置决定；对象的属性没有次序，变量必须与属性同名，这样才可以取到正确的值。

打开 destructuringAssignment.js 文件，编写的代码如下：

```
//ch3/destructuringAssignment.js
const person = {
  username: '张三',
  age: 20
};
const {username, age} = person;
console.log(username); // 输出: 张三
```

```
console.log(age); // 输出：20
```

在上述代码中，创建了一个包含 username 和 age 属性的对象 person。使用解构赋值将这些属性分别赋值给变量 username 和 age。

可以使用默认值来处理未定义的属性。

打开 destructuringAssignment.js 文件，编写的代码如下：

```
//ch3/destructuringAssignment.js
const person = {
  username: '张三'
};
const {username, age = 30} = person;
console.log(username); // 输出：张三
console.log(age); // 输出：30
```

在上述代码中，将对象 person 中的 username 属性解构到 username 中，将 age 属性的默认值设置为 30。由于对象 person 中没有 age 属性，所以变量 age 的值为默认值 30。

对象解构支持嵌套解构，可以解构嵌套在对象中的对象或数组。

打开 destructuringAssignment.js 文件，编写的代码如下：

```
//ch3/destructuringAssignment.js
const person = {
  username: '张三',
  age: 20,
  address: {
    city: '扬州',
    province: '江苏'
  }
};
const {username, age, address: {city, province}} = person;
console.log(username); // 输出：张三
console.log(age); // 输出：20
console.log(city); // 输出：扬州
console.log(province); // 输出：江苏
```

在上述代码中，创建了一个包含 username、age 和 address 属性的对象 person，其中 address 属性是另一个对象。使用嵌套的解构赋值将 address 对象中的 city 和 province 属性分别赋值给 city 和 province。

对象解构也支持使用剩余操作符 "..." 来收集剩余的属性。

打开 destructuringAssignment.js 文件，编写的代码如下：

```
//ch3/destructuringAssignment.js
const person = {
  username: '张三',
  age: 20,
  sex: '男',
  work: '工程师'
};
const {username, age, ...rest} = person;
console.log(username); // 输出：张三
console.log(age); // 输出：20
console.log(rest); // 输出：{sex: '男', work: '工程师'}
```

在上述代码中，创建了一个包含 username、age、sex 和 work 属性的对象 person。使用解构赋值将 username 和 age 属性分别赋值给 username 和 age,使用剩余操作符"..."将剩余的属性收集到对象 rest 中。

剩余操作符"..."只能出现在解构赋值语法的末尾,否则会导致语法错误。

3.5 函数

3.5.1 箭头函数

箭头函数是 ES6 中的一个新特性,可以用更简洁的语法编写函数。箭头函数使用 => 符号定义。

新建 function.js 文件,编写的代码如下:

```
//ch3/function.js
const add = (a, b) => {
  return a + b;
};
console.log(add(1, 2)); // 输出:3
```

如果箭头函数体只有一条语句,则可以省略花括号、分号和 return 关键字。
上述代码可以简写成一行。打开 function.js 文件,编写的代码如下:

```
//ch3/function.js
const add = (a, b) => a + b;
console.log(add(1, 2)); // 输出:3
```

3.5.2 默认参数

在 ES6 中,函数的参数可以指定默认值,这样在调用函数时如果未传递参数,则可以使用默认值。默认参数使用等号"="定义。

打开 function.js 文件,编写的代码如下:

```
//ch3/function.js
function hi(username = '张三') {
  console.log(`你好, ${username}!`);
}
hi(); // 输出:你好,张三!
hi('李四'); // 输出:你好,李四!
```

在上述代码中,hi() 函数定义了一个参数 username,将其默认值设置为"张三"。如果调用 hi() 函数时不传递任何参数,则使用默认值"张三"。如果传递了参数,则使用传递的参数值。

3.5.3 剩余参数

在 ES6 中,函数的参数可以使用剩余操作符"..."来表示剩余参数。
打开 function.js 文件,编写的代码如下:

```
//ch3/function.js
function sum(...numbers) {
  let result = 0;
  for (let number of numbers) {
    result += number;
```

```
    }
    return result;
}
console.log(sum(1, 2, 3, 4));  // 输出：10
console.log(sum(4, 5, 6, 7, 8));  // 输出：30
```

在上述代码中，sum() 函数使用剩余操作符 "..." 来表示剩余参数，这样就可以接受任意数量的参数。在函数内部，剩余参数会被封装为一个数组 numbers，然后可以像普通数组一样使用。

3.5.4 解构参数

函数参数可以使用解构获取参数值。这种方式可以让代码更加简洁、易读。

打开 function.js 文件，编写的代码如下：

```
//ch3/function.js
function userinfo({username, age}) {
  console.log(`姓名：${username}，年龄：${age}`);
}
const user = {username: '张三', age: 20};
userinfo(user);  // 输出：姓名：张三，年龄：20
```

在上述代码中，userinfo() 函数的参数使用了对象解构语法 {username, age}，表示将传入对象的 username 和 age 属性解构出来，分别赋值给 username 和 age 常量，然后在函数体内使用这两个常量输出用户信息。

使用解构语法时，传入的参数必须是一个对象，否则会导致语法错误。如果想要设置默认值，则可以在解构语法中使用默认值。

打开 function.js 文件，编写的代码如下：

```
//ch3/function.js
function userinfo({username = '张三', age = 20} = {}) {
  console.log(`姓名：${username}，年龄：${age}`);
}
userinfo();  // 输出：姓名：张三，年龄：20
userinfo({username: '李四'});  // 输出：姓名：李四，年龄：20
```

在上述代码中，userinfo() 函数的参数使用了对象解构语法 {username = '张三', age = 20} = {}，这表示将传入的对象的 username 和 age 属性解构出来，分别赋值给 username 和 age 常量。如果传入的对象没有 username 或 age 属性，则使用默认值 "张三" 和 20。如果没有传入任何参数，则使用默认参数。

3.6 正则

正则表达式（Regular Expression，RegExp）是用于匹配和处理字符串的一种表达式语言。它是由一些特殊字符和普通字符组成的，用于描述字符串的特征。在 JavaScript 中，可以使用内置的 RegExp 对象或直接使用字面量的形式创建正则表达式。

正则表达式的基本用途如下：

（1）匹配字符串中的某个模式。

（2）替换字符串中的某个模式。

（3）提取字符串中的某个模式。
（4）验证字符串是否符合某个模式。

正则表达式的语法比较复杂，包含了很多特殊字符和元字符。以下是一些常用的特殊字符：

（1）. 用于匹配任意单个字符。
（2）* 用于匹配前一个字符零次或多次。
（3）+ 用于匹配前一个字符一次或多次。
（4）? 用于匹配前一个字符零次或一次。
（5）| 用于匹配两个或多个模式之一。
（6）[] 用于匹配括号内的任意一个字符。
（7）[^] 用于匹配不在括号内的任意一个字符。
（8）() 用于分组。
（9）{n} 用于匹配前一个字符恰好 n 次。
（10）{n,} 用于匹配前一个字符至少 n 次。
（11）{n,m} 用于匹配前一个字符至少 n 次但不超过 m 次。

除了上面这些特殊字符，还有一些元字符用于匹配一些特定的字符类型：

（1）\d 用于匹配数字。
（2）\D 用于匹配非数字。
（3）\w 用于匹配单词字符（字母、数字或下画线）。
（4）\W 用于匹配非单词字符。
（5）\s 用于匹配空白字符（空格、制表符、换行符等）。
（6）\S 用于匹配非空白字符。

正则表达式还可以包含修饰符，用于指定匹配规则的一些细节，例如是否区分大小写、是否全局匹配等。常见的修饰符包括以下几种。

（1）i 表示忽略大小写。
（2）g 表示全局匹配。
（3）m 表示多行匹配。

在 JavaScript 中，可以使用 RegExp 对象或直接使用字面量的形式创建正则表达式。以下是创建正则表达式的两种方式。

新建 regExp.js 文件，编写的代码如下：

```
//ch3/regExp.js
// 使用 RegExp 对象
const pattern = new RegExp('\\d{4}-\\d{4}');
const str = '我的电话号码是 8888-8888';
console.log(pattern.test(str)); // 输出: true

// 使用字面量形式
const pattern2 = /\d{4}-\d{4}/;
console.log(pattern2.test(str)); // 输出: true
```

在上述代码中，两种方式都可以创建一个用于匹配电话号码的正则表达式，使用 test() 方法测试一个字符串是否符合该正则表达式的规则。

打开 regExp.js 文件，编写的代码如下：

```
//ch3/regExp.js
// 匹配邮箱地址
const email = 'example@example.com';
const pattern = /^\w+@[a-zA-Z_]+?\.[a-zA-Z]{2,3}$/u;
console.log(pattern.test(email)); // 输出：true

// 匹配手机号码
const phone = '13900000000';
const pattern2 = /^1[3-9]\d{9}$/;
console.log(pattern2.test(phone)); // 输出：true
```

在上述代码中，第 1 个正则表达式用于匹配邮箱地址，规则是：邮箱用户名由一个或多个单词字符组成，即字母、数字或下画线。邮箱用户名后紧跟 @ 字符。邮箱域名由一个或多个字母或下画线组成。邮箱域名后紧跟 "." 字符，然后是两个或 3 个字母。该正则表达式使用了 Unicode 字符集，支持 Unicode 字符。如果符合规则，则输出 true，反之则输出 false。

第 2 个正则表达式用于匹配手机号码，规则是：以 1 开头，第 2 个数字为 3、4、5、6、7、8、9 中的任意一个数字，第三位到第十一位数字为 0~9 的任意一个数字。如果符合规则，则输出 true，反之则输出 false。

3.7 数组

3.7.1 扩展运算符

扩展运算符 "..." 用于将数组转换为用逗号分隔的参数序列。

新建 array.js 文件，编写的代码如下：

```
//ch3/array.js
const arr1 = [1, 2, 3];
const arr2 = [4, 5];
const array = [...arr1, ...arr2];
console.log(array); // 输出：[1, 2, 3, 4, 5]
```

在上述代码中使用扩展运算符将两个数组合并为一个数组。

定义了两个数组 arr1 和 arr2：

arr1 数组包含元素 1、2 和 3，arr2 数组包含元素 4 和 5。

定义一个新数组 array，使用了扩展运算符 "..." 来展开两个数组中的元素。"...arr1" 展开了 arr1 数组中的所有元素 1、2 和 3，"...arr2" 展开了 arr2 数组中的所有元素 4 和 5。两个被展开的数组通过逗号连接在一起，形成了新的数组 [1, 2, 3, 4, 5]。

3.7.2 Array.from() 方法

Array.from() 方法将类数组对象或可遍历对象转换为真正的数组。

打开 array.js 文件，编写的代码如下：

```
//ch3/array.js
const likeArr = { 0: 'a', 1: 'b', 2: 'c', length: 3 };
const arr = Array.from(likeArr);
console.log(arr); // 输出：['a', 'b', 'c']
```

上述代码用于将具有 length 属性和数值键属性的对象转换成真正的数组。

在 JavaScript 中，Array.from() 方法允许创建一个新的数组实例，从一个类似数组或可迭代的对象中复制元素。

likeArr 是一个类数组对象，具有数组的索引 0、1、2 和一个 length 属性，但不是一个真正的数组。

当使用 Array.from(likeArr) 方法时，执行了以下操作：

（1）Array.from() 方法接收 likeArr 作为参数。

（2）Array.from() 方法查看 likeArr 具有数字键（0，1，2）和 length。

（3）Array.from() 方法使用 likeArr 的 length 属性来确定新数组的长度。

（4）Array.from() 方法遍历了 likeArr 对象的每个数字键，将相应的值复制到新创建的数组的相应索引位置。

（5）一个新的真正的数组 arr 被创建，包含从 likeArr 复制过来的值。

当执行 console.log(arr) 时，控制台会输出新数组 arr，内容为 ['a', 'b', 'c']。

3.7.3　find() 方法和 findIndex() 方法

数组的 find() 方法和 findIndex() 方法用于在数组中查找满足某个条件的元素。

打开 array.js 文件，编写的代码如下：

```
//ch3/array.js
const arr = [{id: 1, username: '张三'}, {id: 2, username: '李四'}];
const obj = arr.find(item => item.id === 2);
console.log(obj); // 输出:{id: 2, username: '李四'}

const index = arr.findIndex(item => item.id === 2);
console.log(index); // 输出：1，此处 1 数组下标
```

上述代码用于查找数组的元素和查找数组的索引。

定义了一个数组 arr，包含两个对象。每个对象都有一个 id 和一个 username。

使用数组的 find () 方法来查找第 1 个 id 属性值为 2 的元素。find() 方法通过一个回调函数来确定要查找的元素，遍历数组中的每个元素，直到回调函数第 1 次返回 true。

item => item.id === 2 这个箭头函数就是回调函数，检查每个元素的 id 属性是否等于 2。

当 find() 方法找到 id 为 2 的元素时会立即停止搜索并返回该元素。

find() 方法返回了 { id: 2, username: '李四' }，console.log(obj) 在控制台输出的就是这个对象。

数组的 findIndex() 方法与 find() 方法类似，都是接收一个回调函数来确定要查找的条件。不同的是，findIndex() 方法返回的是满足条件的元素的索引，而不是元素本身。

当 findIndex() 方法找到第 1 个满足条件 item => item.id === 2 的元素的索引时会立即停止搜索并返回该元素，因为对象 { id: 2, username: '李四' } 是数组 arr 中的第 2 个元素，所以它的索引是 1，数组索引从 0 开始。console.log(index) 在控制台输出的就是 1。

3.7.4　includes() 方法

includes() 方法用于判断数组是否包含某个元素，取代了 indexOf() 方法。

打开 array.js 文件，编写的代码如下：

```
//ch3/array.js
const arr = [1, 2, 3];
const hasOne = arr.includes(1);
console.log(hasOne); // 输出：true
const hasFour = arr.includes(4);
console.log(hasFour);// 输出：false
```

上述代码用于使用数组的 includes() 方法来检测数组中是否包含特定的元素。

定义一个数组 arr，包含数字 1、2 和 3。

使用 arr.includes(1) 来检查数组 arr 是否包含数字 1。由于数组中确实包含数字 1，所以常量 hasOne 会被赋值为 true。通过 console.log(hasOne) 语句在控制台输出 true。

使用 arr.includes(4) 来检查数组 arr 是否包含数字 4。因为数组中不包含数字 4，所以常量 hasFour 会被赋值为 false。通过 console.log(hasFour) 语句在控制台输出 false。

数组的 includes() 方法返回一个布尔值，表明数组中是否存在指定的元素。如果元素存在，则返回值为 true；如果不存在，则返回值为 false。

3.7.5　entries() 方法、keys() 方法和 values() 方法

数组的 entries() 方法、keys() 方法和 values() 方法用于遍历数组，返回一个迭代器对象，可以用 for…of 循环遍历。

打开 array.js 文件，编写的代码如下：

```
//ch3/array.js
const arr = ['a', 'b', 'c'];
for (const [index, value] of arr.entries()) {
    console.log(index, value);
}
// 输出：0 'a'
// 输出：1 'b'
// 输出：2 'c'

for (const index of arr.keys()) {
    console.log(index);
}
// 输出：0
// 输出：1
// 输出：2

for (const value of arr.values()) {
    console.log(value);
}
// 输出：'a'
// 输出：'b'
// 输出：'c'
```

上述代码包含了 3 种不同的方式，通过 JavaScript 的 for…of 循环来遍历数组 arr 中的元素。

使用 arr.entries() 方法，该方法返回一个新的 Array 迭代器对象，该对象包含数组中每个索引的键 - 值对。使用了数组的解构赋值 [index, value] 获取每个迭代项的索引和值，并且打印到控制台。

使用 arr.keys() 方法，该方法返回一个新的 Array 迭代器，包含数组中每个索引的键。通过 arr.keys() 获取数组的每个索引，并且打印到控制台。

使用 arr.values() 方法，该方法返回一个新的 Array 迭代器，包含数组中每个元素的值。通

过 arr.values() 遍历数组的每个值，并且打印到控制台。

3.7.6 flat() 方法和 flatMap() 方法

数组的 flat() 方法和 flatMap() 方法用于对多维数组进行扁平化操作。

打开 array.js 文件，编写的代码如下：

```
//ch3/array.js
const arr = [[1, 2], [3, 4]];
const flatArr = arr.flat();
console.log(flatArr); // 输出：[1, 2, 3, 4]
const mappedFlatArr = arr.flatMap(item => item.map(value => value * 2));
console.log(mappedFlatArr); // 输出：[2, 4, 6, 8]
```

flat() 方法默认只会"扁平化"一层，如果想要"扁平化"多层的嵌套数组，则可以将 flat() 方法的参数写成一个整数，表示想要扁平化的层数，默认值为 1。

打开 array.js 文件，编写的代码如下：

```
//ch3/array.js
const arr = [1, [2, [3, 4]]];
const flatArr1 = arr.flat();
console.log(flatArr1); // 输出：[1, 2, [3, 4]]
const flatArr2 = arr.flat(2); //
console.log(flatArr2); // 输出：[1, 2, 3, 4]
```

3.7.7 sort() 方法

打开 array.js 文件，编写的代码如下：

```
//ch3/array.js
const arr = [3, 1, 4, 1, 5, 9, 2, 6];
console.log(arr.sort()); // 输出：[1, 1, 2, 3, 4, 5, 6, 9]
```

上述代码用于对数组中的元素进行排序。如果不将比较函数提供给 sort() 方法，则默认将元素转换为字符串，按照字符串的各个字符的 Unicode 码位进行升序排序。

如果尝试对包含两位数及以上的数字使用默认的 sort() 方法，则将得到一个可能出乎意料的结果。打开 array.js 文件，编写的代码如下：

```
//ch3/array.js
const arr = [3, 1, 4, 1, 5, 9, 2, 6, 10];
console.log(arr.sort()); // 输出：[1, 1, 10, 2, 3, 4, 5, 6, 9]
```

在输出结果中，数组元素 10 会被放置在 2 之前，这是因为字符"1"在 Unicode 编码中的位置比字符"2"靠前。

如果想要按数字的实际大小进行排序，则应该提供一个比较函数，打开 array.js 文件，编写的代码如下：

```
//ch3/array.js
const arr = [3, 10, 4, 21, 1, 5, 9, 2, 6,];
arr.sort((a, b) => a - b);   //升序排序
console.log(arr);           // 输出：[1, 2, 3, 4, 5, 6, 9, 10, 21]
```

在上述代码中 sort() 方法将 (a, b) => a - b 比较函数作为参数传入，sort() 方法将按照数值的大小对数组 arr 进行排序，而不是按照 Unicode 码位进行排序。

3.8 对象

3.8.1 定义对象

定义对象可以简写对象属性初始化器，ES6允许在对象字面量中使用属性初始化器简写，使代码更加简洁易读。可以使用简写方式定义对象的属性和方法。

新建object.js文件，编写的代码如下：

```
//ch3/object.js
const username = '张三';
const age = 20;
const person = {
  username,
  age,
  sayHello() {
    console.log(`你好，我叫${this.username}，今年${this.age}岁了`);
  }
};
person.sayHello(); // 输出：你好，我叫张三，今年20岁了
```

上述代码用于定义一个对象的属性和方法。

定义了一个名为username的常量，值为"张三"。

定义了一个名为age的常量，值为20。

定义了一个名为person的对象，这个对象有两个属性和一个方法：username、age和sayHello()方法。

对象person使用了属性简写的方式来定义。当对象的属性名和变量名相同的时候，可以只写一个名称，而不需要key: value的形式，username: username简写为username，age: age简写为age。

sayHello()是一个对象中的方法，使用模板字符串语法`你好，我叫${this.name}，今年${this.age}岁了`，来输出person对象的username和age属性。模板字符串允许嵌入表达式，并且可以包含换行和字符串插值。${this.username}和${this.age}会被替换为当前对象person的username和age属性的值。

person.sayHello()调用person对象的sayHello()方法，该方法执行时会在控制台打印出字符串："你好，我叫张三，今年20岁了"。

3.8.2 使用计算属性名动态创建属性名

ES6允许使用计算属性名动态创建属性名。

打开object.js文件，编写的代码如下：

```
//ch3/object.js
const propName = 'username';
const person = {
  [propName]: '张三',
  age: 20
};
console.log(person.username); // 输出：张三
```

上述代码用于在对象字面量中使用计算属性名。计算属性名允许在定义对象属性时使用表

达式作为属性名称。通过方括号 [] 语法实现。

定义了一个常量 propName，将其值设置为字符串 username。

定义了一个名为 person 的新对象，有以下两个属性：

（1）第 1 个属性的名称是 propName 变量的值，也就是字符串 username，使用了计算属性名的语法 [propName]。属性的值被设置为字符串"张三"。

（2）第 2 个属性名称是 age，值被设为数值 20。

3.8.3　对象解构

对象解构用于从对象中提取属性并赋值给变量。

打开 object.js 文件，编写的代码如下：

```
//ch3/object.js
const person = {
  username: '张三',
  age: 20
};
const {username, age} = person;
console.log(username); // 输出：张三
console.log(age); // 输出：20
```

上述代码用于对象解构赋值。

定义一个名为 person 的对象，有两个属性：username 和 age，分别赋值为字符串"张三"和数值 20。

const { username, age } = person; 语句通过解构赋值的方式，将 person 对象中的 username 和 age 属性值分别赋给了同名的两个变量 username 和 age。解构赋值是一个简化变量赋值的方法，可以直接从对象或数组中将数据提取到独立的变量中。

在实际开发中，对象解构赋值十分常用。

3.8.4　对象扩展运算符

对象扩展运算符"..."用于将一个对象的属性和方法合并到另一个对象中。

打开 object.js 文件，编写的代码如下：

```
//ch3/object.js
const person = {
  username: '张三',
  age: 20
};
const userinfo = {
  ...person,
  work: '工程师'
};
console.log(userinfo); // 输出:{username: '张三', age: 20, work: '工程师' }
```

上述代码用于使用扩展运算符复制一个对象的属性，向这个新对象添加额外的属性。

定义了一个名为 person 的对象，包含两个属性：username 和 age，分别赋值为"张三"和 20。

定义了一个名为 userinfo 的对象，使用扩展运算符"..."将 person 对象中的所有属性和值复制到 userinfo 对象中。在"...person"之后添加了一个新的属性 work，将其值设置为"工程师"。

通过 console.log(userinfo); 语句将 userinfo 对象打印到控制台，结果是一个包含 3 个属性的对象：username、age 和 work。这个对象的值是 {username:'张三', age: 20, work:'工程师'}。

相信细心的读者已经发现了，剩余参数和扩展运算符使用的都是"..."语法。

ES6 中的剩余参数（Rest Parameters）和扩展运算符（Spread Operator）属于与数组和函数参数操作相关的新特性，被用于不同的场合。

（1）剩余参数：允许将任意数量的参数表示为一个数组。当需要处理不确定数量的参数时，剩余参数提供了一种非常便捷的方式来代替 arguments 对象。打开 object.js 文件，编写的代码如下：

```javascript
//ch3/object.js
function sum(...numbers) {
  let total = 0;
  numbers.forEach(item => total += item);
  return total;
}
console.log(sum(1, 2, 3, 4)); // 输出：10
```

在上述代码中，...numbers 就是剩余参数的表示方法，函数 sum() 可以接收任意数量的参数，并存放到数组 numbers 中。

（2）扩展运算符：看起来与剩余参数相同，也使用"..."语法，扩展运算符的用途是将一个数组或类数组对象展开为一系列用逗号隔开的值。常用于函数调用、数组字面量和对象字面量中，以此来展开数组或对象。打开 object.js 文件，编写的代码如下：

```javascript
//ch3/object.js
const arr1 = [1, 2, 3];
const arr2 = [4, 5, 6];
// 合并两个数组
const combinedArr = [...arr1, ...arr2];
console.log(combinedArr); // 输出：[1, 2, 3, 4, 5, 6]

const obj1 = {username:'张三',sex:'男'}
const obj2 = {age: 20}
// 合并两个对象
const combinedObj = {...obj1, ...obj2}
console.log(combinedObj); // 输出：{username: '张三', sex: '男', age: 20}
```

在上述代码中 ...arr1、...arr2、...obj1、...obj2 都是扩展运算符的应用，将每个元素分别展开成独立的值。

剩余参数是在函数定义时将不定数量的参数收集到一个数组中，而扩展运算符是在调用函数或构建数组/对象时将数组或对象展开为单独的参数或元素。尽管使用相同的语法"..."，但两者的作用和使用的上下文是不同的。

3.9 Set 和 Map

3.9.1 Set

Set 是 ES6 中新增的一种数据结构，用于存储任意类型的唯一值，包括原始值和对象引用。与数组不同，Set 没有重复的元素，这使得 Set 非常适合于存储一组唯一的值。

1. 创建一个 Set

可以使用 new Set() 来创建一个空的 Set，也可以在创建时将一个数组作为参数传递给 Set 构造函数，以便使用数组的值初始化 Set。

新建 set.js 文件，编写的代码如下：

```
//ch3/set.js
const set1 = new Set(); //创建一个空 Set
console.log(set1); //输出:{}
const set2 = new Set([1, 2, 3]); //使用数组[1,2,3]初始化一个 Set
console.log(set2); //输出:{1, 2, 3}
```

在 JavaScript 中，Set 对象是一种特殊的数据结构，允许存储一组唯一的值，即没有重复的值。

set1 是通过默认构造函数 new Set() 创建的空集合。

set2 是通过传递一个数组 [1, 2, 3] 给 Set 构造函数来创建的。构造函数会遍历数组，把数组中的每个唯一值添加到 set2 中。结果是一个包含数值 1、2 和 3 的 Set 对象。

Set 内部的元素是唯一的，即使在数组中提供了重复的值，Set 也只会存储一个副本。

2. 添加和删除元素

Set 提供了 add() 方法来添加新的元素，并且提供了 delete() 方法来删除元素。

打开 set.js 文件，编写的代码如下：

```
//ch3/set.js
const set = new Set();
set.add(1); //将元素 1 添加到 Set
console.log(set); //输出:{1}
set.add(2); //将元素 2 添加到 Set
console.log(set); //输出:{1, 2}
set.delete(1); //删除元素 1
console.log(set); //输出:{2}
```

上述代码用于创建一个 Set 集合，向该集合中添加元素，然后删除其中的一个元素。

使用 Set 对象来管理一个集合，集合中的每项都是唯一的，不会有重复的值。

初始化了一个空的 Set 对象，将其赋值给常量 set。

set.add() 方法用于向 Set 中添加元素，将值 1 添加到 Set 对象中。此时 Set 对象中包含的元素是 {1}。

再次向 Set 中添加元素，将值 2 添加到 Set 对象中。因为 Set 是只存储唯一值的集合，所以此次操作会将一个新元素 2 增加到集合中，而不会影响已经存在的元素 1。此时 Set 对象中包含的元素是 {1, 2}。

set.delete() 方法用于从 Set 中删除元素，从 Set 对象中删除值为 1 的元素，Set 对象中仅剩下元素 {2}。

3. 检查元素是否存在

使用 has() 方法来检查一个元素是否在 Set 中存在。

打开 set.js 文件，编写的代码如下：

```
//ch3/set.js
const set = new Set([1, 2, 3]);
console.log(set.has(2)); //输出:true
console.log(set.has(4)); //输出:false
```

上述代码用于检查一个特定元素是否存在于集合中。

初始化了一个 Set 对象,包含 3 个元素:1、2 和 3,将其赋值给常量 set。

使用了 has() 方法检查值 2 是否存在于 Set 集合中。因为 2 已经是集合的一部分了,所以 has() 方法返回 true,控制台输出为 true。

使用了 has() 方法检查值 4 是否存在于集合中。由于 4 并不是集合的一部分,所以 has() 方法的返回值为 false,控制台输出为 false。

4. 获取 Set 的大小

使用 size 属性获取 Set 中元素的数量。

打开 set.js 文件,编写的代码如下:

```
//ch3/set.js
const set = new Set([1, 2, 3]);
console.log(set.size); // 输出: 3
```

上述代码用于获取 Set 对象中有多少个元素。

初始化了一个 Set 对象,包含 3 个元素:1、2 和 3,将其赋值给常量 set。

Set 属性 size 返回一个数字,表示 Set 对象中有多少个元素。由于 Set 包含 3 个不同的数字 1、2 和 3,所以输出结果为 3,表示该 Set 对象包含 3 个元素。

5. 迭代 Set

使用 for…of 循环或者 forEach() 方法来迭代 Set 中的元素。

打开 set.js 文件,编写的代码如下:

```
//ch3/set.js
const set = new Set([1, 2, 3]);
for (const item of set) {
  console.log(item); // 依次输出: 1, 2, 3
}
set.forEach((value) => console.log(value)); // 依次输出: 1, 2, 3
```

上述代码用于遍历 Set 对象的元素。使用了两种不同的遍历方法。

初始化了一个 Set 对象,包含 3 个元素:1、2 和 3,将其赋值给常量 set。

使用 for…of 循环来遍历 Set 中的每个元素,通过 console.log 方法来输出每个元素。for…of 循环可以直接用于 Set 对象并会按照元素的插入顺序输出。

使用 forEach() 方法来遍历 Set 中的每个元素。forEach() 方法接受一个回调函数,该回调函数会为 Set 中的每个元素执行一次,同样按照元素的插入顺序进行输出。

两种遍历方法的效果是一样的,都会按照元素的插入顺序依次输出。

6. 清空 Set

使用 clear() 方法来清空一个 Set。

打开 set.js 文件,编写的代码如下:

```
//ch3/set.js
const set = new Set([1, 2, 3]);
set.clear(); // 清空 Set
console.log(set.size); // 输出 0
```

上述代码用于清空一个 Set。

初始化了一个 Set 对象,包含 3 个元素:1、2 和 3,将其赋值给常量 set。

调用 clear() 方法清空整个 Set 对象。clear() 方法会移除 Set 对象中的所有元素，使其变为空集。

3.9.2 Map

Map 是 JavaScript 中的一种内置数据结构，可以存储键-值对，并且键和值可以是任何 JavaScript 数据类型，包括基本数据类型和对象引用。Map 在 ES6 中被引入，可以用来代替传统的对象实现更灵活、可读性更好的数据结构。

Map 的键可以是任何数据类型，例如对象、数组、函数、基本数据类型等。这与传统的对象不同，例如传统的对象的键只能是字符串或符号。

Map 的键-值对是有序的，插入的顺序决定了键-值对的顺序。这与对象的属性是无序的不同。

Map 非常易于获取大小，使用 size 属性可以直接获取 Map 中键-值对的数量。

Map 易于遍历，Map 提供了多种方法来遍历键、值、键-值对等数据。这使得处理 Map 中的数据变得更加方便。

1. set(key, value)

Map 的 set(key, value) 方法用于向 Map 中添加键-值对。

新建 map.js 文件，编写的代码如下：

```
//ch3/map.js
const users = new Map();
// 添加用户信息
users.set('zhangsan', {age: 20, gender: '男'});
console.log(users); // 输出:Map(1) {'zhangsan' => {age: 20, gender: '男'} }
users.set('lisi', {age: 25, gender: '女'});
console.log(users); // 输出:Map(2) {'zhangsan' => {age: 20, gender: '男'}, 'lisi' => {age: 25, gender: '女'} }
```

上述代码用于使用 Map 对象来存储和管理用户信息。Map 对象是一种集合类型，能够存储键-值对。

创建一个新的 Map 对象，命名为 users。

向 Map 对象 users 中添加一个键为 zhangsan 的用户信息，用户信息以对象形式表现，包含年龄 20，性别为男。

打印当前 Map 对象 users 的内容，由于此时只添加了一个键-值对，所以输出结果为"Map(1) { 'zhangsan' => { age: 20, gender: '男' } }"。

Map(1) 表示 Map 对象 users 中有一个键-值对，'zhangsan' => { age: 20, gender: '男' } 表示这个键-值对的键是 'zhangsan'，对应的值是一个对象 {age: 20, gender: '男'}。

继续向 Map 对象 users 添加另一个用户信息，键为 lisi，用户信息包含年龄 25，性别为女。

再次打印 Map 对象 users 的内容，此时 Map 对象 users 中含有两个键-值对，所以输出结果为"Map(2) { 'zhangsan' => { age: 20, gender: '男' }, 'lisi' => { age: 25, gender: '女' } }"。

Map(2) 表示 Map 对象 users 中有两个键-值对，分别是 'zhangsan' => { age: 20, gender: '男' } 和 'lisi' => { age: 25, gender: '女' }。

2. get(key)

Map 的 get(key) 方法用于获取指定键的值。

打开 map.js 文件，编写的代码如下：

```
//ch3/map.js
// 获取用户信息
console.log(users.get('zhangsan')); // 输出:{age: 20, gender: '男'}
```

上述代码用于从 Map 对象 users 中获取键为 zhangsan 的用户信息，并且将其打印到控制台。

使用 get() 方法从 Map 对象 users 中根据指定的键获取对应的值。

当键 zhangsan 在 Map 对象 users 中存在时，get() 方法将返回与 zhangsan 相关联的值，即之前设置的用户信息对象 { age: 20, gender: '男' }。

如果键在 Map 对象 users 中不存在，则 get() 方法将返回 undefined。

调用 console.log() 方法将获取的值输出到控制台，输出结果为 "{ age: 20, gender: '男' }"。

3. has(key)

Map 的 has(key) 方法用于检查 Map 中是否包含指定的键。

打开 map.js 文件，编写的代码如下：

```
//ch3/map.js
// 检查用户是否存在
console.log(users.has('lisi')); // 输出:true
```

上述代码用于检查 Map 对象 users 中是否存在键名为 lisi 的元素，将结果打印到控制台。

使用 Map 对象的 has() 方法查询 Map 对象 users 中是否存在名为 lisi 的元素。has() 方法返回一个布尔值，如果指定的键名在 Map 中存在，则返回值为 true；如果不存在，则返回值为 false。

在之前的代码中，键名为 lisi、值为 { age: 25, gender: '女' } 的元素已经被添加到 Map 对象 users 中。

当调用 console.log(users.has('lisi'));语句时，因键名 lisi 已存在于 Map 对象 users 中，所以执行结果会输出 true。控制台显示：true。

4. size

Map 的 size 属性用于获取 Map 中键-值对的数量。

打开 map.js 文件，编写的代码如下：

```
//ch3/map.js
// 获取用户数量
console.log(users.size); // 输出: 2
```

上述代码用于获取 Map 对象 users 中当前的元素（键-值对）数量，将其打印到控制台。

通过 users.size 属性访问 Map 对象 users 当前的大小。在 Map 对象中，.size 是一个属性，不是一种方法，所以不需要加上括号即可访问。

在前面给出的代码中，Map 对象 users 已经添加了两个用户信息：zhangsan 和 lisi。

调用 console.log(users.size) 会输出 Map 对象 users 当前存储的键-值对的数量，即用户数量。

控制台输出结果是：2。

5. Map 的 keys()、values()、entries()、forEach() 等方法

Map 的 keys()、values()、entries()、forEach() 等方法用于获取 Map 中的键、值、键-值对等数据。

打开map.js文件,编写的代码如下:

```js
//ch3/map.js
//keys() 获取所有的键
const keys = users.keys();
for (let key of keys) {
  console.log(key);
  // 依次输出
  //zhangsan
  //lisi
}

//values() 获取所有的值
const values = users.values();
for (let value of values) {
  console.log(`${JSON.stringify(value)}`);
  // 依次输出
  //{"age":20,"gender":"男"}
  //{"age":25,"gender":"女"}
}

//entries() 获取所有的键-值对
const entries = users.entries();
for (let [key, value] of entries) {
  console.log(`${key}: ${JSON.stringify(value)}`);
  // 依次输出
  //zhangsan: {"age":20,"gender":"男"}
  //lisi: {"age":25,"gender":"女"}
}

//forEach 遍历用户信息
users.forEach((value, key) => {
  console.log(`${key}: ${JSON.stringify(value)}`);
  // 依次输出
  //zhangsan: {"age":20,"gender":"男"}
  //lisi: {"age":25,"gender":"女"}
});
```

上述代码使用 Map 对象的不同方法获取遍历 Map 的键、值和键-值对。

(1) keys() 方法: users.keys() 方法返回一个迭代器对象,按照插入顺序包含 Map 对象中每个元素的键。使用 for…of 循环迭代器对象,可以依次访问 Map 中的每个键。

(2) values() 方法: users.values() 方法返回一个迭代器对象,按照插入顺序包含 Map 对象中每个元素的值。使用 for…of 循环迭代器对象,可依次访问 Map 中的每个值。

(3) entries() 方法: users.entries() 方法返回一个迭代器对象,按照插入顺序包含 Map 对象中每个元素的键-值对。使用 for…of 循环迭代器对象,可依次访问 Map 中的每个键-值对。

(4) forEach() 方法: users.forEach((value, key) => {…}) 方法迭代 Map 的每个元素,该方法会为 Map 中的每个键-值对执行一个回调函数。回调函数接收当前元素的键和值。

6. delete(key)

Map 的 delete(key) 方法用于从 Map 中删除指定的键-值对。

打开 map.js 文件,编写的代码如下:

```js
//ch3/map.js
```

```
// 删除键 - 值对
users.delete('zhangsan')console.log(users);
// 输出: Map(1) {'lisi' => {age: 25, gender:'女'} }
```

上述代码使用 Map 对象的 delete() 方法来删除指定的键 - 值对。

7. clear()

Map 的 clear() 方法用于清空 Map 中的所有键 - 值对。

打开 map.js 文件，编写的代码如下：

```
//ch3/map.js
// 清空 Map
users.clear();
console.log(users) // 输出: {  }
```

上述代码使用 Map 对象的 clear() 方法清空 Map 中的所有键 - 值对。

3.10 遍历

ES6 引入了许多新的遍历方法和语法，这些方法可以更方便地遍历数组、对象、Map、Set 等数据结构。

3.10.1 for…of 循环

for…of 循环用于遍历可迭代对象，包括数组、字符串、Map、Set 等数据结构。与传统的 for 循环不同，for…of 循环返回的是每个元素的值，而不是索引。

新建 ergodic.js 文件，编写的代码如下：

```
//ch3/ergodic.js
const arr = [1, 2, 3];
for (let value of arr) {
    console.log(value);  // 依次输出: 1 2 3
}
```

上述代码使用 for…of 循环语句对数组进行遍历。

定义一个名为 arr 的数组，包含 3 个元素：1、2 和 3。

使用 for…of 循环来遍历数组 arr 中的每个元素。

循环体中使用关键字 let 定义了一个循环变量 value，用于在每次迭代中存储从数组中取出的当前元素的值。

在第 1 次循环迭代中，value 的值是 1，打印出 1。

在第 2 次循环迭代中，value 的值是 2，打印出 2。

在第 3 次循环迭代中，value 的值是 3，打印出 3。

最终的效果是在控制台上依次输出：1、2 和 3。

for…of 循环在每次迭代完成后会自动移动到数组的下一个元素，直到遍历完数组为止。

3.10.2 forEach()

forEach() 方法是数组的内置方法，用于遍历数组中的每个元素，执行指定的回调函数。

打开 ergodic.js 文件，编写的代码如下：

```
//ch3/ergodic.js
const arr = [1, 2, 3];
arr.forEach((value) => {
  console.log(value); // 依次输出: 1 2 3
});
```

上述代码使用 JavaScript 中的 Array.prototype.forEach() 方法遍历数组。

定义一个名为 arr 的数组，包含 3 个元素：1、2 和 3。

调用 arr 数组的 forEach() 方法。forEach() 方法接受一个回调函数作为参数，该回调函数会在数组的每个元素上被调用一次。

调用 forEach() 方法时，传递了一个箭头函数 (value) => {…} 作为回调函数。

箭头函数接受一个参数 value，代表当前正在处理的数组元素的值。

在箭头函数的函数体内，使用 console.log() 方法将这个值输出到控制台。

箭头函数将被调用 3 次，因为数组有 3 个元素。

每次调用时，参数 value 将分别被赋予数组的当前元素，依次是 1、2 和 3。

每次 value 赋值后都会被 console.log() 方法输出，控制台会将这些值依次显示出来。

3.10.3 for…in

for…in 循环用于遍历对象中的属性。与 for…of 循环不同，for…in 循环返回的是属性名，而不是属性值。

打开 ergodic.js 文件，编写的代码如下：

```
//ch3/ergodic.js
const obj = {a: 1, b: 2, c: 3};
for (let key in obj) {
  console.log(key + ': ' + obj[key]); // 依次输出: a: 1, b: 2, c: 3
}
```

上述代码使用 for…in 循环遍历一个对象的可枚举属性，打印出每个属性的键和值。

定义了一个名为 obj 的对象，包含 3 个键 - 值对：a: 1、b: 2 和 c: 3。

使用 for…in 循环迭代对象 obj 的所有可枚举属性。在每次迭代中，变量 key 将会被赋值为对象当前的键。

在循环体的内部使用 console.log() 方法来打印出当前键和对应的值。key 是当前迭代到的属性名，obj[key] 通过键名访问对象中相应键的值。

3.10.4 Object.entries()

Object.entries() 方法用于返回一个包含对象所有属性的数组，每个属性都是一个键 - 值对数组。可以配合 for…of 循环来遍历对象的属性和值。

打开 ergodic.js 文件，编写的代码如下：

```
//ch3/ergodic.js
const obj = {a: 1, b: 2, c: 3};
for (let [key, value] of Object.entries(obj)) {
  console.log(key + ': ' + value); // 依次输出: a: 1, b: 2, c: 3
}
```

上述代码使用 for…of 循环和 Object.entries 方法来遍历一个对象，打印出所有属性及对应的值。

定义了一个名为 obj 的对象，包含 3 个属性：a、b 和 c，值分别为 1、2 和 3。

使用 for…of 循环来迭代 Object.entries(obj) 返回的数组。Object.entries() 方法会把一个对象的每个属性转换一个由键和值组成的数组。

在 for…of 循环中，使用了数组解构的语法 (let [key, value]) 获取键和值。每次循环迭代时，key 变量会被赋值为子数组的第 1 个元素，value 变量会被赋值为第 2 个元素。

在循环体的内部使用 console.log() 方法来打印键和值。

3.11 Promise 对象

Promise 是一种用于处理异步操作的对象。设计 Promise 的目的是解决回调地狱的问题，即当多个异步操作嵌套在一起时，代码难以理解和维护的问题。使用 Promise 可以对异步操作的结果进行链式处理，使代码更加清晰和更易于维护。

Promise 对象表示一个异步操作的最终完成（或失败）及其结果值。有 3 种状态：等待（pending）、已完成（fulfilled）和已拒绝（rejected）。当异步操作成功完成时，Promise 对象将进入已完成状态，返回异步操作的结果；当异步操作失败时，Promise 对象将进入已拒绝状态，返回一个错误对象。

Promise 对象可以通过 then() 方法来处理已完成状态和已拒绝状态。then() 方法接收两个回调函数作为参数，第 1 个回调函数用于处理已完成状态，第 2 个回调函数用于处理已拒绝状态。如果一个 Promise 对象已经进入已完成或已拒绝状态，then() 方法将立即执行对应的回调函数。

Promise 还有其他一些方法，如 catch() 方法用于处理已拒绝状态，finally() 方法用于在 Promise 对象进入已完成或已拒绝状态后执行指定的操作。此外，Promise 还可以进行链式调用，即在一个 then() 方法中返回一个新的 Promise 对象，继续进行异步操作。

以下是一个使用 Promise 实现的异步加载图片的示例。

新建 promise1.html 文件，编写的代码如下：

```html
//ch3/promise1.html
<!DOCTYPE html>
<html lang="en">
<head>
    <meta charset="UTF-8">
    <meta http-equiv="X-UA-Compatible" content="IE=edge">
    <meta name="viewport"content="width=device-width, initial-scale=1.0">
    <title>Promise demo1</title>
    <script>
        function loadImage(src) {
            return new Promise((resolve, reject) => {
                const img = new Image();
                img.onload = () => {
                    resolve(img);
                };
                img.onerror = () => {
                    reject(new Error(`无法加载图片 ${src}`));
                };
                img.src = src;
            });
        }
```

```
            loadImage('https://my-comment.oss-cn-hangzhou.aliyuncs.com/
comment/20231224/1703430155497.webp!w100')
                .then(img => {
                    document.body.appendChild(img);
                })
                .catch(error => {
                    console.error(error);
                });
    </script>
</head>
<body>
</body>
</html>
```

在上述代码中，定义了 loadImage() 函数，用于异步加载图片。该函数返回一个 Promise 对象，表示图片加载的最终结果，如完成或失败。在 Promise 构造函数中，创建一个 Image 对象，为其设置 onload 和 onerror 事件处理函数。当图片加载成功时，调用 resolve() 方法将 Image 对象作为参数传递，否则调用 reject() 方法传递一个错误对象。

在主函数中，调用 loadImage() 函数，使用 then() 方法处理已完成状态和使用 catch() 方法处理已拒绝状态。在 then() 方法中，将加载完成的图片添加到文档中；在 catch() 方法中，捕获任何错误，将其打印到控制台上。当在 then() 方法中使用 appendChild() 方法将 Image 对象添加到文档中时，可能需要等待图片完全加载才能正确显示。为了确保图片已加载完毕，可以在 Image 对象的 onload 事件中执行 resolve() 方法，以便在 then() 方法中处理加载完成的图片。

测试方法可通过浏览器打开 promise1.html 文件查看。

3.12　async 和 await

ES6 引入了 async 和 await 关键字，使异步编程更简单、更直观。使用 async 和 await，可以让异步代码看起来像同步代码一样，更易于理解和维护。

async 和 await 都是基于 Promise 的，async 用于声明一个异步函数，该函数返回一个 Promise 对象；await 用于等待一个异步操作的结果，等待期间代码会阻塞，直到异步操作完成后再返回结果。

以下是一个简单的使用 async 和 await 实现的异步示例。

新建 promise2.html 文件，编写的代码如下：

```
//ch3/promise2.html
<!DOCTYPE html>
<html lang="en">
<head>
    <meta charset="UTF-8">
    <meta http-equiv="X-UA-Compatible" content="IE=edge">
    <meta name="viewport" content="width=device-width, initial-scale=1.0">
    <title>Promise demo2</title>
    <script>
        function fetchData(url) {
            return new Promise((resolve, reject) => {
                const xhr = new XMLHttpRequest();
                xhr.open('GET', url);
```

```
            xhr.onload = () => {
                if (xhr.status === 200) {
                    resolve(xhr.response);
                } else {
                    reject(new Error(xhr.statusText));
                }
            };
            xhr.onerror = () => {
                reject(new Error('网络错误'));
            };
            xhr.send();
        });
    }

    async function fetchTodo(url) {
        try {
            const response = await fetchData(url);
            console.log(JSON.parse(response));
        } catch (error) {
            console.error(error);
        }
    }

    fetchTodo('https://commentapi.aiboxs.cn/comment?page=1&pageSize=2');
    </script>
</head>
<body></body>
</html>
```

在上述代码中，定义了一个 fetchTodo() 异步函数，使用 async 关键字声明。

在该函数中，使用 await 关键字等待 fetchData() 函数的结果，在获取响应后的数据后对其进行解析并打印到控制台上，在 try 块中，使用 await 等待异步操作的结果，如果成功，就将结果赋值给 response 变量；如果出现错误，就抛出一个错误对象，在 catch 块中处理。

在浏览器打开 promise2.html 文件，按键盘上的 F12 键，进入调试面板，单击选项卡上的"控制台"按钮，如图 3-9 所示。

图 3-9　对响应后的数据进行解析并打印到控制台上

在主函数中，调用 fetchTodo() 函数获取数据，该方法返回一个 Promise 对象。fetchTodo()

是一个异步函数,可以使用 await 等待执行结果。

3.13 class

ES6 引入了 class 关键字,使 JavaScript 可以更方便地使用面向对象编程。使用 class 关键字,可以定义一个类,然后创建该类的实例。类有属性和方法,可以通过 new 关键字来实例化。

3.13.1 类的定义

类的定义通过 class 关键字进行声明,class 后面是类的名称,类名称通常采用驼峰式命名法。新建 class.js 文件,编写的代码如下:

```
//ch3/class.js
class Person {
  //...
}
```

上述代码用于定义 Person 类。

3.13.2 构造函数

类的构造函数可以通过 constructor() 方法来定义,在实例化类时自动调用。构造函数通常用于初始化实例变量。

打开 class.js 文件,编写的代码如下:

```
//ch3/class.js
class Person {
  constructor(name) {
    this.name = name;
  }
}
```

上述代码声明了一个名为 Person 的类。在 ES6 中,使用 class 关键字可以以更接近传统面向对象编程语法的方式定义类。

constructor(name) { ... } 是 Person 类的构造函数。构造函数是一个特殊的方法,并且会在创建类的新实例时被自动调用。本例中,构造函数接受一个参数 name。

this.name = name; 语句在构造函数内部,使用 this 关键字为新创建的对象设置属性。这里将传入构造函数的 name 参数赋值给对象的 name 属性。this 在这里指代新创建的 Person 实例。

3.13.3 实例方法

在类中定义的函数被称为实例方法,可以通过类的实例进行调用。

打开 class.js 文件,编写的代码如下:

```
//ch3/class.js
class Person {
  constructor(name) {
    this.name = name;
  }
  sayHello() {
```

```
        console.log(`你好，我的名字是${this.name}`);
    }
}
const person = new Person('张三');
person.sayHello(); // 输出：你好，我的名字是张三
```

上述代码使用了 ES6 语法中的 class 来定义了一个名为 Person 的类。

在 Person 类中定义了构造函数 constructor，构造函数接受一个参数 name，将传入构造函数的 name 参数赋值给对象的 name 属性。

在 Person 类中定义了一个叫作 sayHello() 的方法。该方法可以被 Person 类的实例调用。当在调用该方法时会输出一条包含 name 属性的问候信息。

通过 new 关键字创建了 Person 类的一个实例，将"张三"这个字符串作为参数传递给 Person 类的构造函数。

调用了 person 实例上的 sayHello() 方法，控制台输出"你好，我的名字是张三"。

通过类，ES6 让创建具有共同属性和行为的对象实例更简洁和更易于维护。这个特性使代码更接近传统面向对象编程（OOP）语言的语法。

3.13.4 getter() 和 setter() 方法

类支持定义 getter() 和 setter() 方法，用于访问和修改类的属性。getter() 方法用于获取属性值，setter() 方法用于设置属性值。

打开 class.js 文件，编写的代码如下：

```
//ch3/class.js
class Rectangle {
    constructor(height, width) {
        this._height = height;
        this._width = width;
    }
    get area() {
        return this._height * this._width;
    }
    set height(height) {
        this._height = height;
    }
    set width(width) {
        this._width = width;
    }
}
const rect = new Rectangle(10, 20);
console.log(rect.area); // 输出：200
rect.height = 5; //set height 为 5
console.log(rect.area); // 输出：100
```

上述代码用于演示如何在 JavaScript 中使用类、构造函数及 getter() 和 setter() 方法。

定义了一个名为 Rectangle 的类。

在 Rectangle 类中定义了构造函数 constructor，用于在创建类的新实例时执行初始化操作。接收两个参数 height 和 width，用于设置矩形的初始高度和宽度。这些值被赋给了类的 _height 和 _width 属性，这里的下画线是一个常见的命名约定，表明这些属性是私有的，不应直接从类的外部访问或修改。

get area() 是一个 getter() 方法，允许使用 rect.area 这样的语法获取矩形的面积。当这个 getter 被调用时会计算矩形的面积并返回。

set height(height) 方法和 set width(width) 方法是 setter() 方法。通过给矩形实例赋新值来更新高度和宽度。

const rect = new Rectangle(10, 20) 语句创建了一个高度为 10 且宽度为 20 的 Rectangle 类的新实例，存储在常量 rect 中。

console.log(rect.area); 语句用于打印出 rect 矩形的面积。矩形的高度和宽度分别为 10 和 20，面积是 10×20=200。

rect.height = 5; 语句用于更新 rect 矩形的高度，把高度设置为 5。

再次打印面积，现在矩形的面积变成了宽度 20 乘以新的高度 5，即 100。

getter() 方法和 setter() 方法的名称必须与属性名称相同，并且不能与实例方法同名。在访问和设置属性时，可以像访问和设置普通属性一样使用点号操作符。

3.13.5 静态方法

静态方法是指在类上定义的函数可以通过类本身而非类的实例进行调用。

打开 class.js 文件，编写的代码如下：

```
//ch3/class.js
class Tools{
  static add(a, b) {
    return a + b;
  }
}
console.log(Tools.add(1, 2)); // 输出: 3
```

上述代码定义了一个名为 Tools 的类。

在这个类中，通过 static 关键字定义了一个静态方法 add。静态方法是属于类本身而不是类的实例方法。可以直接通过类名来调用，而不需要创建类的实例。add() 方法接收两个参数 a 和 b，并且返回它们的和。

在类外部调用 Tools 类的 add() 静态方法，传入两个数字 1 和 2 作为参数，输出结果 3。

3.13.6 封装

ES6 中的类可以使用封装（encapsulation）来隐藏其实现细节，使其接口更清晰和更易于使用。

封装的基本思想是将数据和行为封装在类内部，使用公共方法访问和操作这些数据。这样，外部代码就无法直接访问和修改类的内部状态，而只能通过公共方法进行操作。这样做可以保护类的内部状态，使其更加安全和可维护。

在 ES6 中，可以使用 constructor() 构造函数和 getter()/setter() 方法实现封装。

打开 class.js 文件，编写的代码如下：

```
//ch3/class.js
class Person {
  constructor(name, age) {
    this._name = name;
    this._age = age;
  }
```

```
    get name() {
      return this._name;
    }
    set name(name) {
      if (typeof name !== 'string') {
        console.log('名字必须是字符串。');
        return;
      }
      this._name = name;
    }
    get age() {
      return this._age;
    }
    set age(age) {
      if (typeof age !== 'number') {
        console.log('年龄必须是数字。');
        return;
      }
      this._age = age;
    }
}
```

在上述代码中，创建了一个名为 Person 的类，在构造函数中初始化了私有属性 _name 和 _age。使用 getter() 和 setter() 方法访问和修改这些属性。

在 getter() 和 setter() 方法中，添加了一些验证逻辑来确保输入的值是有效的。在 set name() 方法中，检查传入的 name 参数是否是一个字符串。如果不是，则打印一条错误消息并返回。在 set age() 方法中，检查传入的 age 参数是否是一个数字。如果不是，则打印一条错误消息并返回。

使用 new 关键字实例化 Person，打开 class.js 文件，编写的代码如下：

```
//ch3/class.js
const person = new Person('张三', 20);
console.log(person.name); // 输出：张三
console.log(person.age); // 输出：20
person.name = '李四';    // 设置 name 为字符串：李四
person.age = 'ten';  // 输出错误提示："年龄必须是数字。"
person.age = 30;      // 设置年龄为数字：30
console.log(person.name); // 输出：李四
console.log(person.age); // 输出：30
```

在上述代码中，创建了一个 Person 类的实例，使用 getter() 和 setter() 方法访问和修改私有属性 name 和 age。在执行 person.age = 'ten'; 语句时，因传入的值不是一个有效的数字，所以输出了一条错误消息提示："年龄必须是数字。"

3.13.7 继承

ES6 中的类支持继承，使用 extends 关键字实现继承。子类可以访问父类的方法和属性，并且可以覆写父类中的方法。

打开 class.js 文件，编写的代码如下：

```
//ch3/class.js
class ChildClass extends ParentClass {
  //ChildClass 的定义
}
```

在上述代码中，ChildClass 继承自 ParentClass。子类可以访问父类的所有公共属性和方法，但不能访问父类的私有属性和方法。

子类可以覆写父类的方法和属性。如果子类中的一种方法与父类中的方法同名，则子类中的方法会覆写父类中的方法。

在子类的构造函数中，需要通过 super() 方法调用父类的构造函数来完成初始化。在父类的构造函数中，可以使用 this 关键字来引用子类的实例。

打开 class.js 文件，编写的代码如下：

```
//ch3/class.js
class Animal {
  constructor(name) {
    this.name = name;
  }
  say() {
    console.log('我的名字是' + this.name);
  }
}

class Dog extends Animal {
  constructor(name, breed) {
    super(name);
    this._breed = breed;
  }
  breed () {
    console.log('我的品种是：' + this._breed);
  }
  say() {
    console.log('你好啊，我的名字叫作' + this.name);
  }
}

const dog= new Dog('旺财','金毛犬');
dog.say(); // 输出：你好啊，我的名字叫作旺财
dog.breed(); // 输出：我的品种是：金毛犬
```

在上述代码中，定义了一个 Animal 类和一个 Dog 类，Dog 类继承自 Animal 类。在 Dog 类的构造函数中，通过 super(name) 调用了 Animal 类的构造函数，并且在 Dog 类中定义了一个新的属性 breed。在 Dog 类中覆写了 Animal 类的 say() 方法。

3.13.8　多态

ES6 中的类可以使用多态性（polymorphism），意味着可以具有相同的方法名，但在每个子类中实现的方式不同。这使代码更具可读性和可扩展性。

打开 class.js 文件，编写的代码如下：

```
//ch3/class.js
class Animal {
    run() {
        console.log("跑步");
    }
}

class Bird extends Animal {
```

```
    run() {
        console.log("小鸟飞翔");
    }
}
class Dog extends Animal {
    run() {
        console.log("小狗奔跑");
    }
}
class Fish extends Animal {
    run() {
        console.log("小鱼游泳");
    }
}
const bird = new Bird();
bird.run()  // 输出:小鸟飞翔
const dog = new Dog();
dog.run()   // 输出:小狗奔跑
const fish = new Fish();
fish.run()  // 输出:小鱼游泳
```

在上述代码中，定义了一个 Animal 类，在 Animal 类定义了一个名为 run() 的方法，定义 Bird 类、Dog 类和 Fish 类都继承了 Animal 类，这 3 个子类都实现了自己的 run() 方法。

3.14　Generator 函数

Generator 函数是一个特殊的函数，使用 function* 关键字来定义。Generator 函数可以通过 yield 语句来暂停函数的执行，在需要时恢复执行。与普通函数不同，Generator 函数可以返回一个迭代器对象，迭代器对象具有 next() 方法，每次调用 next() 方法可以恢复执行，直到函数执行完毕或遇到 yield 关键字暂停执行。

新建 generator.js 文件，编写的代码如下：

```
//ch3/generator.js
function* myGenerator() {
  yield 1;
  yield 2;
  yield 3;
}
const gen = myGenerator();
console.log(gen.next()); // 输出:{value: 1, done: false}
console.log(gen.next()); // 输出:{value: 2, done: false}
console.log(gen.next()); // 输出:{value: 3, done: false}
console.log(gen.next()); // 输出:{value: undefined, done: true}
```

在上述代码中，myGenerator() 函数定义了一个 Generator 函数，使用 yield 关键字暂停执行并返回值。在调用 myGenerator() 函数时，返回一个迭代器对象。每次调用迭代器对象的 next() 方法时，Generator 函数会从上次停止的地方恢复执行，直到遇到下一个 yield 关键字或函数结束。

打开 generator.js 文件，编写遍历 Generator 函数，代码如下：

```
//ch3/generator.js
```

```
for (let value of myGenerator()) {
  console.log(value); // 依次输出 1 2 3
}
```

使用 for…of 循环，遍历了 myGenerator() 函数生成的值，并且将这些值打印到控制台上。

3.15 Module

Module 是一种 JavaScript 模块化的标准，提供了一种简洁、安全的方式来组织和管理代码，以及让代码复用和维护变得更加容易。

3.15.1 导出变量和函数

通过 export 关键字可以将一个变量或函数导出，让其他模块可以使用。

新建 moduleA.js 文件，编写的代码如下：

```
//ch3/moduleA.js
export const PI = 3.14;
export function add(x, y) {
  return x + y;
}
```

在上述代码中演示了如何在 ES6 模块中定义和导出常量和函数，可以在其他模块中被重用。

定义了一个名为 PI 的常量，赋值为 3.14。由于使用了 export 关键字，所以这个 PI 常量可以在其他 JavaScript 模块中通过相应的 import 语句访问。

定义了一个名为 add() 的函数，接收两个参数 x 和 y，返回它们的和，使用 export 关键字导出。

3.15.2 导入模块

通过 import 关键字可以引入其他模块的变量和函数。

新建 moduleB.js 文件，编写的代码如下：

```
//ch3/moduleB.js
import {PI, add} from './moduleA.js';
console.log(PI); // 输出：3.14
console.log(add(1, 2)); // 输出：3
```

上述代码用于演示如何从一个命名为 moduleA.js 的文件中导入两个模块成员：一个常量 PI 和一个函数 add()。这两个成员是在 moduleA.js 中使用 export 关键词被导出的。

使用 ES6 的解构语法从 moduleA.js 模块中导入 PI 和 add。

使用 console.log() 方法将 PI 变量的值输出到控制台。PI 被导入并且在 moduleA.js 中被定义为 3.14，控制台输出 3.14。

调用了导入的 add() 方法，将结果输出到控制台。add() 方法用于接收值 1 和 2，返回它们的和 3，并且在控制台输出 3。

如果要在 Node.js 环境中测试 ES6 的 import 和 export 语法，则需要确保 Node.js 版本支持原生 ES 模块。从 Node.js 13.2.0 开始，ES 模块已经很稳定了。

配置 package.json 文件，在项目根目录中创建或修改 package.json 文件，加入 "type": "module" 字段，使 Node.js 将 .js 文件解释为 ES6 模块，在命令行输入 npm init，初始化 package.json，

代码如下：

```
//ch3/package.json
{
    "name": "es6-module-test",
    "version": "1.0.0",
    "type": "module",
    "scripts": {
        "start": "node app.js"
    }
}
```

3.15.3　默认导出和导入

Module 支持默认导出和导入。默认导出只能有一个，使用 export default 语法声明。默认导入使用 import moduleName from 'modulePath' 语法，其中 moduleName 是模块的默认导出的名称。

新建 moduleC.js 文件，编写的代码如下：

```
//ch3/moduleC.js
export default function() {
  console.log('Hello, world!');
}
```

新建 moduleD.js 文件，编写的代码如下：

```
//ch3/moduleD.js
import sayHello from './moduleC.js';
sayHello(); //'Hello, world!'
```

在上述代码中，有两个使用 ES6 模块语法的 JavaScript 文件：moduleC.js 和 moduleD.js。

moduleC.js 文件定义了一个模块，该模块导出了一个默认的函数。在 ES6 中，export default 语法被用来导出一个模块的默认值，在被调用时会在控制台上打印出"Hello, world!"。

在 moduleD.js 文件中，使用 import 关键字导入了 moduleC.js 文件中默认导出的函数，给这个导入的函数起了一个名字，即 sayHello。

调用 sayHello() 函数。

单击 Run Code 按钮运行 moduleD.js 文件时会调用 moduleC.js 文件中导出的函数，在控制台上打印出"Hello, world!"。

3.15.4　命名空间导入

ES6 Module 支持使用 import * as namespace from 'modulePath' 语法将整个模块作为一个对象导入，该对象包含所有导出的变量和函数。

新建 moduleE.js 文件，编写的代码如下：

```
//ch3/moduleE.js
//moduleE.js
export const a = 1;
export const b = 2;
export function c() {
  console.log('Hello, world!');
}
```

新建 moduleF.js 文件，编写的代码如下：

```
//ch3/moduleF.js
import * as moduleE from './moduleE.js';
console.log(moduleE.a); // 输出: 1
console.log(moduleE.b); // 输出: 2
moduleE.c(); // 输出: Hello, world!
```

在上述代码中，moduleE.js 是一个模块文件，通过 export 关键字导出了两个常量 a 和 b，以及一个函数 c()。

ch3/moduleF.js 是另一个模块文件，使用 import 关键字来导入 moduleE.js 文件中的全部导出内容。* as moduleE 语法表示将 moduleE.js 文件中导出的所有内容导入，创建一个名为 moduleE 的命名空间对象，通过这个对象可以访问模块中的所有导出。

访问 moduleE 命名空间下导出的变量 a，在控制台打印出 1。

访问 moduleE 命名空间下导出的变量 b，在控制台打印出 2。

调用 moduleE 命名空间下导出的函数 c()，在控制台打印出 "Hello, world!"。

3.15.5 动态导入

动态导入用于在运行时根据需要加载模块。动态导入使用 import() 语法，返回一个 Promise 对象。

新建 moduleG.js 文件，编写的代码如下：

```
//ch3/moduleG.js
export default function() {
  console.log('Hello, world!');
}
```

新建 moduleH.js 文件，编写的代码如下：

```
//ch3/moduleH.js
async function loadModule() {
  const moduleG = await import('./moduleG.js');
  moduleG.default();
}
loadModule(); // 输出: Hello, world!
```

上述代码包含了两个 JavaScript 模块，分别是 moduleG.js 和 moduleH.js。

moduleG.js 定义了一个默认导出的函数。当这个模块被加载时，该函数会将字符串 "Hello, world!" 输出到控制台。

moduleH.js 定义了一个名为 loadModule 的异步函数，该函数使用动态导入 import() 来加载 moduleG.js 模块。完成导入后，将调用 moduleG.js 文件中默认导出的函数。

一旦动态导入完成，就可以通过 moduleG.default() 方法访问 moduleG.js 的默认导出的函数并调用它。

调用 loadModule() 函数，loadModule() 函数加载和执行了 moduleG.js 文件中的函数，最终在控制台输出 "Hello, world!"。

这种模块加载方式很实用，允许开发者按需加载模块，而不必在页面初始加载时加载所有的模块，可以提高应用程序的效率和性能。

Module 提供了一种优雅的模块化解决方案，可以方便地管理和重用代码，提高代码的可读性和可维护性。

后端篇

文献综述

第 4 章 Egg.js

4.1 Egg.js 是什么

Egg.js 是一个基于 Koa.js 的企业级开发框架，帮助开发者快速构建可维护、可扩展和高可用的 Web 应用程序和服务。Egg.js 沿用了 Koa.js 的中间件机制和上下文机制，同时增加了更多的功能和约定，如插件机制、命名规范、配置管理等。

约定优于配置，Egg.js 通过一系列的约定和最佳实践来规范开发者的编码风格和应用程序的结构，从而降低配置的复杂度和错误率。

丰富的插件机制，可以方便地引入各种常用的功能和组件，如路由、数据库、模板引擎、日志、安全性等，同时也支持自定义插件。统一的配置管理机制，可以方便地管理应用程序的各种配置项，如端口、数据库连接、插件配置等，同时也支持不同环境的不同配置。强大的路由和控制器机制，可以方便地定义 URL 路由和控制器函数，支持参数解析、中间件等。支持各种插件和中间件，可以方便地扩展应用程序的功能和特性，如日志、安全性、缓存等。通过多进程和集群的方式来提高应用程序的可用性和稳定性，从而可以应对高并发和大流量的场景。

Egg.js 是一个功能强大、易于上手、可扩展和高可用的企业级开发框架。

4.2 初始化 Egg.js 项目

Egg.js 提供了脚手架工具 egg-init，用于快速初始化项目。

4.2.1 环境准备

操作系统：支持 macOS、Linux 和 Windows。

运行环境：建议选择 LTS 版本，最低要求大于 14.20.0。

4.2.2 初始化项目

使用脚手架初始化项目，只需几条简单指令，便可以快速生成项目，命令如下：

```
mkdir egg-demo && cd egg-demo
```

```
npm init egg --type=simple
npm i
// 或者
yarn
```

创建目录 egg-demo，进入目录 egg-demo，使用 npm init egg --type=simple 命令初始化项目，使用 npm i 或者 yarn 命令安装依赖。i 是 install 的简写。

启动项目，命令如下：

```
npm run dev

// 或者
yarn dev
```

该命令会启动一个本地服务器，在控制台中输出项目的启动日志。可以通过浏览器访问 http://localhost:7001 查看项目是否正常运行，Egg.js 默认启动在 7001 端口，如图 4-1 所示。

图 4-1 在浏览器打开 Egg.js 项目

4.3 Egg.js 的目录介绍

Egg.js 提供了一套目录约定，可以帮助开发者更好地组织应用代码，使代码结构更清晰、更易于维护。下面是 Egg.js 的目录约定：

```
egg-project
├── package.json
├── app.js（可选）
├── agent.js（可选）
├── app
│   ├── router.js           // 路由配置，用于配置 URL 和 Controller 的对应关系
│   ├── controller          // 用于解析用户的输入，处理后返回相应的结果
│   │   └── home.js
│   ├── service（可选）      // 服务层目录，用于编写业务逻辑的代码
│   │   └── user.js
│   ├── middleware（可选）   // 中间件目录，用于存放中间件代码
│   │   └── response_time.js
│   ├── schedule（可选）     // 定时任务目录，用于编写定时任务的代码
│   │   └── my_task.js
│   ├── public（可选）       // 静态文件目录，用于存放图片、CSS、JS 等静态文件
│   │   └── reset.css
│   ├── view（可选）         // 模板文件目录，用于存放模板文件
│   │   └── home.tpl
│   └── extend（可选）       // 用于扩展框架的核心功能或者引入第三方插件
│       ├── helper.js（可选）
│       ├── request.js（可选）
│       ├── response.js（可选）
│       ├── context.js（可选）
│       ├── application.js（可选）
│       └── agent.js（可选）
├── config                  // 配置文件目录，用于存放应用的配置文件
│   ├── plugin.js           // 用于配置需要加载的插件
│   ├── config.default.js
│   ├── config.prod.js
```

```
│           ├── config.test.js（可选）
│           ├── config.local.js（可选）
│           └── config.unittest.js（可选）
└── test                          //用于单元测试
    ├── middleware
    │   └── response_time.test.js
    └── controller
        └── home.test.js
```

4.4 Egg.js 的 config 配置

在 Egg.js 文件中，config 是一个用于存放应用程序配置的目录，存放着应用程序的默认配置和环境相关的配置文件。

4.4.1 配置文件

在 config 目录下，可以创建多个环境的配置文件，如 config.default.js、config.prod.js 等，每个文件都是一个模块，可以导出一个对象。默认的配置文件是 config.default.js，其他的配置文件会覆盖相同的配置项。

使用 VS Code 打开 config/config.default.js 文件，代码如下：

```
//ch4/config/config.default.js
module.exports = appInfo => {
  /**
   * built-in config
   * @type {Egg.EggAppConfig}
   **/
  const config = exports = {};

  //use for Cookie sign key, should change to your own and keep security
  config.keys = appInfo.name + '_1703927302141_2119';

  //add your middleware config here
  config.middleware = [];

  //JWT 密钥
  config.jwt = {
    secret: 'aabbcc',
  };

  //add your user config here
  const userConfig = {
    //myAppName: 'egg',
  };

  return {
    ...config,
    ...userConfig,
  };
};
```

使用 VS Code 打开 config/config.prod.js 文件，代码如下：

```
//ch4/config/config.prod.js
```

```
module.exports = appInfo => {
  /**
   * built-in config
   * @type {Egg.EggAppConfig}
   **/
  const config = exports = {};

  //use for Cookie sign key, should change to your own and keep security
  config.keys = appInfo.name + '_1703927302141_2119';

  //add your middleware config here
  config.middleware = [];

  //JWT 密钥
  config.jwt = {
    secret: '春江花月夜',
  };

  //add your user config here
  const userConfig = {
    //myAppName: 'egg',
  };

  return {
    ...config,
    ...userConfig,
  };
};
```

在上述代码中，两个配置文件都设置了 JWT 密钥，在生产环境下，config.prod.js 的配置会覆盖 config.default.js 的配置。

4.4.2 配置加载顺序

应用、插件、框架都可以定义这些配置，而且目录结构都是一致的，但存在优先级（应用 > 框架 > 插件），相对于此运行环境的优先级会更高。

例如在生产环境加载一个配置的加载顺序如下，后加载的配置会覆盖前面的同名配置。

```
-> 插件 config.default.js
-> 框架 config.default.js
-> 应用 config.default.js
-> 插件 config.prod.js
-> 框架 config.prod.js
-> 应用 config.prod.js
```

Egg.js config 的配置方式，可以根据不同的环境和需求，灵活地配置应用程序的各种参数和选项。

4.5 Egg.js 的中间件

在 Egg.js 文件中，中间件是一种用于处理 HTTP 请求和响应的机制。中间件是一个函数，可以对 HTTP 请求进行拦截和处理，修改请求和响应的内容，或者进行一些额外的操作，如记录日志、添加安全头等。Egg.js 提供了一种基于 Koa.js 文件中间件机制的中间件开发模式，可以非常方便地编写和使用中间件。

4.5.1 编写中间件

中间件也有自己的配置。在 Egg.js 框架中，一个完整的中间件会包含配置处理。约定中间件是放置在 app/middleware 目录下的单独文件，需要导出一个函数，接受以下两个参数。

（1）options: 中间件的配置项。

（2）app: 当前应用 Application 的实例。

在 app 文件夹创建 middleware 文件夹，在 middleware 文件夹创建 logger.js 文件，代码如下：

```javascript
//ch4/app/middleware/logger.js
module.exports = (options,app) => {
  return async function loggerMiddleware(ctx, next) {
    const startTime = Date.now();
    await next();
    const endTime = Date.now();
    const responseTime = endTime - startTime;
    console.log(`[${new Date().toLocaleString()}] ${ctx.method} ${ctx.url} - ${responseTime}ms`);
  };
};
```

上述代码用于构建一个中间件，该中间件旨在计算页面加载时间，即从开始处理请求到请求结束的整个执行周期。

中间件是一个函数，接收 3 个参数：ctx、next 和 options，其中，ctx 是一个上下文对象，包含 HTTP 请求和响应的各种信息；next 是一个函数，用于调用下一个中间件；options 是一个对象，包含中间件的配置选项。

由于 Egg.js 的中间件和 Koa.js 的中间件写法是一模一样的，所以任何 Koa.js 的中间件都可以直接被 Egg.js 框架使用。

4.5.2 配置中间件

在应用程序的配置文件中配置中间件。

打开 config/config.default.js 文件，修改后的配置如下：

```javascript
//ch4/config/config.default.js
config.middleware = ['logger'];
```

middleware 是一个数组，每个元素表示一个中间件的名称。Egg.js 会按照数组中的按顺序依次执行中间件。

4.5.3 使用中间件

打开浏览器访问 http://localhost:7001，刷新页面，按键盘上的 F12 键进入调试面板，单击选项卡上的控制台，可以看到中间件的执行记录，如图 4-2 所示。

图 4-2 在控制台查看中间件的执行记录

通过中间件可以对应用程序的请求处理流程进行拆分和封装，从而提高代码的可维护性和可扩展性。

4.6 Egg.js 的路由

路由（Router）主要用来描述请求 URL 和具体承担执行动作的 Controller 的对应关系，Egg.js 框架约定了 app/router.js 文件，用于统一所有路由规则。

通过 Router 模块可以轻松地定义和管理应用的路由规则，从而让应用具备更好的可维护性和可扩展性。

Router 模块的使用非常简单，只需在 app/router.js 文件中编写对应的路由规则。在路由规则中，可以定义 HTTP 请求的方法（如 GET、POST、PUT、DELETE 等），以及请求的路径及对应的处理函数。

打开 app/router.js 文件，编写的代码如下：

```javascript
//ch4/app/router.js
module.exports = app => {
  const { router, controller } = app;
  router.get('/', controller.home.index);
  router.get('/user', controller.user.find);
  router.get('/user/:id', controller.user.findById);
  router.post('/user', controller.user.create);
  router.put('/user/:id', controller.user.update);
  router.delete('/user/:id', controller.user.delete);
};
```

在上述代码中，首先通过 app 参数获取了 router 和 controller 对象，然后分别定义了 GET、POST、PUT 和 DELETE 等不同的请求方法和对应的处理函数。可以使用路由参数来处理动态 URL，如上面的 /users/:id，其中 :id 是一个动态参数，可以在处理函数中通过 ctx.params.id 来接收动态的参数值，然后在对应的控制器函数中进行处理。

4.7 Egg.js 的控制器

Egg.js 采用了 MVC（Model-View-Controller）的架构模式，其中控制器（Controller）负责处理应用程序的业务逻辑。在 Egg.js 框架中，每个 Controller 都继承自 egg.Controller 基类。

Controller 主要负责处理用户的请求，将请求参数传递给业务逻辑层进行处理；将业务逻辑层返回的数据渲染到视图层，返给用户；控制应用程序的流程，如跳转页面、返回错误信息等。简单地说 Controller 负责解析用户的输入，处理后返回相应的结果。

在 app/controller 文件夹创建 user.js 文件，代码如下：

```javascript
//ch4/app/controller/user.js
const Controller = require('egg').Controller;
class UserController extends Controller {
  async findById() {
    const {ctx} = this;
    const {id} = ctx.query;
    const res = await ctx.service.user.findById(id);
```

```
    ctx.body = res;
  }
}
module.exports = UserController;
```

在上述代码中，UserController 继承自 Controller 基类，findById() 方法用于处理用户的请求。在该方法中，首先获取请求参数 ctx.query.id，然后调用 service 业务逻辑层的 findById() 方法获取用户信息，将返回结果赋值给 ctx.body，最后将结果返给用户。

4.7.1 获取请求参数

在 Controller 中，可以通过 ctx.query 对象获取 GET 请求参数，通过 ctx.request.body 对象获取 POST 请求参数，代码如下：

```
const {ctx} = this;
//GET 请求参数
const {id} = ctx.query;
//POST 请求参数
const {username, password} = ctx.request.body;
```

4.7.2 将数据返给用户

在 Controller 中，可以使用 ctx.body 将数据返给用户，代码如下：

```
const {ctx} = this;
ctx.body = {
  code: 200,
  message: 'success',
  data: {
    name: '张三',
    age: 18
  }
};
```

在上述代码中，返回了一个 JSON 对象，其中包含一种状态码、一条消息和一个数据对象。

4.7.3 渲染模板

在 Egg.js 文件中，可以使用模板引擎来渲染 HTML 页面。在 Controller 中，可以使用 ctx.render 方法来渲染模板。

打开 app/controller/home.js 文件，编写的代码如下：

```
//ch4/app/controller/home.js
async html() {
    const {ctx} = this;
    const data = {name: '张三', age: 18};
    await ctx.render('index.tpl', data);
}
```

在上述代码中，使用 ctx.render 方法来渲染名为 index.tpl 的模板，将数据对象 data 传递给模板引擎。

在 app 文件夹中创建 view 文件夹，在 view 文件夹中创建 index.tpl 模板文件，代码如下：

```
//ch4/app/view/index.tpl
```

```
<!DOCTYPE html>
<html lang="en">
<head>
    <meta charset="UTF-8">
    <meta name="viewport" content="width=device-width, initial-scale=1.0">
    <title>Hello</title>
</head>
<body>
    <h1>Hello, 我名叫{{ name }}, 今年{{age}}岁了!</h1>
</body>
</html>
```

如果要在 Egg.js 项目中使用 Nunjucks 模板引擎,则需要安装对应的插件来支持 Nunjucks,在命令行执行的命令如下:

```
npm i egg-view-nunjucks --save

// 或者
yarn add egg-view-nunjucks
```

配置 Egg.js 应用以使用该模板引擎,打开 config/plugin.js 文件,配置开启插件,代码如下:

```
//ch4/config/plugin.js
nunjucks: {
enable: true,
package: 'egg-view-nunjucks',
},
```

打开 config/config.default.js 文件,配置模板引擎,代码如下:

```
//ch4/config/config.default.js
config.view = {
  defaultViewEngine: 'nunjucks',
  mapping: {
    '.tpl': 'nunjucks',
  },
};
```

打开 app/router.js 文件,创建路由,通过 Router 将 HTTP 请求映射到创建的 Controller 上,代码如下:

```
//ch4/app/router.js
router.get('/html', controller.home.html);
```

打开浏览器,访问 http://127.0.0.1:7001/HTML 页面,查看模板渲染,如图 4-3 所示。

图 4-3 模板渲染

4.7.4 控制请求流程

在 Controller 中,可以使用 ctx.redirect 方法进行页面跳转。

打开 app/controller/home.js 文件,编写的代码如下:

```
//ch4/app/controller/home.js
async redirect() {
  const {ctx} = this;
  ctx.redirect('/html');
}
```

在上述代码中，使用 ctx.redirect 方法将用户重定向到 http://127.0.0.1:7001/html 模板渲染页面。

配置好控制器后，还需要设置路由，打开 app/router.js 路由文件，设置路由，代码如下：

```
//ch4/app/router.js
router.get('/redirect', controller.home.redirect);
```

打开浏览器访问 http://127.0.0.1:7001/redirect 会被重定向到 http://127.0.0.1:7001/html。

4.8　Egg.js 的服务

服务（Service）是 Egg.js 中的服务层，用于封装业务逻辑和数据操作。Service 可以被 Controller、Middleware 或其他 Service 使用。Service 通常用于封装一些复杂的数据操作或业务处理逻辑，例如查询数据库、调用第三方 API 等。使用 Service 的好处是可以将业务逻辑和数据操作封装在一起，使代码更清晰、更易于维护和测试。

简单来讲，Service 就是在复杂业务场景下用于做业务逻辑封装的一个抽象层，提供这个抽象层有以下几个好处：

（1）保持 Controller 中的逻辑更加简洁。
（2）保持业务逻辑的独立性，抽象出来的 Service 可以被多个 Controller 重复调用。
（3）将逻辑和展现分离，更容易编写测试用例。

在 Egg.js 中，Service 可以通过 class 的方式定义。使用 class 定义 Service，需要将 Service 定义为一个继承于 egg.Service 的类。

在 app 文件夹创建 service 文件夹，在 service 文件夹创建 user.js 文件，代码如下：

```
//ch4/app/service/user.js
const Service = require('egg').Service;
class UserService extends Service {
  async findById(id) {
    //const user = await this.app.mysql.get('user', {id});
    const user = {id: 1234, name: '张三', age: 18};
    return user;
  }
}
module.exports = UserService;
```

在上述代码中，UserService 继承了 Egg.js 提供的 Service 基类，定义 findById() 方法，以便根据 id 查询数据库获取用户信息。当前项目没有配置数据库，笔者使用模拟数据返回，在 Controller 中可以通过 ctx.service.user.findById(id) 方法来调用。

4.9　Egg.js 的插件

插件机制是 Egg.js 框架的一大特色。不但可以保证 Egg.js 框架核心足够精简、稳定、高效，还可以促进业务逻辑的复用。

4.9.1　安装插件

可以通过 NPM 或 YARN 安装插件，笔者这里测试的插件是 egg-jwt 插件。

egg-jwt：JWT（JSON Web Token）身份验证插件，可以帮助应用实现用户身份验证。
在命令行安装 egg-jwt，命令如下：

```
npm install egg-jwt --save

// 或者
yarn add egg-jwt
```

4.9.2 配置插件

在 Egg.js 项目的配置文件（config/config.default.js 和 config/plugin.js）中配置 egg-jwt 插件。
打开 config/config.default.js 文件，配置 egg-jwt 插件，代码如下：

```
//ch4/config/config.default.js
exports.jwt = {
  secret: 'aabbcc',
};
```

打开 config/plugin 文件，配置 egg-jwt 插件，代码如下：

```
//ch4/config/plugin.js
jwt: {
  enable: true,
  package: 'egg-jwt',
},
```

4.9.3 使用插件

在 Egg.js 文件中通过 app 对象调用插件提供的方法或属性，在控制器中使用 egg-jwt 插件。
打开 app/controller/user.js 文件，编写的代码如下：

```
//ch4/app/controller/user.js
const Controller = require('egg').Controller;
class UserController extends Controller {
  async findById() {
    const {ctx, app} = this;
    const {id} = ctx.params;
    const user = await ctx.service.user.findById(id);
    const token = app.jwt.sign({userId: user.id},app.config.jwt.secret);
    ctx.body = {token,user};
  }
}
```

在上述代码中，通过 app.jwt 对象调用 sign() 方法来生成 JWT Token。
在浏览器打开 http://127.0.0.1:7001/user/123 会返回生成的 token 和 user 信息，如图 4-4 所示。

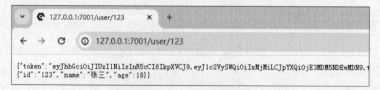

图 4-4　JWT 插件演示

Egg.js 的插件很多，不同插件的使用方式可能有所不同，可参考插件文档进行使用。

第 5 章　RESTful API

RESTful API 是一种基于 HTTP 设计和开发的 Web API 架构风格，是目前应用最广泛的 API 设计方式之一。REST 代表 Representational State Transfer，强调在 Web 服务中资源的状态转移。RESTful API 采用轻量级的 JSON 或 XML 格式作为数据交换的标准格式，支持多种 HTTP 方法（如 GET、POST、PUT、DELETE 等）进行数据操作。

7min

5.1　REST 的诞生

REST 最初是由 Roy Fielding 于 2000 年在他的博士论文中提出的，这篇论文的题目是 *Architectural Styles and the Design of Network-based Software Architectures*。该论文被广泛认为是描述 Web 架构的标准参考。

在这篇论文中，Fielding 提出了一种新的 Web 架构风格，称为 REST。REST 借鉴了分布式对象技术、面向对象技术和基于消息的技术等多种技术和思想，提出了一种新的网络应用程序的架构方式，强调在 Web 服务中资源的状态转移。

在 REST 的设计中，资源是 REST 架构的核心概念。RESTful 应用程序可以通过 URL 来标识资源，每个资源都有唯一的 URL，访问该 URL 即可获取资源。

REST 的出现使 Web 应用程序的开发更简单、更高效、更灵活和更可扩展。同时，REST 也成为 Web 服务设计的标准参考，很多互联网公司采用 RESTful API 作为自己的 API 设计方式，以方便不同客户端的接入和数据交换。

RESTful 是基于 REST 原则实现的，任何符合 REST 设计原则的应用或 API 都可称为 RESTful。

5.2　RESTful API 的特征

RESTful API 是一种 Web 服务的架构风格，主要具有以下特征。

（1）以资源为中心：RESTful API 的设计思想是以资源为中心的，将所有的数据都视为资源，通过 URL 来标识资源。每个资源都有唯一的 URL，访问该 URL 即可获取资源。

（2）统一接口：RESTful API 使用一组统一的 HTTP 方法来对资源进行操作，包括 GET（获取资源）、POST（创建资源）、PUT（更新资源）和 DELETE（删除资源）等方法。采用统一的接口设计，使不同的客户端可以以相同的方式访问和操作资源，简化了 API 的设计和使用。

（3）无状态：RESTful API 的每个请求都是独立的，不依赖于前后请求的状态，服务器不需要保存任何状态信息。客户端必须提供所有必要的信息，以便服务器能够理解请求的意义。

（4）可缓存性：RESTful API 支持缓存机制，可以提高响应速度和降低服务器负载。

（5）分层系统：RESTful API 应用程序的架构是分层的，客户端和服务器端之间可以存在多个中间层。这些中间层可以提供负载均衡、安全策略等功能，同时也可以减少客户端和服务器端之间的耦合性。

（6）可扩展性：RESTful 应用程序可以根据需要进行扩展，可以通过增加新的资源类型、HTTP 方法和媒体类型等方式进行扩展，同时也可以根据不同的业务需求进行灵活设计和开发。

通过采用 RESTful API 设计和开发 Web 服务，可以使服务器端和客户端之间的交互更加简单和灵活。RESTful API 的设计使服务器端的资源状态可以被客户端直接操作，而客户端无须了解服务器端的内部实现，这种解耦的设计使服务器端和客户端可以相互独立地进行开发和演化，同时也提高了系统的可扩展性和灵活性。

RESTful API 具有以资源为中心、统一接口、无状态、可缓存、分层系统和可扩展性等特征，这使它成为一种非常流行的 Web 服务设计风格。

5.3 RESTful API 的规范

RESTful API 是一种基于 REST 风格设计的 Web API，遵循一些规范和约定，以实现统一的接口设计和易于使用的特点。以下是一些常用的 RESTful API 规范。

1. 使用 HTTP 方法

RESTful API 应该使用 HTTP 定义的方法（GET、POST、PUT、DELETE 等）来定义操作资源的行为，不要使用自定义方法。

（1）GET /collection：从服务器查询获取资源的列表。

（2）GET /collection/resource：从服务器查询获取单个资源。

（3）POST /collection：在服务器创建新的资源。

（4）PUT /collection/resource：更新服务器的资源。

（5）DELETE /collection/resource：从服务器删除资源。

2. 使用 URL 来识别资源

RESTful API 应该使用 URL 来唯一标识资源，这个 URL 应该具有描述性，以方便用户理解。

（1）GET /users 获取用户列表。

（2）POST /users 创建新用户。

（3）GET /users/123 获取指定用户 ID 为 123 的用户的详细信息。

（4）PUT /users/123 更新指定用户 ID 为 123 的用户的数据。

（5）DELETE /users/123 删除指定用户 ID 为 123 的用户。

3. 使用 HTTP 状态码

RESTful API 应该使用 HTTP 状态码来表示服务器对请求的响应结果。

（1）200 OK：表示请求成功并且服务器返回了请求的资源。

（2）201 CREATED：表示请求已经被实现，而且有一个新的资源已经依据请求的需要而建立，通常是在 POST 请求或者某些 PUT 请求之后发送的。

（3）202 Accepted：服务器已接受请求，但尚未处理。实际的处理结果（成功或失败）将会通过异步方式完成。

（4）204 NO CONTENT：服务器成功处理了请求，但不需要返回任何实体内容，通常用来应答不会返回信息主体的请求，例如 DELETE 请求。

（5）400 BAD REQUEST：服务器无法或不会处理请求，通常由于客户端发送的请求在语法上不正确或请求参数有误。

（6）401 Unauthorized：表示请求没有进行身份验证或验证不正确。此状态通常返回之后需要客户端提供认证信息。

（7）403 Forbidden：服务器理解请求客户端的请求，但是拒绝执行这个请求。通常由于服务器上的访问控制限制导致。

（8）404 NOT FOUND：服务器没有找到与请求的 URI 相符的任何资源，通常表示客户端提供了错误的 URI 或所请求的资源已被删除。

（9）406 Not Acceptable：请求的资源的内容特性无法满足请求头中的条件，使客户端指定的一种内容特性响应是不可接受的。

（10）410 Gone：与 404 类似，但更加明确，即所请求的资源不再可用，并且将来也不会再有。

（11）422 Unprocessable Entity：请求格式正确，但由于含有语义错误，所以无法响应。

（12）500 INTERNAL SERVER ERROR：服务器遇到了一个未曾预料的状况，使其无法完成对请求的处理。通常是服务器内部错误，而非请求本身的问题。

4. 使用媒体类型

在 RESTful API 设计中，媒体类型（也称为 MIME 类型或内容类型）是用来描述数据格式的重要机制。通过媒体类型，客户端可以明确地告诉服务器期望接收或发送的数据格式，而服务器也可以通过媒体类型来标识响应中所包含数据的类型。

常用的媒体类型包括 JSON（JavaScript Object Notation）和 XML（Extensible Markup Language），还有其他一些格式，如纯文本（text/plain）、HTML（text/html）及自定义的 MIME 类型。

1）JSON

JSON 是一种轻量级的数据交换格式，基于 ECMAScript 的一个子集，采用完全独立于语言的文本格式来存储和表示数据。JSON 具有易读性、易写性及易于机器解析和易生成的特点。在 RESTful API 中，JSON 通常是首选的数据格式，因为它简洁、易于解析，所以在 Web 开发中得到了广泛的支持。

2）XML

XML 是一种用于编码文档的标记语言，允许开发者定义自己的标记来描述数据的结构和内容。XML 具有结构化和自描述性，通常比 JSON 更冗长，并且解析起来也稍慢一些。尽管 XML 在某些领域（如配置文件、Web 服务）中仍然被广泛使用，但在 RESTful API 中，JSON 通常更受欢迎。

5. 认证和授权

在 RESTful API 设计中，认证和授权是两个用来保护资源安全性的非常重要的概念。它们用来确认一个请求是否来自一个合法的用户，以及该用户是否有权访问或者操作请求的资源。

（1）认证：认证是指确定一个用户的身份，即确定请求者是不是他声明的那个人。认证机制保证了 API 只对那些验证了身份的用户开放，通常需要用户名和密码。在 REST API 中，一些被广泛采用的认证机制如下。

① 基本认证（Basic Authentication）：通过用户名和密码进行认证。

② 令牌认证（Token Authentication）：通过一个获得的令牌（Token）来认证用户。这个令牌在用户第 1 次登录时提供，此后，客户端将这个令牌放入 HTTP 头部中发送请求。

③ OAuth（开放授权）：OAuth 是一个开放标准，允许使用第三方服务的认证而无须将用户名和密码暴露给服务外的人员。

④ JWT：JWT 是一种特定形式的令牌，是一个开放标准（RFC 7519），用于在双方之间安全地传输信息。JWT 自身是一个包含经过数字签名的 JSON 对象，可以包含一系列声明，如用户的标识信息、令牌的颁发时间、失效时间等。JWT 具有固定的格式，通常由三部组成：头部（Header）、负载（Payload）和签名（Signature）。头部声明了令牌的类型和加密算法，负载包含了一系列声明，签名用来验证消息的完整性。

（2）授权：授权是确定经过认证的用户是否有权执行特定操作的过程。RESTful API 通常使用以下几种授权机制：

① 基于角色的授权（Role-Based Access Control，RBAC）是一种常见的授权策略，将权限分配给不同的角色，然后将角色分配给用户。通过这种方式，可以灵活地管理用户的访问权限，例如，管理员角色可能具有更高的权限，而普通用户角色则只有有限的权限。

② 基于声明的授权（Claim-Based Access Control，CBAC）是一种更细粒度的授权策略，基于用户的声明（用户的属性、角色、权限等）来决定是否允许访问资源。这种方式可以提供更灵活的授权策略，但实现起来可能更复杂。

③ 基于资源的授权（Resource-Based Access Control）策略将权限直接关联到特定的资源上，而不是基于用户或角色。例如，一个文件的所有者可能具有对该文件的读写权限，而其他用户可能只有读权限。

④ 访问控制列表（Access Control Lists，ACL）是一种传统的授权机制，定义了哪些用户或角色可以访问哪些资源及可以执行哪些操作。ACL 可以实现细粒度的授权控制，但管理起来可能比较烦琐。

（3）安全实践提示：

① 使用 HTTPS 协议来加密传输的数据，保证传输层的安全，防止数据泄露和中间人攻击。

② 不要在 API 中传递明文密码，对敏感信息适当地进行加密存储和传输，如使用哈希算法存储密码。

③ 实现安全的会话管理，定期轮换和使令牌或 API 密钥过期。

④ 对于敏感行为，实施多因素认证。

⑤ 限制和记录失败的认证尝试，采取自动锁策略以防止暴力破解。

⑥ 实施适当输入验证和错误处理机制，防止恶意输入导致的安全漏洞，不要在错误信息中泄露敏感信息。

⑦ 遵循最小权限原则，只给予必要的访问权限。

⑧ 对 API 使用频率进行限制，以防止基于速率的攻击。

通过正确实现认证和授权，开发者可以有效地保护 RESTful API 不受非法访问和恶意攻击。RESTful API 的规范和约定可以帮助开发者实现统一的接口设计和易于使用的特点，以提高开发效率和用户体验。同时，遵循这些规范也可以使接口更安全、更可靠和更易于维护。

第 6 章　RESTful API项目实战

7min

经过前面5个章节的准备和储备,现在来到了项目实战阶段,给大家带来的是"之乎者也"评论系统,这是一个全栈项目,分为前端和后端。希望读者通过对本项目的实践,晋升为全栈工程师。本项目的技术栈是 uni-app + Vue.js + Egg.js + MongoDB。

后端使用 Egg.js 框架,Egg.js 是基于 Koa.js 的后端开发框架,Egg.js 奉行"约定优于配置",按照一套统一的约定进行应用开发,可以快速构建出高性能、可扩展的企业级应用。

数据库使用 MongoDB,MongoDB 是一种非关系数据库,以文档的形式存储数据,具有高可扩展性和灵活性。

在 Egg.js 文件中使用 MongoDB,使用 egg-mongoose 插件来简化与数据库的交互,使用 Mongoose 的 Schema 定义数据模型的结构和字段类型,使用 Mongoose 的 API 来操作数据模型。

在 Egg.js 文件中进行跨域设置,使用 egg-cors 插件来处理跨域请求。通过简单、灵活的配置,能够为应用程序提供 CORS 支持,使客户端可以从不同的域名或端口请求数据。

使用 egg-validate 插件可以对用户提交数据进行校验。egg-validate 提供了一组校验规则,可以在路由中对请求参数进行校验,以确保数据的正确性。

密码加密使用 SHA1 算法进行加密,SHA1 是一种常见的哈希算法。

Egg.js 框架支持使用中间件来对请求进行预处理、处理响应、错误处理等。中间件是一个函数,可以在请求进入路由处理之前或者离开路由处理之后进行自定义操作。中间件接收 ctx 和 next 两个参数,ctx 表示上下文对象,next 表示执行下一个中间件函数或路由函数。通常,中间件函数会对请求进行一些处理,然后调用 next() 将控制权交给下一个中间件或路由函数。

本项目包含以下中间件:

(1)使用 JWT 生成和验证 Token。

(2)错误拦截中间件 errorHandler 用于统一处理错误信息,返回客户端。

(3)判断是否是用户的中间件 isUser,用于判断请求是否来自合法的用户,此中间件会先校验请求头中是否有 Authorization Token,然后校验 Token 的合法性和用户的角色是否为用户。如果校验不通过,则返回相应的错误信息。

(4)判断是否是管理员的中间件 isAdmin,用于判断请求是否来自管理员,此中间件的逻辑和 isUser 中间件的逻辑有点相似,只是相关的判断条件不同。isAdmin 中间件会判断用户的权限是否是管理员权限。

（5）判断是否是用户自己的中间件 checkOwner，用于判断用户是否有权限操作自己的资源，并会根据当前登录用户的 ID 与路由参数的用户 ID 进行比对，如果不匹配，则返回相应的错误信息。

Postman 是一款非常强大的工具，可以用来测试和验证 API。通过 Postman，可以发送 HTTP 请求，查看服务器的响应。使用 Postman 来测试和验证 API 可以简化开发过程，Postman 提供了快速验证和排查问题的能力。Postman 是开发后端项目时不可或缺的工具之一。

本项目的后端开发全程使用 Postman 来测试和验证 API。

后端系统主要分为用户系统、评论系统、管理中心、外部接口。

（1）用户系统：用户注册、用户头像上传、用户登录、更新用户信息、获取用户列表、删除用户。

（2）评论系统：评论列表、增加评论、评论图片上传、修改评论、点赞评论、删除评论。

（3）管理中心：用户系统管理、评论系统管理、用户上传的资源管理。

（4）本项目调用了 3 个外部 API：

① 阿里云 OSS 对象存储：主要用于保存所有的图片，包括用户头像、评论图片等图片资源。封装了阿里云 OSS 的文件上传和文件删除模块。

② IP 地址归属地查询：实现评论用户的归属地显示。封装了 IP 地址归属地的查询接口。把 IP 地址解析的结果入库。当该用户多次访问的时候，先去数据库查询以获取用户的 IP 地址解析信息。如果存在结果，则返回结果；如果不存在结果，则去外部的 IP 地址归属地接口查询，返回查询结果，并把查询的结果入库。实现了用户多次访问一次查询 IP 地址归属地。

③ 百度智能云的图片审核和文本审核：对所有上传的用户评论文字和图片及用户上传的头像图片进行审核，如果有违规图片或者文字，则无法进行上传。

6.1 初始化项目

使用脚手架，快速生成项目，命令如下：

```
mkdir comment-api && cd comment-api
npm init egg --type=simple
```

上述命令用于初始化项目，创建 comment-api 文件夹，进入文件夹 comment-api，使用 npm init egg --type=simple 初始化项目。

初始化项目的时候会出现 Please select a boilerplate type (Use arrow keys) 选项，如图 6-1 所示。

模板类型选项分为以下几种。

（1）simple：简单的 Egg.js 应用模板，适用于大多数应用场景。

（2）microservice：基于 Egg.js 的微服务应用模板。

（3）sequelize：集成了 Sequelize 的 Egg.js 应用。

（4）ts：支持 TypeScript 的 Egg.js 应用模板。

（5）empty：空的 Egg.js 应用模板，这是一个非常基础的模板。

（6）plugin：Egg.js 插件模板。

（7）framework：Egg.js 框架模板。

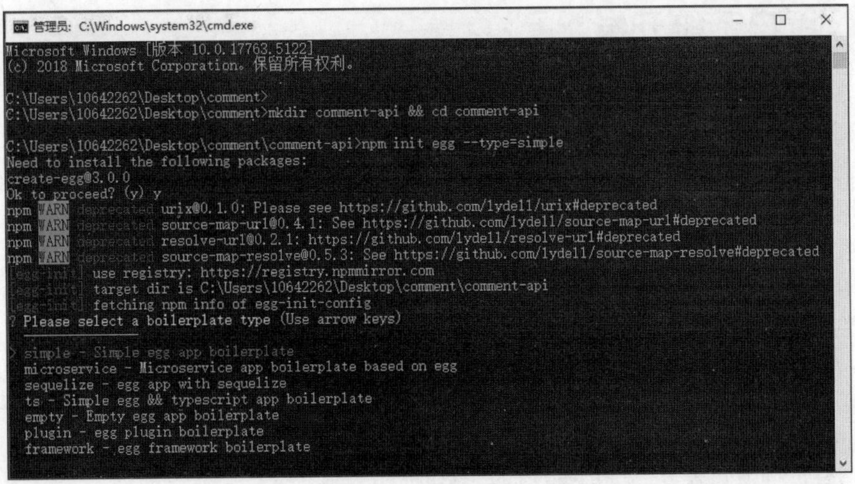

图 6-1 初始化项目

根据具体需求，选择合适的模板类型，然后继续初始化流程，创建对应的项目目录和文件。这些模板旨在提供一套预设的目录结构和配置，以便快速开始 Egg.js 应用的开发。

笔者选择的是 simple。使用键盘上的方向键上下移动进行选择，选择好以后按 Enter 键确认。

项目初始化完成后，安装项目依赖，命令如下：

```
npm i

// 或者
yarn
// 初始化项目位置：ch6/1
```

通过命令 npm i 或者 yarn 安装依赖。i 是 install 的简写。

使用 VS Code 打开项目，在命令行执行的命令如下：

```
code .
```

执行上述 code 空格加点命令，需要确认当前的目录为项目的根目录。

启动项目，命令如下：

```
npm run dev

// 或者
yarn dev
```

项目启动成功后，在浏览器打开 http://127.0.0.1:7001 会看到 hi, egg，如图 6-2 所示。

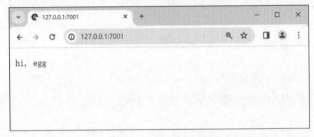

图 6-2 项目启动成功

6.2 用户系统开发

用户系统 API 提供了用户注册、用户头像上传、用户登录、获取用户信息、更新用户信息、用户列表查询、删除用户等功能。用户也可以在注册、登录后执行上传自己的头像、更新个人信息、查看自己及其他用户的信息等操作，管理员可以对用户信息进行管理，包括查询用户、编辑用户和删除用户等操作。

用户系统需要实现以下 API：

（1）用户注册。

请求类型：POST。

路径：/user/register。

描述：新用户注册时需要提供必要信息，包括用户名、密码和用户头像。服务器端对提供的信息验证无误后，将在数据库中创建新的用户记录，生成唯一的访问令牌（Token）。该令牌将与用户信息返回客户端，以供后续认证和授权使用。

（2）用户注册时上传头像。

请求类型：POST。

路径：/user/registerAvatar。

描述：此接口是在用户注册过程中的专用接口，用于上传头像图片数据。此操作不需要用户验证，将头像图片存储在阿里云 OSS，返回头像的 URL 路径。

（3）用户头像上传。

请求类型：POST。

路径：/user/avatar。

描述：允许已注册用户变更或上传新头像。服务器端将接收头像数据，保存至阿里云 OSS，更新用户记录。

（4）用户登录。

请求类型：POST。

路径：/user/login。

描述：用户通过用户名和密码来登录系统。服务器端对提供的信息验证无误后，将生成唯一的访问令牌。该令牌将与用户信息返回客户端，以供后续认证和授权使用。

（5）获取用户列表。

请求类型：GET。

路径：/user。

描述：用于查询所有用户的信息列表。服务器端将查询数据库中的用户记录，将信息列表返回客户端。

（6）获取用户信息。

请求类型：GET。

路径：/user/:id。

描述：获取单个特定用户的详细信息。服务器端将使用提供的用户 id 来查询用户信息，将其返回客户端。

（7）检测用户名是否已被使用。

请求类型：GET。

路径：/user/checkusername。

描述：在用户尝试修改用户名之前，验证新用户名是否未被占用。服务器端将检查新用户名在数据库中是否唯一。

（8）更新用户信息。

请求类型：PUT。

路径：/user/:id。

描述：对指定用户的信息进行更新。用户需要提供其 id 及需要更新的信息。服务器端将执行更新操作。

（9）删除用户。

请求类型：DELETE。

路径：/user/:id。

描述：删除指定用户的记录。服务器端将执行删除操作。

6.2.1　安装 egg-mongoose 插件

mongoose 是 MongoDB 对象模型工具，可以实现异步数据访问和 ORM，使用 mongoose 可以更方便地操作 MongoDB。

mongoose 封装了 MongoDB 对文档的增、删、改、查等常用方法，让 Node.js 操作 MongoDB 数据库变得更加简单灵活。

mongoose 提供了一种直接的基于 scheme 结构的数据模型。内置数据类型验证、查询构建、业务逻辑钩子等，开箱即用。

egg-mongoose 是 Egg.js 的 mongoose 插件，可以很方便地连接和管理 MongoDB 数据库，支持多连接和集群等功能。

1. 安装 egg-mongoose 插件

在项目的根目录打开命令行工具，安装 egg-mongoose 插件，命令如下：

```
npm install egg-mongoose --save

// 或者
yarn add egg-mongoose
```

2. 配置 egg-mongoose 插件

打开 config/plugin.js，配置 egg-mongoose 插件，代码如下：

```
//ch6/2/config/plugin.js
'use strict';

module.exports = {
  mongoose: {
    enable: true,
    package: 'egg-mongoose',
  },
};
```

打开 config/config.default.js 文件，配置 egg-mongoose 插件，代码如下：

```
//ch6/2/config/config.default.js
```

```js
config.mongoose = {
    url: 'mongodb://127.0.0.1:27017/zhihuzheye',
    options: {}
};
```

上述代码是 MongoDB 数据库的配置文件。

6.2.2 建立用户数据表

在 app 文件夹中创建 model 文件夹，用于放置数据模型。

在 model 文件夹中创建 user.js 文件，代码如下：

```js
//ch6/2/app/model/user.js
'use strict';
// 用户数据表

module.exports = app => {
  const mongoose = app.mongoose;
  const Schema = mongoose.Schema;
  const UserSchema = new Schema(
    {
      __v: {type: Number, select: false},
      // 用户名
      username: {type: String, required: true, index: true},
      // 密码
      password: {type: String, select: false},
      // 权限
      role: {type: String, enum: ['user', 'admin'], default: 'user', index: true},
      // 头像
      avatar: {type: Schema.Types.ObjectId, ref: 'Material'},
      // 注册 IP
      ip: {type: String, default: '', select: false},
      // 地区
      regionName: {type: String, default: ''},
      // 状态：1 表示正常，0 表示封禁
      status: {type: Number, enum: [1, 0], default: 1, index: true},
    },
    {timestamps: true}
  );
  return mongoose.model('User', UserSchema);
};
```

上述代码用于构建名为 User 的用户数据模型，定义用户数据所包含的各个字段。

引入 egg-mongoose 中的 mongoose 实例，使用 Schema 对象创建一个新的 UserSchema 实例。Schema 是 mongoose 中用于定义文档结构的对象，相当于一张表格的模板。

UserSchema 用于定义用户模型所包含的各个字段，包括以下几个字段。

（1）__v：版本号，不可见，选择不显示。

（2）username：用户名，类型为字符串，必填，创建支持内容搜索的索引（index）。

（3）password：密码，类型为字符串。

（4）role：权限，类型为可枚举字符串，enum 是一个数组，默认值为 user，前端传过来的值只能是数组里面的值，即 user、admin，传入其他的值都会报错。user、admin 分别代表用户权限、管理员权限，默认为用户权限，创建支持状态查询的索引。

（5）avatar：头像，类型为 ObjectId 类型的引用，指向 Material 数据模型。

（6）ip：IP 地址，类型为字符串，默认值为空。

（7）regionName：地区名，类型为字符串，默认值为空。

（8）status：状态，类型为可枚举数字，只能取 1、0 这两个值，分别代表正常、封禁状态，默认为正常状态，创建支持状态查询的索引。

在 Schema 的第 2 个参数中将 timestamps 设置为 true，表示在模型中自动添加 createdAt 和 updatedAt 两个字段，用于保存记录的创建时间和最近修改的时间。

6.2.3　安装 egg-cors 插件

egg-cors 是一个 Egg.js 插件，用于实现跨域资源共享。通过简单、灵活的配置，能够为应用程序提供 CORS 支持，使客户端可以从不同的域名或端口请求数据。

通过设置一些配置项就可以完成 CORS 的设置，使开发者不需要手动实现 CORS 的逻辑。egg-cors 是一个非常实用的插件，可以帮助开发者快速、简单地实现跨域资源共享，提高应用程序的可用性和安全性。

1. 安装 egg-cors 插件

在命令行安装 egg-cors 插件，命令如下：

```
npm install egg-cors --save

// 或者
yarn add egg-cors
```

2. 配置 egg-cors 插件

打开 config/plugin.js 文件，配置 egg-cors 插件，代码如下：

```
//ch6/2/config/plugin.js
cors: {
    enable: true,
    package: 'egg-cors',
}
```

打开 config/config.default.js 文件，配置 egg-cors 插件，代码如下：

```
//ch6/2/config/config.default.js
config.cors = {
    origin: '*',
    allowMethods: 'GET,HEAD,PUT,POST,DELETE,PATCH,OPTIONS',
};
```

CORS 主要用于解决浏览器跨域访问问题。简单来讲，当一个 Web 页面尝试加载来自不同源的资源时会触发跨域请求，此时需要服务器端进行相应的 CORS 配置，以允许请求的源进行访问。

（1）origin：允许 CORS 请求的源，可以是一个字符串或数组。星号"*"是一个通配符，代表接受所有不同的源（origin）。在安全性要求较低的 API 服务中比较常见，但在包含敏感个人数据的服务中使用可能会带来安全隐患。

在开发环境中，可以配置成"*"，但在生产环境中，这里需要做一些配置，如限制访问的域名，以此来降低安全隐患。

（2）allowMethods：允许 CORS 请求的 HTTP 方法，可以是一个字符串或数组，包括 GET、HEAD、PUT、POST、DELETE、PATCH、OPTIONS 等常见的 HTTP 方法。方法之间用逗号隔开。

① GET：用于请求数据。

② HEAD：类似于 GET，但不返回消息体，只返回消息头，常用于检查资源状态或元数据。

③ PUT：用于上传对指定资源的修改。

④ POST：用于创建新资源或将数据提交到服务器。

⑤ DELETE：用于请求删除指定资源。

⑥ PATCH：用于对资源进行局部更新。

⑦ OPTIONS：用于预检请求，在真正的请求之前，用来确定服务器是否愿意接受真正的请求。通常在发送跨域请求时使用。

通过上述配置，可以在 Egg.js 项目中实现 CORS 跨域访问，确保 Web 应用程序提供的服务安全可靠，并且能为不同域名的 Web 页面提供数据或资源访问的能力。

6.2.4 用户注册

1. 创建用户注册路由

在 app/router.js 文件中创建 POST /user/register 用户注册接口，代码如下：

```
//ch6/2/app/router.js
// 用户注册
router.post('/user/register', controller.user.register);
```

2. 编写用户注册控制器

在 app/controller 文件夹中创建 user.js 文件，代码如下：

```
//ch6/2/app/controller/user.js
'use strict';

const {Controller} = require('egg');

class UserController extends Controller {
  /**
   * 用户注册
   */
  async register() {
    const {ctx} = this;
    const {model} = ctx;
    const {username, password, avatar} = ctx.request.body;
    if (!password) ctx.throw(422, '参数缺失');
    const findUser = await model.User.findOne({ username });
    if (findUser) ctx.throw(409, '用户已经存在，请重新选择用户名注册');
    const userinfo = await model.User.create({username, password, avatar});
    ctx.body = {userinfo};
  }
}
```

```
module.exports = UserController;
```

上述代码用于实现用户注册。

从 ctx.request.body 对象解构获取 username、password 和 avatar。

判断 password 是否存在，如果不存在，则抛出错误，并提示"参数缺失"。

调用 model.User.findOne() 方法传入 username 参数，查找数据库中是否已存在同名的用户，如果存在，则抛出错误，并提示"用户已经存在，请重新选择用户名注册"，否则执行下一步。

调用 model.User.create() 方法，将 username、password 和 avatar 作为参数传入，创建用户信息，将创建的用户信息赋值给常量 userinfo，通过 ctx.body 将 userinfo 对象返回客户端。

3. 在开发阶段把 CSRF 关闭

```
//ch6/2/config/config.default.js
// 开发阶段可以先把CSRF关闭
config.security = {
  csrf: {
    enable: false,
  },
};
```

Egg.js 官方的说法：CSRF（Cross-site Request Forgery）跨站请求伪造，也被称为 One Click Attack 或者 Session Riding，通常缩写为 CSRF 或者 XSRF，是一种对网站的恶意利用。CSRF 攻击会对网站发起恶意伪造的请求，严重影响网站的安全，因此框架内置了 CSRF 防范方案。

Egg.js 框架的安全插件是默认开启的，如果想关闭其中的一些安全防范，则可直接将该项的 enable 属性设置为 false。在开发阶段，可以将 CSRF 关闭。项目开发完成后在上线时再启用 CSRF，详见 6.12.3 节。

4. 使用 Postman 测试注册接口

打开命令行，进入项目的根文件夹，启动项目，命令如下：

```
npm run dev

// 或者
yarn dev
```

Egg.js 本地启动应用默认监听 7001 端口。如果需更改端口，则可以在 config.{env}.js 文件中配置指定启动配置。

打开 config/config.default.js 文件，对端口进行配置，代码如下：

```
//ch6/2/config/config.default.js
config.cluster = {
  listen: {
    port: 7001,
    hostname: '127.0.0.1',
  },
};
```

本项目使用的是默认端口 7001，读者可以根据自己的需求设置不同的端口。

打开 Postman，进入请求界面，单击 Collections 进入 Collections 界面，单击左上角的"+"按钮创建一个新的集合。将鼠标放到新创建的集合上，右侧会出现 ··· 按钮，单击 ··· 按钮会出现下拉菜单，滑动鼠标到最下面，单击 Rename 按钮，可修改集合名称。笔者将名称修改为 comment，读者可以自行设定新的名称，可以是中文，也可以是英文。

再次单击 comment 集合右侧的 ⋯ 按钮，会出现下拉菜单，单击 Add request 按钮，创建一个 New Request。将新建的 New Request 名称修改为"用户注册"。此处给 Request 重新命名，可以方便地标识出该接口的功能。

在 Request 中，填写请求的基本信息，请求的 URL 为 http://127.0.0.1:7001/user/register、请求的 HTTP 方法为 POST、请求 Body 选择 raw，格式是 JSON，数据内容如下：

```
{
    "username":"zhangsan",
    "password":"123456"
}
```

单击 Send 按钮，发送请求，等待服务器的响应，如果服务器返回 userinfo 数据信息，则表示注册成功，如图 6-3 所示。

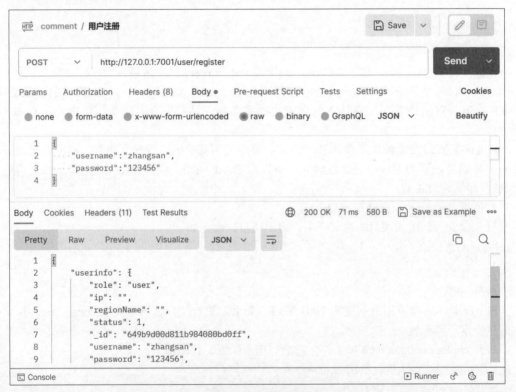

图 6-3　用户注册接口

在请求的下方会出现服务器返回的结果，可以根据需要对结果进行处理和分析。这里返回的是注册成功以后的用户信息（userinfo）。

在注册代码里面加入了判断是否存在同名的用户，如果再次提交相同的数据，则会返回错误，可视化错误可单击 Preview 按钮查看提示"用户已经存在，请重新选择用户名注册"，如图 6-4 所示。

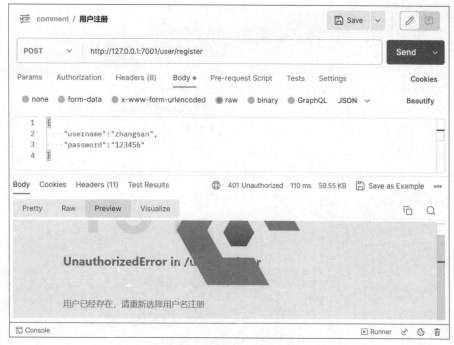

图 6-4　同名用户存在提示

6.2.5　安装 egg-validate 插件

egg-validate 是 Egg.js 字段验证模块，可以验证在日常开发中经常使用的字段类型，如 int、bool、string 等。此外，egg-validate 还提供了自定义验证规则的功能，可以根据数据类型和属性自动生成校验规则。

（1）校验字段类型：egg-validate 支持 int、bool、string 等字段类型的校验。如果参数不符合预设的字段类型，则会抛出异常。

（2）自定义验证规则：可以通过 app.validator.addRule() 方法来添加自定义的验证规则。这种方法接受两个参数，第 1 个参数是要校验的字段名；第 2 个参数是验证规则。通过这种方法，可以自定义一些复杂的验证规则，如验证用户名是否符合长度、大小写等规则。

（3）验证 form 数据：如果提交的是表单数据，则 egg-validate 可以自动验证表单数据的有效性，保证数据的合法性。

1. 安装 egg-validate 插件

在命令行安装 egg-validate 插件，命令如下：

```
npm install egg-validate --save

// 或者
yarn add egg-validate
```

2. 配置 egg-validate 插件

打开 config/plugin.js 文件，配置 egg-validate 插件，代码如下：

```
//ch6/3/config/plugin.js
validate: {
  enable: true,
  package: 'egg-validate',
},
```

打开 app/controller/user.js 文件，编写字段验证，代码如下：

```
//ch6/3/app/controller/user.js
class UserController extends Controller {
  // 构造函数
  constructor(ctx) {
    super(ctx);
    this.userValidate = {
      username: {
        // 字段类型是字符串
        type: 'string',
        // 字段是必需的
        required: true,
        // 字段不允许为空
        allowEmpty: false,
        // 正则表达式：匹配包含中文、英文字符和数字的字符串，并且长度需要在 2~20 个字
        // 符。u4e00-\u9fa5 提供了 20901 个中文，基本涵盖了常用字
        format: /^[A-Za-z0-9\u4e00-\u9fa5]{2,15}$/,
        // 自定义错误提示
        message: '用户名长度需要在 2~20 个字符',
      },
      password: {
        // 字段类型是字符串
        type: 'string',
        // 字段不是必需的
        required: false,
        // 字段允许为空
        allowEmpty: true,
        // 正则表达式：匹配长度在 5~20 个字符的字符串，并且必须同时包含至少一个字母和
        // 至少一个数字
        format: /^(?=.*[A-Za-z])(?=.*\d)[A-Za-z\d]{5,20}$/,
        // 自定义错误提示
        message: '密码为 5~20 个字符，至少包含一个字母和一个数字',
      },
      avatar: {
        type: 'string',
        required: false,
      },
    };
  }
  /**
   * 用户注册
   */
  async register() {
    const {ctx} = this;
    const {model} = ctx;
    const {username, password, avatar} = ctx.request.body;
    ctx.validate(this.userValidate);
    if (!password) ctx.throw(422, '参数缺失');
    const findUser = await model.User.findOne({username});
    if (findUser) ctx.throw(409, '用户已经存在，请重新选择用户名注册');
```

```
        const userinfo = await model.User.create({username, password, avatar});
        ctx.body = {userinfo};
    }
}
```

在 UserController 构造函数里面增加字段验证。验证的字段有 username、password 和 avatar：

（1）username 的校验规则是匹配包含中文、英文字符和数字的字符串，并且长度需要在 2~20 个字符。如果符合以上规则就通过，如果不符合以上规则就会报错。username 是必填项。

（2）password 的校验规则是匹配长度在 5~20 个字符的字符串，并且必须同时包含至少一个字母和至少一个数字，如 1234b。如果符合以上规则，则通过，否则会报错。password 不是必填项，因为注册和修改用户信息使用的是一样的校验规则，在修改用户信息的时候会出现不修改密码的情形，所以这里将 password 设置为不必填。在注册和登录时，需要必填密码。

（3）avatar 的校验规则很简单，只要是字符串就可以了，avatar 不是必填项。

在类 UserController 的 register() 用户注册方法里插入 ctx.validate(this.userValidate)，对字段进行验证。ctx.validate 方法接受两个参数，第 1 个参数是规则，第 2 个参数是需要验证的数据。如果不填写第 2 个参数，则默认的验证数据是 ctx.request.body。

3. 在 Postman 验证数据校验

打开命令行，进入项目的根文件夹，启动项目，命令如下：

```
npm run dev

// 或者
yarn dev
```

在增加了字段校验以后，使用 Postman 测试用户注册 API。
这次注册的用户数据如下：

```
{
    "username":"z",
    "password":"123456"
}
```

单击 Send 按钮，发送请求，等待服务器的响应，服务器返回 422 错误。

提交上述数据进行注册，由于 username 和 password 字段按照校验规则是无法通过的，所以报错了，如图 6-5 所示。

在控制台中可以看到以下错误：

```
message: "Validation Failed"
code: "invalid_param"
errors: [{"message":"should match /^[A-Za-z0-9\\u4e00-\\u9fa5]{2,15}$/","code":"invalid","field":"username"},{"message":"should match /^(?=.*[A-Za-z])(?=.*\\d)[A-Za-z\\d]{5,20}$/","code":"invalid","field":"password"}]
pid: 2120
hostname: iZ2ze0w7gjif2vz
```

这样的错误很难看清楚到底是什么意思，错误提示的 message 意思大概是输入内容需要与给定的正则表达式（regex）相匹配。

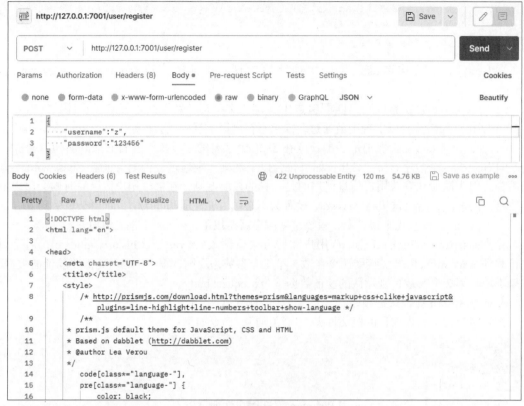

图 6-5 数据校验不通过

4. 封装 egg-validate 插件

egg-validate 插件实际上是基于 parameter 开发的参数验证模块,如果需要自定义错误信息,则需要在校验规则中添加特殊的错误信息配置。这里将数据校验逻辑封装成一个服务(service)。

在 app 文件夹中创建一个 service 文件夹,在 service 文件夹中创建 validator.js 文件,代码如下:

```javascript
//ch6/3/app/service/validator.js
const Service = require('egg').Service;

class ValidatorService extends Service {
  /**
   * 封装egg-validate数据校验
   * @param {object} rules
   * @param rules
   */
  validate(rules) {
    const {ctx} = this;
    try {
      ctx.validate(rules);
    } catch (err) {
```

```
            const errors = err.errors;
            ctx.throw(422, Object.values(rules[errors[0].field].message)[0]);
        }
    }
}
module.exports = ValidatorService;
```

上述代码用于实现封装数据校验的错误响应，包括自定义状态码、错误信息和错误字段。validate 方法接受一个对象 rules，使用 ctx.validate(rules) 来校验当前上下文（context，即 ctx）中的数据是否符合传入的 rules 参数定义的规则。

如果校验未通过，则抛出异常，进入 catch 代码块。

在 catch 代码块中，定义常量 errors，将捕获到的异常 err.errors 的值赋予常量 errors。

抛出一个自定义的异常，Object.values(rules[errors[0].field].message)[0] 表示错误的详细信息，Object.values() 方法可以直接获取对象中所有属性的值，取第 1 个属性的值，可以通过索引 0 获取。rules 是数据校验接受的规则，rules 是一个对象，errors[0].field 是值取错误详情下标为 0 的对象的 field 属性值。

5. 应用封装的 egg-validate 插件

打开 app/controller/user.js 文件，修改数据校验部分，代码如下：

```
//ch6/3/app/controller/user.js
const {ctx} = this;

// 修改为
const {ctx, service} = this;
```

上述代码用于从 this 解构出 service。

```
//ch6/3/app/controller/user.js
ctx.validate(this.userValidate);

// 修改为
service.validator.validate(this.userValidate);
```

上述代码用于把 ctx.validate(this.userValidate) 修改为 service.validator.validate(this.userValidate)。

service.validator.validate 调用了 ctx.validate 方法进行数据校验。这样封装有助于减少控制器代码中的重复逻辑，使异常处理变得集中和一致。

再次在 Postman 执行注册操作，在控制台中可以看到以下错误：

```
message: "Validation Failed"
code: "invalid_param"
errors: [{"code":"invalid","field":"username","message":"用户名长度需要在 2~20 个字符 "},{"code":"invalid","field":"password","message":"密码为 5~20 个字符，至少包含一个字母和一个数字 "}]
pid: 1996
hostname: iZ2ze0w7gjif2vz
```

现在的错误提示就是自定义的错误提示了。这样前端开发者获取错误提示时，也就无须再次判断 code、field 和 message 了，可以直接将错误的 message 返回给用户。

现在的这个报错并不友好，在 6.2.6 节将完成错误处理中间件的开发。

6.2.6 错误拦截中间件

1. 创建中间件目录

在 app 文件夹中创建 middleware 文件夹。

2. 创建错误拦截中间件

在 app/middleware 文件夹中创建 errorHandler.js 文件，代码如下：

```javascript
//ch6/4/app/middleware/errorHandler.js
'use strict';
// 错误拦截中间件
module.exports = () => {
  return async function errorHandler(ctx, next) {
    try {
      await next();
    } catch (err) {
      ctx.app.emit('error', err, ctx);
      const status = err.status || 500;
      const error = status === 500 && ctx.app.config.env === 'prod' ?
      'Internal Server Error 内部服务器错误,已经给管理员发送了通知' : err.message;
      if (status === 500) {
        //TODO 给系统管理员发送短信或者微信的模板消息, 此项功能可以根据自己的业务
        // 功能发送通知
      }
      ctx.body = {error};
      ctx.status = status;
    }
  };
};
```

上述代码用于定义错误拦截中间件，错误拦截中间件可以用于对全局的异常进行捕获和处理，通过 app.emit() 方法将异常事件传递到应用中的错误监听器中。

错误拦截中间件内部主要实现以下几个功能：

（1）在函数体中调用 next()，等待下一个中间件或路由函数的执行，如果出现错误，则会跳转到 catch 中捕获异常。

（2）如果捕获到异常，则通过 app.emit() 方法将异常事件传递到应用中的错误监听器中，同时将异常的状态码赋给 status 常量。通过 status 判断异常的状态码，如果是状态码 500，则说明是内部服务器错误，需要将通知发送给管理员。

（3）如果需要将通知发送给管理员，则可以在 500 错误处实现该功能。这里只是给出了一个注释，具体的功能，例如使用微信模板消息或短信发送方式通知管理员都可以在此基础上实现。

通过 ctx.body 返回 error，通过 ctx.status 输出状态码，返回客户端。

3. 配置错误拦截中间件

打开 config/config.default.js 文件，配置错误拦截中间件，新增的代码如下：

```javascript
//ch6/4/config/config.default.js
// 加载错误处理中间件
config.middleware = ['errorHandler'];
// 配置错误处理中间件，设置对所有路径生效 /
config.errorHandler = {
  match: '/',
};
```

上述代码用于配置错误处理中间件，通过 config.middleware 对中间件进行加载，将 errorHandler 中间件添加到 Egg.js 的中间件列表中。

通过 config.errorHandler 对 errorHandler 中间件进行额外的配置。match 属性指定了中间件要处理的路由规则，本应用中将其设置为对所有路由进行处理，即 "/"，这里可根据实际需求进行具体的设置。

4. 测试错误拦截中间件

由于在配置错误拦截中间件的时候做了一些基础的配置，所以最好先停止项目，然后重新启动项目。

在命令行使用快捷键 Ctrl+C 可以终止操作。

启动项目，命令如下：

```
npm run dev

// 或者
yarn dev
```

在 Postman 再次注册 z 的用户信息，就出现了友好的错误提示，如图 6-6 所示。

图 6-6　友好的错误提示

提示校验失败，错误信息是："用户名长度需要在 2~20 个字符"。

在这样的友好提示下，前端开发者就可以很容易地定位到问题的所在，并且可以在用户注册的时候给用户返回友好的错误提示。

在 Postman 提交符合要求的数据进行注册，数据如下：

```
{
    "username":"lisi",
    "password":"123456q"
}
```

单击 Send 按钮，执行注册操作，用户注册成功，如图 6-7 所示。

图 6-7　提交符合要求的数据，数据校验通过

6.2.7　用户登录

1. 创建用户登录路由

打开 app/router.js 文件，创建 POST /user/login 用户登录接口，代码如下：

```
//ch6/5/app/router.js
// 用户登录
router.post('/user/login', controller.user.login);
```

2. 编写用户登录控制器

打开 app/controller/user.js 文件，编写用户登录控制器，代码如下：

```
//ch6/5/app/controller/user.js
/**
* 用户登录
*/
async login() {
  const {ctx,service} = this;
  const {model} = ctx;
  service.validator.validate(this.userValidate);
  const {username, password} = ctx.request.body;
  const userinfo = await model.User.findOne({username, password});
  if (!userinfo) ctx.throw(401, '用户名或者密码错误');
  ctx.body = {userinfo};
}
```

上述代码用于实现用户登录功能，对请求参数进行校验，通过 Mongoose 的 findOne() 方法查询数据库中是否存在对应的用户信息，将查询结果响应给客户端。在查询过程中，如果出现异常，则会抛出异常，通过错误处理中间件进行处理。

通过 service.validator.validate() 方法对请求参数进行校验，校验规则为 this.userValidate，如

果校验失败，则会抛出错误。

从 ctx.request.body 对象解构赋值获取登录请求中的 username 和 password，调用 await model.User.findOne() 方法传入参数 username 和 password，查询数据库中是否存在该用户。如果不存在，则会抛出错误提示"用户名或者密码错误"。

如果查找到对应的用户信息，则通过 ctx.body 将用户信息返回客户端。

3. 使用 Postman 测试登录接口

打开 Postman 进入请求界面，单击 Collections 按钮进入 Collections 界面，单击 comment 集合右侧的 ⋯ 按钮，会出现下拉菜单，单击 Add request 按钮，创建一个 New Request。将新建的 New Request 名称修改为"用户登录"。

在新建的 Request 中，填写请求的基本信息，请求的 URL 为 http://127.0.0.1:7001/user/login，请求的 HTTP 方法为 POST，请求 Body 选择 raw，格式是 JSON，数据内容如下：

```
{
    "username":"lisi",
    "password":"123456q"
}
```

单击 Send 按钮，发送请求，等待服务器的响应。

在请求的下方会出现服务器返回的结果，可以根据需要对结果进行处理和分析。这里返回的是登录成功以后的用户信息，如图 6-8 所示。

图 6-8　用户登录

登录成功后将会返回 userinfo 用户信息。

测试提交一个错误的密码，数据内容如下：

```
{
    "username":"lisi",
    "password":"11111q"
}
```

单击 Send 按钮，发送请求，等待服务器的响应，如图 6-9 所示。

图 6-9 用户登录错误提示

服务器返回错误提示"用户名或者密码错误"。

6.2.8 用户密码 SHA1 加密

通过 MongoDB Compass 可视化工具打开数据库查看用户数据，如图 6-10 所示。

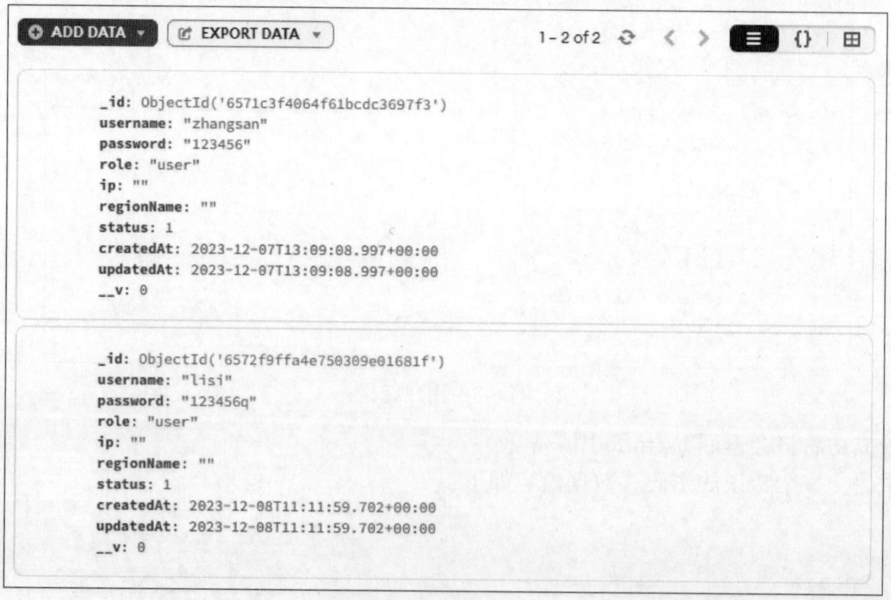

图 6-10 通过 MongoDB Compass 可视化工具查看用户数据

通过数据库可视化工具可以发现，密码是以明文的方式保存到数据库的。这样做很不安全，并且会造成很多安全隐患，为了解决这个问题，需要对密码进行加密。笔者推荐使用 SHA1 算法加密。

SHA1 是一种对称加密算法，使用单向哈希函数将输入的消息转换为固定长度的消息摘要。SHA1 是一种常用的对称加密算法，常用于数字签名和数字证书等场景。

1. 安装 SHA1

```
npm install sha1 --save

// 或者
yarn add sha1
```

安装完 SHA1 以后需要重启项目。

2. 使用 SHA1 加密

打开 app\controller\user.js 文件，在顶部引入 SHA1，代码如下：

```
//ch6/6/app/controller/user.js
const sha1 = require('sha1');
```

在 register() 方法中，用户注册时使用 SHA1 对密码进行加密，修改后的代码如下：

```
//ch6/6/app/controller/user.js
const userinfo = await model.User.create({username, password, avatar});

// 修改为
const userinfo = await model.User.create({username, password: sha1(password), avatar});
```

使用 SHA1 对 password 进行加密，然后把加密后的值赋给 password，完成对注册用户密码的加密。

登录的原理是采用用户提交的 username、使用 SHA1 加密过的 password 到数据库中查询是否存在该用户，如果不存在，则会抛出错误，并提示"用户名或者密码错误"。如果存在，则说明用户登录成功，通过 ctx.body 将用户信息返回客户端，代码如下：

```
//ch6/6/app/controller/user.js
const userinfo = await model.User.findOne({username, password});

// 修改为
const userinfo = await model.User.findOne({username,password: sha1(password)});
```

完整的 app/controller/user.js 文件，代码如下：

```
//ch6/6/app/controller/user.js
'use strict';

const {Controller} = require('egg');
const sha1 = require('sha1');
class UserController extends Controller {

  // 构造函数
  constructor(ctx) {
    super(ctx);
    this.userValidate = {
      username: {
```

```js
        // 字段类型是字符串
        type: 'string',
        // 字段是必需的
        required: true,
        // 字段不允许为空
        allowEmpty: false,
        // 正则表达式：匹配包含中文、英文字符和数字的字符串，并且长度需要在2~20个字
        // 符。u4e00-\u9fa5 提供了 20901 个中文，基本涵盖了常用字
        format: /^[A-Za-z0-9\u4e00-\u9fa5]{2,15}$/,
        // 自定义错误提示
        message: '用户名长度需要在 2~20 个字符',
      },
      password: {
        // 字段类型是字符串
        type: 'string',
        // 字段不是必需的
        required: false,
        // 字段允许为空
        allowEmpty: true,
        // 正则表达式：匹配长度在 5~20 个字符的字符串，并且必须同时包含至少一个字母和
        // 至少一个数字
        format: /^(?=.*[A-Za-z])(?=.*\d)[A-Za-z\d]{5,20}$/,
        // 自定义错误提示
        message: '密码为 5~20 个字符，至少包含一个字母和一个数字',
      },
      avatar: {
        type: 'string',
        required: false,
      },
    };
  }

  /**
   * 用户注册
   */
  async register() {
    const {ctx, service} = this;
    const {model} = ctx;
    const {username, password, avatar} = ctx.request.body;
    service.validator.validate(this.userValidate);
    if (!password) ctx.throw(422, '参数缺失');
    const findUser = await model.User.findOne({username});
    if (findUser) ctx.throw(409, '用户已经存在，请重新选择用户名注册');
    const userinfo = await model.User.create({username, password: sha1(password), avatar});
    ctx.body = {userinfo};
  }

  /**
   * 用户登录
   */
  async login() {
    const {ctx, service} = this;
    const {model} = ctx;
    service.validator.validate(this.userValidate);
    const {username, password} = ctx.request.body;
```

```
    const userinfo = await model.User.findOne({username, password:
sha1(password)});
    if (!userinfo) ctx.throw(401, '用户名或者密码错误');
    ctx.body = {userinfo};
  }
}

module.exports = UserController;
```

3. 使用 Postman 测试用户注册 SHA1 加密

打开 Postman，进入 Collections 界面，单击"用户注册"接口，修改 Body 数据，数据内容如下：

```
{
    "username":"wangwu",
    "password":"123456q"
}
```

单击 Send 按钮，发送注册请求，等待服务器的响应，如图 6-11 所示。

图 6-11　使用 SHA1 对用户注册的密码进行加密

如果注册成功，服务器则会返回注册成功以后的用户信息，此时的密码值就是加密字符串 bfff2dd4f1b310eb0dbf593bd83f94dd8d34077e，说明在用户注册时 SHA1 对密码加密成功。

4. 使用 Postman 测试用户登录 SHA1 加密

打开 Postman，进入 Collections 界面，单击 comment 集合下的"用户登录"接口，修改 Body 的数据内容，修改后的数据内容如下：

```
{
    "username":"wangwu",
    "password":"123456q"
}
```

单击 Send 按钮，发送登录请求，等待服务器的响应，如图 6-12 所示。

图 6-12 使用 SHA1 对用户登录的密码进行加密

在请求的下方会出现服务器返回的结果。这里返回的是登录成功以后的用户信息。说明在用户登录时 SHA1 对用户密码加密成功。

6.2.9 分离逻辑到 Service

现在所有的业务逻辑，包括数据库的操作，全部写在 controller 里面。按照 Egg.js 的约定：
（1）app/controller/** 用于解析用户的输入，处理后返回相应的结果。
（2）app/service/** 用于编写业务逻辑层。

遵循 Egg.js 的约定，需要把业务逻辑抽离到 service。

1. 将业务逻辑抽离到 service

在 app/service 文件夹中创建 user.js 文件。

打开 app/service/user.js 文件，编写业务逻辑代码，代码如下：

```
//ch6/7/app/service/user.js
'use strict';

const Service = require('egg').Service;
const sha1 = require('sha1');
class UserService extends Service {
  /**
   * 用户注册
   * @param {object} data
   * @return
   */
  async register(data) {
    const {ctx} = this;
```

```
    const {model} = ctx;
    const {username, password} = data;
    const findUser = await model.User.findOne({username});
    if (findUser) ctx.throw(409, '用户名已存在，请重新选择用户名注册');
    return await model.User.create({ ...data, password: sha1(password) });
  }

  /**
   * 用户登录
   * @param {object} data
   * @return
   */
  async login(data) {
    const {ctx} = this;
    const {model} = ctx;
    const {username, password} = data;
    const userinfo = await model.User.findOne({username, password: sha1(password)});
    if (!userinfo) ctx.throw(401, '用户名或者密码错误');
    return userinfo;
  }
}

module.exports = UserService;
```

2. 调用 service

在 app/controller/user.js 文件中删除 SHA1 的导入，因为 SHA1 的导入和应用已经被抽离到 app/service/user.js 文件了。

```
//ch6/7/app/controller/user.js
// 删除如下代码
const sha1 = require('sha1');
```

在 app/controller/user.js 文件里调用 service，修改 register() 方法，代码如下：

```
//ch6/7/app/controller/user.js
/**
 * 用户注册
 */
async register() {
  const {ctx, service} = this;
  service.validator.validate(this.userValidate);
  const userinfo = await service.user.register(ctx.request.body)
  ctx.body = {userinfo}
}
```

上述代码用于处理用户注册的请求。首先校验相关的请求参数，然后调用业务逻辑层的 service.user.register() 方法处理请求，最终将结果响应给客户端。在处理过程中，如果出现异常，则会抛出相应的错误，通过错误拦截中间件进行处理。

从 this 中解构出 ctx 和 service。通过 service.validator.validate() 方法对请求参数进行校验，校验规则为 this.userValidate，如果校验失败，则会抛出错误。

调用 service.user.register() 方法，将 ctx.request.body 作为参数传递给该方法。该方法会根据传入参数创建新用户并将结果返回。使用 ctx.body 响应给客户端。

在 app\controller\user.js 文件里调用 service，修改 login() 方法，代码如下：

```
//ch6/7/app/controller/user.js
/**
* 用户登录
*/
async login() {
  const {ctx, service} = this;
  service.validator.validate(this.userValidate);
  const {username, password} = ctx.request.body;
  if (!password) ctx.throw(422, '参数缺失！')
  const userinfo = await service.user.login({username, password})
  ctx.body = {userinfo};
}
```

上述代码用于处理用户登录的请求。首先校验请求参数，然后调用业务逻辑层的 service.user.login() 方法进行用户身份验证。在处理过程中，如果出现异常，则会抛出相应的错误，通过错误拦截中间件进行处理。最终将结果响应给客户端。

从 this 中解构出 ctx 和 service。通过 service.validator.validate() 方法对请求参数进行校验，校验规则为 this.userValidate，如果校验失败，则会抛出错误。

从 ctx.request.body 中解构出 username 和 password，判断 password 是否存在，如果不存在，则抛出错误提示"参数缺失！"。

调用 service.user.login() 方法，将 username 和 password 作为参数传递给该方法。该方法会根据传入的用户名和密码信息进行验证，将结果返回给调用方。使用 ctx.body 响应给客户端。

3. 在 Postman 测试用户注册的逻辑并封装到 service

由于增加了 app/service/user.js 文件，所以先重新启动项目，然后测试接口。

打开 Postman，单击"用户注册"接口，修改 Body 数据，数据内容如下：

```
{
    "username":"zhaoliu",
    "password":"123456q"
}
```

单击 Send 按钮，发送注册请求，等待服务器的响应，如图 6-13 所示。

如果注册成功，服务器则会返回注册成功以后的用户信息，说明注册的业务逻辑已被成功地封装到 service。

从返回的结果可以看到，password 的值也返给前端了，这样是不安全的，需要做一些处理。确保用户密码不被错误地暴露或传输，同时返回用户信息。

打开 app/service/user.js 文件，修改 register() 方法，代码如下：

```
//ch6/7/app/service/user.js
return await model.User.create({...data, password: sha1(password)});

// 修改为
let userinfo = await model.User.create({...data, password: sha1(password)});
userinfo = await model.User.findById(userinfo._id).populate('avatar');
return userinfo;
```

上述代码是为了隐藏密码字段，定义变量 userinfo，调用 model.User.create() 方法，将注册的用户信息赋值给变量 userinfo，调用 model.User.findById() 方法，将 userinfo._id 作为参数传入，populate() 方法是 Mongoose 中的一个功能，允许在查询时自动替换文档中的特定路径，通常会替换引用的文档。由于 avatar 字段引用了 Material 集合，所以会将关联的 avatar 文档的内容填充到 avatar 字段中，详见 6.2.2 节。

图 6-13　测试用户注册的逻辑并封装到 service

将查询结果重新赋值给 userinfo，因为 userinfo 是变量，所以可以被多次赋值。将 userinfo 使用 return 语句返回。

完整的 app/service/user.js 文件，代码如下：

```
//ch6/7/app/service/user.js
'use strict';

const Service = require('egg').Service;
const sha1 = require('sha1');
class UserService extends Service {
  /**
   * 用户注册
   * @param {object} data
   * @return
   */
  async register(data) {
    const {ctx} = this;
    const {model} = ctx;
    const {username, password} = data;
    const findUser = await model.User.findOne({username});
    if (findUser) ctx.throw(409, '用户名已存在,请重新选择用户名注册');
    let userinfo = await model.User.create({...data, password: sha1(password)});
    // 用户注册时会返回字段的内容,password 字段是需要隐藏的
    // 这里选择的方法是使用 findById 再次获取用户数据
    userinfo = await model.User.findById(userinfo._id).populate('avatar');
```

```
      return userinfo;
    }

    /**
     * 用户登录
     * @param {object} data
     * @return
     */
    async login(data) {
      const {ctx} = this;
      const {model} = ctx;
      const {username, password} = data;
      const userinfo = await model.User.findOne({username, password:
sha1(password)});
      if (!userinfo) ctx.throw(401, '用户名或者密码错误');
      return userinfo;
    }
}

module.exports = UserService;
```

再次注册用户的时候，password 字段将不会被返给前端。

4. 在 Postman 测试用户登录的逻辑并封装到 service

打开 Postman，单击"用户登录"接口，修改 Body 数据，数据内容如下：

```
{
    "username":"zhaoliu",
    "password":"123456q"
}
```

单击 Send 按钮，发送登录请求，等待服务器的响应，如图 6-14 所示。

图 6-14　测试用户登录的逻辑并封装到 service

如果登录成功，服务器则会返回登录成功以后的用户信息，说明登录的业务逻辑已被成功地封装到 service。

6.2.10　JWT 用户鉴权

1. JWT 介绍

JWT 是一种用于进行身份验证和令牌处理的开放标准（RFC 7519），JWT 可以非常轻松地在服务器端和客户端之间进行信息传递并验证信息的有效性。JWT 令牌是由 3 部分构成的：头部（Header）、负载（Payload）和签名（Signature）。

（1）头部：通常会包含令牌类型和使用的算法。

（2）负载：包含着用户的声明（Payload），例如用户 id、过期时间等信息。

（3）签名：由头部、负载，以及 Secret 进行签名生成的，用于验证数据的完整性和真实性。

JWT 可以使用各种编程语言实现，非常适合构建无状态（Stateless）的应用程序，避免了服务器端保存 session 等状态信息的必要性。通常在 API 认证、单点登录、跨域认证等场景中使用。

2. 安装 egg-jwt 插件

egg-jwt 是一个 Egg.js 插件，提供了 JWT 生成和验证的功能。使用 Egg.js 可以轻松地实现 JWT 的使用。

在使用 egg-jwt 插件之前，需要先在项目中安装依赖，在命令行安装 egg-jwt 插件，命令如下：

```
npm install egg-jwt --save

// 或者
yarn add egg-jwt
```

3. 配置 egg-jwt 插件

打开 config/plugin.js 文件，配置 egg-jwt 插件，新增的代码如下：

```
//ch6/8/config/plugin.js
jwt: {
  enable: true,
  package: 'egg-jwt',
},
```

打开 config/config.default.js 文件，配置 egg-jwt 插件，新增的代码如下：

```
//ch6/8/config/config.default.js
config.jwt = {
  secret: '春江花月夜', // 密钥，可以自行设定
}
```

4. 封装 egg-jwt 插件

egg-jwt 插件提供了以下两种方法。

（1）app.jwt.sign(payload, secret, [options])：生成 JWT 令牌。

（2）app.jwt.verify(token, secret, [options])：验证 JWT 令牌的有效性。如果令牌无效，则会抛出异常。payload 是要包含在 JWT 令牌中的信息，secret 用于生成和验证令牌的签名密钥，options 用于指定令牌的附加选项，例如用 expiresIn 选项来指定令牌的过期时间。

在 app/service 文件夹中创建 token.js 文件,用来封装 JWT,代码如下:

```javascript
//ch6/8/app/service/token.js
'use strict';

const Service = require('egg').Service;
class TokenService extends Service {
  /**
   * 获取 Token
   * @param {object} data
   * @return
   */
  get(data) {
    const {app} = this;
    return app.jwt.sign(data, app.config.jwt.secret,{expiresIn: '365d'});
  }

  /**
   * 验证 Token
   * @param {string} Token
   * @return
   */
  check(token) {
    const {app, ctx} = this;
    try {
      return app.jwt.verify(token, app.config.jwt.secret);
    } catch (error) {
      ctx.throw(403, this.message(error.message))
    }
  }

  /**
   * Token Message 提示英文转中文
   * @param {string} str
   * @return
   */
  message(str) {
    let txt;
    switch (str) {
      case 'clockTimestamp must be a number':
        txt = '时钟时间戳必须是一个数字';
        break;
      case 'nonce must be a non-empty string':
        txt = 'nonce 必须是非空字符串';
        break;
      case 'jwt must be provided':
        txt = '用户未登录'; //'必须提供令牌'
        break;
      case 'jwt must be a string':
        txt = '令牌必须是字符串';
        break;
      case 'jwt malformed':
        txt = '令牌格式错误';
        break;
      case 'invalid token':
        txt = '无效令牌';
```

```
          break;
      case 'jwt signature is required':
          txt = '必须提供令牌签名';
          break;
      case 'secret or public key must be provided':
          txt = '必须提供密钥或公钥';
          break;
      case 'invalid algorithm':
          txt = '无效的算法';
          break;
      case 'invalid signature':
          txt = '无效的签名';
          break;
      case 'jwt not active':
          txt = '令牌未激活';
          break;
      case 'jwt expired':
          txt = '用户账号登录已过期';
          break;
      default:
          txt = str;
      }
      return txt;
    }
}

module.exports = TokenService;
```

在上述代码中 get() 方法用于创建 Token，调用 app.jwt.sign() 方法，对传入的 data 和应用配置中的 JWT 密钥进行签名，通过 expiresIn 参数设置 Token 的有效期，将生成的 Token 返回。

笔者设置的有效期为 "365d"，意思是 365 天。有效期过期后 Token 将失效。读者可以根据需求对有效期进行设置。

在上述代码中 check() 方法用于校验 Token，调用 app.jwt.verify() 方法，对传入的 Token 和应用配置中的 JWT 密钥进行校验，如果 Token 验证通过，则返回 Token 中包含的用户信息数据，否则抛出错误。

如果抛出错误，则捕获该错误并返回，在抛出错误时使用 message() 方法将返回的错误提示转换成中文。

在上述代码中 message() 方法用于将 Token 相关的错误提示转换成中文，根据传入的 str 参数，匹配不同的错误类型，将其转换为中文错误信息，将结果保存在 txt 变量中，然后返回转换结果。

5. 应用 egg-jwt 插件

打开 app/service/user.js 文件，修改 register() 方法，生成 Token，代码如下：

```
//ch6/8/app/service/user.js
return userinfo;

// 修改为
// 这里选择的是用户名和 _id 作为 Token 加密值
const token = ctx.service.token.get({username, _id: userinfo._id});
return {userinfo, token}
```

上述代码调用 ctx.service.tokens.get() 方法传入 username、_id，创建 JWT Token。

将 userinfo 和 token 返给调用者。

打开 app/service/user.js 文件，修改 login() 方法，生成 Token，代码如下：

```
//ch6/8/app/service/user.js

const userinfo = await model.User.findOne({username, password: sha1(password)});
if (!userinfo) ctx.throw(401, '用户名或者密码错误');
return userinfo;

// 修改为
const userinfo = await model.User.findOne({username, password: sha1(password)}).populate('avatar');
if (!userinfo) ctx.throw(401, '用户名或者密码错误');
// 如果用户的状态不等于1，则抛出错误提示
if(userinfo.status !== 1) ctx.throw(403,'用户状态异常，请联系管理员！')
// 这里选择的是用户名和 _id 作为 Token 加密值
const token = ctx.service.token.get({username, _id: userinfo._id});
return {userinfo, token};
```

上述代码调用 model.User.findOne() 方法，将 username 和加密后的密码作为参数传入，将结果赋值给常量 userinfo。populate() 方法是 Mongoose 中的一个功能，允许在查询时自动替换文档中的特定路径，通常会替换引用的文档。由于 avatar 字段引用了 Material 集合，所以会将关联的 avatar 文档的内容填充到 avatar 字段中。

判断 userinfo，如果不存在，则抛出错误，并提示"用户名或者密码错误"。

判断 userinfo.status 是否等于1，如果不等于1，则抛出错误，并提示"用户状态异常，请联系管理员！"，用户状态不正常的用户无法登录成功。

调用 ctx.service.tokens.get() 方法传入 username 和 _id，创建 JWT Token。

将 userinfo 和 token 返给调用者。

打开 app/controller/user.js 文件，修改 register() 方法，代码如下：

```
//ch6/8/app/controller/user.js
async register() {
  const {ctx, service} = this;
  service.validator.validate(this.userValidate);
  const userinfo = await service.user.register(ctx.request.body);
  ctx.body = {userinfo};
}

// 修改为
async register() {
  const {ctx, service} = this;
  service.validator.validate(this.userValidate);
  const {userinfo, token} = await service.user.register(ctx.request.body);
  ctx.body = {userinfo, token};
}
```

打开 app/controller/user.js 文件，修改 login() 方法，代码如下：

```
async login() {
const {ctx, service} = this;
service.validator.validate(this.userValidate);
```

```
  const {username, password} = ctx.request.body;
  if (!password) ctx.throw(422, '参数缺失！');
  const userinfo = await service.user.login({username, password});
  ctx.body = {userinfo, token};
}

//修改为
async login() {
  const {ctx, service} = this;
  service.validator.validate(this.userValidate);
  const {username, password} = ctx.request.body;
  if (!password) ctx.throw(422, '参数缺失！');
  const{userinfo,token} = await service.user.login({username,password});
  ctx.body = {userinfo, token};
}
```

6. 使用 Postman 测试 egg-jwt 注册时生成 Token

由于项目配置了 egg-jwt，所以需要先重新启动项目，再测试接口。重启项目前面章节介绍过几次了，这里就不再次介绍了。

打开 Postman，单击"用户注册"接口，修改 Body 数据，数据内容如下：

```
{
    "username":"张无忌",
    "password":"123456q"
}
```

单击 Send 按钮，发送注册请求，等待服务器的响应，如图 6-15 所示。

图 6-15　用户注册时生成 Token

如果注册成功，服务器则会返回注册成功以后的 userinfo 和 Token，前端可以把 userinfo 和 Token 保存到本地存储，无须用户再次登录以获取 userinfo 及 Token。

7. 使用 Postman 测试 egg-jwt 登录时生成 Token

打开 Postman，单击"用户登录"接口，修改 Body 数据，数据内容如下：

```
{
    "username":" 张无忌 ",
    "password":"123456q"
}
```

单击 Send 按钮，发送登录请求，等待服务器的响应，如图 6-16 所示。

图 6-16　用户登录时生成 Token

如果登录成功，服务器则会返回登录成功以后的 userinfo 和 Token，前端可以把 userinfo 和 Token 保存到本地存储。

6.2.11　获取用户列表

1. 解构 controller 控制器

打开 app/router.js 文件，对 controller 进行解构，得到了 const { home, user} = controller，增加的代码如下：

```
//ch6/9/app/router.js
const {home, user} = controller;
```

2. 修改路由

打开 app/router.js 文件，修改路由，代码如下：

```
//ch6/9/app/router.js
```

```
// 首页
router.get('/', controller.home.index);
// 用户注册
router.post('/user/register', controller.user.register);
// 用户登录
router.post('/user/login', controller.user.login);

// 修改为
// 首页
router.get('/', home.index);
// 用户注册
router.post('/user/register', user.register);
// 用户登录
router.post('/user/login', user.login);
```

3. 创建用户列表路由

打开 app/router.js 文件，创建 GET /user 用户列表接口，代码如下：

```
//ch6/9/app/router.js
// 用户列表
router.get('/user', user.find);
```

4. 编写用户列表控制器

打开 app/controller/user.js 文件，编写用户列表代码，代码如下：

```
//ch6/9/app/controller/user.js
/**
 * 用户列表
 */
async find() {
    const {ctx, service} = this;
    let {page = 1, pageSize = 20, username = '', status = 1} = ctx.query;
    page = page * 1;
    pageSize = pageSize * 1;
    let query = {status};
    if (username) {
      query = {status, username};
    }
    const {count, data} = await service.user.find(query, page, pageSize);
    ctx.body = {
      data,
      pageSize,
      page,
      totalPage: Math.ceil(count / pageSize),
      totalCount: count,
    };
}
```

上述代码主要用于查询用户信息列表，可以根据用户名和用户状态进行查询过滤，支持分页查询。通过参数解析、条件拼接和查询调用等方式，完整地完成了用户信息列表的查询功能，将结果返给了客户端。

从 ctx.query 获取查询所需的分页参数 page 和 pageSize，以及 username 和 status。page 的默认值为 1，pageSize 的默认值为 20，username 的默认值为空，status 的默认值为 1。

将 page 和 pageSize 转换为数字类型。由于 ctx.query 接受的值默认为 string 字符串，page、 pageSize 的数据类型是 number，有一个简单的转换方式就是用这个值乘以 1，这样就可以直接转换为 number 类型了，如 page*1。

根据传入的用户名和用户状态构建数据库查询条件。默认查询条件是 {status}，如果用户名不为空，则查询条件更改为 {status, username}。

调用 ctx.service.user.find() 方法，传入查询条件 query、page、pageSize 等参数，查询数据库中的用户信息，得到返回值 count、data。

将查询的返回结果组装为 JSON 数据格式，包括 page、pageSize、totalCount、totalPage 和 data。将 JSON 数据返回客户端。

5. 编写用户列表业务逻辑

打开 app/service/user.js 文件，编写更新用户信息业务逻辑代码，代码如下：

```
//ch6/9/app/service/user.js
/**
 * 获取用户列表
 * @param {object} query
 * @param {number} page
 * @param {number} pageSize
 * @return
 */
async find(query, page, pageSize) {
  const {ctx} = this;
  const {model} = ctx;
  const count = await model.User.count(query);
  const data = await model.User.find(query).populate('avatar')
    .limit(pageSize)
    .skip((page - 1) * pageSize);
  return {count, data};
}
```

上述代码用于查询数据库中符合特定条件的用户信息列表的具体业务逻辑。

find() 方法接受 3 个参数：query、page 和 pageSize。

（1）query：表示查询筛选条件，是一个对象，用于指定查询哪些文档。

（2）page：表示要查询的页码。

（3）pageSize：表示每页查询的文档数量。

调用 model.User.count() 方法传入查询条件，查询数据库中符合条件的用户数量。该方法返回的是符合条件的用户数量，即满足查询条件的用户总数。

调用 model.User.find() 方法传入查询条件，查询数据库中符合条件的用户信息列表。这里使用的是链式调用方法，先使用 populate() 方法对用户头像的相关信息进行关联查询，再使用 limit() 方法对查询结果进行数量限制，最后使用 skip() 方法跳过查询结果中的前几项。

将查询结果 {count, data} 返给调用者。

6. 使用 Postman 测试用户列表

在 Postman 中创建一个 Request，命名为用户列表，方法是 GET，地址是 http://127.0.0.1:7001/user。

单击 Send 按钮，发送查询请求，等待服务器的响应。

如果不设置 page 和 pageSize 的值，则使用默认值，即 page 为 1，pageSize 为 20，如图 6-17 所示。

图 6-17　查询用户列表，默认 page 为 1，pageSize 为 20

将 page 设置为 1，并将 pageSize 也设置为 1，此时用户列表会出现总页码为 5 页，总条数 5 条，如图 6-18 所示。

图 6-18　将 page 设置为 1，将 pageSize 也设置为 1 后查询用户列表

6.2.12　更新用户信息

1. 更新用户信息前，需要检测用户名是否存在，创建检测用户名路由

打开 app/router.js 文件，创建检测用户名路由，代码如下：

```
//ch6/10/app/router.js
// 修改用户名前先检测新的用户名是否已经被使用
router.get('/user/checkusername', user.checkUsername);
```

2. 编写检测用户名控制器

打开 app/controller/user.js 文件,编写检测用户名控制器,代码如下:

```
//ch6/10/app/controller/user.js
/**
* 检测用户名是否存在
*/
async checkUsername() {
  const {ctx, service} = this;
  const {username} = ctx.query;
  if (!username) ctx.throw(422, '参数缺失');
  const bool = await service.user.checkUsername(username);
  ctx.body = {bool};
}
```

上述代码用于检查指定的用户名是否已经被占用,这是为了避免同一用户名被多个用户使用。在实现过程中通过参数校验和调用应用服务的方式,完成了对于指定用户名是否已经存在的检查,将结果返回给了调用者。

从 ctx.query 解构出查询参数 username。判断 username 是否为空,如果为空,则抛出错误,并提示"参数缺失"。

调用 service.user.checkUsername() 方法,将查询参数 username 传入,检查数据库中是否存在指定用户名的用户信息,将返回结果赋值给常量 bool。

使用 ctx.body 将检查结果返回客户端,其中 bool 表示指定的用户名是否已经被占用。如果 bool 为 true,则表示用户名已被占用,如果 bool 为 false,则表示用户名没有被占用。

3. 编写检测用户名业务逻辑

在 app/service/user.js 文件中编写更新用户信息业务逻辑代码,代码如下:

```
//ch6/10/app/service/user.js
/**
* 检测用户名是否存在
* @param {string} username
* @returns
*/
async checkUsername(username) {
  const {ctx} = this;
  const {model} = ctx;
  const find = await model.User.findOne({username});
  if (find) return true;
  return false;
}
```

上述代码是用于检查数据库中是否存在指定用户名的用户信息的具体业务逻辑。

checkUsername() 方法接受一个参数 username,表示指定的用户名。

调用 model.User.findOne() 方法,查询符合条件的用户信息。该方法的查询条件为 username,表示查询所有 username 值等于参数 username 的用户信息。

判断查询结果 find 是否存在。如果 find 存在,则说明数据库中存在指定用户名的用户信息,如果返回值为 true,则表示存在,如果返回值为 false,则表示不存在。

4. 使用 Postman 测试检测用户名

在 Postman 中创建一个 Request，命名为检测用户名。方法是 GET，地址是 http://127.0.0.1:7001/user/checkusername?username=zhangsan，检测的用户名是 zhangsan。

单击 Send 按钮，发送请求，等待服务器的响应。

由于数据库已经存在 username 为 zhangsan 的用户，所以返回结果是 true，如图 6-19 所示。

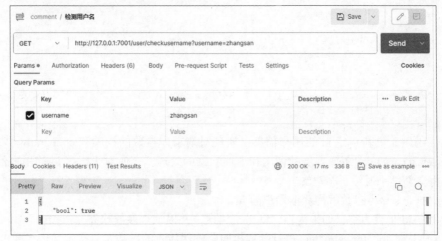

图 6-19　检测用户名 zhangsan 是否已被注册

再次测试检测用户名 http://127.0.0.1:7001/user/checkusername?username= 明教教主。

单击 Send 按钮，发送请求，等待服务器的响应，如图 6-20 所示。

图 6-20　检测用户名"明教教主"是否已被注册

由于数据库不存在 username 为"明教教主"的用户，所以返回的结果是 false。

5. 创建更新用户信息路由

打开 app/router.js 文件，创建 PUT /user/:id 用户登录接口，代码如下：

```
//ch6/10/app/router.js
// 修改某个用户
```

```
router.put('/user/:id', user.update);
```

6. 编写更新用户信息控制器

打开 app/controller/user.js 文件，编写更新用户信息代码，代码如下：

```
//ch6/10/app/controlle/user.js
/**
* 更新用户信息
*/
async update() {
  const {ctx, service} = this;
  const {id} = ctx.params;
  if (!id) ctx.throw(422, '参数缺失');
  service.validator.validate(this.userValidate);
  const res = await service.user.update(id, ctx.request.body);
  ctx.body = res;
}
```

上述代码用于更新指定 id 的用户信息，实现对请求体参数的校验和 ctx.params 数据解构、应用服务 service.user.update() 方法的调用和返回数据的处理，完成对于指定 id 的用户信息更新的操作，将更新结果返回了客户端。

从 ctx.params 路由参数解构获取用户的 id。

判断用户 id 是否为空，如果为空，则抛出错误，并提示"参数缺失"。

调用 service.validator.validate() 进行参数校验，确保传入的参数符合指定的格式要求。

调用 service.user.update() 方法，传入用户 id 和需要更新信息 ctx.request.body，更新数据库中对应的用户信息，将返回结果赋值给 res。

使用 ctx.body 将更新结果 res 返回客户端。

7. 编写更新用户信息业务逻辑

在 app/service/user.js 文件中编写更新用户信息业务逻辑代码，代码如下：

```
//ch6/10/app/service/user.js
/**
* 更新用户信息
* @param {string} id
* @param {object} data
* @return
*/
async update(id, data) {
  const {ctx} = this;
  const {model} = ctx;
  const {username, password} = data;
  const findRes = await model.User.findOne({username});
  if (findRes && findRes._id.toString() !== id.toString()) ctx.throw(409,
'用户名已存在，无法更新！');
  let _data = {...data};
  if (password) {
    _data = {...data, password: sha1(password)};
  }
  const userinfo = await model.User.findByIdAndUpdate(id, _data, {
    new: true,
  }).populate('avatar');
  return userinfo;
}
```

上述代码用于更新数据库中指定 id 的用户信息。

update() 方法接受两个参数：id 和 data。

（1）id：表示指定用户的 id。

（2）data：表示要更新的内容。

解构 data 获取需要更新的用户名信息和密码，调用 model.User.findOne() 方法查找是否存在重复的用户名记录。如果存在重复记录且该记录的 id 不是指定的 id，则抛出异常，并提示"用户名已存在，无法更新！"。

如果不存在重复用户名，则定义 _data = {...data}，如果密码不为空，则表示密码也需要更新，对密码通过 sha1() 方法进行加密处理。把加密后的密码赋值给 password，然后合并到 _data，_data = {...data, password: sha1(password)}。

调用 model.User.findByIdAndUpdate() 方法将 id 和更新信息 _data 作为参数传入，将信息更新到数据库中对应用户的信息中。

在更新成功后，将更新后的用户信息返给调用者。

8. 使用 Postman 测试更新用户信息

在 Postman 中创建一个 Request，命名为"更新用户"。方法是 PUT，地址是 http://127.0.0.1:7001/user/65733a13a2f17330d69f834d，"65733a13a2f17330d69f834d"这个字符串为用户 _id，不同的计算机生成的用户 _id 是不一样的。这里的 65733a13a2f17330d69f834d 只是表示笔者的开发计算机上生成的用户 _id。

在 Body 中选择 raw，格式是 JSON，数据内容如下：

```
{
    "username":"明教教主"
}
```

测试的目的是把 username 为"张无忌"的用户名修改为"明教教主"。

单击 Send 按钮，发送请求，等待服务器的响应，如图 6-21 所示。

图 6-21　将用户名"张无忌"修改为"明教教主"

用户名已经从"张无忌"更新为"明教教主"了。

6.2.13 获取某个用户信息

1. 创建获取某个用户信息路由

打开 app/router.js 文件,创建 GET /user/:id 获取某个用户信息接口,代码如下:

```
//ch6/10/app/router.js
// 查看某个用户
router.get('/user/:id', user.findById);
```

上述代码定义了一个 GET 请求的动态路由 '/user/:id'。当有请求(例如 /user/123)发起时,Egg.js 会解析该请求,ctx.params.id 会获取动态部分的值"123"。

2. 编写获取某个用户信息的控制器

打开 app/controller/user.js 文件,编写查询某个用户信息的控制器,代码如下:

```
//ch6/10/app/controller/user.js
/**
 * 查询某个用户信息
 */
async findById() {
  const {ctx, service} = this;
  const {id} = ctx.params;
  if (!id) ctx.throw(422, '参数缺失');
  const userinfo = await service.user.findById(id);
  ctx.body = userinfo;
}
```

上述代码用于根据指定用户 id 查找数据库中对应的用户信息,将查询结果返回客户端。

从 ctx.params 解构获取用户 id,判断 id 是否存在,如果不存在,则抛出异常,并提示"参数缺失"。

将获取的用户 id 作为参数传递给 service.user.findById() 方法,进行数据查询,将查询结果赋值给常量 userinfo。通过 ctx.body 将查询结果 userinfo 返回客户端。

3. 编写获取某个用户信息的业务逻辑

打开 app/service/user.js 文件,编写查询某个用户信息的业务逻辑代码,代码如下:

```
//ch6/10/app/service/user.js
/**
 * 查询某个用户信息
 * @param {string} id
 * @return
 */
async findById(id) {
  const {ctx} = this;
  const {model} = ctx;
  const userinfo = await model.User.findById(id).populate('avatar');
  if (!userinfo) ctx.throw(404, '用户不存在');
  return userinfo;
}
```

上述代码用于根据指定用户 id 查找数据库中对应的用户信息,将查询结果返回。

findById() 方法接受一个参数 id,表示用户 id。

调用 model.User.findById() 方法传入用户 id 查询数据库,将查询结果赋值给常量 userinfo。

判断 userinfo 是否存在，如果不存在，则抛出错误，并提示"用户不存在"。
如果查询结果存在，则将其作为返回值返回。

4. 使用 Postman 测试获取某个用户信息

在 Postman 中创建一个 Request，命名为"查看某个用户"。方法是 GET，地址是 http://127.0.0.1:7001/user/657332e1b785998e07a25b83，字符串 657332e1b785998e07a25b83 为用户的 _id。

说明：不同的计算机生成的用户 _id 是不一样的。这里的 657332e1b785998e07a25b83 只是表示笔者的开发计算机上生成的用户 _id。

单击 Send 按钮，发送请求，等待服务器的响应，如果查询成功，则会显示用户信息，如图 6-22 所示。

图 6-22 查看某个用户信息

6.2.14 删除用户

1. 创建删除用户路由

打开 app/router.js 文件，创建 DELETE /user/:id, 删除用户接口，代码如下：

```
//ch6/10/app/router.js
// 删除用户
router.delete('/user/:id', user.del);
```

2. 编写删除用户控制器

打开 app/controller/user.js 文件，编写删除用户控制器，代码如下：

```
//ch6/10/app/controller/user.js
/**
```

```
 * 删除用户
 */
async del() {
  const {ctx, service} = this;
  const {id} = ctx.params;
  if (!id) ctx.throw(422, '参数缺失');
  await service.user.del(id);
  ctx.status = 204;
```

上述代码用于根据指定用户 id 删除数据库中对应的用户信息,将 204 状态码返回给客户端。

从 ctx.params 中解构获取指定的用户 id,判断用户 id 是否存在,如果不存在,则抛出错误,并提示"参数缺失"。

将获取的用户 id 作为参数传递给 service.user.del() 方法,进行数据删除。

将状态码设置为 204,表示操作成功,不需要将任何数据返回给客户端。

3. 编写删除用户业务逻辑

打开 app/service/user.js 文件,编写删除用户业务逻辑代码,代码如下:

```
//ch6/10/app/service/user.js
/**
 * 删除用户
 * @param {string} id
 * @return
 */
async del(id) {
  const {ctx} = this;
  const {model} = ctx;
  const user = await model.User.findByIdAndRemove(id);
  if (!user) ctx.throw(404, '用户不存在');
  return user;
}
```

上述代码用于根据指定用户 id 删除数据库中对应的用户信息,将删除的用户信息返回。

del() 方法接受一个参数 id,表示用户 id。

调用 model.User.findByIdAndRemove() 方法传入用户 id,删除数据库中指定 id 对应的用户信息,将删除结果赋值给变量 user。

判断 user,如果 user 不存在,则抛出错误,并提示"用户不存在"。

如果存在,则将其作为返回值返回。

4. 完整的 app/controller/user.js

完整的 app/controller/user.js,代码如下:

```
//ch6/10/app/controller/user.js
'use strict';

const {Controller} = require('egg');

class UserController extends Controller {
  // 构造函数
  constructor(ctx) {
```

```
    super(ctx);
    this.userValidate = {
      username: {
        // 字段类型是字符串
        type: 'string',
        // 字段是必需的
        required: true,
        // 字段不允许为空
        allowEmpty: false,
        // 正则表达式：匹配包含中文、英文字符和数字的字符串，并且长度需要在2~20个字
        // 符。u4e00-\u9fa5 提供了 20901 个中文，基本涵盖了常用字
        format: /^[A-Za-z0-9\u4e00-\u9fa5]{2,15}$/,
        // 自定义错误提示
        message: '用户名长度需要在 2~20 个字符',
      },
      password: {
        // 字段类型是字符串
        type: 'string',
        // 字段不是必需的
        required: false,
        // 字段允许为空
        allowEmpty: true,
        // 正则表达式：匹配长度在 5~20 个字符的字符串，并且必须同时包含至少一个字母和
        // 至少一个数字
        format: /^(?=.*[A-Za-z])(?=.*\d)[A-Za-z\d]{5,20}$/,
        // 自定义错误提示
        message: '密码为 5~20 个字符，至少包含一个字母和一个数字',
      },
      avatar: {
        type: 'string',
        required: false,
      },
    };
}

/**
 * 用户注册
 */
async register() {
  const {ctx, service} = this;
  service.validator.validate(this.userValidate);
  const {userinfo, token} = await service.user.register(ctx.request.body);
  ctx.body = {userinfo, token};
}

/**
 * 用户登录
 */
async login() {
  const {ctx, service} = this;
  service.validator.validate(this.userValidate);
  const {username, password} = ctx.request.body;
  if (!password) ctx.throw(422, '参数缺失！');
  const{userinfo,token}=await service.user.login({username, password});
  ctx.body = {userinfo, token};
```

```js
    }
    /**
    * 用户列表
    */
    async find() {
      const {ctx, service} = this;
       let {page = 1, pageSize = 20, username = '', status = 1} = ctx.query;
      page = page * 1;
      pageSize = pageSize * 1;
      let query = {status};
      if (username) {
        query = {status, username};
      }
      const {count, data} = await service.user.find(query, page, pageSize);
      ctx.body = {
        data,
        pageSize,
        page,
        totalPage: Math.ceil(count / pageSize),
        totalCount: count,
      };
    }

    /**
    * 检测用户名是否存在
    */
    async checkUsername() {
      const {ctx, service} = this;
      const {username} = ctx.query;
      if (!username) ctx.throw(422, '参数缺失');
      const bool = await service.user.checkUsername(username);
      ctx.body = { bool };
    }

    /**
    * 更新用户信息
    */
    async update() {
      const {ctx, service} = this;
      const {id} = ctx.params;
      if (!id) ctx.throw(422, '参数缺失');
      service.validator.validate(this.userValidate);
      const res = await service.user.update(id, ctx.request.body);
      ctx.body = res;
    }

    /**
    * 查询某个用户信息
    */
    async findById() {
      const {ctx, service} = this;
      const {id} = ctx.params;
      if (!id) ctx.throw(422, '参数缺失');
      const userinfo = await service.user.findById(id);
      ctx.body = userinfo;
```

```js
  }
  /**
   * 删除用户
   */
  async del() {
    const {ctx, service} = this;
    const {id} = ctx.params;
    if (!id) ctx.throw(422, '参数缺失');
    await service.user.del(id);
    ctx.status = 204;
  }
}

module.exports = UserController;
```

5. 完整的 app/service/user.js

完整的 app/service/user.js，代码如下：

```js
//ch6/10/app/service/user.js
'use strict';

const Service = require('egg').Service;
const sha1 = require('sha1');
class UserService extends Service {
  /**
   * 用户注册
   * @param {object} data
   * @return
   */
  async register(data) {
    const {ctx} = this;
    const {model} = ctx;
    const {username, password} = data;
    const findUser = await model.User.findOne({username});
    if (findUser) ctx.throw(409, '用户名已存在，请重新选择用户名注册');
    let userinfo = await model.User.create({...data, password: sha1(password)});
    // 用户注册时会返回字段的内容，password 字段需要隐藏
    // 这里选择的方法是使用 findById 再次获取用户数据
    userinfo = await model.User.findById(userinfo._id).populate('avatar');
    // 这里选择的是用户名和 _id 作为 Token 加密值
    const token = ctx.service.token.get({username, _id: userinfo._id});
    return {userinfo, token};
  }

  /**
   * 用户登录
   * @param {object} data
   * @return
   */
  async login(data) {
    const {ctx} = this;
    const {model} = ctx;
    const {username, password} = data;
    const userinfo = await model.User.findOne({username, password: sha1(password)}).populate('avatar');
```

```javascript
    if (!userinfo) ctx.throw(401, '用户名或者密码错误');
    // 如果用户的状态不等于1，则抛出错误提示
    if (userinfo.status !== 1) ctx.throw(403, '用户状态异常，请联系管理员！');
    // 这里选择的是用户名和 _id 作为 Token 加密值
    const token = ctx.service.token.get({ username, _id: userinfo._id });
    return {userinfo, token};
  }

  /**
   * 获取用户列表
   * @param {object} query
   * @param {number} page
   * @param {number} pageSize
   * @return
   */
  async find(query, page, pageSize) {
    const {ctx} = this;
    const {model} = ctx;
    const count = await model.User.count(query);
    const data = await model.User.find(query).populate('avatar')
      .limit(pageSize)
      .skip((page - 1) * pageSize);
    return {count, data};
  }

  /**
   * 检测用户名是否存在
   * @param {string} username
   * @return
   */
  async checkUsername(username) {
    const {ctx} = this;
    const {model} = ctx;
    const find = await model.User.findOne({username});
    if (find) return true;
    return false;
  }

  /**
   * 更新用户信息
   * @param {string} id
   * @param {object} data
   * @return
   */
  async update(id, data) {
    const {ctx} = this;
    const {model} = ctx;
    const {username, password} = data;
    const findRes = await model.User.findOne({username});
    if (findRes && findRes._id.toString() !== id.toString()) ctx.throw(409, '用户名已存在，无法更新！');
    let _data = {...data};
    if (password) {
      _data = {...data, password: sha1(password)};
    }
```

```
    const userinfo = await model.User.findByIdAndUpdate(id, _data, {
      new: true,
    }).populate('avatar');
    return userinfo;
  }

  /**
   * 查询某个用户信息
   * @param {string} id
   * @return
   */
  async findById(id) {
    const {ctx} = this;
    const {model} = ctx;
    const userinfo = await model.User.findById(id).populate('avatar');
    if (!userinfo) ctx.throw(404, '用户不存在');
    return userinfo;
  }

  /**
   * 删除用户
   * @param {string} id
   * @return
   */
  async del(id) {
    const {ctx} = this;
    const {model} = ctx;
    const user = await model.User.findByIdAndRemove(id);
    if (!user) ctx.throw(404, '用户不存在');
    return user;
  }
}

module.exports = UserService;
```

6. 使用 Postman 测试删除用户

在 Postman 中单击用户列表接口，获得用户列表，在用户列表中选择一个用户 zhangsan，复制 zhangsan 的 _id。

在 Postman 中创建一个 Request，命名为"删除用户"。方法是 DELETE，地址是 http://127.0.0.1:7001/user/6571c3f4064f61bcdc3697f3，字符串 6571c3f4064f61bcdc3697f3 为用户 zhangsan 的 _id。说明一下，不同的计算机生成的用户 _id 是不一样的。这里的 6571c3f4064f61bcdc3697f3 只是表示笔者的开发计算机上生成的用户 _id。

单击 Send 按钮，发送请求，等待服务器的响应，返回状态码 204，表示用户删除成功，如图 6-23 所示。

点开"用户列表"接口，单击 Send 按钮，发送请求，等待服务器的响应，查看用户列表，如图 6-24 所示。

用户名为 zhangsan 的用户信息已经不存在了，说明用户删除成功。

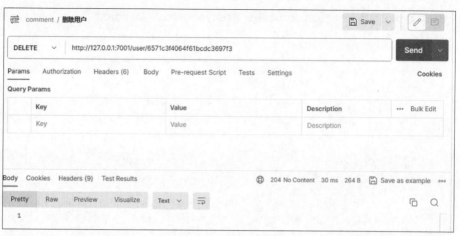

图 6-23　删除用户成功

图 6-24　查看用户列表

6.3　中间件

Egg.js 是基于 Koa.js 实现的，所以 Egg.js 的中间件形式和 Koa.js 的中间件形式是一样的，它们都是基于洋葱圈模型的。每次编写一个中间件，就相当于在洋葱外面包了一层。

6.3.1 判断是否是用户

1. 创建 isUser 判断是否是用户的中间件

在 app/middleware 文件夹中创建 isUser.js 文件,用于判断是否是用户的中间件,代码如下:

```
//ch6/11/app/middleware/isUser.js
"use strict";
/**
 * 验证 isUser
 */
module.exports = () => {
  return async function (ctx, next) {
    const {headers, service} = ctx;
    // 获取 Token,如果没有传入 Token,则为空
    let token = headers.authorization ? headers.authorization : '';
    token = token.substring(7); //把 Bearer 截取掉,解析的时候不需要加上
                                //Bearer
    if (!token) ctx.throw(403, '没有 Token');
    const user = await service.token.check(token);
    ctx.state.user = user;
    await next();
  };
};
```

上述代码用于对客户端请求中的 Token 进行认证和解析,将解析的用户信息存储到 ctx.state 中,供后续中间件或路由使用。

通过请求头中的 ctx.headers.authorization 字段获取 Token,将 Bearer 前缀去除,得到纯净的 Token。

判断 Token,如果 Token 不存在,则抛出错误,并提示"没有 Token"。

调用 service.token.check() 方法对 Token 进行校验和解析,返回解析后的用户对象,将结果赋值给常量 user。

将解析后的用户信息作为 ctx.state.user 的值存储到 ctx.state 中,供后续中间件或路由使用。

执行 await next() 方法,等待下一个中间件或路由。

2. 在 app/router.js 应用 isUser 中间件

打开 app/router.js 文件,增加应用 isUser 中间件的代码,修改后的代码如下:

```
//ch6/11/app/router.js
module.exports = app => {
  const {router, controller} = app;
  const {home, user} = controller;
  router.get('/', home.index);
  // 用户注册
  router.post('/user/register', user.register);
  // 用户登录
  router.post('/user/login', user.login);
  // 用户列表
  router.get('/user', user.find);
  // 修改用户名前先检测新的用户名是否已经被使用
  router.get('/user/checkusername', user.checkUsername);
  // 修改某个用户
  router.put('/user/:id', user.update);
  // 查看某个用户
```

```js
  router.get('/user/:id', user.findById);
  // 删除用户
  router.delete('/user/:id', user.del);
};

// 修改为
module.exports = app => {
  const { router, controller, middleware } = app;
  const { home, user } = controller

  // 中间件开始
  // 是否是用户中间件
  const isUser = middleware.isUser();
  // 中间件结束

  // 用户路由开始
  router.get('/', home.index);
  // 用户注册
  router.post('/user/register', user.register);
  // 用户登录
  router.post('/user/login', user.login);
  // 用户列表
  router.get('/user', isUser, user.find);
  // 修改用户名前先检测新的用户名是否已经被使用，权限：需要是用户
  router.get('/user/checkusername', isUser, user.checkUsername);
  // 修改某个用户，权限：需要是用户
  router.put('/user/:id', isUser, user.update);
  // 查看某个用户，权限：需要是用户
  router.get('/user/:id', isUser, user.findById);
  // 删除用户，权限：需要是用户
  router.delete('/user/:id', isUser, user.del);
  // 用户路由结束
};
```

3. 使用 Postman 测试是否是用户中间件

在 Postman 中单击用户列表接口会提示"没有 Token"，如图 6-25 所示。

图 6-25　测试是否是用户中间件

在 Postman 中单击"用户登录"接口，单击 Send 按钮，发送请求，等待服务器的响应，登录获取 Token，如图 6-26 所示。

图 6-26　用户登录获取 Token

将 Token 复制到"用户列表"接口，单击 Authorization，Type 选择 Bearer Token，如图 6-27 所示。

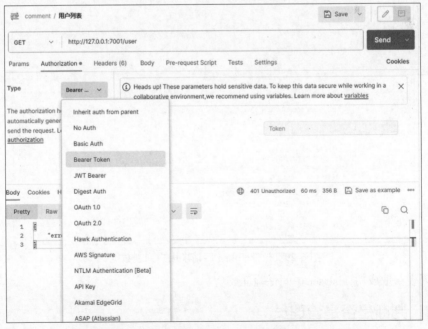

图 6-27　单击 Authorization，Type 选择 Bearer Token

在 Token 输入框粘贴复制的 Token 值，如图 6-28 所示。

图 6-28　在 Token 输入框粘贴复制的 Token 值

单击 Send 按钮，发送请求，等待服务器的响应，如图 6-29 所示。

图 6-29　携带 Token 后请求用户列表数据

用户列表获取成功，isUser 中间件验证成功。

6.3.2　判断是否是管理员

1. 创建 isAdmin 判断是否是管理员的中间件

在创建是否是管理员的中间件之前，需要先将一个用户的权限设置为管理员权限，打开

MongoDB Compass 可视化工具，打开数据库，编辑用户数据。

将"明教教主"的 role 权限修改为 admin，单击 UPDATE 按钮保存数据。此时用户名"明教教主"就拥有了管理员权限，如图 6-30 所示。

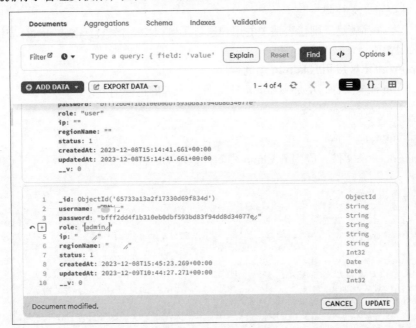

图 6-30　修改用户权限

在 app/middleware 文件夹中创建 isAdmin.js 文件，用于判断是否是管理员的中间件，代码如下：

```
//ch6/12/app/middleware/isAdmin.js
'use strict';
// 判断是否是管理员
module.exports = () => {
  return async function (ctx, next) {
    const {service} = ctx;
    const user = ctx.state.user;
    if (!user) ctx.throw(403, ' 未登录! ');
    const userinfo = await service.user.findById(user._id);
    if (!userinfo) ctx.throw(403, '用户不存在!');
    if (userinfo.role !== 'admin') ctx.throw(403, ' 无权限!');
    await next();
  };
};
```

上述代码用于对请求的用户进行权限鉴权检查，只有符合要求的用户才能继续访问后续中间件或路由。

从 ctx.state 对象获取用户信息 user。

判断用户信息 user，如果不存在，则代表用户未登录，抛出错误，并提示"未登录！"。

调用 service.user.findById() 方法传入用户信息中的 _id 查找数据库中的用户信息，将结果赋值给常量 userinfo。

判断 userinfo，如果不存在，则表示用户信息在数据库中不存在，抛出错误，并提示"用户不存在！"。

判断 userinfo 中的 role 的值，如果 role 的值不等于 admin，则代表请求的用户权限不足，抛出错误，并提示"无权限！"。

如果以上条件都满足，则代表请求的用户通过了鉴权检查，执行 await next() 方法，等待下一个中间件或路由。

2. 在 app/router.js 应用 isAdmin 中间件

打开 app/router.js 文件，增加 isAdmin 中间件，增加的代码如下：

```
//ch6/12/app/router.js
// 是否是管理员
const isAdmin = middleware.isAdmin();
```

打开 app/router.js 文件，应用 isAdmin 中间件，增加的代码如下：

```
//ch6/12/app/router.js
// 管理员路由开始
// 用户管理
// 用户列表，权限：需要是用户和管理员
router.get('/admin/user', isUser, isAdmin, user.findAll);
// 查看某个用户，权限：需要是用户和管理员
router.get('/admin/user/:id', isUser, isAdmin, user.findById);
// 修改某个用户，权限：需要是用户和管理员
router.put('/admin/user/:id', isUser, isAdmin, user.update);
// 修改用户状态，权限：需要是用户和管理员
router.put('/admin/user/changeUserStatus/:id', isUser, isAdmin, user.changeUserStatus);
// 删除用户，权限：需要是用户和管理员
router.delete('/admin/user/:id', isUser, isAdmin, user.del);
// 管理员路由结束
```

3. 编写管理员查看用户列表控制器

打开 app/controller/user.js 文件，编写管理员查看用户列表控制器，代码如下：

```
//ch6/12/app/controller/user.js
/**
 * 用户列表（管理员）
 */
async findAll() {
  const {ctx, service} = this;
  let {page = 1, pageSize = 20, username = ''} = ctx.query;
  page = page * 1
  pageSize = pageSize * 1
  let query = {};
  if (username) {
    query = {username};
  }
  const {count, data} = await service.user.find(query, page, pageSize);
  ctx.body = {
    data,
    pageSize,
    page,
    totalPage: Math.ceil(count / pageSize),
    totalCount: count,
```

```
    };
}
```

上述代码主要用于管理员查询用户信息列表,可以根据用户名进行查询过滤,支持分页查询。通过参数解析、条件拼接和查询调用等方式,完整地完成了对于用户信息列表的查询功能,将结果返回给了客户端。

从 ctx.query 获取查询所需的分页参数 page、pageSize 及 username。page 的默认值为 1,pageSize 的默认值为 20,username 的默认值为空。

将 page 和 pageSize 转换为数字类型。

根据传入的用户名构建数据库查询条件。默认查询条件是 {},如果用户名不为空,则将查询条件更改为 { username }。

调用 ctx.service.user.find() 方法,传入查询条件 query、page、pageSize 等参数,查询数据库中的用户信息,得到返回值 count、data。

将查询的返回结果组装为 JSON 数据格式,包括 page、pageSize、totalCount、totalPage 和 data。将 JSON 数据返回客户端。

4. 编写管理员修改用户状态控制器

打开 app/controller/user.js 文件,编写管理员修改用户状态控制器,代码如下:

```
//ch6/12/app/controller/user.js
/**
 * 更改用户状态(管理员)
 */
async changeUserStatus() {
  const {ctx, service} = this;
  const {id} = ctx.params;
  if (!id) ctx.throw(422, '参数缺失');
  const {status} = ctx.request.body
  if (status !== 0 && status !== 1) ctx.throw(422, '参数缺失');
  const res = await service.user.updateStatus(id, {status});
  ctx.body = res;
}
```

上述代码用于更新指定 id 的用户状态,实现对请求体参数的校验和 ctx.request.body 数据解构、应用服务 service.user.updateStatus() 方法的调用和返回数据的处理,完成对于指定 id 的用户状态更新的操作,将更新结果返给了客户端。

从 ctx.params 路由参数解构获取用户的 id。

判断用户 id 是否为空,如果为空,则抛出错误,并提示"参数缺失"。

从 ctx.request.body 解构获得 status。

判断 status 的值是否是 0 或者 1,如果不是,则抛出错误,并提示"参数缺失"。

这里不能判断 status 是否存在,因为如果 status 的值为 0,则会认为是假值,详见 3.2.3 节。

调用 service.user.updateStatus() 方法,传入用户 id 和需要更新的信息 {status},更新数据库中对应的用户状态,将返回结果赋值给 res。

使用 ctx.body 将更新结果 res 返回客户端。

5. 编写管理员修改用户状态业务逻辑

打开 app/service/user.js 文件,编写管理员修改用户状态逻辑代码,代码如下:

```
//ch6/12/app/service/user.js
/**
 * 更新用户状态
 * @param {string} id
 * @param {object} data
 * @return
 */
async updateStatus(id, data) {
  const {ctx} = this;
  const {model} = ctx;
  const userinfo = await model.User.findByIdAndUpdate(id, data, {
    new: true,
  }).populate('avatar');
  return userinfo;
}
```

上述代码用于更新数据库中指定 id 的用户状态。

updateStatus() 方法接受两个参数：id 和 data。

（1）id：表示指定用户的 id。

（2）data：表示要更新的内容。

调用 model.User.findByIdAndUpdate() 方法将 id 和更新信息 data 作为参数传入，将信息更新到数据库中对应用户的信息中。

更新成功后，将更新后的用户信息返给调用者。

6. 使用 Postman 测试是否是管理员中间件

在 Postman 中单击 comment 右边的 3 个小点，在下拉菜单中选择 Add folder 按钮创建一个文件夹，单击右边的 3 个小点，在下拉菜单中找到 Rename，将文件夹改名为"用户路由"，如图 6-31 所示。

把所有的用户路由都拖曳到这个新创建的文件夹。

再次单击 comment 右边的 3 个小点，在下拉菜单中选择 Add folder 按钮创建一个文件夹，单击右边的 3 个小点，在下拉菜单中找到 Rename，将文件夹改名为"管理员路由"，如图 6-32 所示。

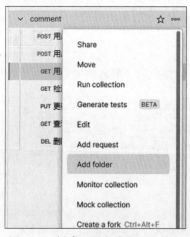

图 6-31　创建"用户路由"文件夹

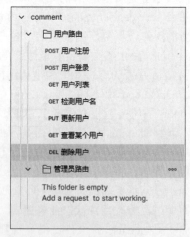

图 6-32　创建"管理员路由"文件夹

1)测试管理员查看用户列表路由

在 Postman 的管理员路由文件夹中创建一个 Request,命名为"管理用户列表"。方法是 GET,地址是 http://127.0.0.1:7001/admin/user。单击 Authorization,Type 选择 Bearer Token。

单击 Send 按钮,发送请求,等待服务器的响应,如图 6-33 所示。

图 6-33　管理用户列表

2)测试管理员查看某个用户路由

在 Postman 的管理员路由文件夹中创建一个 Request,命名为"管理员查看某个用户"。方法是 GET,地址是 http://127.0.0.1:7001/admin/user/657332e1b785998e07a25b83,"657332e1b785998e07a25b83"这个字符串为用户 _id。读者在测试的时候需要更换成自己数据库里的用户 _id,单击 Authorization,Type 选择 Bearer Token。

单击 Send 按钮,发送请求,等待服务器的响应,如图 6-34 所示。

3)测试管理员编辑某个用户路由

在 Postman 的管理员路由文件夹中创建一个 Request,命名为"管理员编辑用户"。方法是 PUT,地址是 http://127.0.0.1:7001/admin/user/657332e1b785998e07a25b83,"657332e1b785998e07a25b83"这个字符串为用户 _id。读者在测试的时候需要更换成自己数据库里的用户 _id,单击 Authorization,Type 选择 Bearer Token。

在 Body 中选择 raw,格式是 JSON,数据内容如下:

```
{
    "username":"赵六",
    "password":"123456b"
}
```

单击 Send 按钮,发送请求,等待服务器的响应,如图 6-35 所示。

图 6-34 管理员查看某个用户

图 6-35 管理员编辑用户

4）测试管理员删除用户路由

在 Postman 的管理员路由文件夹中创建一个 Request，命名为"管理员删除用户"。方法是 DELETE，地址是 http://127.0.0.1:7001/admin/user/657302f88606a505d116456b，字符串"657302f88606a505d116456b"为用户 _id，读者在测试的时候需要更换成自己数据库里的用户 _id，单击 Authorization，Type 选择 Bearer Token。

单击 Send 按钮，发送请求，等待服务器的响应，返回状态码为 204，表示用户删除成功，如图 6-36 所示。

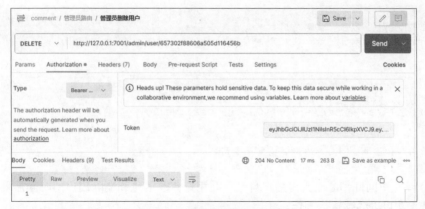

图 6-36　管理员删除用户成功

6.3.3　判断是否是用户自己

1. 创建 checkOwner 判断是否是用户自己的中间件

在 app/middleware 文件夹中创建 checkOwner.js，代码如下：

```javascript
//ch6/13/app/middleware/checkOwner.js
'use strict';
// 判断是否是当前用户
module.exports = () => {
  return async function(ctx, next) {
    if (ctx.params.id !== ctx.state.user._id) ctx.throw(401, '没有权限');
    await next();
  };
};
```

上述代码用于对请求的用户进行权限检查，判断是否是用户自己，只有当请求的参数中携带的用户 id 与当前登录用户 id 相同时，才能继续访问后续中间件或路由。

从 ctx.params 路由参数获取用户 id。

从 ctx.state 对象获取用户信息 user。ctx.state.user 是 isUser 中间件执行以后保存的用户数据，详情可查阅 6.3.1 节判断是否是用户。

判断路由参数中的用户 id 值和用户信息 user 的 _id 值是否相等，如果不相等，则表示不是用户自己，抛出错误，并提示"没有权限"。

如果相等，则执行 await next() 方法，等待下一个中间件或路由。

2. 在 app/router.js 应用 checkOwner 中间件

打开 app/router.js 文件，增加 checkOwner 中间件，增加的代码如下：

```javascript
//ch6/13/app/router.js
// 是否是当前用户
const checkOwner = middleware.checkOwner();
```

打开 app/router.js 文件，修改后的代码如下：

```javascript
//ch6/13/app/router.js
// 修改某个用户，权限：需要是用户
router.put('/user/:id', isUser, user.update);
```

```
// 修改为
// 修改某个用户，权限：需要是用户 / 需要是本用户
router.put('/user/:id', isUser, checkOwner, user.update);
```

和

```
//ch6/13/app/router.js
// 删除用户，权限：需要是用户
router.delete('/user/:id', isUser, user.del);

// 修改为
// 删除用户，权限：需要是用户 / 需要是本用户
router.delete('/user/:id', isUser, checkOwner, user.del);
```

checkOwner 中间件判断是否是用户自己，在用户修改信息和删除用户的时候需要验证是否是用户自己，才可以继续执行操作。

3. 使用 Postman 测试是否是用户自己中间件

在 Postman 的用户路由文件夹中单击"用户列表"接口，获取用户列表，如图 6-37 所示。

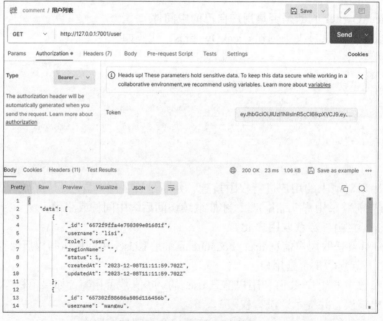

图 6-37 访问用户列表接口

复制用户 lisi 的 _id：6572f9ffa4e750309e01681f。说明此处的字符串 6572f9ffa4e750309e01681f 由个人的计算机的 MongoDB 数据库产生，每个人的字符串是不一样的。如果读者使用了笔者的这个字符串，则是无效的。

在 Postman 的用户路由文件夹中单击"更新用户"接口，地址是 http://127.0.0.1:7001/user/6572f9ffa4e750309e01681f。单击 Authorization，Type 选择 Bearer Token。

在 Body 中选择 raw，格式是 JSON，数据内容如下：

```
{
    "username":"李四",
}
```

本次操作的目的是把 lisi 的名字修改为"李四"。

单击 Send 按钮，发送请求，等待服务器的响应，服务器返回"没有权限"，说明更新用户失败，如图 6-38 所示。

图 6-38　更新用户提示"没有权限"

因为当前登录的用户是"明教教主"，而不是"李四"本人，所以没有权限进行修改。

把地址 URL 上的字符串修改为明教教主的 _id：65733a13a2f17330d69f834d，地址是 http://127.0.0.1:7001/user/65733a13a2f17330d69f834d。

在 Body 中选择 raw，格式是 JSON，数据内容如下：

```
{
    "username":"张无忌",
}
```

本次操作的目的是把"明教教主"的名字修改为"张无忌"。

单击 Send 按钮，发送请求，等待服务器的响应，返回用户信息，说明更新用户成功，如图 6-39 所示。

图 6-39　更新用户成功

6.4 Postman 设置全局 Token

在 Postman 中创建每个 request 时都需要单击 Authorization，Type 选择 Bearer Token，设置 Token。用户重新登录以后也需要重新复制新生成的 Token 值，去重新粘贴，相当烦琐。

有没有比较简便的方法呢？有的，在 Postman 中设置全局 Token 就可以解决这个问题。

在"用户登录"接口的界面 Tests 设置如下代码：

```
var jsonData = pm.response.json();
pm.globals.set('token',jsonData.token);
```

上述代码用于在登录请求成功返回后，从服务器响应中提取 Token 字段，将其保存为一个全局变量。在 API 请求的 Authorization 设置中就可以引用这个全局变量而不必每次手动更新 Token 了，如图 6-40 所示。

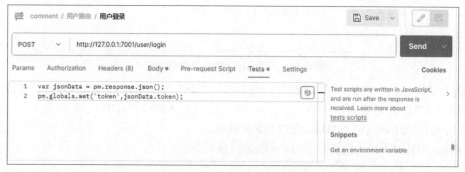

图 6-40　Postman 设置全局变量 Token

这样设置之后，在 Authorization 选项卡中的 Type 下拉列表选择 Bearer Token 时就可以在 Token 输入栏中直接使用变量 {{token}}，Postman 会自动将其替换为全局变量中存储的 Token，如图 6-41 所示。

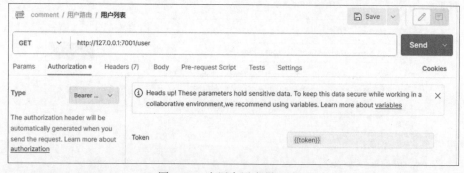

图 6-41　应用全局变量 Token

需要对所有需要 Token 权限认证的接口都进行修改。

6.5 用户头像上传到阿里云对象存储 OSS

使用阿里云提供的 API、SDK 可以轻松地将海量数据传入阿里云 OSS。

6.5.1 阿里云对象存储 OSS 介绍

阿里云对象存储 OSS（Object Storage Service）是一款海量、安全、低成本、高可靠的云存储服务，可提供 99.9999999999%（12 个 9）的数据持久性，99.995% 的数据可用性。有多种存储类型供选择，全面降低存储成本。

OSS 具有与平台无关的 RESTful API，可以在任何应用、任何时间、任何地点存储和访问任意类型的数据。

可以使用阿里云提供的 API、SDK 接口或者 OSS 迁移工具轻松地将海量数据移入或移出阿里云 OSS。将数据存储到阿里云 OSS 以后，可以选择标准存储（Standard）作为移动应用、大型网站、图片分享或热点音视频的主要存储方式，也可以选择成本更低、存储期限更长的低频访问存储（Infrequent Access）、归档存储（Archive）、冷归档存储（Cold Archive）或者深度冷归档（Deep Cold Archive）作为不经常访问数据的存储方式。

6.5.2 获取阿里云对象存储 OSS 相关参数

1. 登录阿里云

打开阿里云官网 www.aliyun.com，单击右上角"登录/注册"按钮。来到登录界面进行注册登录操作，如图 6-42 所示。登录成功以后单击右上角"控制台"按钮进入控制台。

图 6-42　阿里云登录界面

阿里云账户的注册操作事宜笔者不在此演示，如果没有阿里云账户，则可自行注册。注册非常简单，按提示操作即可。

如果读者在浏览阿里云网站时，注意到网站界面与笔者提供的截图不同，则意味着阿里云官方已经更新或重新设计了其网页布局，但可放心，即使界面发生了变化，只要相应的服务仍在提供，阿里云就会提供进入该服务的途径。建议读者留意网站上的指示和导航元素，以找到需要的服务入口。

2. 创建 RAM 访问控制用户，获取 AccessKey

单击右上角头像主账号，此时会出现下拉菜单，单击 AccessKey 管理，如图 6-43 所示。

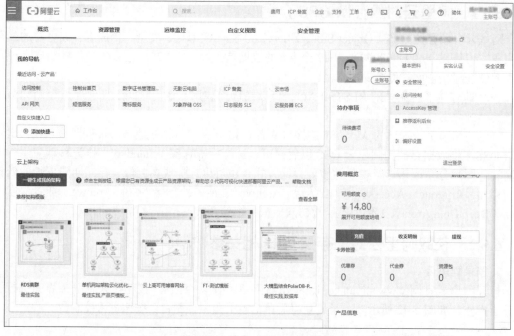

图 6-43 单击 AccessKey 管理

如果有安全提示弹出,就单击"继续使用 AccessKey"按钮,如图 6-44 所示。

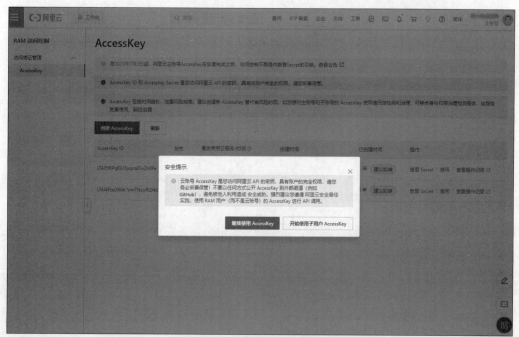

图 6-44 AccessKey 安全提示

单击左上角的"RAM 访问控制"按钮,如图 6-45 所示。

图 6-45 RAM 访问控制

选择"身份管理"→"用户",如图 6-46 所示。

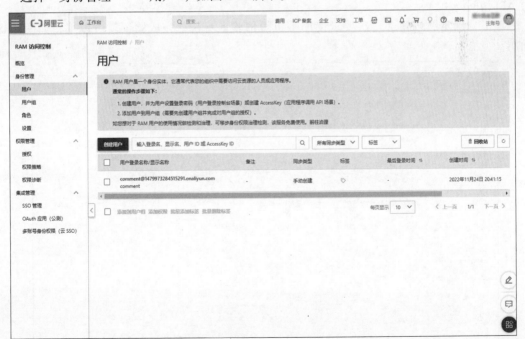

图 6-46 打开用户界面

单击"创建用户"按钮,如图 6-47 所示。

图 6-47 创建用户

登录名称可以自己定义，笔者写的是 my-comment，显示名称也是 my-comment。

勾选 OpenAPI 调用访问，在开发过程中，主要使用 AccessKey ID 和 AccessKey Secret，通过 API 访问调用。

单击"确定"按钮会再次要求使用手机短信验证身份，完成验证就可以了，如图 6-48 所示。

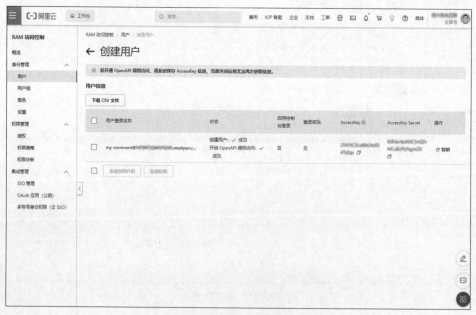

图 6-48 用户创建成功

用户创建成功后会生成 AccessKey ID 和 AccessKey Secret。将它们保存到本地，在以后的开发中会用到。

单击用户登录名称，进入用户管理，如图 6-49 所示。

图 6-49　用户管理

单击"权限管理"选项卡，如图 6-50 所示。

图 6-50　权限管理

单击"新增授权"按钮,如图 6-51 所示。

图 6-51 新增授权

选择 AliyunOSSFullAccess 管理对象存储服务(OSS)权限。单击下面的"确定"按钮完成新增授权,如图 6-52 所示。

图 6-52 授权成功

3. 创建 OSS Bucket

单击左上角"三横"按钮。在下拉菜单中选择对象存储 OSS,如图 6-53 所示。

图 6-53　单击进入对象存储 OSS

进入对象存储 OSS，如图 6-54 所示。

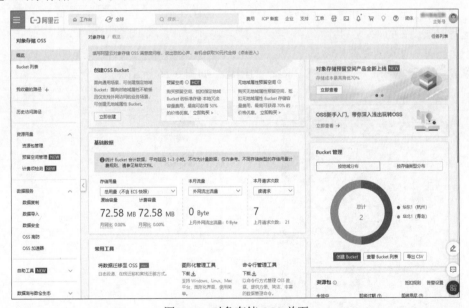

图 6-54　对象存储 OSS 首页

单击页面中间偏上部分"立即创建"按钮创建 OSS Bucket，如图 6-55 所示。

Bucket 名称选择的是 my-comment，此名称读者可以自定义。如果名称被占用，则可重新选择名称。

地区选择的是：华东 1（杭州），读者可以根据自己的位置选择适合自己的地区。

存储类型是默认的标准存储。

图 6-55 创建 OSS Bucket

存储冗余类型是默认的本地冗余存储。

读写权限设置的是：公共读。

下面还有一些设置都是默认的。

单击"确定"按钮，完成 OSS Bucket 的创建，如图 6-56 所示。

图 6-56 OSS Bucket 创建成功

至此，阿里云的 AccessKey 和 OSS Bucket 都创建完成。可以进行阿里云对象存储 OSS 的开发了。

6.5.3　安装 egg-oss 插件

egg-oss 是一个用于阿里云 OSS 的 Egg.js 插件。egg-oss 插件可以使在 Egg.js 应用中访问和使用 OSS 变得更简单。

1. 安装 egg-oss 插件

命令如下：

```
npm install egg-oss --save

// 或者
yarn add egg-oss
```

2. 配置 egg-oss 插件

打开 config/plugin.js 文件，配置 egg-oss 插件，代码如下：

```
//ch6/14/config/plugin.js
oss: {
  enable: true,
  package: 'egg-oss',
},
```

打开 config/config.default.js 文件，配置 egg-oss 插件，代码如下：

```
//ch6/14/config/config.default.js
//OSS 配置
config.oss = {
  client: {
    bucket: 'my-comment',
    region: 'oss-cn-hangzhou',
    accessKeyId: 'LTAI5tC3Lsd8kUksE54TtyEp',
    accessKeySecret: '8J8VecfpdKKC3nQDrMCutBUPyNgwZX',
    secure: true,
  },
};
config.multipart = {
  mode: 'file',
  //fileExtensions: ['.pdf'], // 增加对 PDF 文件格式的支持
};
```

在上述代码中 accessKeyId 和 accessKeySecret 只适合笔者使用，读者应使用自己在阿里云创建的 accessKeyId 和 accessKeySecret，具体如何创建 AccessKey 详见 6.5.2 节。

6.5.4　创建用户上传素材数据表

为了更好地管理用户上传的素材，需要创建一个用于存储用户上传素材的数据表，在 app/model 文件夹中创建 material.js 文件，代码如下：

```
//ch6/14/app/model/material.js
'use strict';
// 用户上传素材数据表

module.exports = app => {
```

```
    const mongoose = app.mongoose;
    const Schema = mongoose.Schema;
    const MaterialSchema = new Schema(
      {
        __v: {type: Number, select: false},
        // 标题
        title: {type: String, required: true},
        // 地址
        url: {type: String, required: true},
        // 路径
        path: {type: String, required: true},
        // 类型
        type: {type: String, index: true},
        // 分类
        category: {type: String, index: true},
        //mime
        mime: {type: String},
        // 评论 IP
        ip: {type: String, default: ''},
        // 上传者
        user: {
          type: Schema.Types.ObjectId,
          ref: 'User',
          select: false,
          index: true,
        },
        // 状态：0 表示待审；1 表示正常；-1 表示封禁
        status: {type: Number, enum: [0, 1, -1], default: 1, index: true},
      },
      {timestamps: true}
    );
    return mongoose.model('Material', MaterialSchema);
};
```

上述代码用于构建名为 Material 的用户上传素材的数据模型，定义用户上传素材数据所包含的各个字段。

引入 egg-mongoose 中的 mongoose 实例，用 Schema 对象创建一个新的 MaterialSchema 实例。Schema 是 mongoose 中用于定义文档结构的对象，相当于一张表格的模板。

MaterialSchema 定义用户上传素材模型所包含的各个字段如下。

（1）__v：版本号，不可见，选择不显示。

（2）title：标题，类型为字符串，必填。

（3）url：图片地址，类型为字符串，必填。

（4）path：路径，类型为字符串，必填。

（5）type：类型，类型为字符串。

（6）category：分类，类型为字符串。

（7）mime：mime 类型，类型为字符串。

（8）ip：IP 地址，类型为字符串，默认为空。

（9）user：用户信息，类型为 ObjectId 类型的引用，指向 User 数据模型。

（10）status：状态，类型为可枚举数字，只能取 1、0 和 -1 这 3 个值中的一个，分别代表正常、待审和封禁状态，默认为正常状态，创建了支持状态查询的索引。

在 Schema 的第 2 个参数中将 timestamps 设置为 true，表示在模型中自动添加 createdAt 和 updatedAt 两个字段，用于保存记录的创建时间和最近修改时间。

6.5.5 编写用户上传素材数据表业务逻辑

在 app/service 文件夹中创建 material.js 文件，代码如下：

```
//ch6/14/app/service/material.js
'use strict';

const Service = require('egg').Service;

class MaterialService extends Service {
  /**
   * 素材保存
   * @param {object} params {title, url, type, ip, mime='image/jpeg'}
   * @return
   */
  async create(params) {
    const {ctx} = this;
    const {model} = ctx;
    const user = (ctx.state && ctx.state.user && ctx.state.user._id) || '';
    let data = {...params};
    if (user) {
      data = {...params, user};
    }
    const res = await model.Material.create(data);
    return res;
  }

  /**
   * 删除素材
   * @param {string} id 素材 id
   * @returns
   */
  async del(id) {
    const {ctx, service} = this;
    const {model} = ctx;
    const findRes = await model.Material.findById(id);
    if (!findRes) ctx.throw(404, ' 素材不存在 ');
    const {path} = findRes;
    // 没有添加 await，属于异步删除
    // 不用等待删除完成，继续执行下面的代码
    service.oss.del(path);
    const res = await model.Material.findByIdAndRemove(id);
    if (!res) ctx.throw(404, ' 素材不存在 ');
    return res;
  }
}

module.exports = MaterialService;
```

在上述代码中 create() 方法用于在 Material 数据库中创建新的数据记录。

通过 ctx.state.user 获取当前的用户信息。

定义变量 date 等于参数 params。

如果当前用户信息存在，则将信息合并到 data 对象中。

调用 model.Material.create() 方法，将 data 对象插入 Material 数据库中。

返回保存结果。

在上述代码中 del() 方法用于删除 Material 数据库中指定 id 的数据记录。调用 service.oss.del() 删除阿里云对象存储 OSS 上的文件。这样可以达到数据库和存储服务数据同时删除的效果。当删除 OSS 上的文件时，因为没有使用 await 修饰，所以属于异步操作，无须等待执行结果。

调用 model.Material.findById() 方法传入参数 id 查找指定 id 的数据记录。把结果赋值给 findRes，判断 findRes，如果为空，则抛出错误，并提示"素材不存在"。

从 findRes 解构获得 path 文件的路径，调用 service.oss.del() 方法删除阿里云对象存储 OSS 上保存的文件。

调用 model.Material.findByIdAndRemove() 方法，删除指定 id 的数据记录。把结果赋值给 res。判断 res，如果为空，则抛出错误，并提示"素材不存在"。如果不为空，则返回删除的结果。

6.5.6 封装阿里云对象存储 OSS 文件上传和文件删除

在 app/service 目录下创建 oss.js 文件，代码如下：

```
//ch6/14/app/service/oss.js
'use strict';
// 封装阿里云对象存储OSS上传文件和文件删除

const Service = require('egg').Service;
const dayjs = require('dayjs');
const path = require('path');
const fs = require('mz/fs');

class OssService extends Service {
  /**
   * 阿里云对象存储OSS文件上传
   * @param {string} category
   * @returns
   */
  async upload(category = 'avatar') {
    const {ctx, service} = this;
    const {material} = service;
    const file = ctx.request.files[0];
    const today = new Date().getTime();
    const day = dayjs(today).format('YYYYMMDD');
    const filename = `${today.toString()}.${file.filename
      .split('.')
      .slice(-1)}`;
    const uploadPath = `${category}/${day}/` + path.basename(filename);
    let result;
    try {
      // 将文件上传到阿里云对象存储OSS
      result = await ctx.oss.put(uploadPath, file.filepath);
    } finally {
      // 需要删除临时文件
```

```js
      await fs.unlink(file.filepath);
    }
    const name = result.name;
    const url = result.url;
    const mime = file.mime || '';
    const type = mime.split('/')[0];
    let {etag} = result.res.headers;
    etag = etag.replace(/\"/g, '');
    console.log(etag, 'etag');
    const data = {
      title: filename,
      url,
      path: name,
      type,
      category,
      mime,
    };
    return await material.create(data);
  }

  /**
   * 删除阿里云对象存储 OSS 文件
   * @param {string} path
   * @returns
   */
  async del(path) {
    const {ctx} = this;
    try {
      // 填写 Object 完整路径。在 Object 完整路径中不能包含 Bucket 名称
      const result = await ctx.oss.delete(path);
      console.log(result);
      return result;
    } catch (error) {
      console.log(error);
    }
  }
}

module.exports = OssService;
```

在上述代码中 upload() 方法用于通过阿里云对象存储 OSS 上传文件，将上传文件的相关信息存储到 Material 数据库中。

upload() 方法接受一个参数 category，表示上传图像的类别。category 的默认值为 avatar，如果 category 不传入，则 category 的值就是 avatar，表示上传的是用户头像。

从 ctx.request.files 获取上传的文件对象。

通过 new Date().getTime() 获取当前的毫秒时间戳，把当前时间戳传入 dayjs，格式化时间格式为年、月、日（YYYYMMDD）。

使用当前时间戳作为文件名，文件格式取上传文件的格式。

将上传路径定义为分类 / 年月日 / 文件名 . 文件格式。

调用 Egg.js 的插件 egg-oss 中的 ctx.oss.put() 方法，将文件上传到阿里云对象存储 OSS 中，获取上传成功的结果对象。调用 Node.js 的 fs 模块删除本地的临时文件。

从上传成功的结果对象中获取上传的文件的链接、名称、类型、etag 等信息并合并成对象 data。

调用 material.create() 方法,将 data 对象写入 Material 数据库中。

返回写入数据库的结果对象。

在上述代码中 del() 方法用于删除阿里云对象存储 OSS 上的文件。

del() 方法接受一个参数 path,表示文件在阿里云对象存储上的路径。

调用 ctx.oss.delete() 方法,传入 path 参数,删除阿里云对象存储 OSS 上的文件。将结果返回。

6.5.7　安装 Day.js

Day.js 是一个轻量级的 JavaScript 时间和日期库,提供了解析、验证、显示日期和时间的常用功能,同时保持了简单的 API,2KB 左右的大小,非常适合需要轻量化解决方案的项目。Day.js 支持链式操作,可以方便地进行一系列日期和时间的计算和格式化。

由于 Day.js 体积小巧且易于使用,逐渐成为一个流行的时间日期处理工具,尤其是在那些对性能和资源占用有着严格要求的前端应用中,安装命令如下:

```
npm install dayjs --save

// 或者
yarn add dayjs
```

6.5.8　上传用户头像

1. 创建上传用户头像路由

打开 app/router.js 文件,创建 POST /user/registerAvatar 注册时上传用户头像接口,代码如下:

```
//ch6/15/app/router.js
// 上传用户头像,注册时提交用户头像,不需要 isUser 中间件验证是否是用户
router.post('/user/registerAvatar', user.avatar);
```

打开 app/router.js 文件,创建 POST /user/avatar 上传用户头像接口,代码如下:

```
//ch6/15/app/router.js
// 上传用户头像,权限:需要是用户
router.post('/user/avatar', isUser, user.avatar);
```

2. 编写上传用户头像控制器

打开 app/controller/user.js 文件,编写上传用户头像控制器,代码如下:

```
//ch6/15/app/controller/user.js
/**
 * 头像上传
 */
async avatar() {
  const {ctx, service} = this;
  const res = await service.oss.upload('avatar');
  ctx.body = res;
}
```

上述代码用于用户头像上传,调用 service.oss.upload() 方法,将文件上传到阿里云对象存

储 OSS 中，返回上传文件的相关信息。service.oss.upload() 方法，详见 6.5.6 节。

3. 使用 Postman 测试上传用户头像（已登录状态）

重启项目，在 Postman 的用户路由文件夹中创建一个 Request，命名为"上传用户头像（已登录）"。方法选择 POST，地址是 http://127.0.0.1:7001/user/avatar。单击 Authorization 按钮，Type 选择 Bearer Token。将 Token 输入框的值设置为 {{token}}。

在 Body 中选择 form-data，文件类型选择 File，如图 6-57 所示。

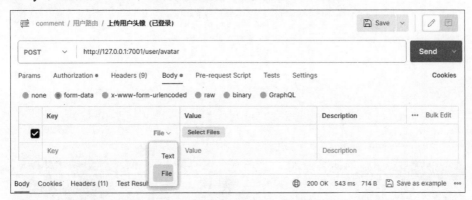

图 6-57　在 Body 中选择 form-data，文件类型选择 File

单击 Select Files 按钮，选择图片文件上传。

单击 Send 按钮，发送请求，等待服务器的响应，如图 6-58 所示。

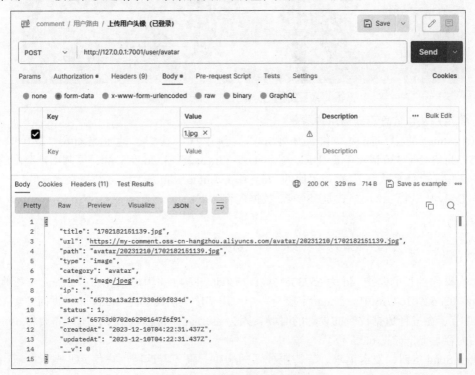

图 6-58　已登录用户上传图片成功

用户头像上传成功，数据也被成功地写入素材数据表。因为已经是登录状态，所以返回信息包含 user 信息。

单击 URL 网址 https://my-comment.oss-cn-hangzhou.aliyuncs.com/avatar/20231210/1702182151139.jpg 会创建新的 request，单击 Send 按钮会访问该图片，如图 6-59 所示。

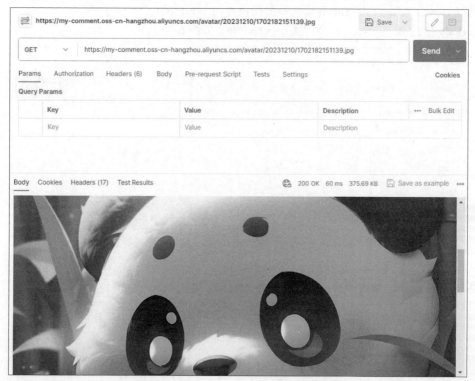

图 6-59　访问已登录用户上传成功的图片

4. 将用户头像信息更新到用户信息

在 Postman 的用户路由文件夹中单击"更新用户"接口，地址是 http://127.0.0.1:7001/user/65733a13a2f17330d69f834d。URL 网址的 65733a13a2f17330d69f834d，复制用户路由的"上传用户头像（已登录状态）"接口返回的 _id。单击 Authorization，Type 选择 Bearer Token。

在 Body 中选择 raw，格式是 JSON，数据内容如下：

```
{
    "username":"张无忌",
    "avatar":"65753d0702e62901647f6f91"
}
```

本次操作的目的是把 _id 为 65733a13a2f17330d69f834d 的用户张无忌的 avatar 字段修改为 65753d0702e62901647f6f91。avatar 字段是一个引用字段，引用的是 Material 表里面的数据，详见 6.2.2 节。在进行数据校验的设计的时候，因为 username 为必填字段，所以需要将 username 字段的内容写上，详见 6.2.5 节。

单击 Send 按钮，发送请求，等待服务器的响应，服务器返回用户信息，表示更新用户成功，如图 6-60 所示。

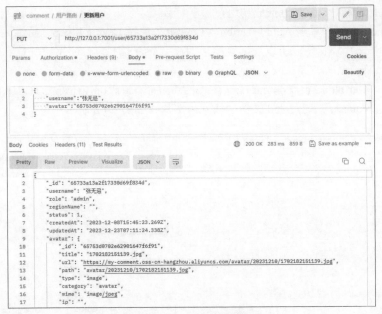

图 6-60 用户头像更新成功

5. 使用 Postman 测试用户注册时上传用户头像（未登录状态）

在 Postman 的 comment 用户路由文件夹中创建一个 Request，命名为"上传用户头像（未登录）"。方法选择 POST，地址是 http://127.0.0.1:7001/user/registerAvatar。

在 Body 中选择 form-data，文件类型选择 File。

单击 Select Files 按钮，选择图片文件上传。

单击 Send 按钮，发送请求，等待服务器的响应，如图 6-61 所示。

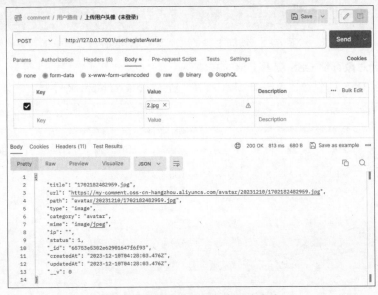

图 6-61 未登录用户上传图片成功

用户头像上传成功，数据也被成功地写入素材数据表。

在创建 Request 时未单击 Authorization，Type 也未选择 Bearer Token，后端无法获取用户的信息，用户处于未登录状态，所以返回数据里面没有 user 信息。user 字段的信息需要在提交注册时进行更新。

单击 URL 网址 https://my-comment.oss-cn-hangzhou.aliyuncs.com/avatar/20231210/1702182482959.jpg 会创建新的 request，单击 Send 按钮会访问该图片，如图 6-62 所示。

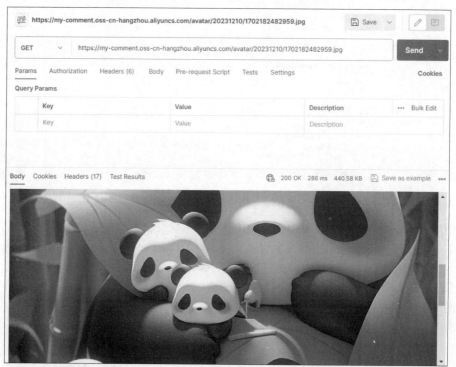

图 6-62　访问未登录用户上传成功的图片

6. 在阿里云对象存储 OSS 查看上传的文件

打开阿里云 OSS 控制台，单击 Bucket 列表。进入 my-comment 文件列表，如图 6-63 所示。

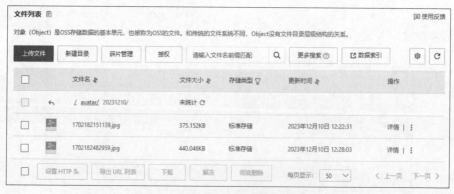

图 6-63　在阿里云 OSS 查看文件列表

7. 在 MongoDB 查看素材数据表

使用 MongoDB Compass 可视化软件，进入数据库，单击访问 zhihuzheye 数据库，打开 Material 查看素材数据表，如图 6-64 所示。

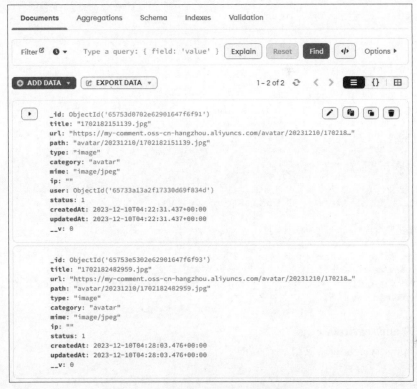

图 6-64　在 MongoDB 查看素材数据表

6.6　完善用户注册时头像上传的问题

由于在新用户注册上传用户头像的时候没有用户的 _id，所以需要等待用户注册数据写入数据库以后返回用户信息，在获得用户 _id 以后，再去更新素材数据表 Material 的数据。把用户 _id 写入。

1. 把新注册用户获得的 id 写入注册用户时上传的 avatar 的素材资源表

打开 app/service/user.js 文件，修改 register() 方法，代码如下：

```
//ch6/15/app/service/user.js
async register(data) {
  const {ctx} = this;
  const {model} = ctx;
  const {username, password} = data;
  const findUser = await model.User.findOne({username});
  if (findUser) ctx.throw(409, '用户名已存在，请重新选择用户名注册');
    let userinfo = await model.User.create({...data, password:
  sha1(password)});
```

```
            // 用户注册时会返回字段的内容,password字段是需要隐藏的
            // 这里选择的方法是,使用findById再次获取用户数据
            userinfo = await model.User.findById(userinfo._id).populate('avatar');
            // 这里选择的是用户名和_id作为Token加密值的
            const token = ctx.service.token.get({username, _id: userinfo._id});
            return {userinfo, token};
        }

        // 修改为
        async register(data) {
          const {ctx} = this;
          const {model} = ctx;
          const {username, password, avatar = ''} = data;
          const findUser = await model.User.findOne({username});
          if (findUser) ctx.throw(409, '用户名已存在,请重新选择用户名注册');
          let userinfo = await model.User.create({...data, password: sha1(password)});
            if (avatar) {
              // 把新注册用户获得的id写入注册用户时上传的avatar的素材资源表
              ctx.service.material.update(avatar, userinfo._id);
            }
            // 用户注册时会返回字段的内容,password字段是需要隐藏的
            // 这里选择的方法是,使用findById再次获取用户数据
            userinfo = await model.User.findById(userinfo._id).populate('avatar');
            // 这里选择的是用户名和_id作为Token加密值的
            const token = ctx.service.token.get({username, _id: userinfo._id});
            return {userinfo, token};
        }
```

2. 完整的 app/service/user.js

完整的 app/service/user.js 文件,代码如下:

```
//ch6/15/app/service/user.js
'use strict';

const Service = require('egg').Service;
const sha1 = require('sha1');
class UserService extends Service {
  /**
   * 用户注册
   * @param {object} data
   * @return
   */
  async register(data) {
    const {ctx} = this;
    const {model} = ctx;
    const {username, password, avatar = ''} = data;
    const findUser = await model.User.findOne({username});
    if (findUser) ctx.throw(409, '用户名已存在,请重新选择用户名注册');
    let userinfo = await model.User.create({
      ...data,
      password: sha1(password),
    });
      if (avatar) {
        // 把新注册用户获得的id写入注册用户时上传的avatar的素材资源表
        ctx.service.material.update(avatar, userinfo._id);
```

```js
    }
    // 用户注册时会返回字段的内容，password 字段是需要隐藏的
    // 这里选择的方法是，使用 findById 再次获取用户数据
    userinfo = await model.User.findById(userinfo._id).populate('avatar');
    // 这里选择的是用户名和 _id 作为 Token 加密值的
    const token = ctx.service.token.get({username, _id: userinfo._id});
    return {userinfo, token};
}

/**
 * 用户登录
 * @param {object} data
 * @return
 */
async login(data) {
    const {ctx} = this;
    const {model} = ctx;
    const {username, password} = data;
    const userinfo = await model.User.findOne({
        username,
        password: sha1(password),
    }).populate('avatar');
    if (!userinfo) ctx.throw(422, '用户名或者密码错误');
    // 这里选择的是用户名和 _id 作为 Token 加密值的
    const token = ctx.service.token.get({username, _id: userinfo._id});
    return {userinfo, token};
}

/**
 * 获取用户列表
 * @param {object} query
 * @param {number} page
 * @param {number} pageSize
 * @return
 */
async find(query, page, pageSize) {
    const {ctx} = this;
    const {model} = ctx;
    const count = await model.User.count(query);
    const data = await model.User.find(query)
        .populate('avatar')
        .limit(pageSize)
        .skip((page - 1) * pageSize);
    return {count, data};
}

/**
 * 检测用户名是否存在
 * @param {string} username
 * @returns
 */
async checkUsername(username) {
    const {ctx} = this;
    const {model} = ctx;
    const find = await model.User.findOne({username});
    if (find) return true;
```

```js
      return false;
    }

    /**
     * 更新用户信息
     * @param {string} id
     * @param {object} data
     * @return
     */
    async update(id, data) {
      const {ctx} = this;
      const {model} = ctx;
      const {username, password} = data;
      const findRes = await model.User.findOne({username});
      if (findRes && findRes._id.toString() !== id.toString())
        ctx.throw(409, '用户名已存在,无法更新! ');
      // 给 password 加密
      let _data = {...data};
      if (password) {
        _data = {...data, password: sha1(password)};
      }
      const userinfo = await model.User.findByIdAndUpdate(id, _data, {
        new: true,
      }).populate('avatar');
      return userinfo;
    }

    /**
     * 查询某个用户
     * @param {string} id
     * @return
     */
    async findById(id) {
      const {ctx} = this;
      const {model} = ctx;
      const userinfo = await model.User.findById(id).populate('avatar');
      if (!userinfo) ctx.throw(404, '用户不存在');
      return userinfo;
    }

    /**
     * 删除用户
     * @param {string} id
     * @return
     */
    async del(id) {
      const {ctx} = this;
      const {model} = ctx;
      const user = await model.User.findByIdAndRemove(id);
      if (!user) ctx.throw(404, '用户不存在');
      return user;
    }
}

module.exports = UserService;
```

3. 更新素材资源所属的上传用户 id

打开 app/service/material.js 文件，编写更新素材数据表代码，代码如下：

```js
//ch6/15/app/service/material.js
/**
 * 更新素材资源所属的上传用户 id
 * @param {string} id 素材 id
 * @param {string} user 用户 id
 * @returns
 */
async update(id, user) {
  const {ctx} = this;
  const {model} = ctx;
  const findRes = await model.Material.findByIdAndUpdate(id, {user},
  {new: true});
  if (!findRes) ctx.throw(404, '资源不存在');
  return findRes;
}
```

上述代码用于更新素材库中指定 id 的素材记录的用户信息，让系统能够记录哪个用户上传了该素材文件，以便后续用户的素材管理。如果更新成功，则返回更新后的素材记录对象。

update() 方法接受两个参数：id 和 user。

（1）id：表示素材 id。

（2）user：表示用户 id。

调用 model.Materials.findByIdAndUpdate() 方法，根据传入的素材 id 和用户 user 更新指定素材记录的用户信息。将返回结果赋值给 findRes。判断 findRes，如果不存在，则抛出错误，并提示"资源不存在"。如果存在，则返回 findRes。

4. 完整的 app/service/material.js

完整的 app/service/material.js 文件，代码如下：

```js
//ch6/15/app/service/material.js
'use strict';

const Service = require('egg').Service;

class MaterialService extends Service {
  /**
   * 素材保存
   * @param {object} params {title, url, type, ip, mime='image/jpeg'}
   * @return
   */
  async create(params) {
    const {ctx} = this;
    const {model} = ctx;
    const user = (ctx.state && ctx.state.user && ctx.state.user._id) || '';
    let data = {...params};
    if (user) {
      data = {...params, user};
    }
    const res = await model.Material.create(data);
    return res;
```

```
    }
    /**
     * 删除素材
     * @param {string} id 素材id
     * @returns
     */
    async del(id) {
      const {ctx, service} = this;
      const {model} = ctx;
      const findRes = await model.Material.findById(id);
      if (!findRes) ctx.throw(404, '素材不存在');
      const {path} = findRes;
      // 没有添加 await，属于异步删除
      // 不用等待删除完成，继续执行下面的代码
      service.oss.del(path);
      const res = await model.Material.findByIdAndRemove(id);
      if (!res) ctx.throw(404, '素材不存在');
      return res;
    }

    /**
     * 更新素材资源所属的上传用户id
     * @param {string} id 素材id
     * @param {string} user 用户id
     * @returns
     */
    async update(id, user) {
      const {ctx} = this;
      const {model} = ctx;
      const findRes = await model.Material.findByIdAndUpdate(
        id,
        {user},
        {new: true}
      );
      if (!findRes) ctx.throw(404, '资源不存在');
      return findRes;
    }
}

module.exports = MaterialService;
```

6.7 IP 归属地查询

全球 IP 地址归属地查询使用的是动态数据库，实时更新，返回国家、省、市、地区、经纬度等位置信息，通过终端设备 IP 地址获取其当前所在地理位置，精确到市级。

IP 归属地查询使用的是阿里云云市场的 API 产品，属于付费产品，可以免费测试 100 次，如果超出 100 次，就需要付费购买，价格不算贵，1 元钱就可以调用 1500 次。

6.7.1 购买 IP 归属地查询接口

在浏览器打开阿里云 https://www.aliyun.com 首页，将鼠标放到"云市场"上面，此时会自动出现下拉菜单，单击"API"，如图 6-65 所示。

图 6-65 进入阿里云云市场

如果读者在浏览阿里云网站时,注意到网站界面与笔者提供的截图不同,则意味着阿里云官方已经更新或重新设计了其网页布局,但可放心,即使界面发生了变化,只要相应的服务仍在提供,阿里云就会提供进入该服务的途径。建议读者留意网站上的指示和导航元素,以便找到需要的服务入口。

单击左侧"API 分类"下的"IP 查询",如图 6-66 所示。

图 6-66 阿里云云市场

来到云市场筛选页，如图 6-67 所示。

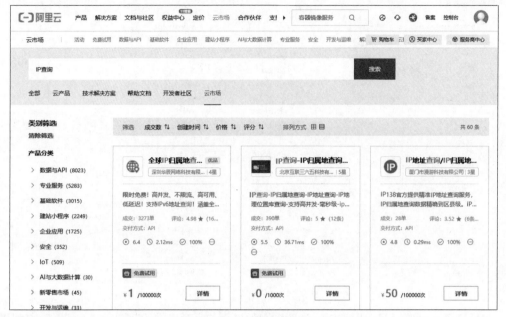

图 6-67　云市场筛选页

下拉找到蓝笛提供的"全球 IP 归属地查询 -IP 地址查询 -IP 地址解析 -IPv6 地址查询 -IP 地址定位查询 -IP 定位 -IP 查询"，如图 6-68 所示。

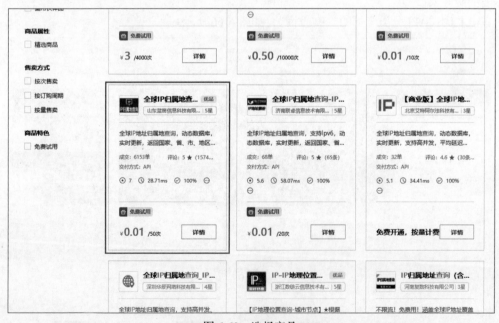

图 6-68　选择产品

单击"打开"按钮，如图 6-69 所示。

图 6-69　IP 地址查询产品介绍

单击右侧"购买更多"按钮,此时会出现选择配置弹窗,免费试用的额度是 100 次,试用 30 天,如图 6-70 所示。

图 6-70　购买产品

单击"前往下单"按钮购买,购买成功以后会得到 AppKey、AppSecret、AppCode。AppCode 这个参数在封装 IP 归属地查询的时候需要用到,如图 6-71 所示。

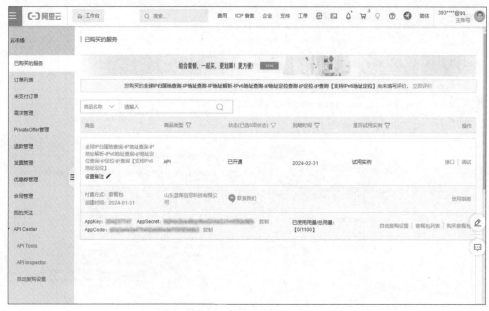

图 6-71 购买成功

6.7.2 创建 IP 地址库数据表保存 IP 归属地查询记录

为了提升效率和降低不必要的重复工作，可以构建一个本地 IP 地址归属地数据库。在用户进行 IP 归属地查询时，系统首先检查本地数据库中是否已存在相应的 IP 地址记录。如果该 IP 地址的归属地信息已被缓存，则系统将直接提供结果，省去了重新查询的步骤。反之，如果本地数据库中尚无该 IP 地址的信息，则系统将调用 IP 归属地查询 API，获取信息后，不仅向用户提供查询结果，还会将这些新数据更新至本地 IP 地址库中。

这样的机制确保了信息查询的高效性和数据库内容的时效性，节省了资源并且提高了响应速度。

在 app/model 文件夹中创建 ip.js 文件，用于 IP 地址库数据模型，代码如下：

```
//ch6/16/app/model/ip.js
'use strict';
//IP 地址库数据表

module.exports = app => {
  const mongoose = app.mongoose;
  const Schema = mongoose.Schema;
  const IpSchema = new Schema(
    {
      __v: {type: Number, select: false},
      //IP 地址
      ip: {type: String, default: '', index: true},
      // 坐标
      location: {
        lat: {type: Number, default: 0},
        lng: {type: Number, default: 0},
      },
```

```
      regionName: {type: String},
      ad_info: {
        // 国家
        nation: {type: String, default: '', index: true},
        // 省份
        province: {type: String, default: '', index: true},
        // 城市
        city: {type: String, default: '', index: true},
        // 县区
        district: {type: String, default: '', index: true},
        // 邮编
        adcode: {type: Number, default: 0, index: true},
      },
    },
    {timestamps: true}
  );
  return mongoose.model('Ip', IpSchema);
};
```

上述代码用于定义一个名为 IP 地址库的数据库模型，存储 IP 地址、经纬度、地理信息等信息。

引入 egg-mongoose 中的 mongoose 实例，使用 Schema 对象创建一个新的 IpSchema 实例。Schema 是 Mongoose 中用于 IP 文档结构的对象，相当于一张表格的模板。

IpSchema 用于定义 IP 模型所包含的各个字段。

（1）__v：版本号，不可见，选择不显示。

（2）ip：IP 地址，类型为 String，默认值为空，创建一个索引，用于加快查询速度。

（3）location：包含经纬度的对象，包含两个字段，lat 和 lng 都是 Number 类型，默认值都为 0。

（4）regionName：地理位置名称，类型为 String。

（5）ad_info：包含国家、省份、城市、县区、邮编等信息的对象，包含以下字段。

① nation：国家名称，类型为 String，默认值为空，创建一个索引，用于加快查询速度；

② province：省份名称，类型为 String，默认值为空，创建一个索引，用于加快查询速度；

③ city：城市名称，类型为 String，默认值为空，创建一个索引，用于加快查询速度；

④ district：县区名称，类型为 String，默认值为空，创建一个索引，用于加快查询速度；

⑤ adcode：邮政编码，类型为 Number，默认值为 0，创建一个索引，用于加快查询速度。

在 Schema 的第 2 个参数中将 timestamps 设置为 true，表示在模型中自动添加 createdAt 和 updatedAt 两个字段，用于保存记录的创建时间和最近的修改时间。

6.7.3 封装 IP 归属地查询

在 app/service 文件夹中创建 ip.js 文件，代码如下：

```
//ch6/16/app/service/ip.js
'use strict';

const Service = require('egg').Service;
const ipAPI = 'https://qryip.market.alicloudapi.com/lundear/';
const Authorization = 'APPCODE b1cb6fa1652e4c6db11f5c24d2cf3051';
class IpService extends Service {
```

```js
/**
 * 获取用户 IP 地址
 * @return {string} string
 */
getClientIP() {
  const {ctx} = this;
  const req = ctx.request;
  return (
    req.headers['x-forwarded-for'] ||  // 判断是否有反向代理 IP
    req.headers['x-real-ip'] ||
    ctx.request.ip
  );
}

/**
 * 获取 IP 所在地
 * @param {string} ip
 */
async getRegionName(ip) {
  if (ip === '127.0.0.1') return {regionName: '本机'};
  return this.getIpAddress(ip);
}

/**
 * 获取 IP 地址归属地
 * @param {string} ip ip
 * @return {object} object
 */
async getIpAddress(ip) {
  const {ctx} = this;
  const findRes = await ctx.model.Ip.findOne({ip});
  if (findRes) return findRes;
  const url = `${ipAPI}qryip?ip=${ip}&coordsys=coordsys`;
  let res = await ctx.curl(url, {
    headers: {Authorization},
  });
  res = JSON.parse(res.data.toString());
  const {ad_info} = res.result;
  this.create(ip, {
    ...res.result,
    regionName: ad_info.province || ad_info.nation,
  });
  return res.result;
}

/**
 * 解析的 IP 地址入库
 * @param {string} ip
 * @param {object} data
 */
async create(ip, data) {
  const {ctx} = this;
  const res = await ctx.model.Ip.findOne({ip});
  if (res) return res;
  return await ctx.model.Ip.create(data);
}
```

```
}
module.exports = IpService;
```

上述代码的 getClientIP() 方法用于获取当前请求的客户端 IP 地址。在实际开发中，由于存在反向代理、Nginx、负载均衡等情况，直接从请求中获取 IP 地址可能不准确，因此该方法尽可能地从多个地方获取 IP 地址，从而提高获取准确率。

详细的 Nginx 配置可查阅 6.13.7 节。

Authorization 的 APPCODE b1cb6fa1652e4c6db11f5c24d2cf3051 值是笔者使用的，读者需要使用自己在阿里云申请的 Authorization 值，详见 6.7 节。

从 request.headers 中获取 x-forwarded-for 字段的值，判断是否有反向代理 IP，如果有就使用该 IP 地址。如果没有 x-forwarded-for 字段或该字段为空字符串，则从 request.headers 中获取 x-ip 字段的值，如果有就使用该 IP 地址。如果 x-real-ip 字段不存在或该字段为空字符串，则从 request.ip 中获取 IP 地址。返回获取的 IP 地址。

在上述代码中 getRegionName() 方法用于获取指定 IP 地址的地理区域名称。

getRegionName() 方法接受一个参数 ip，表示 IP 地址。

如果传入的 IP 地址为 127.0.0.1，则直接返回一个对象 { regionName: "本机" }，表示该 IP 地址为本机地址。

如果传入的 IP 地址非 127.0.0.1，则调用 this 对象的 getIpAddress() 方法，传入该 IP 地址作为参数，获取该 IP 地址对应的地理区域名称。

返回获取的地理区域名称。

在上述代码中 getIpAddress() 用于调用第三方 API 查询 IP 归属地信息。

getIpAddress() 方法接受一个参数 ip，表示 IP 地址。

调用 model.Ip.findOne() 方法查询数据库中是否已有该 IP 地址的位置信息，如果有，则直接返回该位置信息。

如果数据库中没有该 IP 地址的位置信息，则发起请求调用第三方 API 查询 IP 归属地信息。传入 IP 地址和 API 的请求头 Authorization。

将返回的结果解析成 JSON 格式，从中提取出地理位置信息，包括省份、城市、运营商等信息，调用 this.create() 方法将数据写入 IP 地址库，将返回的结果解析成 JSON 格式 res.result。

在上述代码中 create() 方法用于向 IP 地址库中添加新的数据，如果该 IP 地址已存在，则不进行重复写入，直接返回已存在的数据结果。

create() 方法接受两个参数：ip 和 data，其中，ip 表示要添加的记录的 IP 地址；data 则表示要添加的记录的具体数据，是一个 JSON 对象。

调用 model.Ip.findOne() 方法查询数据库中是否已有该 IP 地址的位置信息，如果有，则直接返回该位置信息。

如果数据库中没有该 IP 地址的位置信息，则调用 model.Ip.create() 方法，将传入的 data 对象写入数据库中，返回写入的结果。

6.7.4　在用户注册时应用 IP 归属地查询

打开 app/service/user.js 文件，在用户注册业务逻辑部分增加 IP 归属地查询，修改后的代码

如下:

```
//ch6/16/app/service/user.js
async register(data) {
    const {ctx} = this;
    const {model} = ctx;
    const {username, password, avatar = ''} = data;
    const findUser = await model.User.findOne({username});
    if (findUser) ctx.throw(409, '用户名已存在,请重新选择用户名注册');
    let userinfo = await model.User.create({...data, password: sha1(password)});
    if (avatar) {
        // 把新注册用户获得的id写入注册用户时上传的avatar的素材资源表
        ctx.service.material.update(avatar, userinfo._id);
    }
    // 用户注册时会返回字段的内容,password字段是需要隐藏的
    // 这里选择的方法是,使用findById再次获取用户数据
    userinfo = await model.User.findById(userinfo._id).populate('avatar');
    // 这里选择的是用户名和_id作为Token加密值的
    const token = ctx.service.token.get({username, _id: userinfo._id});
    return {userinfo, token}
}


// 修改为
async register(data) {
    const {ctx} = this;
    const {model} = ctx;
    const {username, password, avatar = ''} = data;
    const ip = ctx.service.ip.getClientIP();
    const {regionName} = await ctx.service.ip.getRegionName(ip);
    const findUser = await model.User.findOne({username});
    if (findUser) ctx.throw(409, '用户名已存在,请重新选择用户名注册');
    let userinfo = await model.User.create({...data, password: sha1(password), ip, regionName});
    if (avatar) {
        // 把新注册用户获得的id写入注册用户时上传的avatar的素材资源表
        ctx.service.material.update(avatar, userinfo._id);
    }
    // 用户注册时会返回字段的内容,password字段是需要隐藏的
    // 这里选择的方法是,使用findById再次获取用户数据
    userinfo = await model.User.findById(userinfo._id).populate('avatar');
    // 这里选择的是用户名和_id作为Token加密值的
    const token = ctx.service.token.get({username, _id: userinfo._id});
    return {userinfo, token}
}
```

上述代码用于获取用户 IP 地址及所在地,将 IP、所在地和用户注册信息一起保存到用户数据表。

调用 ctx.service.ips.getClientIP() 方法获取用户 IP 地址,调用 ctx.service.ips.getRegionName() 方法将 ip 作为参数传入,获取 IP 所在地。

调用 ctx.model.User.create() 方法,将 data 数据和获得的 IP 地址及 IP 所在地合并成的对象作为参数插入用户数据表。

6.7.5 测试在新用户注册时是否可以获取 IP 地址、IP 所在地

用 Postman 测试新用户注册是否可以获取 IP 地址、IP 所在地。

打开 Postman 的用户路由文件夹，打开"用户注册"接口。在 Body 中选择 raw，格式是 JSON，数据内容如下：

```
{
"username":"张三丰",
"password":"123456q"
}
```

本次操作的目的是注册用户名为"张三丰"的用户。测试在注册完成时是否可以正确返回 IP 地址和 IP 所在地。

单击 Send 按钮，发送请求，等待服务器的响应，服务器返回了 IP 地址和 regionName 所在地，表示成功注册用户张三丰，如图 6-72 所示。

图 6-72 用户注册成功，返回 IP 地址和 IP 所在地

关于 regionName 返回：本机，详情可查阅 6.7.2 节。

6.8 评论系统开发

评论系统需要实现以下 API：

(1）获取评论列表。

请求类型：GET。

路径：/comment。

描述：返回所有可用的评论列表。

(2）发布新评论。

请求类型：POST。

路径：/comment。

描述：发表新的评论。

权限：注册用户。

(3）上传评论图片。

请求类型：POST。

路径：/comment/material。

描述：上传评论图片。图片将被保存至阿里云 OSS。

权限：注册用户。

(4）查看某个评论详情。

请求类型：GET。

路径：/comment/:id。

描述：根据指定评论 id 查看评论的详细信息。

(5）对评论进行点赞。

请求类型：GET。

路径：/comment/zan/:id。

描述：对特定的评论点赞。

权限：注册用户。

(6）查看评论点赞用户列表。

请求类型：GET。

路径：/comment/zanusers/:id。

描述：显示点赞特定评论的所有用户列表。

(7）更新评论。

请求类型：PUT。

路径：/comment/:id。

描述：评论者更新自身发表的评论。

权限：注册用户且必须是评论的作者。

(8）删除评论。

请求类型：DELETE。

路径：/comment/:id。

描述：评论者删除自身发表的评论。

权限：注册用户且用户必须是评论的作者。

(9）举报评论。

请求类型：POST。

路径：/comment/report/:comment。
描述：举报不当评论。被举报的评论将由管理员审核。
权限：注册用户。
（10）查看自己举报的评论。
请求类型：GET。
路径：/comment/report/my。
描述：查看自己曾经举报过的评论列表。
权限：注册用户。

6.8.1　创建评论数据表

在 app/model 文件夹下创建 comment.js 文件，代码如下：

```
//ch6/17/app/model/comment.js
'use strict';
// 评论数据表

module.exports = app => {
  const mongoose = app.mongoose;
  const Schema = mongoose.Schema;
  const CommentSchema = new Schema(
    {
      __v: {type: Number, select: false},
      // 评论内容
      content: {type: String, required: true, index: true},
      // 评论图片
      img: {type: Schema.Types.ObjectId, ref: 'Material'},
      // 上级评论
      //parent: {type: String, default: '', index: true},
      parent: {type: Schema.Types.ObjectId, ref: 'Comment', index: true},
      // 点赞数
      zan: {type: Number, default: 0, index: true},
      // 点赞用户
      zanUsers: {type: [{type: Schema.Types.ObjectId, ref: 'User'}]},
      // 评论数
      child: {type: Number, default: 0, index: true},
      // 评论 IP
      ip: {type: String, default: ''},
      // 评论地区
      regionName: {type: String, default: ''},
      // 评论者
      user: {
        type: Schema.Types.ObjectId,
        ref: 'User',
        index: true,
      },
      // 状态：0 表示待审；1 表示正常；-1 表示封禁
      status: {type: Number, enum: [0, 1, -1], default: 1, index: true},
    },
    {timestamps: true}
  );
  return mongoose.model('Comment', CommentSchema);
};
```

上述代码用于构建 comment 评论数据模型，定义评论所包含的各个字段。

引入 egg-mongoose 中的 mongoose 实例，使用 Schema 对象创建一个新的 CommentSchema 实例。Schema 是 Mongoose 中用于定义文档结构的对象，相当于一张表格的模板。

CommentSchema 定义评论模型所包含的各个字段如下。

（1）__v：版本号，不可见，选择不显示。
（2）content：评论内容，类型为字符串，必填，创建支持内容搜索的索引 index。
（3）img：评论图片，类型为 ObjectId 类型的引用，指向 Material 数据模型。
（4）parent：上级评论，类型为 ObjectId 类型的引用，指向 Comment 数据模型，支持索引。
（5）zan：评论点赞数，默认为 0，创建支持点赞数的索引。
（6）zanUsers：评论点赞用户，类型为 ObjectId 类型的引用数组，引用 User 数据模型。
（7）child：评论数，默认为 0，创建支持评论数的索引。
（8）ip：评论 IP 地址，类型为字符串，默认值为空。
（9）regionName：评论地区名，类型为字符串，默认值为空。
（10）user：评论者，类型为 ObjectId 类型的引用，指向 User 数据模型，支持索引。
（11）status：评论状态，类型为数字，只能取 0、1、-1 这 3 个值中的一个，分别代表待审、正常、封禁状态，默认为正常状态，创建支持状态查询的索引。

在 Schema 的第 2 个参数中将 timestamps 设置为 true，表示在模型中自动添加 createdAt 和 updatedAt 两个字段，用于保存记录的创建时间和最近的修改时间。

6.8.2 增加评论

1. 创建增加评论路由

打开 app/router.js 文件，修改后的代码如下：

```
//ch6/17/app/router.js
const {home, user} = controller;

// 修改为
const {home, user, comment} = controller;
```

在 app/router.js 文件中创建 POST /comment 增加评论接口，代码如下：

```
//ch6/17/app/router.js
// 评论路由开始
// 增加评论，权限：需要是用户
router.post('/comment', isUser, comment.create);
// 评论路由结束
```

2. 编写增加评论控制器和评论数据校验

在 app/controller 文件夹下创建 comment.js 文件，编写增加评论代码和评论数据校验，代码如下：

```
//ch6/17/app/controller/comment.js
'use strict';
// 评论 Controller
const {Controller} = require('egg');

class CommentController extends Controller {
```

```js
  constructor(ctx) {
    super(ctx);
    // 数据校验
    this.commentValidate = {
      content: {type: 'string', required: true},
      img: {type: 'string', required: false},
      parent: {type: 'string', required: false},
      zan: {type: 'number', required: false},
      zanUsers: {type: 'array', required: false},
      child: {type: 'number', required: false},
      status: {type: 'number', required: false},
    };
  }

  /**
   * 增加评论
   */
  async create() {
    const {ctx, service} = this;
    service.validator.validate(this.commentValidate);
    let {img, parent, ...data} = ctx.request.body;
    // 这里考虑的是如果评论图片没有上传，则在创建评论的时候无须携带 img 字段
    // 因为数据库里面的 img 字段采用的是引用模式
    // 所以这里单独把 img 字段取出来进行判断
    if (img) {
      data = {...data, img};
    }
    if (parent) {
      data = {...data, parent};
    }
    const res = await service.comment.create(data);
    ctx.body = res;
  }
}

module.exports = CommentController;
```

在上述代码中 constructor() 构造函数是 CommentController 的构造函数，提供进行数据校验的功能。通过评论模型的字段和对应的类型、是否必填来构建数据校验对象，用于后续的数据校验。可用于检查用户提交的评论数据是否符合要求。

在 constructor() 构造函数中创建一个 commentValidate 对象，用于在添加评论时进行数据校验。该对象包含评论模型中的各个字段，该对象的属性名与评论模型中的字段名相同。

对于每个属性，commentValidate 的值是一个包含两个属性的对象：type 和 required。type 表示该属性的类型，required 表示该属性是否必填。

例如 content 属性，类型为字符串，必填。

在上述代码中 create() 方法用于在评论数据库中创建一个新的评论。

调用 service.validator.validate(this.commentValidate) 方法对用户请求提交的数据进行校验。如果验证失败，则会抛出错误，返回客户端。如果验证成功，则会继续执行后面的代码。

使用解构赋值的方式，从 ctx.request.body 中获取 img 和 parent 字段及另外的所有数据，将其保存在 data 对象中。

判断 img 和 parent 字段，如果存在就一起合并到 data 对象中。

调用 service.comment.create() 方法，将整合后的 data 对象作为参数传入，在数据库中创建一个新的评论，将返回结果赋值给 res。将 res 返回客户端。

3. 编写增加评论业务逻辑

在 app/service 文件夹中创建 comment.js 文件，编写增加评论业务逻辑代码，代码如下：

```javascript
//ch6/17/app/service/comment.js
'use strict';

const Service = require('egg').Service;
class CommentService extends Service {
  /**
   * 增加评论
   * @param {object} data
   * @return
   */
  async create(data) {
    const {ctx, service} = this;
    const {model} = ctx;
    const user = ctx.state && ctx.state.user && ctx.state.user._id;
    const userinfo = await model.User.findById(user);
    if (userinfo.status !== 1) ctx.throw(403, '用户状态异常，请联系管理员！');

    const ip = service.ip.getClientIP();
    const {regionName} = await service.ip.getRegionName(ip);
    const {parent} = data;
    if (parent) {
      // 如果携带父级评论ID，则查询父级评论
      // 如果没有查询到，则抛出一个错误，并提示评论不存在
      // 如果找到父级评论，则在父级评论下面的child字段增加1
      //string 变量 * 1, 如果是数字，则会转换成 number 类型，这和 parseInt(str)
      // 差不多
      const findRes = await model.Comment.findById(parent);
      if (!findRes) ctx.throw(404, '评论不存在');
      const child = findRes.child;
      findRes.child = child * 1 + 1;
      findRes.save();
    }
    const res = await model.Comment.create({
      ...data,
      ip,
      user,
      regionName,
    });
    return await model.Comment.findById(res._id)
      .populate('img parent')
      .populate({
        path: 'user',
        populate: {
          path: 'avatar',
        },
      })
      .populate({
        path: 'zanUsers',
        populate: {
```

```
                path: 'avatar',
            },
        ]);
    }
}

module.exports = CommentService;
```

上述代码用于实现在数据库中创建一条新的评论记录，同时会对评论的父级信息进行更新，以保证数据的一致性和完整性。同时，该方法还会通过 populate 方法关联查询其他信息，以方便前端的展示。

create() 方法接受一个参数 data，data 包含了客户端提交的评论信息，包括评论内容、评论图片、父级评论 id 等。

从 ctx.state 获取当前用户的 id，赋值给常量 user，调用 model.User.findById() 方法传入 user，获取用户信息并赋值给 userinfo，判断 userinfo.status，如果不等于 1，则说明用户状态不正常，抛出错误，并提示"用户状态异常，请联系管理员！"。通过此判断，可以让用户状态不正常的用户无法发表评论。

调用 service.ip.getClientIP() 方法获取客户端的 IP 地址，调用 service.ip.getRegionName() 方法传入 IP 地址，获取该 IP 地址对应的地理位置信息，包括省、市、区等。

使用 ctx.state.user 属性获取用户 id，评论的前提是需要用户在登录状态下提交评论。

使用解构赋值方式获取 data 中的 parent 字段，判断 parent，如果该字段存在，则表示该评论是回复某一条评论的评论。

调用 model.Comment.findById() 方法传入 parent 查询对应的父级评论，将查询结果赋值给 findRes，如果查询到父级评论，则将父级评论的 child 的字段加 1，调用 findRes.save() 方法保存，表示子评论数量增加。如果没有查询到父级评论，则抛出错误，并提示"评论不存在"。

调用 model.Comment.create() 方法创建一条新的评论记录，将 data 字段解构和 IP 地址、用户 id、地理位置等信息合并为一个 JSON 对象作为参数传入。将返回结果赋值给 res。

调用 model.Comment.findById() 方法传入 res._id 获取该评论记录的完整信息。使用 populate 方法对评论的相关信息进行关联查询，将 avatar 和 user 信息一并查询出来。通过 return 语句将完整的评论信息返回。

4. 使用 Postman 测试增加评论

在 Postman 的用户路由中创建一个 Request，命名为增加评论。方法是 POST，地址是 http://127.0.0.1:7001/comment，单击 Authorization，Type 选择 Bearer Token。将 Token 输入框的值设置为 {{token}}。

在 Body 中选择 raw，格式是 JSON，数据内容如下：

```
{
    "content":"第 1 条评论内容！"
}
```

单击 Send 按钮，发送请求，等待服务器的响应，如图 6-73 所示。

服务器返回评论信息，评论发布成功。

图 6-73　发布第 1 条评论

6.8.3　上传评论图片

1. 创建上传评论图片路由

打开 app/router.js 文件，创建 POST /comment/material 上传评论图片接口，代码如下：

```
//ch6/17/app/router.js
// 上传评论图片,权限：需要是用户
router.post('/comment/material', isUser, comment.upload);
```

2. 编写上传评论图片控制器

打开 app/controller/comment.js 文件，编写上传评论图片控制器，代码如下：

```
//ch6/17/app/controller/comment.js
/**
 * 上传评论图片
 */
async upload() {
  const {ctx,service} = this;
  const res = await service.oss.upload('comment');
  ctx.body = res;
}
```

上述代码用于上传评论图片，返回图片在阿里云对象存储 OSS 上的存储信息。

调用 service.oss.upload() 方法，传入 comment 字符串作为参数。用于标识上传的分类属于 comment。将返回结果赋值给 res。

使用 ctx.body 将 res 作为响应体返回客户端。

3. 使用 Postman 测试上传评论图片

在 Postman 的用户路由文件夹中创建一个 Request，命名为上传评论图片。方法选择 POST，地址是 http://127.0.0.1:7001/comment/material。单击 Authorization，Type 选择 Bearer Token。将 Token 输入框的值设置为 {{token}}。

在 Body 中选择 form-data，文件类型选择 File。

单击 Select Files 按钮，选择图片文件。

单击 Send 按钮，发送请求，等待服务器的响应，如图 6-74 所示。

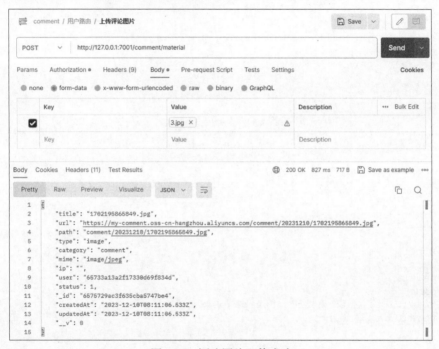

图 6-74　评论图片上传成功

评论图片上传成功，数据也成功地被写入素材数据表。因为已经是登录状态，所以返回信息包含 user 信息。

6.8.4　获取评论列表

1. 创建获取评论列表路由

打开 app/router.js 文件，创建 GET /comment 评论列表接口，代码如下：

```
//ch6/18/app/router.js
// 评论列表
router.get('/comment', comment.find);
```

2. 编写获取评论列表控制器

打开 app/controller/comment.js 文件，编写获取评论列表控制器，代码如下：

```
//ch6/18/app/controller/comment.js
/**
 * 评论列表
```

```
 */
async find() {
  const {ctx, service} = this;
  let {page = 1, pageSize = 10, parent = '', user = '', content = ''} =
  ctx.query;
  page = page * 1;
  pageSize = pageSize * 1;
  let query = {};
  if (parent && user) {
    query = {parent, user};
  }
  if (parent) {
    query = {parent};
  } else {
    query = {parent: {$eq: null}};
  }
  if (user) {
    query = {user};
  }
  if (content) {
    query = {...query, content: new RegExp(content)};
  }
  console.log(query, 'query');
  const {count, data} = await service.comment.find(
    query,
    page,
    pageSize
  );
  ctx.body = {
    data,
    pageSize,
    page,
    totalPage: Math.ceil(count/pageSize),
    totalCount: count,
  };
}
```

上述代码用于查询评论列表。可以根据父级评论、评论用户和评论内容进行查询过滤，支持分页查询。通过参数解析、条件拼接和查询调用等方式，完成对于评论列表的查询功能，将结果返回客户端。

从 ctx.query 对象解构获取查询参数，其中 page 和 pageSize 表示当前页码和每页显示的评论数量，page 页码的默认值为 1，pageSize 表示每页显示的评论数量，默认值为 10；parent、user 和 content 分别表示父级评论 id、评论用户 id 和评论内容。parent、user 和 content 的默认值都是空。

将 page 和 pageSize 转换为数字类型。

将变量 query 定义为空的对象。

判断 parent 和 user 的值，如果同时存在，则将 parent 和 user 作为并列条件进行查询。

判断 parent 的值，如果存在，则查询所有子评论；如果不存在，则查询所有父级评论。

判断 user 的值，如果存在，则查询该用户发布的所有评论。

判断 content 的值，如果存在，则使用正则表达式匹配评论内容。

调用 service.comment.find() 方法，传入查询条件 query、page 和 pageSize 等参数，查询数

据库中符合条件的评论列表。

将查询结果组装为 JSON 数据格式，包括当前页码、每页数量、数据总量、总页数和数据列表。将 JSON 数据返回客户端。

3. 编写获取评论列表业务逻辑

在 app/service/comment.js 文件中编写获取评论列表业务逻辑代码，代码如下：

```javascript
//ch6/18/app/service/comment.js
/**
 * 获取评论列表
 * @param {object} query
 * @param {number} page
 * @param {number} pageSize
 * @return
 */
async find(query, page, pageSize) {
  const {ctx} = this;
  const {model} = ctx;
  const count = await model.Comment.count(query);
  const data = await model.Comment.find(query)
    .populate('img')
    .populate({
    path: 'user',
    populate: {path: 'avatar'}
    })
    .populate({
    path: 'zanUsers',
    populate: {path: 'avatar'}
    })
    .populate({
    path: 'parent',
    populate: {path: 'user'}
    })
    .sort({_id: -1})
    .limit(pageSize)
    .skip((page - 1) * pageSize);
  return {count, data};
}
```

上述代码用于查询数据库中符合特定条件的评论列表。

find() 方法接受 3 个参数：query、page 和 pageSize。

（1）query：表示查询筛选条件，是一个对象，用于指定查询哪些文档。

（2）page：表示要查询的页码。

（3）pageSize：表示每页查询的文档数量。

调用 model.Comment.count() 方法传入查询条件，查询数据库中符合条件的评论数量。该方法返回的是符合条件的评论数量，即满足查询条件的评论总数。

调用 model.Comment.find() 方法传入查询条件，查询数据库中符合条件的评论列表。

这里使用的是链式调用方法，使用 populate() 方法填充评论列表中的用户、评论图片等信息。populate() 方法可以通过关联查询来填充相关联的数据；使用 sort() 方法将评论列表按照 _id 倒序排序；使用 limit() 方法对查询结果进行数量限制；使用 skip() 方法跳过查询结果中的前几项。

将查询结果 {count, data} 返给调用者。

4. 使用 Postman 测试获取评论列表

在 Postman 的用户路由文件夹中创建一个 Request，命名为"评论列表"。方法是 GET，地址是 http://127.0.0.1:7001/comment。

单击 Send 按钮，发送请求，等待服务器响应，服务器返回评论列表成功，如图 6-75 所示。

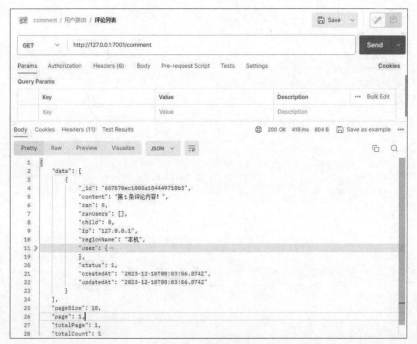

图 6-75　评论列表

6.8.5　查看某个评论

1. 创建查看某个评论路由

打开 app/router.js 文件，创建 GET /comment/:id 查看某个评论接口，代码如下：

```
//ch6/18/app/router.js
// 查看某个评论
router.get('/comment/:id', comment.findById);
```

2. 编写查看某个评论控制器

打开 app/controller/comment.js 文件，编写查看某个评论控制器，代码如下：

```
//ch6/18/app/controller/comment.js
/**
 * 查询某条评论
 */
async findById() {
  const {ctx, service} = this;
  const {id} = ctx.params;
  if (!id) ctx.throw(422, '参数缺失');
  const res = await service.comment.findById(id);
```

```
    ctx.body = res;
}
```

上述代码用于根据指定评论 id 查找数据库中对应的评论信息，将查询结果返回客户端。

从 ctx.params 解构获取评论 id，判断 id 是否存在，如果不存在，则抛出异常，并提示"参数缺失"。

将获取的评论 id 作为参数传递给 service.comment.findById() 方法，进行数据查询，将查询结果赋值给变量 res。通过 ctx.body 将查询结果 res 返回客户端。

3. 编写查看某个评论业务逻辑

在 app/service/comment.js 文件中编写查看某个评论业务逻辑代码，代码如下：

```
//ch6/18/app/controller/comment.js
/**
 * 查询某个评论
 * @param {string} id
 * @return
 */
async findById(id) {
  const {ctx} = this;
  const {model} = ctx;
  const res = await model.Comment.findById(id)
  .populate('img')
  .populate({
  path: 'user',
  populate: {path: 'avatar'},
  })
  .populate({
  path: 'zanUsers',
  populate: {path: 'avatar'},
  })
  .populate({
  path: 'parent',
  populate: {path: 'user'},
  });
  if (!res) ctx.throw(404, '评论不存在');
  return res;
}
```

上述代码用于根据指定评论 id 查找数据库中对应的评论信息，将查询结果返回。

findById() 方法接受一个参数 id，表示指定评论的 id。

调用 model.Comment.findById() 方法传入评论 id 查询数据库，使用 populate 方法填充评论的用户、评论图片、点赞用户等信息。populate 方法可以通过关联查询来填充相关联的数据，将查询结果赋值给变量 res。

判断 res 是否存在，如果不存在，则抛出错误，并提示"评论不存在"。

如果查询结果存在，则将其作为返回值返回。

4. 使用 Postman 测试查看某个评论

在 Postman 的用户路由文件夹中创建一个 Request，命名为"查看某个评论"。方法是 GET，地址是 http://127.0.0.1:7001/comment/657570ec1005a184449710b3，字符串 657570ec1005a184449710b3 为评论的 _id。

说明：不同的计算机生成的评论 _id 是不一样的。这里的 657570ec1005a184449710b3 只是表示笔者的开发计算机上生成的评论 _id。

单击 Send 按钮,发送请求,等待服务器的响应,服务器返回评论内容,如图 6-76 所示。

图 6-76 查看某个评论

6.8.6 给评论点赞

1. 创建给评论点赞路由

打开 app/router.js 文件,增加 GET /comment/zan/:id 给评论点赞接口,代码如下:

```
//ch6/18/app/router.js
// 点赞某个评论,权限:需要是用户
router.get('/comment/zan/:id', isUser, comment.zan);
```

2. 编写给评论点赞控制器

打开 app/controller/comment.js 文件,编写给评论点赞控制器,代码如下:

```
//ch6/18/app/controller/comment.js
/**
 * 给评论点赞
 */
async zan() {
  const {ctx, service} = this;
  const {id} = ctx.params;
  if (!id) ctx.throw(422, '参数缺失');
  const res = await service.comment.zan(id);
  if (!res) {
```

```
    ctx.status = 204;
  } else {
    const msg = '您已经点赞过了';
    ctx.body = {msg};
  }
}
```

上述代码用于点赞某条评论。

从 ctx.params 解构获取评论 id，判断 id 是否存在，如果不存在，则抛出异常，并提示"参数缺失"。

调用 service.comment.zan() 方法，将评论的 id 作为参数传入进行点赞。将返回结果赋值给 res，判断 res，如果 res 为假，则返回状态码 204，如果 res 为真，则返回"您已经点赞过了"的提示信息。

3. 编写给评论点赞业务逻辑

在 app/service/comment.js 文件中编写给评论点赞业务逻辑代码，代码如下：

```
//ch6/18/app/service/comment.js
/**
 * 给评论点赞
 * @param {string} id 评论的 id
 * @returns
 */
async zan(id) {
  const {ctx} = this;
  const {model} = ctx;
  const res = await model.Comment.findById(id);
  if (!res) ctx.throw(404, '评论不存在');
  const userid = ctx.state.user._id;
  if (!res.zanUsers.map(item => item.toString()).includes(userid)) {
    //unshift 表示插入数组的最前面, push 表示插入数组的最后面
    res.zanUsers.unshift(userid);
    const zan = res.zan;
    res.zan = zan * 1 + 1;
    res.save();
    return false;
  }
  return true;
}
```

上述代码是用于点赞某条评论的具体的业务逻辑。通过判断是否已经点过赞来决定是将该用户 id 插入评论的 zanUsers 数组中还是直接返回已经点过赞的提示信息。

zan() 方法接受一个参数 id，表示指定评论的 id。

调用 model.Comment.findById() 方法查询指定 id 的评论信息。

如果查询结果为空，则抛出错误，并提示"评论不存在"。

通过 ctx.state.user._id 获取用户 id，赋值给变量 userid。

使用数组的 includes() 方法判断该评论是否已经被该用户点过赞。如果未被点过赞，则将该用户 id 插入评论的 zanUsers 数组中，将评论的 zan 数量加 1，调用 save() 方法保存修改后的评论信息。

这里有一个问题，zanUsers 数组并不是字符串类型的数组，而是 objectId 类型的数组，需要将 zanUsers 数组里面的值转换成字符串类型的值，再去判断是否已经包含了 userid。具体操

作是使用数组的 map 方法将每个 item 使用 toString() 方法转换成字符串。

如果已经被点过赞，则返回值为 true。

如果返回值为 false，则表示点赞成功，如果返回值为 true，则表示该用户已经点过赞。

4. 使用 Postman 测试给评论点赞

在 Postman 的用户路由文件夹中创建一个 Request，命名为"给某个评论点赞"。方法是 GET，地址是 http://127.0.0.1:7001/comment/zan/657570ec1005a184449710b3，字符串 657570ec1005a184449710b3 为评论的 _id。单击 Authorization，Type 选择 Bearer Token。将 Token 输入框的值设置为 {{token}}。

单击 Send 按钮，发送请求，等待服务器的响应，返回状态码为 204，表示点赞成功，如图 6-77 所示。

图 6-77　给评论点赞

点赞成功后，再次单击 Send 按钮点赞，将会返回"您已经点赞过了"的提示信息，如图 6-78 所示。

图 6-78　再次给评论点赞

6.8.7 给某个评论点赞的用户列表

1. 创建给某个评论点赞的用户列表路由

打开 app/router.js 文件,增加 GET /comment/zanusers/:id 给某个评论点赞接口,代码如下:

```
//ch6/18/app/router.js
// 点赞用户列表
router.get('/comment/zanusers/:id', comment.zanUsers);
```

2. 编写给某个评论点赞的用户列表控制器

打开 app/controller/comment.js 文件,编写给某个评论点赞的用户列表控制器,代码如下:

```
//ch6/18/app/controller/comment.js
/**
 * 点赞用户列表
 */
async zanUsers() {
  const {ctx, service} = this;
  const {id} = ctx.params;
  if (!id) ctx.throw(422, '参数缺失');
  const res = await service.comment.zanusers(id);
  ctx.body = res;
}
```

上述代码用于获取某条评论的点赞用户列表。

从 ctx.params 解构获取评论 id,判断 id 是否存在,如果不存在,则抛出异常,并提示"参数缺失"。

调用 service.comment.zanusers() 方法,将评论的 id 作为参数传入以获取点赞用户列表。

将获取的点赞用户列表通过 ctx.body 返回。

3. 编写给某个评论点赞的用户列表业务逻辑

在 app/service/comment.js 文件中编写给某个评论点赞的用户列表业务逻辑代码,代码如下:

```
//ch6/18/app/service/comment.js
/**
 * 点赞用户列表
 * @param {string} id 评论的 id
 * @returns
 */
async zanusers(id) {
  const {ctx} = this;
  const {model} = ctx;
  const findRes = await this.findById(id);
  if (!findRes) ctx.throw(404, '评论不存在');
  const zanUsers = findRes.zanUsers;
  // 查询所有在 zanUsers 数组里面的用户 id
  return await model.User.find({_id: {$in: zanUsers}})
  // 倒序排列
  //.sort({_id: -1})
  .populate('avatar');
}
```

上述代码用于获取指定评论的点赞用户列表。

zanusers() 方法接受一个参数 id,表示评论的 id。

通过 this.findById 获取指定 id 的评论信息。将查询结果赋值给 findRes。

判断 findRes，如果查询结果为空，则抛出错误，并提示"评论不存在"。

将 zanUsers 定义为获取该评论的点赞用户列表 findRes.zanUsers。

使用 $in 操作符查询所有在 zanUsers 数组中的用户 id，使用 populate() 方法将 avatar 对象填充到查询结果中。

最后返回查询结果，即为该条评论的点赞用户列表。

4. 使用 Postman 测试给某个评论点赞的用户列表

在 Postman 的用户路由文件夹中创建一个 Request，命名为"给某个评论点赞的用户列表"。方法是 GET，地址是 http://127.0.0.1:7001/comment/zanusers/657570ec1005a184449710b3，字符串 657570ec1005a184449710b3 为评论的 _id。

单击 Send 按钮，发送请求，等待服务器的响应，如图 6-79 所示。

图 6-79　查看给某个评论点赞的用户列表

6.8.8　更新评论

1. 创建判断是否是评论作者中间件

在更新评论前需要完成一个中间件，用于判断当前用户是否是评论的作者。只有评论的作者本人才可以对评论进行修改操作。

在 app/middleware 文件夹中创建 checkCommentOwner.js 文件，代码如下：

```
//ch6/18/app/middleware/checkCommentOwner.js
'use strict';
// 判断当前用户是否是评论的作者
module.exports = () => {
  return async function (ctx, next) {
    const {id} = ctx.params;
```

```
    const findRes = await ctx.service.comment
      .findById(id);
    if (findRes.user._id.toString() !== ctx.state.user._id.toString())
ctx.throw(401, '不是评论的作者,没有权限!');
    await next();
  };
};
```

上述代码用于判断当前用户是否是评论的作者。

从 ctx.params 解构获取评论 id。

调用 ctx.service.comment.findById() 方法传入评论 id,获取指定 id 的评论信息,赋值给 findRes。

判断 findRes.user 的值是否和 ctx.state.user._id 的值相等,这里的 findRes.user 是 objectId,需要使用 toString() 方法转换为字符串。如果不相等,则抛出错误,并提示"不是评论的作者,没有权限!"。

如果相等,则说明当前登录的用户是该评论的作者,执行 await next() 方法,等待下一个中间件或路由。

2. 创建更新评论路由,应用判断是否是评论作者中间件

打开 app/router.js 文件,创建 PUT /comment/:id 更新评论接口,代码如下:

```
//ch6/18/app/router.js
// 检测当前用户是否是评论的作者
const checkCommentOwner = middleware.checkCommentOwner();

// 更新评论,权限:需要是用户 / 需要是评论作者本人
router.put('/comment/:id', isUser, checkCommentOwner, comment.update);
```

笔者建议将中间件部分写到中间件区块里面,将评论部分写到评论区块里面。

3. 编写更新评论控制器

在 app/controller/comment.js 文件中编写更新评论控制器,代码如下:

```
//ch6/18/app/controller/comment.js
/**
 * 更新评论
 */
async update() {
  const {ctx, service} = this;
  const {id} = ctx.params;
  if (!id) ctx.throw(422, '参数缺失');
  service.validator.validate(this.commentValidate);
  const res = await service.comment.update(id, ctx.request.body);
  ctx.body = res;
}
```

上述代码用于更新指定 id 的评论,实现对于请求体参数的校验和 ctx.request.body 数据解构、service.comment.update() 方法的调用和返回数据的处理,完成对于指定 id 的评论更新的操作,将更新结果返给了客户端。

从 ctx.params 路由参数解构获取评论的 id。

判断评论 id 是否为空,如果为空,则抛出错误,并提示"参数缺失"。

调用 service.validator.validate(this.commentValidate) 进行参数校验,确保传入的参数符合指

定的格式要求。

调用 service.comment.update() 方法,传入评论 id 和需要的更新信息 ctx.request.body,更新数据库中对应评论的信息。

将更新结果以 JSON 格式返回客户端。

4. 编写更新评论业务逻辑

在 app/service/comment.js 文件中编写更新评论业务逻辑代码,代码如下:

```
//ch6/18/app/service/comment.js
/**
* 更新评论
* @param {string} id 评论 id
* @param {object} data
* @return
*/
async update(id, data) {
  const {ctx} = this;
  const {model} = ctx;
  const res = await model.Comment.findByIdAndUpdate(id, data, {
    new: true,
  });
  if (!res) ctx.throw(404, '评论不存在');
  return res;
}
```

上述代码用于更新数据库中指定 id 的评论。

update() 方法接受两个参数:id 和 data。

(1) id:表示指定评论的 id。

(2) data:表示要更新的对象。

调用 model.Comment.findByIdAndUpdate() 方法传入 id 和 data,将其更新到数据库中对应评论的信息中。{new: true} 表示将更新后的结果返回(返回更新后的评论对象)。将返回结果赋值给 res。

判断 res,如果不存在,则抛出错误,并提示"评论不存在"。

在更新成功后,将更新后的评论返给调用者。

5. 使用 Postman 测试更新评论

在 Postman 的用户路由文件夹中创建一个 Request,命名为"编辑评论"。方法是 PUT,地址是 http://127.0.0.1:7001/comment/657570ec1005a184449710b3,"657570ec1005a184449710b3"这个字符串为评论 _id。单击 Authorization,Type 选择 Bearer Token,将设置 Token 输入框的值为 {{token}}。

在 Body 中选择 raw,格式是 JSON,数据内容如下:

```
{
"content":"修改后的第 1 条评论的内容",
"img":"6575729ac3f635cba5747be4"
}
```

comment 为修改后的评论标题,img 为评论图片,修改为 6575729ac3f635cba5747be4,img 字段是一个引用字段,引用的是 Material 表里面的数据,详见 6.8.1 节。

单击 Send 按钮,发送请求,等待服务器的响应,返回修改后的评论内容,表示评论修改成功，如图 6-80 所示。

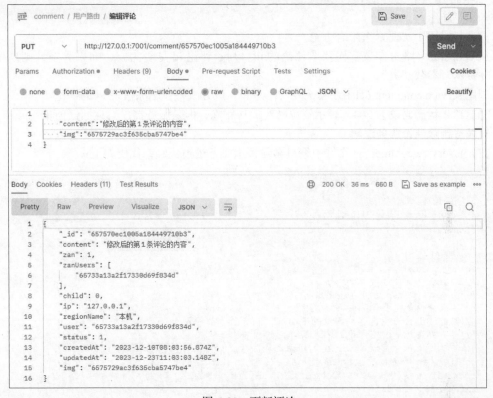

图 6-80　更新评论

测试目的是把 content 为"第 1 条评论内容！"的评论修改为"修改后的第 1 条评论的内容"，以及将评论图片更新到 img 字段。

6.8.9　删除评论

1. 创建删除评论路由

打开 app/router.js 文件，创建 DELETE /comment/:id 删除评论接口，代码如下：

```
//ch6/18/app/router.js
// 删除评论,权限：需要是用户 / 需要是评论作者本人
router.delete('/comment/:id', isUser, checkCommentOwner, comment.del);
```

2. 编写删除评论控制器

打开 app/controller/comment.js 文件，编写删除评论控制器，代码如下：

```
//ch6/18/app/controller/comment.js
/**
 * 删除评论
 */
async del() {
  const {ctx, service} = this;
  const {id} = ctx.params;
  if (!id) ctx.throw(422, '参数缺失');
```

```
    await service.comment.del(id);
    ctx.status = 204;
}
```

上述代码用于实现删除评论功能。

从 ctx.params 路由参数解构获取评论的 id。判断评论 id 是否为空，如果为空，则抛出错误，并提示"参数缺失"。

调用 service.comment.del() 方法，传入评论 id。该方法将会删除指定 id 的评论。

将 HTTP 状态码设为 204，表示资源已经成功删除，但是服务器没有返回任何信息。

3. 编写删除评论业务逻辑

在 app/service/comment.js 文件中编写删除评论业务逻辑代码，代码如下：

```
//ch6/18/app/service/comment.js
/**
 * 删除评论
 * @param {string} id 评论的 id
 * @return
 */
async del(id) {
  const {ctx} = this;
  //const {model} = ctx;
  //const {Comment} = model;
  // 本来评论是需要删除的
  // 但是这里的问题是这条评论的下面有可能有若干条评论
  // 解决办法就是清空评论的内容及评论的图片
  const data = {content: '评论已删除', img: null};
  const res = await this.update(id, data);
  //const res = await Comment.findByIdAndRemove(id);
  if (!res) ctx.throw(404, '评论不存在');
  return res;
}
```

上述代码用于实现删除评论的具体操作，采用了一种"软删除"的方式，通过将评论的内容和图片更新为特定的值实现对评论的删除操作。这种做法能够保护子评论的正常使用，提高了系统的稳定性。

del() 方法接受一个参数 id，表示评论的 id。

具体的做法是将评论内容设置为"评论已删除"，将评论的图片设置为 null。这种做法等价于将评论"删除"（从用户角度看），并且不影响子评论的正常使用。

调用 this.update() 方法，传入评论 id，将评论的内容及图片更新为"评论已删除"，将返回结果赋值给 res，判断 res，如果不存在，则抛出错误，并提示"评论不存在"。

如果存在，则返回更新后的评论对象。

4. 使用 Postman 测试删除评论

在执行删除操作之前，先单击"增加评论"接口，增加一条评论，如图 6-81 所示，增加评论部分详见 6.8.2 节。

在 Postman 中单击"评论列表"接口，获得评论列表，在评论列表选择一个评论，复制 _id。

在 Postman 的用户路由文件夹中创建一个 Request，命名为"删除评论"。方法是 DELETE，地址是 http://127.0.0.1:7001/comment/6575892751ba47ba4c617b9f，字符串 6575892751ba47ba4c617b9f 为评论的 _id。单击 Authorization，Type 选择 Bearer Token。将 Token 输入框的值设置为

{{token}}。

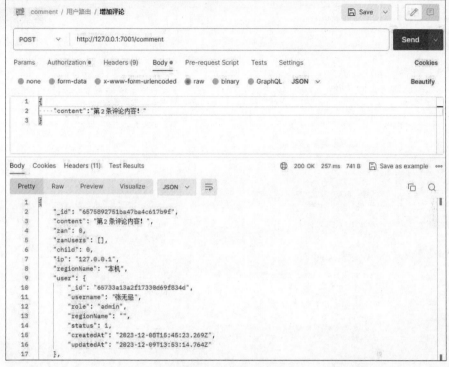

图 6-81 增加评论

单击 Send 按钮，发送请求，等待服务器的响应，服务器返回状态码 204，表示评论删除成功，如图 6-82 所示。

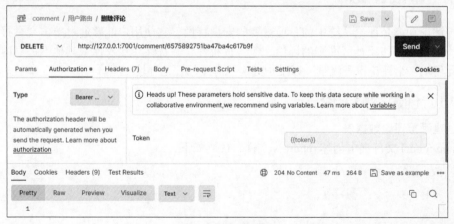

图 6-82 删除评论

访问"评论列表"接口，显示评论已删除，如图 6-83 所示。

图 6-83 查看评论列表

6.9 举报评论

举报评论功能是评论系统中的一项重要的安全特性,它使用户能够通过单击"举报"按钮向平台管理员报告违反社区准则的评论,包含冒犯性、骚扰性、侵权性或其他不适当内容的评论,以此启动一个评论审查流程,以维护健康、有序的评论环境。

6.9.1 创建举报评论

1. 创建举报评论数据表

在 app/model 文件夹中创建 report.js 文件,代码如下:

```
//ch6/19/app/model/report.js
'use strict';
// 举报评论数据表

module.exports = app => {
  const mongoose = app.mongoose;
  const Schema = mongoose.Schema;
  const ReportSchema = new Schema(
    {
      __v: {type: Number, select: false},
```

```
      // 举报理由
      title: {type: String, enum: ['垃圾营销', '不实信息', '有害信息'],
   required: true, index: true},
      // 评论主题
      comment: {type: Schema.Types.ObjectId, ref: 'Comment', index: true},
      // 处理意见 '举报属实,评论已删除', '举报不实,不做任何处理'
      content: {type: String},
      // 举报者
      user: {
        type: Schema.Types.ObjectId,
        ref: 'User',
        index: true,
      },
      // 状态: 0 表示未处理; 1 表示已处理
      status: {type: Number, enum: [0, 1], default: 0, index: true},
    },
    {timestamps: true}
  );
  return mongoose.model('Report', ReportSchema);
};
```

上述代码用于定义评论举报模型 Report。

使用 Schema 构造函数创建表结构,其中包括以下字段。

(1) __v:版本号,不可见,选择不显示。

(2) title:举报理由,是一个字符串类型,包括"垃圾营销""不实信息""有害信息",其中的值必须在枚举列表内选择。该字段是必需的。设置索引以提高查询效率。

(3) comment:评论主题,是一个引用 Comment 模型的 id,在查询时需要关联 Comment 模型。设置索引以提高查询效率。

(4) content:处理意见。有两种处理意见:①举报属实,评论已删除;②举报不实,不做任何处理。

(5) user:举报者,是一个引用 User 模型的 id,在查询时需要关联 User 模型。设置索引以提高查询效率。

(6) status:状态,是一个数字类型,包括 0 和 1,分别表示"未处理"和"已处理",其中默认值为 0。设置索引以提高查询效率。

在 Schema 的第 2 个参数中将 timestamps 设置为 true,表示在模型中自动添加 createdAt 和 updatedAt 两个字段,用于保存记录的创建时间和最近的修改时间。

2. 创建举报评论路由

打开 app/router.js 文件,修改后的代码如下:

```
//ch6/19/app/router.js
const {home, user, comment} = controller
// 修改为
const {home, user, comment, report} = controller
```

打开 app/router.js 文件,创建 POST /comment/report/:comment 举报评论接口,代码如下:

```
//ch6/19/app/router.js
// 举报评论,权限: 需要是用户
router.post('/comment/report/:comment', isUser, report.create);
```

3. 编写举报评论控制器

打开 app/controller 文件夹，创建 report.js 文件，编写举报评论和数据校验，代码如下：

```javascript
//ch6/19/app/controller/report.js
'use strict';
// 评论举报
const {Controller} = require('egg');

class ReportController extends Controller {

  constructor(ctx) {
    super(ctx);
    // 数据校验
    this.reportValidate = {
      title: {type: 'string', required: true},
      status: {type: 'number', required: false},
    };
  }

  /**
   * 举报评论
   */
  async create() {
    const {ctx, service} = this;
    service.validator.validate(this.reportValidate);
    const {title} = ctx.request.body;
    const {comment} = ctx.params;
    if (!title || !comment) ctx.throw(422, '参数缺失');
    const res = await service.report.create({ title, comment });
    ctx.body = res;
  }
}

module.exports = ReportController;
```

上述代码实现了举报评论的功能，通过校验请求参数来保证数据的合法性，然后调用 service.report.create() 方法传入 title 和 comment，向数据库中新增一条举报记录，将结果返回客户端。

在构造函数中定义了 this.reportValidate 对象，用于对输入数据进行校验。

create() 方法用于处理举报评论的请求。调用 service.validator.validate() 方法对请求参数进行校验，具体的校验规则定义在构造函数的 reportValidate 对象中。

从 ctx.request.body 解构获取 title，即举报理由。

从 ctx.params 路由参数解构获取 comment，即被举报评论的 id。

判断 title 和 comment 是否同时存在，如果不存在，则抛出错误，并提示"参数缺失"。

调用 service.report.create() 方法，传入 title 和 comment，向数据库中新增一条举报记录，将返回结果赋值给变量 res。

将新增的举报记录 res 返回客户端。

4. 编写举报评论业务逻辑

在 app/service 目录中创建 report.js 文件，编写举报评论业务逻辑代码，代码如下：

```
//ch6/19/app/service/report.js
'use strict';

const Service = require('egg').Service;
class ReportService extends Service {
  /**
   * 举报评论
   * @param {object} data
   * @return
   */
  async create(data) {
    const {ctx, service} = this;
    const {model} = ctx;
    const ip = service.ip.getClientIP();
    const {regionName} = await service.ip.getRegionName(ip);
    const user = ctx.state.user._id;
    const res = await model.Report.create({
      ...data,
      ip,
      user,
      regionName,
    });
    return res;
  }
}

module.exports = ReportService;
```

上述代码是举报评论接口对应的 Service 层代码，通过获取客户端的 IP 和所在地区，以及当前登录用户的 id，将这些信息与举报记录的数据一起存入数据表中，从而完成举报评论的功能。

create() 方法接收一个参数 data，即举报评论的信息，包括 title 和 comment。

调用 service.ip.getClientIP() 方法获取请求的客户端的 IP 地址。

调用 service.ip.getRegionName() 方法传入 IP 地址，获取客户端 IP 所在的地区名称 regionName。

从 ctx.state 中获取当前登录用户的 id，作为举报记录的 user 字段值。

调用 model.Report.create() 方法向数据库新增一条举报记录，将 data、ip、user、regionName 合并成一个对象作为参数。将返回结果赋值给 res。将 res 返给调用者。

5. 使用 Postman 测试举报评论

在 Postman 的用户路由文件夹中创建一个 Request，命名为"举报评论"。方法是 POST，地址是 http://127.0.0.1:7001/comment/report/657570ec1005a184449710b3，字符串 657570ec1005a184449710b3 为评论的 _id。单击评论列表接口，可以获取评论的 _id。单击 Authorization，Type 选择 Bearer Token。将 Token 输入框的值设置为 {{token}}。

在 Body 中选择 raw，格式是 JSON，数据内容如下：

```
{
"title":"垃圾营销"
}
```

单击 Send 按钮，发送请求，等待服务器的响应，如图 6-84 所示。

图 6-84 举报评论

服务器返回举报信息，举报成功。

6.9.2 我举报的评论列表

1. 创建我举报的评论路由

打开 app/router.js 文件，创建 GET /comment/report/my 我举报的评论接口，代码如下：

```
//ch6/19/app/router.js
// 我举报的评论
router.get('/comment/report/my',isUser, report.find);
```

2. 编写举报评论控制器

打开 app/controller/report.js 文件，编写我举报的评论控制器，代码如下：

```
//ch6/19/app/controller/report.js
/**
 * 举报列表
 */
async find() {
  const {ctx, service} = this;
  let {page = 1, pageSize = 10} = ctx.query;
  page = page * 1;
  pageSize = pageSize * 1;
  const user = ctx.state.user._id;
  const query = {user};
  const {count, data} = await service.report.find(query, page, pageSize);
  ctx.body = {
    data,
    pageSize,
    page,
    totalPage: Math.ceil(count / pageSize),
    totalCount: count,
  };
}
```

上述代码主要用于查询举报列表,可以根据举报者进行查询过滤,支持分页查询。通过参数解析、条件拼接和查询调用等方式,完整地完成了对于举报列表的查询功能,将结果返给了客户端。

从 ctx.query 获取查询所需的分页参数 page 和 pageSize。page 页码的默认值为 1,pageSize 每页数量的默认值为 10,user 举报者的 ctx.state.user._id。

将页码和每页数据数量转换为数字类型。

根据传入的举报者 user 构建数据库查询条件,查询条件为 {user}。

调用 service.report.find() 方法,传入查询条件 query、page、pageSize 等参数,查询数据库中的举报信息。

将查询结果组装为 JSON 数据格式,包括当前页码、每页数量、数据总量、总页数和数据列表。返回客户端。

3. 编写举报评论业务逻辑

在 app/service/report.js 文件中编写举报评论业务逻辑代码,代码如下:

```
//ch6/19/app/service/report.js
/**
* 获取举报列表
* @param {object} query
* @param {number} page
* @param {number} pageSize
* @return
*/
async find(query, page, pageSize) {
  const {ctx} = this;
  const {model} = ctx;
  const count = await model.Report.count(query);
  const data = await model.Report.find(query)
    .populate({
    path: 'user',
    populate: {path: 'avatar'}
    })
    .populate({
    path: 'comment',
    populate: {path: 'img'},
    })
    // 多层嵌套 populate
    .populate({
      path: 'comment',
        populate: {
          path: 'parent', populate: {
            path: 'user'
          }
        },
    })
    // 多层嵌套 populate
    .populate({
      path: 'comment',
        populate: {
          path: 'user', populate: {
            path: 'avatar'
          }
        },
    })
```

```
        .sort({_id: -1})
        .limit(pageSize)
        .skip((page - 1) * pageSize);
    return {count, data};
}
```

上述代码用于查询数据库中符合特定条件的举报列表。

find()方法接受3个参数：query、page和pageSize。

（1）query：表示查询筛选条件，是一个对象，用于指定查询哪些文档。

（2）page：表示要查询的页码。

（3）pageSize：表示每页查询的文档数量。

调用model.Report.count()方法传入查询条件query，查询数据库中符合条件的举报数量。该方法返回的是符合条件的举报数量，即满足查询条件的举报总数。

调用model.Report.find()方法传入查询条件query，查询数据库中符合条件的举报列表。

这里使用的是链式调用方法，使用populate()方法填充举报列表中的用户、评论等信息。populate()方法可以通过关联查询来填充相关联的数据；使用sort()方法将举报列表按照_id倒序排序；使用limit()方法对查询结果进行数量限制；使用skip()方法跳过查询结果中的前几项。

将查询结果{count, data}返给调用者。

4. 使用Postman测试举报评论

在Postman的用户路由文件夹中创建一个Request，命名为"我举报的评论"。方法是GET，地址是http://127.0.0.1:7001/comment/report/my，单击Authorization，Type选择Bearer Token。将Token输入框的值设置为{{token}}。

单击Send按钮，发送请求，等待服务器的响应，如图6-85所示。

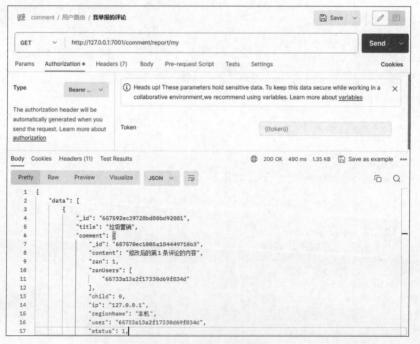

图6-85 我举报的评论

6.10 百度 AI 内容审核

百度 AI 内容审核是一款针对多媒体内容进行智能审核的服务平台。支持对图像、文本、音频、视频、直播等内容进行安全审核，具有精准的审核模型、丰富的审核维度、灵活的规则配置等特点。通过可视化界面选择审核维度、个性化调整松紧度，实现自动检测辱骂、违禁、广告等内容，降低业务违规风险。

6.10.1 申请百度 AI 内容审核接口

打开 https://cloud.baidu.com/ 百度智能云首页，如图 6-86 所示。

图 6-86 百度智能云首页

如果读者在浏览百度智能云网站时注意到网站界面与笔者提供的截图不同，则意味着百度智能云官方已经更新或重新设计了其网页布局，但可放心，即使界面发生了变化，只要相应的服务仍在提供，百度智能云就会提供进入该服务的途径。建议读者留意网站上的指示和导航元素，以便找到需要的服务入口。

单击右上角的"注册"按钮，如果读者有百度账号，则可以直接"登录"。这里帮助大家完成一次注册流程，注册时需要填写用户名、密码、确认密码、手机号、手机短信验证码等，如图 6-87 所示。

有了百度账号，便可在登录界面进行登录，如图 6-88 所示。

登录成功后会进入首页，单击右上角的"控制台"按钮，进入控制台总览，如图 6-89 所示。

图 6-87 注册百度智能云

图 6-88 登录百度智能云

图 6-89　在百度智能云首页单击右上角的"控制台"

将鼠标放到左上角"蓝底白色三横"菜单图标上。此时会出现下拉菜单，将鼠标放到"产品服务"上，右侧会出现详细菜单，单击"人工智能"栏目下的"内容审核"，如图 6-90 所示。

图 6-90　百度智能云控制台

进入内容审核平台首页，如图 6-91 所示。

图 6-91 百度智能云内容审核平台

百度智能云内容审核平台有 25 万次文本审核赠送和 5 万次图像审核赠送。

首先单击左侧菜单"应用列表",然后单击"创建应用"按钮,创建应用,如图 6-92 所示。

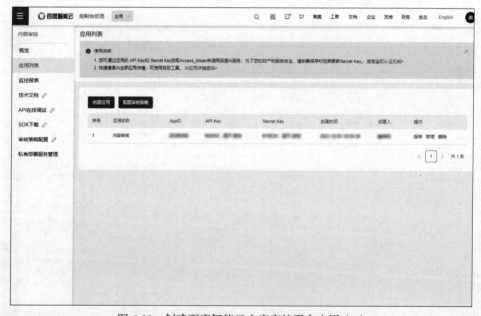

图 6-92 创建百度智能云内容审核平台应用(1)

创建应用需要填写应用名称,默认勾选内容审核,填写应用描述,简单介绍应用场景。单击"立即创建"按钮,如图 6-93 和图 6-94 所示。

图 6-93　创建百度智能云内容审核平台应用（2）

图 6-94　创建百度智能云内容审核平台应用（3）

创建成功后会获得 AppID、API Key、Secret Key，这些参数在封装内容审核时都会用到。

6.10.2　封装内容审核

baidu-aip-sdk 是百度提供的一系列 SDK，旨在帮助开发者轻松地接入百度 AI 服务。这些服务包括但不限于语音识别、语音合成、图像识别、自然语言处理等。

1. 安装 baidu-aip-sdk

安装 baidu-aip-sdk，命令如下：

```
npm install baidu-aip-sdk --save

//或者
yarn add baidu-aip-sdk
```

2. 封装内容审核

在 app/service 文件夹中创建 baidu.js 文件，代码如下：

```javascript
//ch6/20/app/service/baidu.js
'use strict';

const Service = require('egg').Service;
const AipContentCensorClient = require('baidu-aip-sdk').contentCensor;

// 设置APPID/AK/SK
const APP_ID = '44708100';
const API_KEY = 'cS3gxg9SN8Y6Q22prenwyizH';
const SECRET_KEY = 'U39EncyLDnihqC1Wy5LkGZHW4UY6sDhN';

// 实例化对象
const client = new AipContentCensorClient(APP_ID, API_KEY, SECRET_KEY);

class BaiduService extends Service {
  /**
   * 图片检测
   * @param {string} url
   * @returns
   */
  async checkImage(url) {
    let result;
    try {
      result = await client.imageCensorUserDefined(url, 'url');
      console.log('result', result);
      return result;
    } catch (error) {
      console.log(error);
    }
  }

  /**
   * 文本检测
   * @param {string} txt
   * @returns
   */
  async checkTxt(txt) {
    let result;
    try {
      result = await client.textCensorUserDefined(txt);
      console.log(result, 'result');
      return result;
    } catch (error) {
      console.log(error);
```

```
      }
    }
}
module.exports = BaiduService;
```

上述代码是使用百度 AI 的内容审核实现文本和图片检测的 Service 层代码的封装。

定义 checkImage() 和 checkTxt() 方法，分别用于图片检测和文本检测。

实例化 AipContentCensorClient 对象，传入 APP_ID、API_KEY 和 SECRET_KEY，用于初始化百度 AI 的内容审核服务客户端。

关于 APP_ID、API_KEY 和 SECRET_KEY 的值，读者不要复制笔者的值，笔者的这个值只适用于笔者。读者需要使用自己在百度智能云申请的 APP_ID、API_KEY 和 SECRET_KEY，详见 6.10.1 节。

checkImage() 方法接受一个参数 url，表示图片的 URL 网址。

通过调用 client 的 imageCensorUserDefined() 方法传入的图片 URL 进行内容审核，传入的第 1 个参数是图片链接，第 2 个参数是类型。类型有两种，一种是网络图片 URL 网址，类型为 url；另一种是图像 Base64 编码字符串，类型为 base64。笔者这里选择的类型是 url。

checkTxt() 方法接受一个参数 txt，表示待检测的文本字符串。

通过调用 client 的 textCensorUserDefined() 方法对传入的文本进行内容审核。

由于 checkImage() 和 checkTxt() 方法均使用了 async/await 的方式进行异步操作，所以可以使用 try…catch 捕获错误信息，对错误信息进行处理。

最终将审核的结果返回。

3. 创建图像检测路由和文本检测路由

打开 app/router.js 文件，创建 GET /checkImage 图像检测接口和 GET /checkTxt 文本检测接口，代码如下：

```
//ch6/20/app/router.js
// 检测图片,权限：用户
router.post('/checkImage', isUser, home.checkImage);
// 检测文本, 权限：用户
router.post('/checkTxt', isUser, home.checkTxt);
```

4. 编写文本审核和图像审核控制器

打开 app/controller/home.js 文件，编写图像检测和文本检测控制器，代码如下：

```
//ch6/20/app/controller/home.js
/**
 * 内容审核——检测文本
 */
async checkTxt() {
  const {ctx, service} = this;
  const {txt} = ctx.request.body;
  if (!txt) ctx.throw(422, '参数缺失');
  const res = await service.baidu.checkTxt(txt);
  ctx.body = res;
}

/**
 * 内容审核——检测图片
```

```
 */
async checkImage() {
  const {ctx, service} = this;
  const {url} = ctx.request.body;
  if (!url) ctx.throw(422, '参数缺失');
  const res = await service.baidu.checkImage(url);
  ctx.body = res;
}
```

上述代码中的 checkTxt() 方法用于内容审核的文本检测，从 ctx.request.body 解构获得 txt，判断 txt 是否存在，如果不存在，则抛出错误，并提示"参数缺失"。调用 service.baidu.checkTxt() 方法，将 txt 作为参数传入，返回检测结果。

上述代码中的 checkImage() 方法用于内容审核的图片检测，从 ctx.request.body 解构获得 url，url 为需要检测的图片 URL 网址，判断 url 是否存在，如果不存在，则抛出错误，并提示"参数缺失"。调用 service.baidu.checkImage() 方法，将 url 作为参数传入，返回检测结果。

5. 在 Postman 测试图像检测路由和文本检测路由

在 Postman 的用户路由文件夹中创建一个 Request，命名为"内容审核-文本检测"。方法是 POST，地址是 http://127.0.0.1:7001/checkTxt，单击 Authorization，Type 选择 Bearer Token。将 Token 输入框的值设置为 {{token}}。

在 Body 中选择 raw，格式是 JSON，数据内容如下：

```
{
    "txt":"折戟沉沙浔阳江头夜送客"
}
```

txt 的内容为需要检测的文本内容，读者可以自行设置。

单击 Send 按钮，发送请求，等待服务器的响应，如图 6-95 所示。

图 6-95　内容审核-文本检测

服务器返回：合规。

在 Postman 的用户路由文件夹中创建一个 Request，命名为"内容审核-图片检测"。方法是 POST，地址是 http://127.0.0.1:7001/checkImage，单击 Authorization，Type 选择 Bearer Token。将 Token 输入框的值设置为 {{token}}。

在 Body 中选择 raw，格式是 JSON，数据内容如下：

```
{
"url":"https://my-comment.oss-cn-hangzhou.aliyuncs.com/avatar/20231210/1702182151139.jpg"
}
```

url 的内容为需要检测的图片地址，读者可以复制用户路由下的"上传评论图片"接口返回的图片，或者其他的任意图片。需要的是网络地址。

单击 Send 按钮，发送请求，等待服务器的响应，如图 6-96 所示。

图 6-96　内容审核 - 图片检测

服务器返回"合规"。

6.11　评论管理

评论管理是为了维护评论系统的评论质量和秩序而设计的，这一功能主要涉及对用户发表的评论进行管理。通过恰当的管理，可以防止滥用行为，促进建设性对话，并维护评论系统的品质。

6.11.1　管理员查看评论列表

1. 创建管理员查看评论列表路由

打开 app/router.js 文件，创建 GET /admin/comment 管理员查看评论列表接口，代码如下：

```
//ch6/21/app/router.js
// 评论管理开始
// 评论列表
router.get('/admin/comment', isUser, isAdmin, comment.findAll);
// 评论管理结束
```

2. 编写管理员查看评论列表控制器

打开 app/controller/comment.js 文件，编写管理员查看评论列表控制器，代码如下：

```javascript
//ch6/21/app/controller/comment.js
/**
* 评论列表 (管理员)
*/
async findAll() {
  const {ctx, service} = this;
  let {page = 1, pageSize = 10, parent = '', user = '', content = ''} = ctx.query;
  page = page * 1;
  pageSize = pageSize * 1;
  let query = {};
  if (parent && user) {
    query = {parent, user};
  }
  if (parent) {
    query = {parent};
  } else {
    query = { };
  }
  if (user) {
    query = {user};
  }
  if (content) {
    query = {...query, content: new RegExp(content)}
  }
  const {count, data} = await service.comment.find(query, page, pageSize);
  ctx.body = {
    data,
    pageSize,
    page,
    totalPage: Math.ceil(count / pageSize),
    totalCount: count,
  };
}
```

上述代码用于管理员查询评论列表。可以根据父级评论、评论用户和评论内容进行查询过滤，支持分页查询。通过参数解析、条件拼接和查询调用等方式，完成对于评论列表的查询功能，将结果返给了客户端。

从 ctx.query 对象解构获取查询参数，其中 page 和 pageSize 表示当前页码和每页显示的评论数量，page 页码的默认值为 1，pageSize 表示每页显示的评论数量，默认值为 10；parent、user 和 content 分别表示父级评论 id、评论用户 id 和评论内容。parent、user 和 content 的默认值都是空。

将 page 和 pageSize 转换为数字类型。

将变量 query 定义为空的对象。

判断 parent 和 user 的值，如果同时存在，则将 parent 和 user 作为并列条件进行查询。

判断 parent 的值，如果存在，则查询所有子评论，如果不存在，则 query 的值为 {}。

判断 user 的值，如果存在，则查询该用户发布的所有评论。

判断 content 的值，如果存在，则使用正则表达式匹配评论内容。

调用 service.comment.find() 方法，传入查询条件 query、page 和 pageSize 等参数，查询数据库中符合条件的评论列表。

将查询结果组装为 JSON 数据格式，包括当前页码、每页数量、数据总量、总页数和数据列表。将 JSON 数据返回客户端。

3. 使用 Postman 测试管理员查看评论列表

在 Postman 的管理员路由文件夹中创建一个 Request，命名为"管理员查看评论列表"。方法是 GET，地址是 http://127.0.0.1:7001/admin/comment，单击 Authorization，Type 选择 Bearer Token。将 Token 输入框的值设置为 {{token}}。

单击 Send 按钮，发送请求，等待服务器的响应，如图 6-97 所示。

图 6-97　管理员查看评论列表

6.11.2　管理员查看某个评论

1. 创建管理员查看某个评论路由

打开 app/router.js 文件，创建 GET /admin/comment/:id 管路员查看某个评论接口，代码如下：

```
//ch6/21/app/router.js
// 查看某个评论
router.get('/admin/comment/:id', isUser, isAdmin, comment.findById);
```

查看某个评论的相关代码在前述内容中已经完成，详见 6.8.5 节。

2. 使用 Postman 测试管理员查看某个评论

在 Postman 的管理员路由中创建一个 Request，命名为"管理员查看某个评论"。方法是

GET，地址是 http://127.0.0.1:7001/admin/comment/657570ec1005a184449710b3，单击 Authorization，Type 选择 Bearer Token。将 Token 输入框的值设置为 {{token}}。

单击 Send 按钮，发送请求，等待服务器的响应，如图 6-98 所示。

图 6-98　管理员查看某个评论

6.11.3　管理员修改编辑评论

1. 创建管理员修改评论路由

打开 app/router.js 文件，创建 PUT /admin/comment/:id 管理员修改评论接口，代码如下：

```
//ch6/21/app/router.js
// 修改评论
router.put('/admin/comment/:id', isUser, isAdmin, comment.update);
```

更新评论的相关代码在前述内容中已经完成，详见 6.8.8 节。

2. 使用 Postman 测试管理员修改评论

在 Postman 的管理员路由文件夹中创建一个 Request，命名为"管理员修改评论"。方法是 PUT，地址是 http://127.0.0.1:7001/admin/comment/657570ec1005a184449710b3，单击 Authorization，Type 选择 Bearer Token。将 Token 输入框的值设置为 {{token}}。

在 Body 中选择 raw，格式是 JSON，数据内容如下：

```
{
    "content":"第 3 次修改后的第 1 条评论内容"
}
```

单击 Send 按钮，发送请求，等待服务器的响应，如图 6-99 所示。

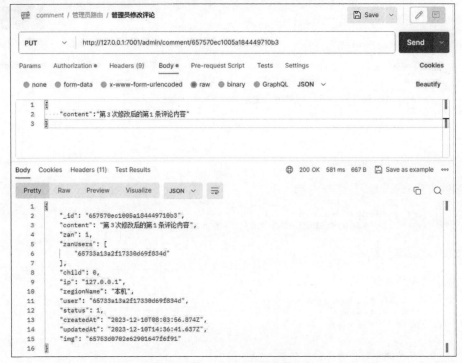

图 6-99　管理员修改评论

6.11.4　管理员删除评论

1. 创建管理员删除评论路由

打开 app/router.js 文件，创建 DELETE /admin/comment/:id 管理员删除评论接口，代码如下：

```
//ch6/21/app/router.js
// 删除评论
router.delete('/admin/comment/:id', isUser, isAdmin, comment.del);
```

删除评论的相关代码在前述内容中已经完成，详见 6.8.9 节。

2. 使用 Postman 测试管理员删除评论

在执行删除操作之前，先打开用户路由文件夹下的"增加评论"接口，增加一条评论，如图 6-100 所示，增加评论部分详见 6.8.2 节。

在 Postman 中单击用户路由文件夹的"评论列表"接口，获得评论列表，在评论列表选择一个评论，复制 _id。

在 Postman 的管理员路由文件夹中创建一个 Request，命名为"管理员删除评论"。方法是 DELETE，地址是 http://127.0.0.1:7001/admin/comment/6575ced4509598e68ccd365a，字符串 6575ced4509598e68ccd365a 为评论的 _id。单击 Authorization，Type 选择 Bearer Token。将 Token 输入框的值设置为 {{token}}。

图 6-100　增加评论

单击 Send 按钮，发送请求，等待服务器的响应，如图 6-101 所示。

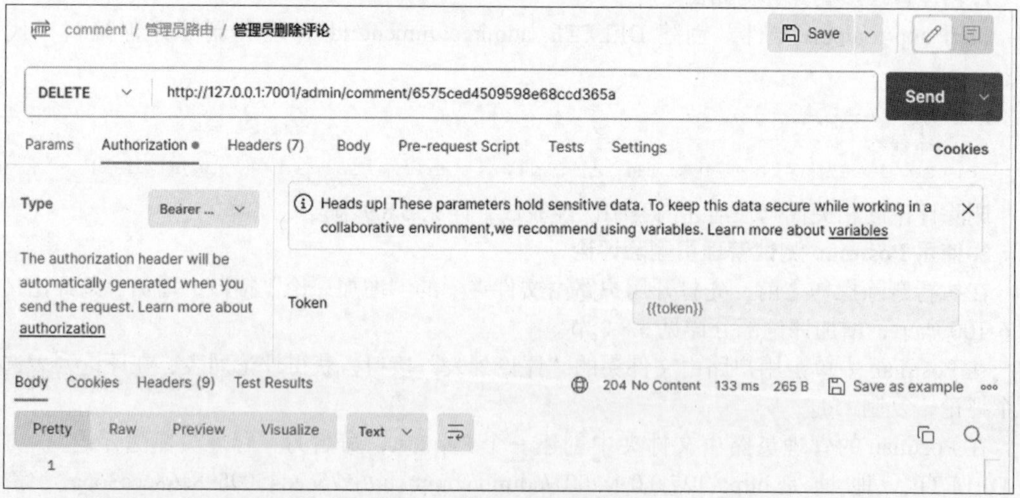

图 6-101　管理员删除评论

服务器返回状态码 204，评论删除成功。

6.11.5 管理员查看举报评论列表

1. 创建管理员查看举报评论列表路由

打开 app/router.js 文件，创建 GET /admin/report 管理员查看举报评论列表接口，代码如下：

```
//ch6/21/app/router.js
// 举报评论列表
router.get('/admin/report', isUser, isAdmin, report.findAll);
```

2. 编写管理员查看举报评论列表控制器

打开 app/controller/report.js 文件，编写管理员查看举报评论列表控制器，代码如下：

```
//ch6/21/app/controller/report.js
/**
 * 举报列表（管理员）
 */
async findAll() {
  const {ctx, service} = this;
  let {page = 1, pageSize = 10} = ctx.query;
  page = page * 1;
  pageSize = pageSize * 1;
  const query = {};
  const {count, data} = await service.report.find(query, page, pageSize);
  ctx.body = {
    data,
    pageSize,
    page,
    totalPage: Math.ceil(count / pageSize),
    totalCount: count,
  };
}
```

上述代码用于管理员查询举报列表，支持分页查询。通过参数解析、条件拼接和查询调用等方式，完成对举报列表的查询功能，将结果返回给客户端。

从 ctx.query 对象解构获取查询参数，其中，page 和 pageSize 表示当前页码和每页显示的评论数量，page 页码的默认值为 1，pageSize 表示每页显示的评论数量，默认值为 10。

将页码和每页数据数量转换为数字类型。

将变量 query 定义为空的对象。

调用 service.report.find() 方法，传入查询条件 query、page 和 pageSize 等参数，查询数据库中符合条件的举报列表。

将查询结果组装为 JSON 数据格式，包括当前页码、每页数量、数据总量、总页数和数据列表。返回客户端。

3. 使用 Postman 测试管理员查看举报评论列表

在查看管理员查看举报列表前，先打开用户路由的"增加评论"接口，增加一条评论，如图 6-102 所示，增加评论部分详见 6.8.2 节。

再打开用户路由的"举报评论"接口，举报一条评论，如图 6-103 所示，举报评论部分详见 6.9.1 节。

在 Postman 的管理员路由文件夹中创建一个 Request，命名为"管理员查看评论举报列表"。方法是 GET，地址是 http://127.0.0.1:7001/admin/report，单击 Authorization，Type 选择

Bearer Token。将 Token 输入框的值设置为 {{token}}。

图 6-102　增加评论

图 6-103　举报评论

单击 Send 按钮，发送请求，等待服务器的响应，如图 6-104 所示。

第6章 RESTful API项目实战

图 6-104 管理员查看评论举报列表

6.11.6 管理员处理举报评论

1. 创建管理员处理举报评论路由

打开 app/router.js 文件，创建 POST /admin/report/:id 管理员处理举报评论接口，代码如下：

```
//ch6/21/app/router.js
// 处理举报评论
router.post('/admin/report/:id', isUser, isAdmin, report.handle);
```

2. 编写管理员处理举报评论控制器

打开 app/controller/report.js 文件，编写管理员处理举报评论控制器，代码如下：

```
//ch6/21/app/controller/report.js
/**
 * 处理举报
 */
async handle() {
  const {ctx, service} = this;
  const {id} = ctx.params;
  const {commentId, status, content} = ctx.request.body;
  if (!id || !commentId) ctx.throw(422, '参数缺失');
  const res = await service.report.handle(id, {commentId,status,content});
  ctx.body = res;
}
```

上述代码用于处理举报请求。

从 ctx.params 路由参数解构获取举报的 id。

从 ctx.request.body 解构获取 commentId、status 和 content。这里的 commentId 是评论的 id。status 是举报信息的状态，状态有两种：

（1）0 表示未处理。

（2）1 表示已处理。

content 保存的是处理意见。

判断 id 和 commentId 是否同时存在，如果不是，则抛出错误，并提示"参数缺失"。

调用 service.report.handle() 方法，传入举报 id 和 {commentId, status, content} 对象，实现对举报的处理，将处理后的结果返回并赋值给 res。

通过 ctx.body 将 res 返回客户端。

3. 编写管理员处理举报评论业务逻辑

在 app/service/report.js 文件中编写管理员处理举报评论业务逻辑代码，代码如下：

```javascript
//ch6/21/app/service/report.js
/**
 * 处理举报
 * @param {string} id
 * @param {object} data
 * @returns
 */
async handle(id, data) {
  const {status ,content} = data;
  // 更新举报信息的状态
  return await this.update(id, {status,content});
}

/**
 * 更新举报
 * @param {string} id 举报 id
 * @param {object} data
 * @return
 */
async update(id, data) {
  const {ctx} = this;
  const {model} = ctx;
  const res = await model.Report.findByIdAndUpdate(id, data, {
    new: true,
  });
  if (!res) ctx.throw(404, '举报不存在');
  return res;
}
```

在上述代码中 handle() 方法用于处理举报请求。

handle() 方法接受两个参数：id 和 data。

（1）id：表示待处理的举报 id。

（2）data：表示举报处理相关的一些数据。

通过对 data 解构赋值获取 status 和 content。

调用 this.update() 方法，传入 id 和 {status,content}，更新举报信息状态，将结果返回。

在上述代码中 update() 方法用于更新举报信息。

update() 方法接受两个参数：id 和 data。

（1）id：表示待更新的举报 id。

（2）data：表示更新内容的数据。

调用 model.Report.findByIdAndUpdate() 方法，传入 id 和 data 更新指定 id 的举报信息，将更新后的信息赋值给 res。设置 {new: true} 的选项，表示返回更新后的对象。

判断 res 是否存在，如果不存在，则抛出错误，并提示"举报不存在"。

如果存在，则返回 res。

4. 使用 Postman 测试管理员处理举报评论

在 Postman 的管理员路由文件夹中创建一个 Request，命名为"管理员处理举报评论"。方法是 POST，地址是 http://127.0.0.1:7001/admin/report/6575d84d26b1f63be737e6df，单击 Authorization，Type 选择 Bearer Token。将 Token 输入框的值设置为 {{token}}。

在 Body 中选择 raw，格式是 JSON，数据内容如下：

```
{
    "commentId":"65d35de16c791d40f26bf858",
    "status":0,
    "content":"举报属实，评论已删除"
}
```

commentId 为评论 id，status 为举报状态。content 为举报处理意见。

单击 Send 按钮，发送请求，等待服务器的响应，如图 6-105 所示。

图 6-105　管理员处理举报评论

打开管理员路由的"管理员查看评论举报列表"接口查看,发现评论已被删除,如图 6-106 所示。

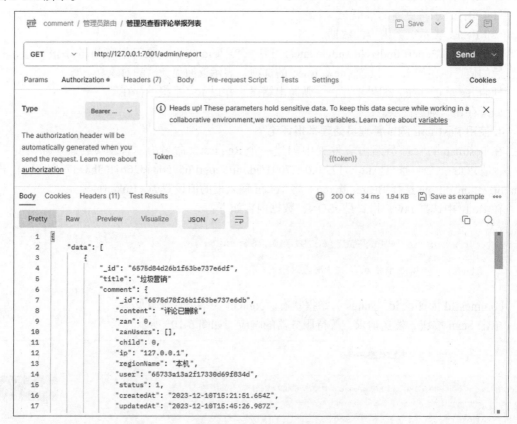

图 6-106 评论举报列表

6.12 用户上传素材管理

用户上传素材管理是对用户上传的图片进行监控和管理,以确保平台内容的安全性、合法性和合规性。

6.12.1 管理员查看素材列表

1. 创建管理员查看素材列表路由

在 app/router.js 文件中修改代码,修改后的代码如下:

```
//ch6/22/app/router.js
const {home, user, comment, report} = controller
// 修改为
const {home, user, comment, report, material} = controller
```

在 app/router.js 文件中创建 GET /admin/material 管理员查看素材列表接口,代码如下:

```
//ch6/22/app/router.js
```

```
// 素材管理开始
// 素材列表
router.get('/admin/material', isUser, isAdmin, material.find);
// 素材管理结束
```

2. 编写管理员查看素材列表控制器

在 app/controller 文件夹中创建 material.js 文件，编写管理员查看素材列表控制器，代码如下：

```
//ch6/22/app/controller/material.js
'use strict';
// 素材列表控制器
const { Controller } = require('egg');

class MaterialController extends Controller {

  /**
   * 素材列表
   */
  async find() {
    const {ctx,service} = this;
    let {page = 1, pageSize = 10, category = ''} = ctx.query;
    page = page * 1;
    pageSize = pageSize * 1;
    let query = {};
    if (category) {
      query = {category};
    }
    const {count, data} = await service.material.find(query, page, pageSize);
    ctx.body = {
      data,
      pageSize,
      page,
      totalPage: Math.ceil(count / pageSize),
      totalCount: count,
    };
  }
}

module.exports = MaterialController;
```

上述代码主要用于查询素材列表，可以根据分类进行查询过滤，支持分页查询。通过参数解析、条件拼接和查询调用等方式，完整地完成对于素材列表的查询功能，将结果返给了客户端。

从 ctx.query 获取查询所需的分页参数 page、pageSize 和 category。page 的默认值为 1，pageSize 的默认值为 10，category 的默认值为空。

将页码和每页数据数量转换为数字类型。

根据传入的 category 构建数据库查询条件。默认查询条件是 {}，如果 category 不为空，则将查询条件更改为 {category}。

调用 ctx.service.material.find() 方法，传入查询条件 query、page、pageSize 等参数，查询数据库中的素材信息。

将查询结果组装为 JSON 数据格式，包括当前页码、每页数量、数据总量、总页数和数据列表。返回客户端。

3. 编写管理员查看素材列表业务逻辑

打开 app/service/material.js 文件，编写管理员查看素材列表业务逻辑代码，代码如下：

```
//ch6/22/app/service/material.js
/**
 * 素材列表
 * @param {object} query
 * @param {number} page
 * @param {number} pageSize
 * @returns
 */
async find(query, page, pageSize) {
  const {ctx} = this;
  const {model} = ctx;
  const count = await model.Material.count(query);
  const data = await model.Material.find(query)
  .select('+user')
  .populate({
    path: 'user',
    populate: {path: 'avatar'}
  })
  .limit(pageSize)
  .sort({_id: -1})
  .skip((page - 1) * pageSize);
  return {count, data};
}
```

上述代码用于查询数据库中符合特定条件的素材列表。

find() 方法接受 3 个参数：query、page 和 pageSize。

（1）query：表示查询筛选条件，是一个对象，用于指定查询哪些文档。

（2）page：表示要查询的页码。

（3）pageSize：表示每页查询的文档数量。

调用 model.Material.count() 方法传入查询条件 query，查询数据库中符合条件的素材数量。该方法返回的是符合条件的素材数量，即满足查询条件的素材总数。

调用 model.Material.find() 方法传入查询条件 query，查询数据库中符合条件的素材列表。

这里使用的是链式调用方法：使用 populate() 方法填充举报列表中的用户信息。populate() 方法可以通过关联查询来填充相关联的数据；使用 sort() 方法将举报列表按照 _id 倒序排序；使用 limit() 方法对查询结果进行数量限制；使用 skip() 方法跳过查询结果中的前几项。

将查询结果 {count, data} 返给调用者。

4. 使用 Postman 测试管理员查看素材列表

在 Postman 的管理员路由文件夹中创建一个 Request，命名为 "管理员查看上传素材列表"。方法是 GET，地址是 http://127.0.0.1:7001/admin/material，单击 Authorization，Type 选择 Bearer Token。将 Token 输入框的值设置为 {{token}}。

单击 Send 按钮，发送请求，等待服务器的响应，如图 6-107 所示。

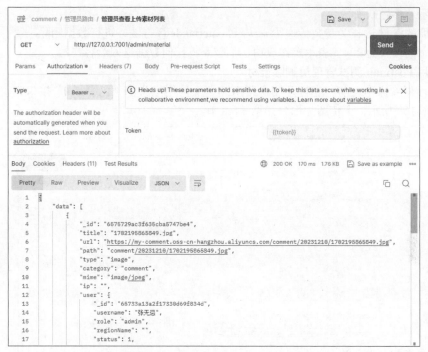

图 6-107　管理员查看上传素材列表

6.12.2　管理员删除素材

1. 创建管理员删除素材路由

打开 app/router.js 文件，创建 DELETE /admin/material/:id 管理员删除素材接口，代码如下：

```
//ch6/22/app/router.js
// 删除素材
router.delete('/admin/material/:id', isUser, isAdmin, material.del);
```

2. 编写管理员删除素材控制器

在 app/controller/material.js 文件中编写管理员删除素材代码，代码如下：

```
//ch6/22/app/controller/material.js
/**
 * 删除素材
 */
async del() {
  const {ctx, service} = this;
  const {id} = ctx.params;
  if(!id)ctx.throw(422,参数缺失)
  await service.material.del(id);
  ctx.status = 204;
}
```

上述代码用于根据指定素材 id 删除数据库中对应的素材信息，将 204 状态码返回给客户端。

从 ctx.params 中解构获取指定的素材 id，判断素材 id 是否存在，如果不存在，则抛出错误，并提示"参数缺失"。

将获取的素材 id 作为参数传递给 service.material.del() 方法，进行数据删除。

将状态码设置为 204，表示操作成功，不需要将任何数据返回给客户端。

3. 使用 Postman 测试管理员删除素材

在执行删除操作之前，先打开用户路由的"上传用户头像（已登录）"接口，上传一张图片，如图 6-108 所示，上传图片部分详见 6.5.8 节。

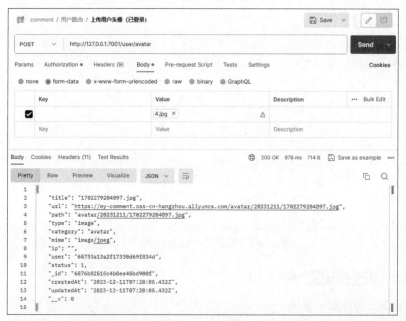

图 6-108　上传图片

在 Postman 的管理员路由文件夹中创建一个 Request，命名为"管理员删除素材"。方法是 POST，地址是 http://127.0.0.1:7001/admin/material/6576b82515c4b0ee45bd900f，单击 Authorization，Type 选择 Bearer Token。将 Token 输入框的值设置为 {{token}}。

单击 Send 按钮，发送请求，等待服务器的响应，如图 6-109 所示。

图 6-109　管理员删除素材

服务器返回状态码 204,素材删除成功。

6.13 启用 CSRF

在 6.2.4 节的开发阶段将 CSRF 关闭了,现在后端项目基本开发完成了,需要将 CSRF 启用。

6.13.1 启用 CSRF 设置

打开 config/config.default.js 文件,启用 CSRF,修改后的代码如下:

```
//ch6/23/config/config.default.js
config.security = {
  csrf: {
    enable: false,
  },
};

// 修改为
config.security = {
  csrf: {
    // 通过 header 传递 CSRF Token, headerName 的默认值为 x-csrf-token
    headerName: 'csrfToken',
    enable: true,
  },
};
```

上述代码用于启用 CSRF。通过 header 传递 CSRF Token,headerName 的默认值为 x-csrf-token。

6.13.2 创建获取 CSRF Token 路由

打开 app/router.js 文件,创建 GET /csrfToken 获取 CSRF Token 接口,代码如下:

```
//ch6/23/app/router.js
// 获取 CSRF Token
router.get('/csrfToken', home.csrfToken);
```

6.13.3 编写获取 CSRF Token 控制器

在 app/controller/home.js 文件中编写获取 CSRF Token 控制器,代码如下:

```
//ch6/22/app/controller/home.js
/**
 * 获取 CSRF Token
 */
async csrfToken() {
  const {ctx} = this;
  // 从 ctx.csrf 获取 CSRF Token 并赋值给 csrfToken
  const csrfToken = ctx.csrf;
  // 将 csrfToken 发送给前端
  ctx.body = {csrfToken};
}
```

上述代码用于获取 CSRF Token，从 ctx.csrf 获取 CSRF Token 并赋值给 csrfToken，通过 ctx.body 将 CSRF Token 返给前端。

前端可以通过将 GET 请求发送到 /csrfToken 获取 CSRF Token，将其存储在本地存储，在需要进行 POST、PUT 和 DELETE 等操作时将 CSRF Token 附带在请求中发送，详见 9.11.6 节。

6.13.4　使用 Postman 测试获取 CSRF Token

在 Postman 的用户路由文件夹中创建一个 Request，命名为"获取 CSRF Token"。方法是 GET，地址是 http://127.0.0.1:7001/csrfToken。

单击 Send 按钮，发送请求，等待服务器的响应，如图 6-110 所示。

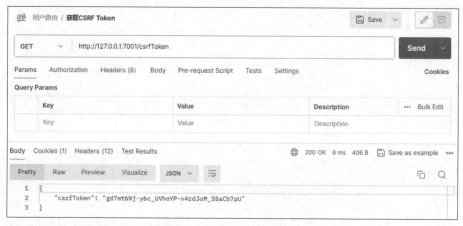

图 6-110　获取 CSRF Token

服务器返回 csrfToken 成功。

2min

6.14　修改 API 首页界面

打开 app/controller/home.js 文件，编写 API 首页，将 index() 的代码修改为如下代码：

```
//ch6/23/app/controller/home.js
async index() {
  const {ctx} = this;
  ctx.body = 'hi, egg';
}

// 修改为
/**
 * API 首页
 */
async index() {
  const {ctx} = this;
  ctx.body = `<!DOCTYPE html>
<html lang="zh">
  <head>
    <meta charset="UTF-8">
    <meta http-equiv="X-UA-Compatible" content="IE=edge">
```

```html
        <meta name="viewport" content="width=device-width, initial-scale=1.0">
        <title>COMMENT API SERVER</title>
        <style>
        body {padding:0; margin:0}
        .container {height: 90vh; width:100%; display: flex; align-items:center; justify-content: center; flex-direction: column; padding:0; margin:0}
        .content {height: 500px; width:100%; background:#f0f0f0; display: flex; align-items: center; justify-content: center; flex-direction: column;}
        h1 {font-size:60px;padding:10px;}
        .bottom {padding:10px;font-size:13px}
        </style>
    </head>
    <body>
        <div class="container">
            <div class="content">
                <h1>COMMENT API SERVER V1</h1>
                <div class="bottom">
                &copy 2023 comment.aiboxs.cn
                </div>
            </div>
        </div>
    </body>
</html>
`;
}
```

在浏览器打开 http://127.0.0.1:7001/ 查看修改后的 API 首页界面，如图 6-111 所示。

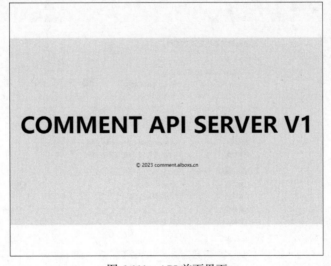

图 6-111　API 首页界面

6.15　发布上线

发布上线是一个应用开发和部署流程的最后阶段，涉及将应用程序、网站或新的功能推送到生产环境中，使其可以被最终用户访问和使用。

6.15.1 购买服务器

作为开发者,建议读者能够拥有自己的服务器,有助于生产环境部署。

可以选购阿里云、腾讯云、华为云、百度云的服务器。笔者以阿里云作为示例,打开阿里云官网,可以看到有两款服务器比较适合。价格也比较亲民,如图6-112所示。

图6-112 阿里云服务器选购

在购买服务器的时候,建议读者安装 Windows Server 2016 Datacenter 操作系统,如图6-113所示。

图6-113 服务器操作系统

关于服务器系统安全设置等相关的内容,本书不涉及,相关内容读者可自行搜索相关文档。笔者建议搜索关键词为 "Windows 2016 服务器安全配置和加固"。

6.15.2 购买域名

购买域名是创建网站非常重要的一步,没有域名别人是无法访问网站的。以下是购买域名的基本步骤。

（1）选择域名注册商：选择一个可靠和信誉良好的域名注册商。常见的域名注册商包括阿里云、腾讯云、百度云等。

（2）域名搜索：在注册商的网站上，使用域名搜索工具来查找想要注册的域名是否可用。可能需要尝试不同的域名，因为许多流行的域名已经被注册。

（3）购买域名：按照注册商的指引完成购买流程，包括创建账户、输入联系信息、选择注册期限等。域名注册后还需要实名认证，所以不要随便填写域名所有人信息及联系信息。

（4）域名续费：域名注册及使用是有期限的。在到期之前，需要续费域名，以免失去对该域名的使用权，一般是按年来计算的，注册商在域名到期前会通知续费事宜。留意所填写的域名联系邮箱会收到域名到期提醒。

6.15.3 域名备案

根据《互联网信息服务管理办法》规定，网站在提供互联网信息服务前必须向国家互联网信息办公室或者省、自治区、直辖市通信管理局申请办理互联网信息服务备案（简称"ICP备案"），以下是网站备案的基本步骤。

（1）域名注册：需要先注册一个域名，并且域名注册信息真实有效。

（2）网站托管：需要将网站托管在一个拥有有效的《增值电信业务经营许可证》的服务器上，在大多数情况下，ISP 或 IDC 都能提供相应的托管服务，例如阿里云、腾讯云、百度云、华为云等都可以直接在其网站上进行域名备案。

（3）准备材料：根据工信部的要求，需要准备以下材料。

① 个人或公司的有效身份证明文件。

② 域名证书。

③ 网站负责人的照片。

④ 如需经营性备案，则需要提供《增值电信业务经营许可证》副本。

⑤ 其他可能需要的相关材料。

（4）提交备案申请：登录服务器提供商的备案管理系统，填写网站信息，上传各类需要的材料，提交备案申请。

（5）验证备案信息：提交备案信息后，服务器提供商或通信管理局会对提交的信息进行核验，可能包括电话核实、现场核实或邮寄材料核实等。

（6）备案审批：备案信息验证无误后，通信管理局会发放 ICP 备案号，需要将 ICP 备案号放置在网站首页的显眼位置。

需要注意，不同的省份办理备案的具体流程可能会有所差异，具体还需要查阅工信部或通信管理局的相关指南。

6.15.4 域名解析

域名解析是指将一个域名（例如 www.yourdomain.com）转换成机器可读的 IP 地址的过程。这一过程是由域名系统（DNS）完成的，是互联网正常工作的基础之一。

登录域名注册商提供的控制面板。域名注册商会提供一个用户界面来管理域名设置。

在控制面板中找到 DNS 管理或者域名解析的功能区域。可能会看到一些预设的 DNS 记录，例如 A 记录、CNAME 记录、MX 记录等。

根据需要将域名指向服务器地址，修改或添加相应的 DNS 记录。最常见的记录类型包括以下几种。

（1） A 记录：将一个域名指向一个 IPv4 地址。

（2） AAAA 记录：将一个域名指向一个 IPv6 地址。

（3） CNAME 记录：将一个域名指向另一个域名，即别名记录。

（4） MX 记录：指明邮件服务器的地址，用于电子邮件交换。

（5） TXT 记录：可以包含任何文本信息，通常用于验证域名的所有权。

（6） NS 记录：定义域名使用的 DNS 服务器。

设置完毕后保存设置。DNS 记录更新到全球的 DNS 服务器可能需要一些时间，这个过程称为 DNS 的传播，可能会从几分钟到 48h 不等。

在 DNS 记录更新后，可以使用各种在线工具来检查 DNS 解析是否成功，如 ping 命令、nslookup 命令，或者在线的 DNS 检测工具。

本项目需要配置两个不同的二级域名来分别处理后端的 API 和前端的展示内容，通常的做法是，API 使用一个子域名，如 api.yourdomain.com。前端展示使用主域名，如 www.yourdomain.com。这里的 yourdomain.com 是一个占位用的域名，用来表示实际会使用的域名。

由于笔者的 api.aiboxs.cn 和 www.aiboxs.cn 都已有其他用途，所以笔者使用 commentapi.aiboxs.cn 作为后端 API 的接口域名，使用 comment.aiboxs.cn 作为前端展示的域名。

笔者演示在阿里云如何进行域名解析，打开阿里云官网，单击右上角的"控制台"按钮，进入登录界面，由于之前已经登录过阿里云系统多次，所以本次登录过程不再截图。

登录成功后会进入控制台，在"概览"→"我的导航"找到"域名"按钮，如图 6-114 所示。

图 6-114　阿里云控制台首页

如果读者在浏览阿里云网站时，注意到网站界面与笔者提供的截图不同，则意味着阿里云官方已经更新或重新设计了其网页布局，但可放心，即使界面发生了变化，只要相应的服务仍在提供，阿里云就会提供进入该服务的途径。建议读者留意网站上的指示和导航元素，以便找到需要的服务入口。

单击"域名"按钮，进入"域名控制台"，如图6-115所示。

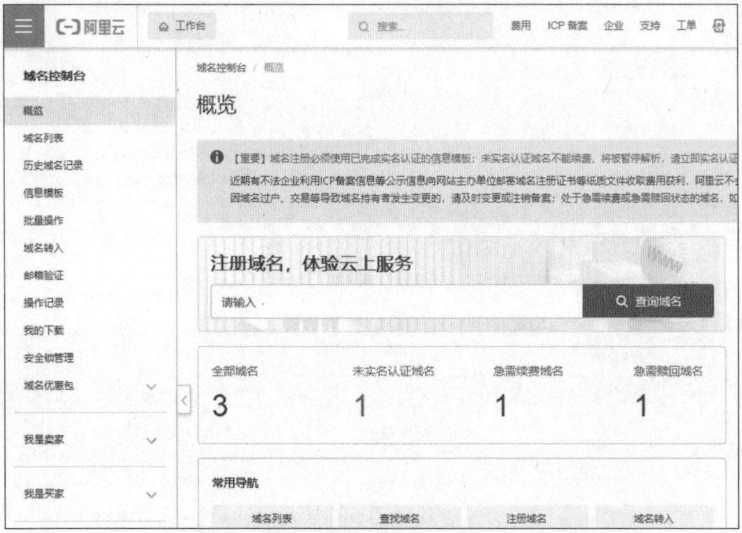

图6-115 域名控制台

单击左侧"域名列表"按钮，查看域名列表，如图6-116所示。

图6-116 域名列表

在域名名称输入框输入aiboxs搜索，查找到需要解析的域名，需要确保搜索的是读者自己注册的域名，而不是其他示例域名。使用搜索的方式能够快速地定位到域名。当然，也可以在域名列表中找到需要解析的域名，如图6-117所示。

图 6-117　域名搜索

单击搜索结果里面的 aiboxs.cn 域名，进入域名详情页，如图 6-118 所示。

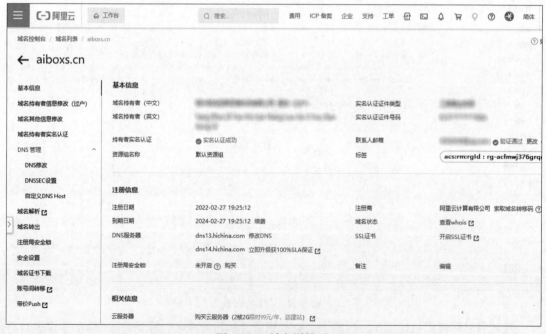

图 6-118　域名详情页

单击左侧菜单中的"域名解析"，如图 6-119 所示。

图 6-119 域名解析页

单击"添加记录"按钮,添加 commentapi 记录,如图 6-120 所示。

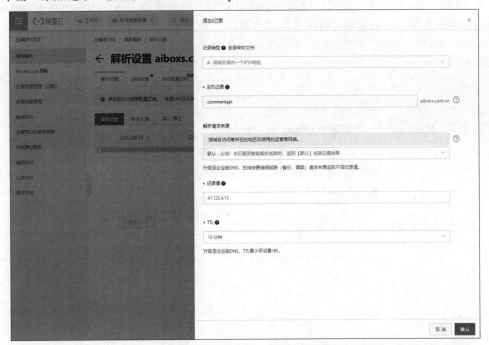

图 6-120 添加 commentapi 记录

记录类型为 A,主机记录为 commentapi,解析请求来源为默认,记录值为所购买的服务器公网 IP 地址。

单击"确认"按钮提交添加的记录信息,域名解析列表会增加一条 commentapi 的解析记录,如图 6-121 所示。

图 6-121　添加记录 commentapi 成功

再次单击"添加记录"按钮,添加 comment 记录,记录类型为 A,主机记录为 comment,解析请求来源为默认,记录值为所购买的服务器公网 IP 地址。

单击"确认"按钮提交添加的记录信息,域名解析列表会增加一条 comment 的解析记录,如图 6-122 所示。

图 6-122　添加记录 comment 成功

至此,两个二级域名的解析完成。

除了阿里云以外,域名注册商还有很多,关于域名解析相关的操作,步骤基本差不多。具体可参考相关厂商的帮助文档。

6.15.5 申请 SSL 证书

阿里云、腾讯云、百度云都提供了免费的 SSL 证书，笔者都体验过。

注册阿里云账号，如果没有阿里云账号，则应先到阿里云官网注册一个账号。

实名认证，依照中国法律的要求，需要对账号进行实名认证。需要根据官方提示，完成实名认证流程。

登录阿里云账号后，在阿里云首页找到"产品"→"安全"→"数据安全"→"数字证书管理服务（原 SSL 证书）"，如图 6-123 所示。

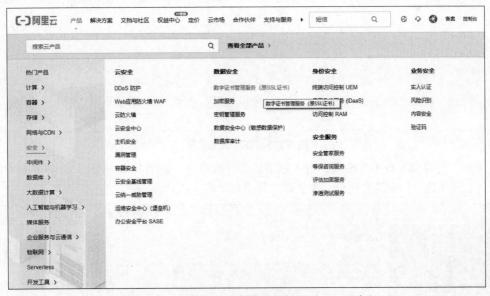

图 6-123　找到数字证书管理服务（原 SSL 证书）

或者直接在搜索栏里搜索"SSL 证书"，如图 6-124 所示。

图 6-124　在搜索框输入 SSL 证书

单击"数字证书管理服务（原 SSL 证书）"，如图 6-125 所示。

图 6-125　SSL 证书首页

单击"选购 SSL 证书"按钮，进入数字证书管理界面，如图 6-126 所示。此处需要用户已登录阿里云系统，如果没有登录，则会弹出登录对话框。

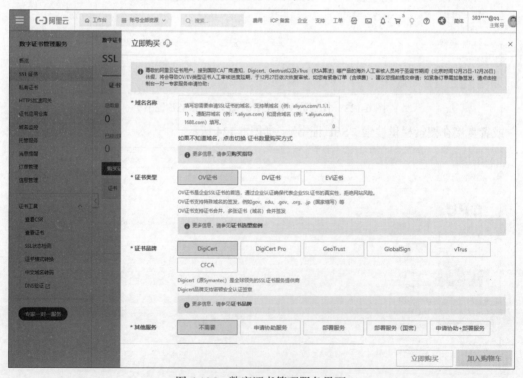

图 6-126　数字证书管理服务界面

单击右上角的"×"关闭购买界面，如图 6-127 所示。

图 6-127　SSL 证书界面

单击"免费证书"选项卡,如图 6-128 所示。

图 6-128　免费 SSL 证书界面

单击"立即购买"按钮,购买 20 个免费 SSL 个人测试证书,如图 6-129 所示。

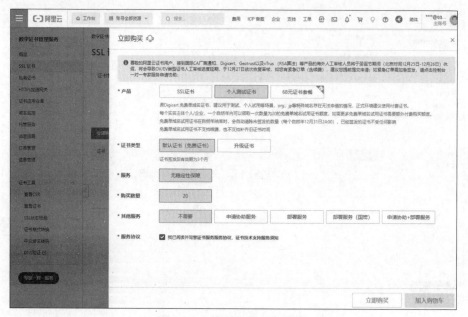

图 6-129　购买免费 SSL 证书

单击"立即购买"按钮，完成购买。

单击"创建证书"按钮，为 commentapi.aiboxs.cn 申请 SSL 证书，如图 6-130 所示。

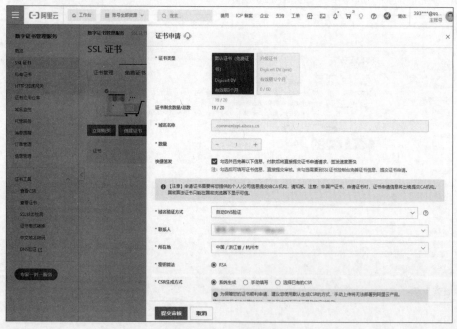

图 6-130　SSL 证书申请

填写域名信息，以及联系人信息等，单击"提交审核"按钮，提交申请。

域名 DNS 验证，如图 6-131 所示。

图 6-131　DNS 验证方法

如果是阿里云的域名,则可以参考 6.13.4 节增加域名解析。增加完成后,单击"验证"按钮,完成验证。

再次单击"创建证书"按钮,为 comment.aiboxs.cn 申请 SSL 证书,填写域名信息,以及联系人信息等,提交申请,验证域名 DNS,完成证书申请,如图 6-132 所示。

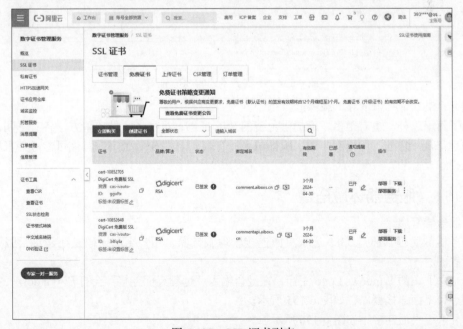

图 6-132　SSL 证书列表

阿里云的免费 SSL 证书的有效期限为 3 个月，在过期后可以再次申请。

单击证书列表操作部分的"下载"按钮，下载 SSL 证书，如图 6-133 所示。

图 6-133　SSL 证书下载

本项目的服务器类型是 Nginx，下载 Nginx 的证书，将两个 SSL 证书都下载到本地，如图 6-134 所示。

图 6-134　下载到本地的 SSL 证书

至此，SSL 证书申请和下载都已经完成。

除了阿里云外，也有很多厂商提供免费的 SSL 证书，虽然各家的申请方法各有不同，但是核心原理都是一样的，即提交申请、验证域名所有权、下发 SSL 证书。具体可参考各家厂商的帮助文档。

6.15.6　服务器环境搭建

1. 服务器管理

服务器的管理，通过 3389 远程桌面连接管理服务器，用户名和密码是在购买云服务器的时候设置的。

单击左下角的 Windows Logo 图标，在键盘输入"远程桌面连接"会打开 Windows 的搜索，查找到远程桌面连接程序，如图 6-135 所示。

打开远程桌面连接，如图 6-136 所示。

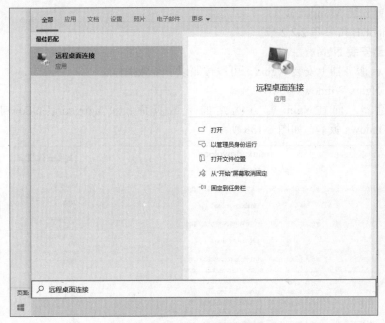

图 6-135 搜索"远程桌面连接"

在输入框输入所购买的服务器的公网 IP 地址,单击"连接"按钮,需要输入登录凭据,也就是在购买云服务器时所设置的密码,如图 6-137 所示。

图 6-136 远程桌面连接

图 6-137 登录远程桌面连接

输入正确的密码后会登录成功,进入服务器。

2. 在服务器安装 Node.js

安装 Node.js 可参考 2.1.2 节。

3. 在服务器安装 MongoDB

安装 MongoDB 可参考 2.2.2 节。

4. 在服务器安装 Nginx

在 Windows 服务器上安装 Nginx，可以按照以下步骤操作：

（1）下载 Nginx Windows 版本。

打开浏览器，前往 Nginx 官方网站的下载页面 http://nginx.org/en/download.html，下载 Nginx 的 Windows 版本，如图 6-138 所示。

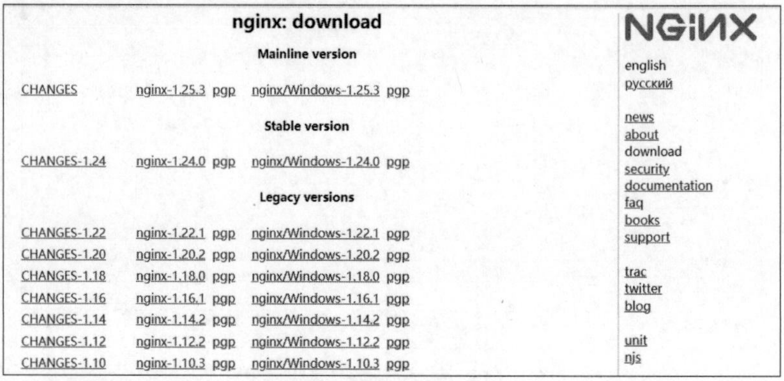

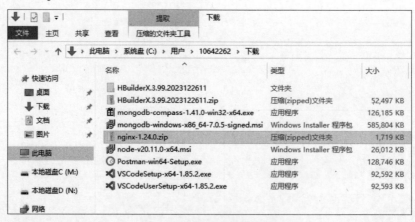

图 6-138 Nginx 首页

选择 Stable version 下的 nginx/Windows-1.24.0 版下载，Stable version 为稳定版。

找到下载的 .zip 压缩文件，如图 6-139 所示。

图 6-139 Nginx 保存位置

（2）将下载的 .zip 压缩包解压。

将下载的 .zip 压缩包解压到 C 盘中，将文件夹名字 nginx-1.24.0 修改为 nginx，如图 6-140 所示。

（3）在命令行切换到 Nginx 目录。

打开命令行工具，切换到 Nginx 解压目录中，命令如下：

```
cd C:\nginx
```

图 6-140 将 Nginx 解压缩放置到 C 盘根目录下

（4）运行 Nginx。

在命令行运行 Nginx，命令如下：

```
start nginx
```

Nginx 会在后台作为一个服务运行起来，如图 6-141 所示。

验证 Nginx 是否运行成功，打开浏览器，输入 http://localhost，如果能够看到 Nginx 的欢迎页面，则说明 Nginx 已经成功运行，如图 6-142 所示。如果无法启动，则有可能在解压缩的时候多了一层文件夹。

图 6-141 启动 Nginx　　　　　　　　　图 6-142 Nginx 欢迎页面

6.15.7 在服务器部署网站

1. 将 SSL 证书复制到服务器

将下载到本地的 SSL 证书复制到服务器，打开保存 SSL 证书的文件夹，按 Ctrl+A 组合键全选文件，按 Ctrl+C 组合键复制文件，切换到远程桌面连接的服务器界面。在服务器 C 盘根目录创建一个文件夹 ssl，打开 ssl 文件夹，按 Ctrl+V 组合键粘贴复制的 SSL 证书，如图 6-143 所示。

如果 Ctrl+C 和 Ctrl+V 组合键不好用，则可打开远程桌面设置界面，如图 6-144 所示。

单击左下角"显示选项"按钮，如图 6-145 所示。

在选项卡中单击"本地资源"，在本地设备和资源栏目查看"剪贴板"是否为选中状态，如图 6-146 所示。

图 6-143　将 SSL 证书复制到服务器的 C 盘 ssl 文件夹

图 6-144　设置远程桌面连接（1）

图 6-145　设置远程桌面连接（2）

图 6-146　设置远程桌面连接（3）

在 ssl 文件夹中新建 comment 文件夹，将 ssl 证书解压缩，复制到 comment 文件夹，将 commentapi.aiboxs.cn.key 文件名修改为 commentapi.key，将 commentapi.aiboxs.cn.pem 文件名修改为 commentapi.pem，将 comment.aiboxs.cn.key 文件名修改为 comment.key，将 comment.aiboxs.cn.pem 文件名修改为 comment.pem，如图 6-147 所示。

图 6-147　解压缩 SSL 证书，复制到 comment 文件夹，并重命名

2. 配置 Nginx 的 nginx.conf 配置文件

打开 C 盘下的 nginx 文件夹，进入 conf 文件夹，复制 nginx.conf 文件，在当前文件夹粘贴 nginx.conf 文件，nginx.conf 文件属于配置文件，每次在修改之前，笔者建议先复制一份，如果修改配置失败，则可以使用备份的文件恢复。

在 nginx.conf 文件上右击，此时会出现下拉菜单，如图 6-148 所示。

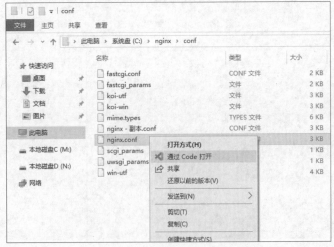

图 6-148　右击 nginx.conf 文件

单击下拉菜单上的"通过 Code 打开"按钮，打开 VS Code 编辑器，如图 6-149 所示。

图 6-149　VS Code 打开 nginx.conf 文件

VS Code 编辑器上面出现了一行警告提示，显示属于受限模式。单击警告提示上的"管理"，如图 6-150 所示。

图 6-150　受限访问模式

单击左侧"信任"按钮，解除受限模式，如图 6-151 所示。

图 6-151　解除受限访问模式

单击"工作区信任"选项卡旁边的"×"按钮，关闭"工作区信任"选项卡，如图 6-152 所示。

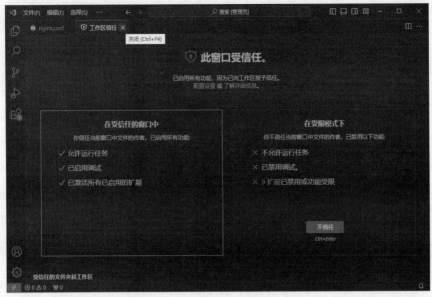

图 6-152 关闭"工作区信任"选项卡

这样就可以在信任的窗口中编辑 nginx.conf 配置文件了。

修改 nginx.conf 配置文件，代码如下：

```
//ch6/24/nginx.conf

#user  nobody;
worker_processes  1;

#error_log  logs/error.log;
#error_log  logs/error.log  notice;
#error_log  logs/error.log  info;

#pid        logs/nginx.pid;

events {
    worker_connections  1024;
}

http {
    include       mime.types;
    default_type  application/octet-stream;

    #log_format  main  '$remote_addr - $remote_user [$time_local] "$request" '
    #                  '$status $body_bytes_sent "$http_referer" '
    #                  '"$http_user_agent" "$http_x_forwarded_for"';

    #access_log  logs/access.log  main;

    sendfile        on;
    #tcp_nopush     on;

    #keepalive_timeout  0;
```

```
        keepalive_timeout  65;

        #gzip  on;

        server {
            listen       80;
            server_name  localhost;

            #charset koi8-r;

            #access_log  logs/host.access.log  main;

            location / {
                root   html;
                index  index.html index.htm;
            }

            #error_page  404              /404.html;

            #redirect server error pages to the static page /50x.html
            #
            error_page   500 502 503 504  /50x.html;
            location = /50x.html {
                root   html;
            }

            #proxy the PHP scripts to Apache listening on 127.0.0.1:80
            #
            #location ~ \.php$ {
            #proxy_pass   http://127.0.0.1;
            #}

            #pass the PHP scripts to FastCGI server listening on 127.0.0.1:9000
            #
            #location ~ \.php$ {
            #root           html;
            #fastcgi_pass   127.0.0.1:9000;
            #fastcgi_index  index.php;
            #fastcgi_param  SCRIPT_FILENAME  /scripts$fastcgi_script_name;
            #include        fastcgi_params;
            #}

            #deny access to .htaccess files, if Apache's document root
            #concurs with nginx's one
            #
            #location ~ /\.ht {
            #deny  all;
            #}
        }

        #another virtual host using mix of IP-, name-, and port-based configuration
        #
        #server {
        #listen       8000;
        #listen       somename:8080;
        #server_name  somename  alias  another.alias;
```

```
    #location / {
    #root    html;
    #index   index.html index.htm;
    #}
    #}

    #HTTPS server
    #
    #server {
    #listen       443 ssl;
    #server_name  localhost;

    #ssl_certificate      cert.pem;
    #ssl_certificate_key  cert.key;

    #ssl_session_cache    shared:SSL:1m;
    #ssl_session_timeout  5m;

    #ssl_ciphers  HIGH:!aNULL:!MD5;
    #ssl_prefer_server_ciphers  on;

    #location / {
    #root    html;
    #index   index.html index.htm;
    #}
    #}

}

// 修改为
#user  nobody;
worker_processes  1;

#error_log  logs/error.log;
#error_log  logs/error.log  notice;
#error_log  logs/error.log  info;

#pid        logs/nginx.pid;

events {
    worker_connections  1024;
}

http {
    include       mime.types;
    default_type  application/octet-stream;

    #log_format  main  '$remote_addr - $remote_user [$time_local] "$request" '
    #                  '$status $body_bytes_sent "$http_referer" '
    #                  '"$http_user_agent" "$http_x_forwarded_for"';

    #access_log  logs/access.log  main;

    sendfile        on;
    #tcp_nopush     on;
```

```
        #keepalive_timeout    0;
        keepalive_timeout     65;

        #gzip  on;
}
```

上述代码删除了对 80 端口进行监听的代码，以及已经注销了一些对 8000 端口和 443 端口监听的代码。

在 nginx.conf 配置文件中增加的代码如下：

```
//ch6/25/nginx.conf
server {
        listen        80;
        server_name   commentapi.aiboxs.cn;
        rewrite ^(.*) https://commentapi.aiboxs.cn$1 permanent;
}
```

上述代码用于将访问 commentapi.aiboxs.cn 域名的 HTTP 请求重定向到对应的 HTTPS 地址。

server 定义了一个 Nginx 服务器监听配置。

listen 80 告诉 Nginx 监听 80 端口，80 端口是默认的 HTTP 端口。

server_name commentapi.aiboxs.cn 用于指定服务器主机名。

rewrite ^(.*) https://commentapi.aiboxs.cn$1 permanent 是一条 URL 重写规则。

^(.*) 是一个正则表达式，匹配任何向服务器发送的请求路径。

https://commentapi.aiboxs.cn$1 这是重写的目标 URL，1 代表之前正则表达式匹配的请求路径部分。

permanent 表示这是一个永久重定向，相当于 HTTP 状态码 301。表示任何发送到 http://commentapi.aiboxs.cn 的请求都会被告知并且内容会被永久重定向到 https://commentapi.aiboxs.cn。

在 nginx.conf 配置文件中增加的代码如下：

```
//ch6/25/nginx.conf
upstream commentApi {
        server 127.0.0.1:7001 fail_timeout=0;
}
```

上述代码用于定义一个上游服务器组，名为 commentApi。这个上游服务器组可以被用于反向代理或负载均衡。

Egg.js 的默认端口是 7001。

在 nginx.conf 配置文件中增加的代码如下：

```
//ch6/25/nginx.conf
server {
        # 定义 Nginx 监听 443 端口，启用 SSL
        listen        443 ssl;

        # 设置域名
        server_name   commentapi.aiboxs.cn;

        # 开启 Gzip 压缩
```

```nginx
gzip on;

# 将最小压缩长度设置为 100 字节
gzip_min_length 100;

# 定义可以被压缩的类型
gzip_types text/plain text/css application/xml application/javascript;

# 在响应 header 中添加 Vary: Accept-Encoding, 用以缓存代理正确处理带有不同
# 'Accept-Encoding' 请求头的对象
gzip_vary on;

# 设置 SSL 证书文件的位置
ssl_certificate C:\ssl\comment\commentapi.pem;

# 设置 SSL 证书密钥文件的位置
ssl_certificate_key C:\ssl\comment\commentapi.key;

# 设置 SSL 会话缓存, 大小为 1MB
ssl_session_cache       shared:SSL:1m;

# 将 SSL 会话的超时时间设置为 5min
ssl_session_timeout   5m;

# 设置加密套件, 排除不安全的加密算法
ssl_ciphers   HIGH:!aNULL:!MD5;

 location / {
    # 设置请求头部, 将用户的真实 IP 传递给后端服务器
    proxy_set_header X-Forwarded-For $proxy_add_x_forwarded_for;

# 将请求头部的 Host 字段设置为当前请求的 Host
       proxy_set_header Host $http_host;

# 设置请求头部, 指示后端采用的是 HTTPS 协议
       proxy_set_header X-Forwarded-Proto https;

# 关闭代理后的重定向处理, 通常允许 Respond 中的 Location 保持相对路径
       proxy_redirect off;

# 设置代理连接超时时间
       proxy_connect_timeout         240;

# 设置代理发送数据的超时时间
       proxy_send_timeout            240;

# 设置代理读取数据的超时时间
       proxy_read_timeout            240;

# 设置代理的后端服务器地址, 流量将被转发到这个后端地址
       proxy_pass http://commentApi/;
    }
}
```

上述代码用于配置 Nginx 来处理 commentapi.aiboxs.cn 的 HTTPS 请求并转发到后端服务器。完整的 nginx.conf 文件, 代码如下:

```
//ch6/25/nginx.conf
#user  nobody;
worker_processes  1;

#error_log  logs/error.log;
#error_log  logs/error.log  notice;
#error_log  logs/error.log  info;

#pid        logs/nginx.pid;

events {
    worker_connections  1024;
}

http {
    include       mime.types;
    default_type  application/octet-stream;

    #log_format  main  '$remote_addr - $remote_user [$time_local] "$request" '
    #                  '$status $body_bytes_sent "$http_referer" '
    #                  '"$http_user_agent" "$http_x_forwarded_for"';

    #access_log  logs/access.log  main;

    sendfile        on;
    #tcp_nopush     on;

    #keepalive_timeout  0;
    keepalive_timeout  65;

    #gzip  on;

    server {
        listen       80;
        server_name  commentapi.aiboxs.cn;
        rewrite ^(.*) https://commentapi.aiboxs.cn$1 permanent;
    }

    upstream commentApi {
        server 127.0.0.1:7001 fail_timeout=0;
    }

    server {
        # 定义 Nginx 监听 443 端口，启用 SSL
        listen       443 ssl;

        # 设置域名
        server_name  commentapi.aiboxs.cn;

        # 开启 Gzip 压缩
        gzip on;

        # 将最小压缩长度设置为 100 字节
        gzip_min_length 100;

        # 定义可以被压缩的类型
```

```
gzip_types text/plain text/css application/xml application/javascript;

# 在响应 header 中添加 Vary: Accept-Encoding,用以缓存代理正确处理带有不同
#'Accept-Encoding' 请求头的对象
gzip_vary on;

# 设置 SSL 证书文件的位置
ssl_certificate C:\ssl\comment\commentapi.pem;

# 设置 SSL 证书密钥文件的位置
ssl_certificate_key C:\ssl\comment\commentapi.key;

# 设置 SSL 会话缓存,大小为 1MB
ssl_session_cache    shared:SSL:1m;

# 将 SSL 会话的超时时间设置为 5min
ssl_session_timeout  5m;

# 设置加密套件,排除不安全的加密算法
```

2）设置服务器 MongoDB 数据库访问权限和密码

在开发过程中可以不设置数据库密码，但当需要发布到生产环境时需要设置 MongoDB 访问权限，以及密码。

（1）设置环境变量：在服务器桌面右击"我的计算机"，如图 6-153 所示。

在下拉菜单单击"属性"按钮，如图 6-154 所示。

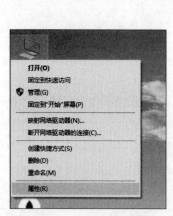

图 6-153 右击"我的计算机"

图 6-154 查看有关计算机的基本信息

单击左侧"高级系统设置"，如图 6-155 所示。

单击"环境变量"按钮，如图 6-156 所示。

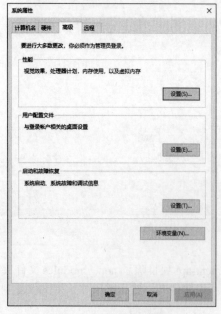

图 6-155 高级系统属性

图 6-156 环境变量

在"系统变量"下找到 Path，双击，或者单击"编辑"按钮，如图 6-157 所示。

单击"新建"按钮，在输入框输入 C:\Program Files\MongoDB\Server\7.0\bin，如图 6-158 所示。

图 6-157　编辑环境变量

图 6-158　新建环境变量

C:\Program Files\MongoDB\Server\7.0 是 MongoDB 的安装目录。单击"确定"按钮进行保存，所有关于系统属性打开的窗口，全部单击"确定"按钮关闭。

（2）下载 MongoDB Shell。

mongosh（MongoDB Shell）是一个现代化的命令行工具，用于与 MongoDB 服务器交互。mongosh 允许开发人员以脚本化的方式对数据库执行查询、更新及管理操作。

mongosh 是 MongoDB 早期 mongo 的替代品，具备一些改进的功能，例如语法高亮、自动补全和一个更加友好的用户界面。mongosh 可以在各种操作系统上运行，包括 Windows、macOS 和 Linux。

在浏览器打开 https://www.mongodb.com/try/download/shell 地址，如图 6-159 所示。

平台选择 Windows x64（10+），包选择 zip，单击 Download 下载到本地。

找到下载的 zip 压缩包，将压缩包解压缩，进入压缩包，将 bin 文件夹里面的文件复制到 C:\Program Files\MongoDB\Server\7.0\bin 文件夹，如图 6-160 所示。

打开命令行工具，输入 mongosh，如图 6-161 所示。

因为配置了环境变量，下载了 mongosh 工具，所以在命令行执行 mongosh 的时候，其实是在执行 C:\Program Files\MongoDB\Server\7.0\bin 文件中的 mongosh.exe 程序。

（3）创建超级管理员：在命令行工具中输入 mongosh，进入 MongoDB 数据管理，因为现在 MongoDB 没有设置访问权限，所以可以直接进入数据管理，执行 show dbs 命令，显示所有数据表，执行 use admin 命令，切换到 admin 数据表，如图 6-162 所示。

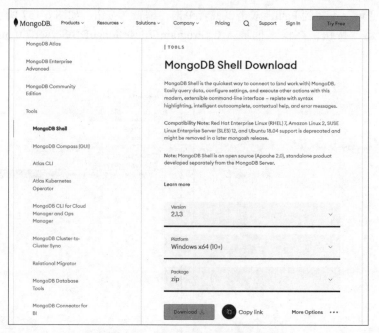

图 6-159　MongoDB Shell 下载页面

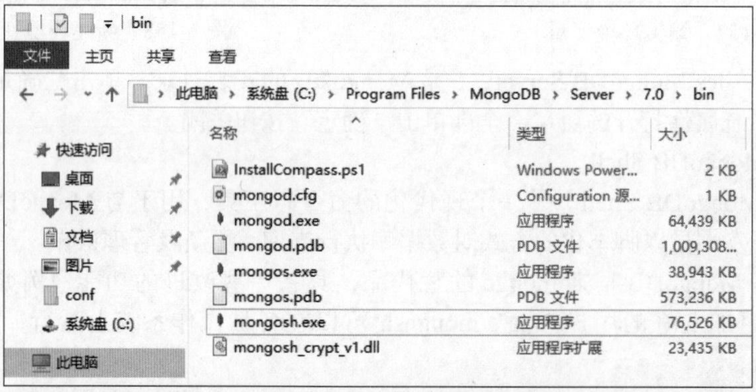

图 6-160　将压缩包的 bin 文件夹的文件复制到 MongoDB 的 bin 文件夹

图 6-161　输入 mongosh 命令

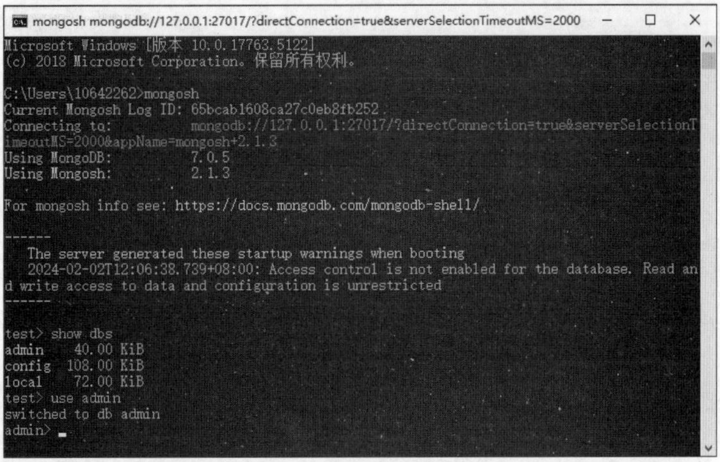

图 6-162 切换到 admin 表

创建超级管理员账户,命令如下:

```
db.createUser({
 user:'admin', pwd:'123456b', roles:[{role:'root',db:'admin'}]
})
```

上述代码用于在 MongoDB 数据库中创建一个新用户。

user: 'admin',指定新用户的用户名。将用户名设置为 admin。

pwd: '123456b',设置新用户的密码,密码是 123456b。在生产环境中应使用更复杂的密码来确保安全。读者应自行设置新的密码,为了安全,不要使用笔者的演示密码。

roles: [{ role: 'root', db: 'admin' }],给新用户分配角色。角色决定了用户的访问权限。用户可以有多个角色,每个角色可以适用于当前数据库或任何数据库。

role: 'root',root 角色授予用户在数据库中的所有权限,分配时应谨慎使用。

db: 'admin',指定授予角色的数据库。

超级管理员 admin 创建成功后,返回 { ok : 1 },如图 6-163 所示。

图 6-163 admin 用户创建成功

图 6-164　给 mongod.cfg 文件创建副本

（4）修改 MongoDB 配置文件：打开 C:\Program Files\MongoDB\Server\7.0\bin 文件夹，给 mongod.cfg 文件复制一个备份文件，具体操作就是使用鼠标选中 mongod.cfg 文件，在键盘上按快捷键 Ctrl+C 进行复制，按快捷键 Ctrl+V 粘贴到当前文件夹，此时会看到一个名为 mongod - 副本 .cfg 的文件，如图 6-164 所示。

上述操作属于关键操作，关键操作笔者建议备份原配置文件，如果修改失败，则可以使用备份的配置文件恢复。

使用 VS Code 编辑器打开 mongod.cfg 文件，使用鼠标选择 mongod.cfg 文件，右击，在出现的下拉菜单中选择"通过 VS Code 打开"，如图 6-165 所示。

图 6-165　VS Code 打开 mongod.cfg 文件

如果在编辑器的上面出现"受限模式"，则可参考 6.13.7 节。

上述截图中 port: 27017 为数据库端口，默认端口为 27017，读者可以自行设置新的端口。

开启权限认证，修改后的代码如下：

```
#security:

// 修改为
security:
  authorization: enabled
```

上述代码表示安全授权启用，如图 6-166 所示。

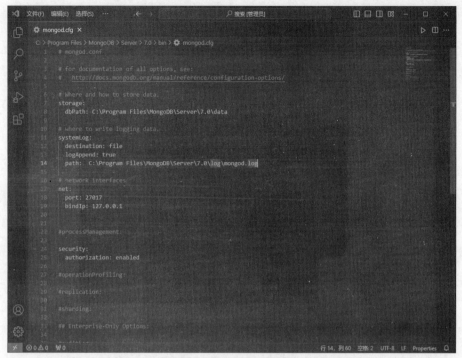

图 6-166　安全授权启用

（5）重启 MongoDB 数据库：MongoDB 配置文件修改完成后需要重启 MongoDB 数据库，这样才可以使配置生效，使用鼠标单击桌面左下角的 Windows Logo，搜索服务，如图 6-167 所示。

单击应用"服务"，如图 6-168 所示。

图 6-167　搜索"服务"

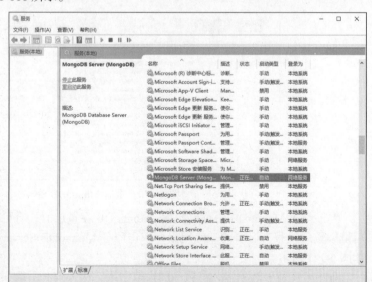

图 6-168　打开"服务"

在服务里找到 MongoDB Server 服务，右击，如图 6-169 所示。

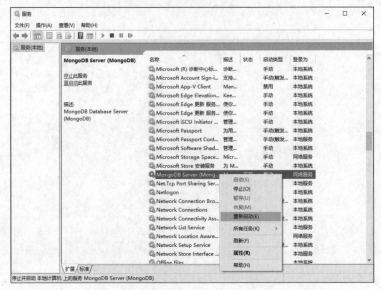

图 6-169　在 MongoDB Server 上右击

在下拉菜单中单击"重新启动"，如图 6-170 所示。

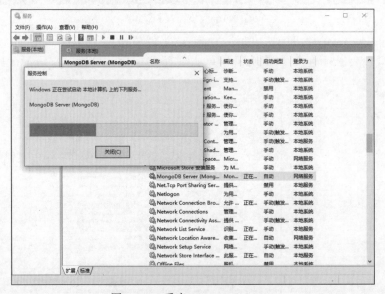

图 6-170　重启 MongoDB Server

（6）设置 MongoDB 的重启次数：MongoDB 在重启时，有可能会出现失败，设置出现失败后继续重启是很有必要的，使用鼠标双击服务 MongoDB Server，打开 MongoDB Server 属性，如图 6-171 所示。

单击"恢复"选项卡，将第一次失败、第二次失败和后续失败都设置为重新启动服务，设置在此时间之后重置失败计数为 100 天，如图 6-172 所示。

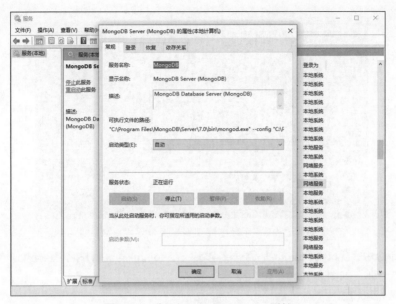

图 6-171　打开 MongoDB Server 属性

图 6-172　设置启动失败后的操作

（7）使用超级管理员连接数据库：打开新的命令行工具，输入 mongosh，进入 MongoDB 数据库管理，输入 show dbs 命令，如图 6-173 所示。

提示 MongoServer 错误，显示数据库列表需要权限验证。在命令行输入 exit，退出 mongosh。

使用超级管理员账户连接数据库，命令如下：

```
mongosh admin -u admin -p 123456b
```

图 6-173　显示数据库列表错误，需要权限认证

在上述命令中，第 1 个 admin 是数据库名字，-u admin 表示用户名是 admin，-p 123456b 表示密码是 123456b，如图 6-174 所示。

图 6-174　超级管理员登录成功

（8）创建 zhihuzheye 数据库：在超级管理员登录的状态下为 zhihuzheye 数据库创建用户，命令如下：

```
use zhihuzheye
db.createUser(
{
user: "zhihuzheyeadmin", pwd: "123456b", roles: [ {role: "dbOwner", db: "zhihuzheye"} ]
}
)
```

上述命令用于给 zhihuzheye 数据库创建登录用户 zhihuzheyeadmin。

use zhihuzheye 用于切换到 zhihuzheye 数据库。

user: zhihuzheyeadmin，指定新用户的用户名。将用户名设置为 zhihuzheyeadmin。

pwd: '123456b'，设置新用户的密码，密码是 123456b。在生产环境中应使用更复杂的密码来确保安全。读者应自行设置新的密码，为了安全，不要使用笔者的演示密码。

roles: [{ role: "dbOwner", db: "zhihuzheye" }]，给新用户分配角色。角色决定了用户的访问权限。用户可以有多个角色，每个角色可以适用于当前数据库或任何数据库。

role: 'dbOwner'，dbOwner 角色授予用户对当前数据库拥有的权限。

db: 'zhihuzheye'，指定授予角色的数据库。

用户 zhihuzheyeadmin 创建成功后，返回 { ok : 1 }，如图 6-175 所示。

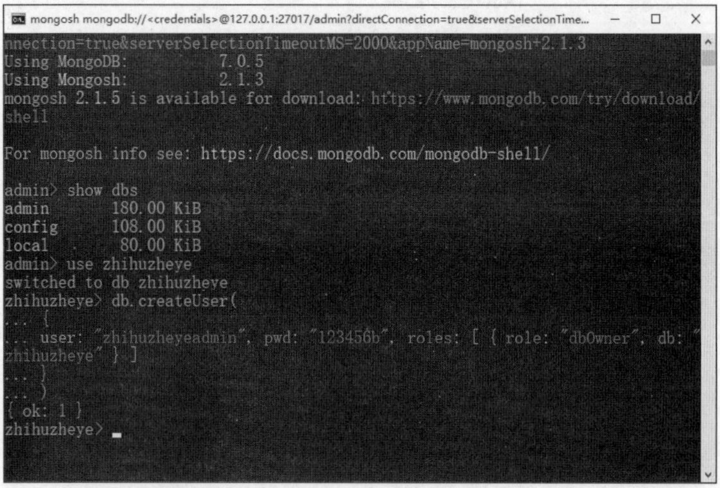

图 6-175　用户 zhihuzheyeadmin 创建成功

输入 exit，退出超级管理员权限。

使用 zhihuzheyeadmin 账户连接数据库，命令如下：

```
mongosh zhihuzheye -u zhihuzheyeadmin -p 123456b
```

在上述命令中，第 1 个 zhihuzheye 是数据库名字，-u zhihuzheyeadmin 表示用户名是 zhihuzheyeadmin，-p 123456b 表示密码是 123456b，如图 6-176 所示。

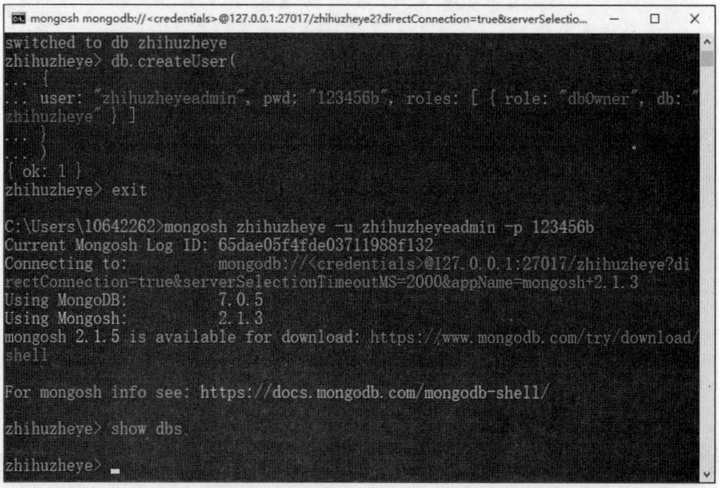

图 6-176　用户 zhihuzheyeadmin 登录 MongoDB 数据库管理

关于mongosh的更多操作，可参考相关文档。

3）对本地数据进行备份并恢复到服务器数据库

（1）备份本地数据：打开MongoDB Compass可视化数据管理工具，如图6-177所示。

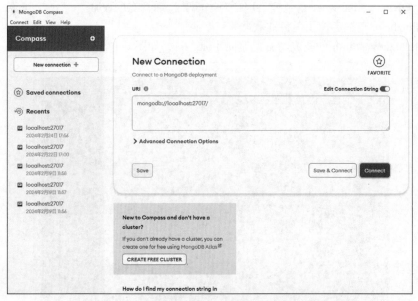

图6-177　打开MongoDB Compass可视化数据管理工具

由于本地数据库未设置权限认证，所以无须在URL的输入框输入数据库认证权限信息，单击Connect按钮，连接数据库，进入管理界面后单击左侧的zhihuzheye数据库，如图6-178所示。

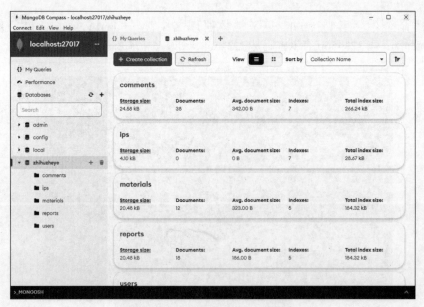

图6-178　进入zhihuzheye数据库

单击 comments 数据表，如图 6-179 所示。MongoDB 将 comments 数据表称为 comments 集合，集合是一系列文档的聚合体，这与关系数据库中的"表"概念相似。集合内部的文档可以存储各种形式的数据，并且彼此之间不需要拥有固定的结构或模式，这提供了极大的灵活性和动态性。

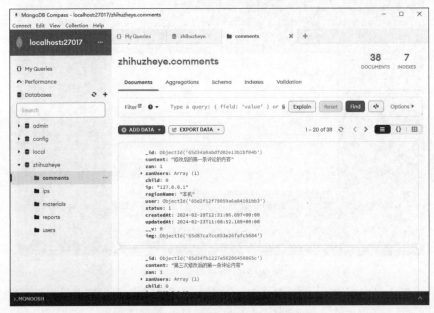

图 6-179　打开 comments 集合

单击 EXPORT DATA 按钮导出数据，此时会弹出下拉菜单，如图 6-180 所示。

图 6-180　导出数据（1）

单击下拉菜单 Export the full collection 按钮，导出该集合的全部数据，此时会出现导出文件类型选项，如图 6-181 所示。

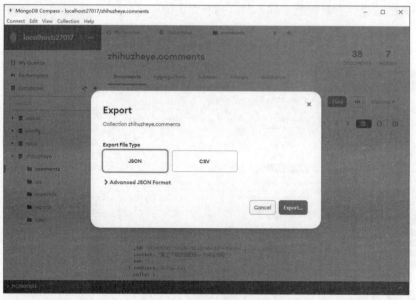

图 6-181　导出数据（2）

默认导出的文件类型为 JSON，单击 Export 按钮，此时会出现设置文件保存位置，笔者在桌面新建了一个文件夹，此文件夹叫作 zhihuzheye-bak，然后选择该文件夹，笔者在备份文件或者文件夹时喜欢在文件名或者文件夹名上加上 bak 的字样，这样做可以很容易地知道这是备份文件，读者可以按自己的习惯来命名，如图 6-182 所示。

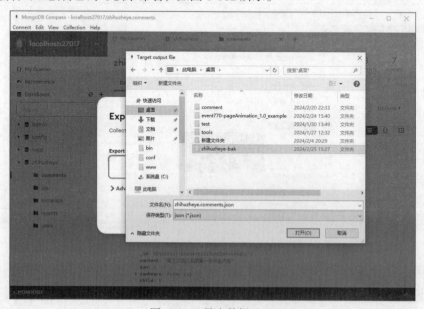

图 6-182　导出数据（3）

单击"打开"按钮，进入 zhihuzheye-bak 文件夹，如图 6-183 所示。

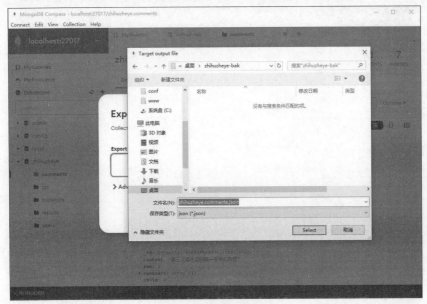

图 6-183　导出数据（4）

单击 Select 按钮，执行备份操作，如图 6-184 所示。

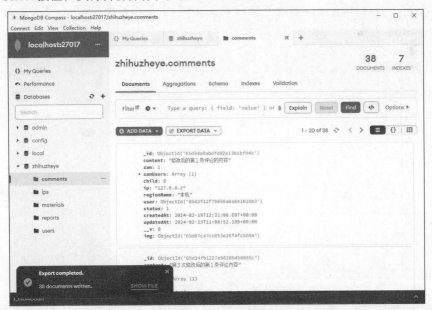

图 6-184　导出数据（5）

由于数据库文件比较少，备份速度非常快，完成备份后左下角会出现 Export completed，提示导出数据已经完成。

单击 SHOW FILE 按钮，打开桌面上的 zhihuzheye-bak 文件夹，如图 6-185 所示。

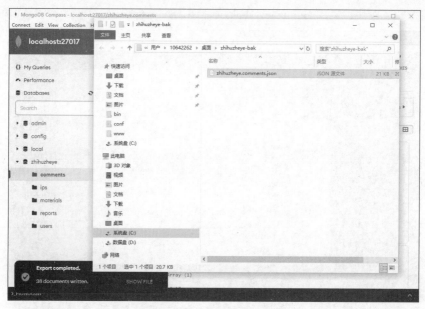

图 6-185　导出数据（6）

按上述步骤依次将 materials、reports 和 users 集合导出。由于 ips 集合目前没有数据，所以就不用导出了。

（2）将备份的数据打包复制到服务器：将本地备份的数据打包成 zip 压缩包，打开桌面上的 zhihuzheye-bak 文件夹，如图 6-186 所示。

图 6-186　打包压缩数据（1）

按 Ctrl+A 组合键选中所有 JSON 文件，右击，单击"发送到"按钮，在出现的下拉菜单中单击"压缩（zipped）文件夹"按钮，对 JSON 文件进行打包压缩。将压缩包命名为 zhihuzheye-bak.zip，如图 6-187 所示。

如果读者的计算机安装有 winrar 或者 winzip 等解压缩软件，则可以使用 winrar 或者 winzip 打包压缩。

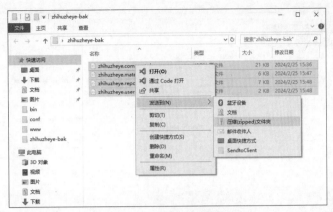

图 6-187　打包压缩数据（2）

将打包好的 zhihuzheye-bak.zip 文件复制到服务器的桌面，如何将文件复制到服务器可参考 6.13.7 节。

（3）在服务器恢复数据：进入服务器桌面，找到 zhihuzheye-bak.zip 文件，右击，此时会出现下拉菜单，如图 6-188 所示。

单击"全部解压缩"按钮，解压缩文件，如图 6-189 所示。

图 6-188　解压缩数据（1）

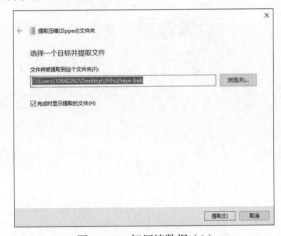

图 6-189　解压缩数据（2）

默认文件将被提取到当前文件夹，如果 zhihuzheye-bak.zip 文件保存在桌面，则会被解压缩到桌面上的 zhihuzheye-bak 文件夹。如果需要更改文件夹，则可单击"浏览"按钮。

单击"提取"按钮，提取文件。

如果读者的计算机安装有 winrar 或者 winzip 等解压缩软件，则可以使用 winrar 或者 winzip 进行解压缩。

打开服务器上的 MongoDB Compass 可视化管理工具，如图 6-190 所示。

由于服务器数据库已经设置了权限认证，所以需要在 URL 的输入框输入数据库认证权限信息，信息如下：

```
MongoDB://zhihuzheyeadmin:123456b@localhost:27017/zhihuzheye
```

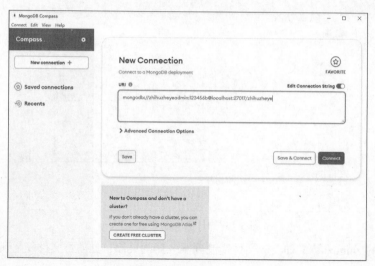

图 6-190　恢复数据（1）

单击 Connect 按钮，连接数据库，进入管理界面后单击左侧的 zhihuzheye 数据库，如图 6-191 所示。

图 6-191　恢复数据（2）

将鼠标放到左侧 zhihuzheye 数据库名称之上，此时会出现一个"+"图标，文字说明是 Create collection 创建集合，如图 6-192 所示。

单击"+"图标创建集合，此时会弹出弹窗，在 Collection Name 输入框填写 comments，comments 是备份的本地集合的名字，单击 Create Collection 按钮，创建集合，如图 6-193 所示。

单击 ADD DATA 按钮，如图 6-194 所示。

图 6-192　恢复数据（3）

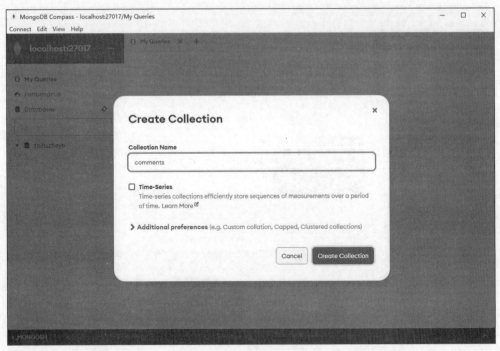

图 6-193　恢复数据（4）

图 6-194　恢复数据（5）

在下拉菜单中单击 Import JSON or CSV file 按钮，如图 6-195 所示。

图 6-195　恢复数据（6）

打开需要导入数据的文件夹，将备份的数据解压缩到了桌面，打开桌面的 zhihuzheye-bak 文件夹，首先单击选中 zhihuzheye.comments.json 文件，然后单击 Select 按钮，如图 6-196 所示。

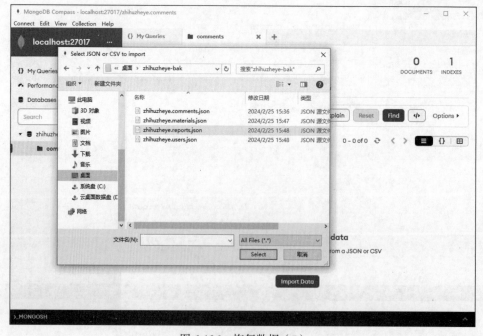

图 6-196　恢复数据（7）

单击🖉图标，可以重新选择 JSON 文件，勾选 Stop on errors，表示当出现错误时停止，单击 Import 按钮，执行数据导入操作，如图 6-197 所示。

图 6-197　恢复数据（8）

当提示 Import completed 时说明导入数据完成，如图 6-198 所示。

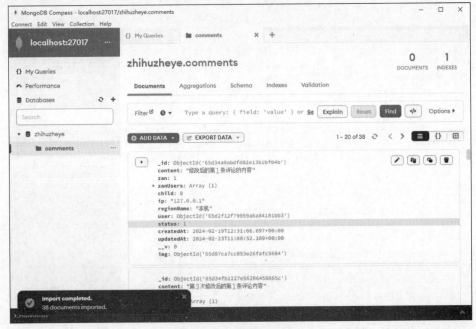

图 6-198　恢复数据（9）

按上述步骤依次创建 materials、reports 和 users 集合,将备份的 materials、reports 和 users 集合导入数据库,因为 ips 集合目前没有数据,所以就不用导入了。

4)将配置文件封装到 config.js 文件

目前项目的很多配置文件都写在 config/config.default.js 文件里,这样做不是很安全,笔者建议将一些关键的配置封装到上层文件夹的 config.js 文件中。

在 C:\www 文件夹创建 config.js 文件,代码如下:

```
//ch6/26/config.js
/* eslint valid-jsdoc: 'off' */

'use strict';
const oss = {
  client: {
    bucket: 'my-comment',
    region: 'oss-cn-hangzhou',
    accessKeyId: 'LTAI5tQeeb55fP7L8EzAvoJ4',
    accessKeySecret: '0EHC92MQM63vqd54KNf5bBpwyy9k9A',
    secure: true,
  },
};

const baidu = {
  APP_ID: '44708110',
  API_KEY: 'cS3gxg9SN8Y6Q28prenwy3zH',
  SECRET_KEY: 'U39Enc6LDnihq71Wy5LzGZHW47Y6sDhN',
}

const mongoose = {
  url: 'MongoDB://zhihuzheyeadmin:123456b@localhost:27017/zhihuzheye',
  options: {},
}

const ipAuthorization = 'APPCODE b1cb66a1652e4c65b01f5c24d2cf8051';

const homeBody = `<!DOCTYPE html>
<html lang='zh'>
<head>
  <meta charset='UTF-8'>
  <meta http-equiv='X-UA-Compatible' content='IE=edge'>
  <meta name='viewport' content='width=device-width, initial-scale=1.0'>
  <title>ZHIHUZHEYE COMMENT API SERVER V1.1.1</title>
  <style>
  body {padding:0; margin:0}
  .container {height: 90vh; width:100%; display: flex; align-items:center; justify-content: center; flex-direction: column; padding:0; margin:0}
  .content {height: 500px; width:100%; background:#f0f0f0; display: flex; align-items: center; justify-content: center; flex-direction: column;}
  h1 {font-size:50px;padding:10px;}
  .bottom {padding:10px;font-size:13px}
  </style>
</head>
<body>
  <div class='container'>
    <div class='content'>
```

```
      <h1>ZHIHUZHEYE COMMENT API SERVER V1.1.1</h1>
      <div class='bottom'>
        &copy 2023 comment.aiboxs.cn
      </div>
    </div>
  </div>
</body>
</html>
`
module.exports = {
  oss,
  ipAuthorization,
  baidu,
  mongoose,
  homeBody
};
```

上述代码封装了 oss、ipAuthorization、baidu、mongoose 和 homeBody 参数。

使用 VS Code 编辑器打开 C:\www\comment-api 的项目，打开 config/config.default.js 文件，增加的代码如下：

```
//ch6/26/comment-api/config/config.default.js
const {oss, mongoose} = require('../../config');
```

上述代码用于引入 oss 和 mongoose 的配置文件。

打开 config/config.default.js 文件，修改后的代码如下：

```
//ch6/26/comment-api/config/config.default.js
//MongoDB 数据库的配置
config.mongoose = {
  url: 'MongoDB://127.0.0.1:27017/zhihuzheye',
  options: {},
};

// 修改为
//MongoDB 数据库的配置
config.mongoose = mongoose;
```

和

```
//ch6/26/comment-api/config/config.default.js
config.oss = {
client: {
    bucket: 'my-comment',
    region: 'oss-cn-hangzhou',
    accessKeyId: 'LTAI5tC3Lsd8kUksE54TtyEp',
    accessKeySecret: '8J8VecfpdKKC3nQDrMCutBUPyNgwZX',
    secure: true,
  },
};

// 修改为
config.oss = oss;
```

打开 app/controller/home.js 文件，增加的代码如下：

```
//ch6/26/comment-api/app/controller/home.js
const {homeBody} = require('../../../config');
```

打开app/controller/home.js文件，修改后的代码如下：

```
//ch6/26/comment-api/app/controller/home.js
/**
* API 首页
*/
async index() {
  const {ctx} = this;
  ctx.body = `<!DOCTYPE html>
  <html lang="zh">
  <head>
    <meta charset="UTF-8">
    <meta http-equiv="X-UA-Compatible" content="IE=edge">
    <meta name="viewport" content="width=device-width, initial-scale=1.0">
    <title>COMMENT API SERVER</title>
    <style>
      body {padding:0; margin:0}
      .container {height: 90vh; width:100%; display: flex; align-items: center; justify-content: center; flex-direction: column; padding:0; margin:0}
      .content {height: 500px; width:100%; background:#f0f0f0; display: flex; align-items: center; justify-content: center; flex-direction: column;}
      h1 {font-size:60px;padding:10px;}
      .bottom {padding:10px;font-size:13px}
    </style>
  </head>
  <body>
    <div class="container">
      <div class="content">
        <h1>COMMENT API SERVER V1</h1>
        <div class="bottom">
          &copy 2023 comment.aiboxs.cn
        </div>
      </div>
    </div>
  </body>
  </html>
  `;
}

// 修改为
/**
* API 首页
*/
async index() {
  const {ctx} = this;
  ctx.body = homeBody;
}
```

打开app/service/baidu.js文件，增加的代码如下：

```
//ch6/26/comment-api/app/service/baidu.js
const {baidu} = require('../../../config');
```

打开app/service/baidu.js文件，修改后的代码如下：

```
//ch6/26/comment-api/app/service/baidu.js
// 设置APPID/AK/SK
const APP_ID = '44708100';
const API_KEY = 'cS3gxg9SN8Y6Q22prenwyizH';
const SECRET_KEY = 'U39EncyLDnihqC1Wy5LkGZHW4UY6sDhN';

// 修改为
// 设置APPID/AK/SK
const APP_ID = baidu.APP_ID;
const API_KEY = baidu.API_KEY;
const SECRET_KEY = baidu.SECRET_KEY;
```

打开 app/service/ip.js 文件，修改后的代码如下：

```
//ch6/26/comment-api/app/service/ip.js
const Authorization = 'APPCODE b1cb6fa1652e4c6db11f5c24d2cf3051';

// 修改为
const {ipAuthorization: Authorization} = require('../../../config');
```

4. 安装依赖

执行 yarn 或者 npm install 命令安装依赖，如图 6-199 所示。

图 6-199　安装依赖

5. 启动项目

依赖安装成功后，启动项目，命令如下：

```
npm run start

// 或者
yarn start
```

Egg.js 在本地开发时，使用 npm run dev 或者 yarn dev 命令来启动项目。

在服务器部署时,可以通过 npm run start 或者 yarn start 命令启动项目,通过 npm run stop 或者 yarn stop 命令停止项目,如图 6-200 所示。

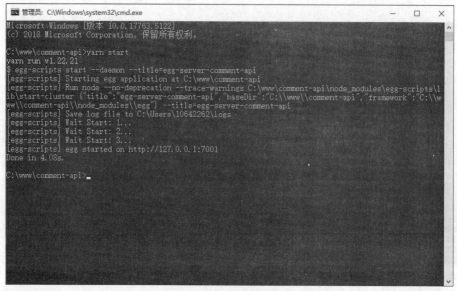

图 6-200　启动成功

6. 重启 Nginx

打开命令行,进入 nginx 目录,重启 nginx,命令如下:

```
nginx -s reload
```

重启 Nginx 成功,如图 6-201 所示。

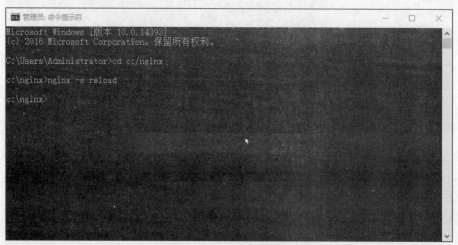

图 6-201　Nginx 重启成功

7. 开放 80 端口和 443 端口

如果在浏览器地址栏输入 commentapi.aiboxs.cn 后无法访问,则可查看服务器是否开放了 80 端口和 443 端口,读者应该访问自己配置的后端 API 域名,而不是笔者的演示域名。

使用鼠标单击左下角的 Windows Logo,搜索"高级安全 Windows 防火墙",如图 6-202 所示。

图 6-202　搜索"高级安全 Windows 防火墙"

单击"高级安全 Windows 防火墙",如图 6-203 所示。

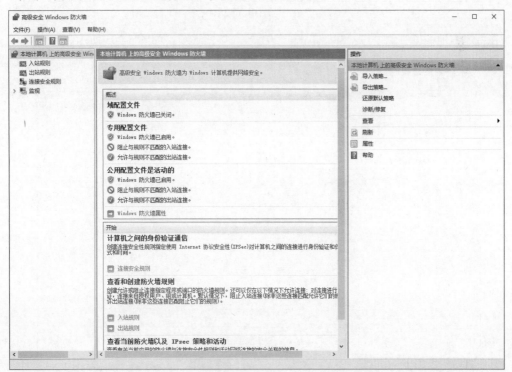

图 6-203　高级安全 Windows 防火墙

单击左侧的"入站规则",进入"入站规则",单击右侧的"新建规则",在要创建的规则类型下选择:端口,单击"下一步"按钮继续,如图6-204所示。

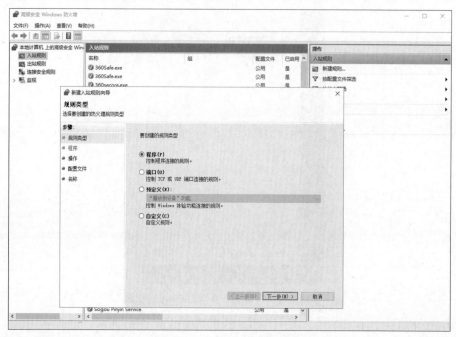

图 6-204　新建入站规则(1)

在特定本地端口右侧填写:80,单击"下一步"按钮继续,如图6-205所示。

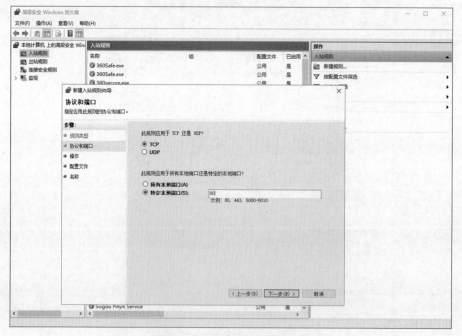

图 6-205　新建入站规则(2)

采用默认的允许连接,如图 6-206 所示。

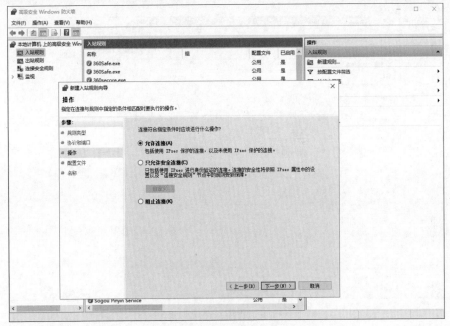

图 6-206 新建入站规则(3)

单击"下一步"按钮继续,如图 6-207 所示。

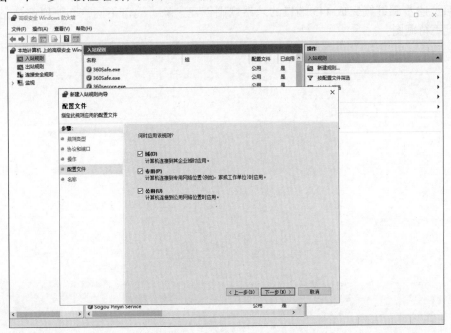

图 6-207 新建入站规则(4)

单击"下一步"按钮继续,如图 6-208 所示。

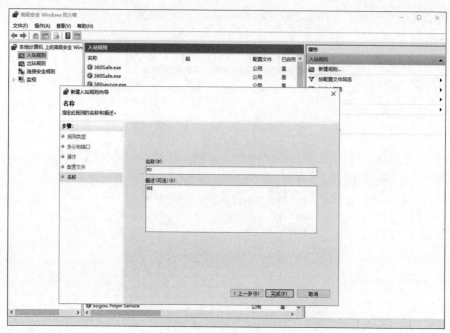

图 6-208　新建入站规则（5）

在名称和描述下都可以填写 80，表示设置 80 端口。单击"完成"按钮，完成入站规则的创建。

按照上述步骤继续完成 443 端口的入站规则创建，除了端口不同，其他项都是完全一样的，在此不再截图。

前端篇

第 7 章　Vue.js

Vue（发音为 /vjuː/，类似 view）是一款用于构建用户界面的 JavaScript 框架。基于标准 HTML、CSS 和 JavaScript 构建，提供了一套声明式的组件化的编程模型，帮助开发者高效地开发用户界面。无论是简单的还是复杂的界面，Vue.js 都可以胜任。

2013 年，在谷歌工作的尤雨溪，受到 Angular 的启发，决定开发一款轻量级框架，最初命名为 Seed。

2013 年 12 月：更名为 Vue.js，图标颜色是代表勃勃生机的绿色，版本号是 0.6.0。

2014 年 01 月 24 日：Vue.js 正式对外发布，版本号是 0.8.0。

2014 年 02 月：第 1 次在 HackerNews 上公开发布，公开后的第一周获得了 400+GitHub Star。

2014 年 02 月 25 日：0.9.0 版本发布，有了自己的代号：Animatrix，此后，重要的版本都会有自己的代号。

2014 年 10 月：第 1 次实现 Vue SFC 单文件组件（vueify），使用 Browserify 打包。

2014 年 11 月：第 1 次完全重写（0.11 版本），考虑如何让它更适合用在生产环境中。

2015 年 06 月 13 日：0.12.0 发布，代号为 Dragon Ball，Laravel 社区（一款流行的 PHP 框架的社区）首次使用 Vue.js，Vue.js 在 JS 社区也有了知名度。

2015 年 08 月：发布第 1 版 Vue Router。

2015 年 09 月：基于 0.11 版本、0.12 版本开始开发 Vue.js 1.0，主要是完善模板语法。

2015 年 10 月 26 日：发布 Vue.js 1.0，Vue.js 1.0 是 Vue.js 历史上的第 1 个里程碑。同年，vue-router、vuex、Vue-CLI 相继发布，标志着 Vue.js 从一个视图层库发展为一个渐进式框架。

2016 年 10 月 01 日：发布 Vue.js 2.0，Vue.js 2.0 是第 2 个重要的里程碑，它吸收了 React 的虚拟 DOM 方案，还支持服务器端渲染。自从 Vue.js 2.0 发布之后，Vue.js 就成了前端领域的热门话题。

2016 年 11 月：发布 Vue.js 2.1，引入了作用域插槽。

2017 年 02 月：发布 Vue.js 2.2，SSR 支持基于路由的代码分割，每个路由的代码都可以懒加载。

2017 年 04 月：发布 Vue.js 2.3，SSR 支持基于路由的资源预加载。

2017 年 06 月：发布 Vue.js 2.4，SSR 完整异步组件支持，可以在 SSR 应用的任何地方使用异步组件，引入了部分优化的 SSR 编译输出。

2018 年 01 月 08 日：开发 Vue.js CLI 3.0，进一步扩展框架的边界，将工具链视为框架的一部分；实现针对 SPA 的高度集成的工具链，有插件机制，开箱即用；集成了 TypeScript、单元测试、ESLint 等。

2018 年 09 月：宣布 Vue.js 3 的开发计划。

2019 年 02 月 05 日：Vue.js 发布了 2.6 版本，这是一个承前启后的版本，在它之后，推出了 Vue.js 3.0。

2019 年 05 月：实现基于编译优化 Virtual DOM 性能的新策略。

2019 年 08 月：提出 Composition API RFC。

2019 年 12 月 05 日：在万众期待中，尤雨溪公布了 Vue.js 3 源代码，此时的 Vue.js 3 仍处于 Alpha 版本。

2020 年 01 月：发布了 Vue.js 3.0 alpha 版本。

2020 年 04 月：发布了 Vue.js 3.0 beta 版本。

2020 年 04 月—2021 年 02 月：绕道开发了 Vite。

2020 年 09 月：Vue.js 3.0 稳定版正式发布。

2021 年 06 月：发布了 Vue.js 3.1 版本。

2021 年 08 月：发布了 Vue.js 3.2 版本。

2022 年：Vue.js 团队将默认版本切换到 3.x，发布了 Vue.js 3 的稳定版本。

2023 年：随着 Vue.js 3 的普及和应用的深入，在 2023 年底，Vue.js 2 将结束支持，这也意味着 Vue.js 团队将把更多的精力和资源投入 Vue.js 3 的研发和维护中。

Vue.js 已经成为国内最火的三大前端框架之一，与 React 和 Angular 并列。

Vue.js 是一个框架，也是一个生态，其功能可满足大部分前端开发常见的需求。

7.1 基础

Vue.js 是一种构建用户界面的渐进式框架，其核心功能侧重于以数据为驱动的视图更新机制。通过直观的模板语法允许开发者将数据以声明性方式绑定至 HTML 文档，实现自动且高效的界面渲染。

简单来讲，Vue.js 提供了一种简洁高效的方法，让开发者能够将数据变化实时地反映在用户界面上，而无须直接操作 DOM 元素。这一切操作都建立在响应式数据绑定和组件系统之上。

7.1.1 初始化 Vue.js 项目

初始化 Vue.js 项目，可以使用 Vue CLI 这个强大的工具来快速初始化项目。

在命令行执行的命令如下：

```
npm create vue@latest

// 或者
yarn create vue@latest
```

上述命令会安装并执行 create-vue，create-vue 是 Vue.js 官方提供的项目脚手架工具。安装过程中将会看到一些诸如 TypeScript 和测试支持之类的可选功能提示：

（1）请输入项目名称：... 01
（2）是否使用 TypeScript 语法？ ... 否 / 是
（3）是否启用 JSX 支持？ ... 否 / 是
（4）是否引入 Vue Router 进行单页面应用开发？ ... 否 / 是
（5）是否引入 Pinia 用于状态管理？ ... 否 / 是
（6）是否引入 Vitest 用于单元测试？ ... 否 / 是
（7）是否要引入一款端到端（End to End）测试工具？ » 不需要
（8）是否引入 ESLint 用于代码质量检测？ ... 否 / 是
（9）是否引入 Prettier 用于代码格式化？ ... 否 / 是
上述有下画线的选项是笔者选择的。
项目构建完成后需要执行的命令如下：

```
cd 01
npm install
npm run format
npm run dev
```

上述命令用于进入 01 文件夹，安装依赖，启动开发服务器。默认地址是 http://localhost:5173。在浏览器中打开上面的地址，可以看到 Vue.js 应用的欢迎页面，如图 7-1 所示。

图 7-1　Vue.js 应用的欢迎页面

完整的初始化 Vue.js 项目位于 ch7/01。

注意：如果读者使用笔者的初始化项目，则可运行 yarn 或者 npm install 命令安装项目依赖。

7.1.2　模板语法

Vue.js 使用了基于 HTML 的模板语法，允许开发者声明式地将 DOM 与底层组件实例的数据绑定。Vue.js 借助基于 HTML 的模板语法，可以将组件实例的数据和呈现的 DOM 相互绑定。所有的 Vue.js 模板都符合 HTML 规范，可以被浏览器和 HTML 解析器解析。Vue.js 会将模板编译成高度优化的 JavaScript 代码，与响应式系统结合，只在需要时对最少量的组件进行重新渲染和 DOM 操作，从而提高效率。

Vue.js 代码需要在 Vue.js 的环境下运行，使用 VS Code 编辑器打开后可以对代码进行编辑。

1. 文本插值

数据绑定最常见的形式就是文本插值，使用的是 Mustache 语法（双大括号）。

在 VS Code 中打开 src/App.vue 文件，删除所有代码，编写的代码如下：

```
//ch7/02/src/App.vue
<template>
  <div>
    <div>Message: {{msg}}</div>
  </div>
</template>
<script setup>
import {ref} from "vue";
const msg = ref("Hello Vue!");
</script>
```

在上述代码中，双大括号标签会被替换为相应组件实例中 msg 属性的值。当绑定的数据对象上的 msg 发生改变时，双大括号标签的值也会自动更新。

在浏览器打开 http://localhost:5173 进行查看，如图 7-2 所示。

图 7-2 文本插值

2. JavaScript 表达式

在 Vue.js 文件中，数据绑定不仅限于 property 键 - 值对。Vue.js 支持在绑定的表达式中使用完整的 JavaScript 表达式。可以在模板中的双大括号插值或在 v-bind 表达式中写入 JavaScript 代码，例如算术运算、访问对象属性、调用方法等。

在模板中使用表达式，打开 src/App.vue 文件，编写的代码如下：

```
//ch7/03/src/App.vue
<template>
  <div>
    <!-- 基础表达式 -->
    <div>{{number + 1}}</div>

    <!-- 复杂表达式 -->
    <div>{{isPositive ? '正面' : '反面'}}</div>

    <!-- 方法调用 -->
    <div>{{greet()}}</div>

    <!-- 访问对象属性 -->
    <div>{{user.firstName + ' ' + user.lastName}}</div>

    <!-- 使用 JavaScript 运算符 -->
    <div>{{message.split('').reverse().join('')}}</div>
  </div>
</template>
<script setup>
import {ref, reactive} from 'vue'

const number = ref(0)
const isPositive = ref(false)
const greet = () => {
```

```
    console.log('greet')
}
const user = reactive({
  firstName: '张',
  lastName: '三'
})
const message = ref(' 你好 Vue！ ')
</script>
```

在上述代码的每个插值中都可以使用完整的 JavaScript 表达式。Vue.js 会自动监听表达式中所依赖的数据，并且当数据变化时，自动更新到对应的 DOM。

7.1.3 指令

1. v–bind

v-bind 是 Vue.js 框架中的一个指令，用于动态地将一个或多个 attribute（属性）或者一个组件 prop 绑定到表达式。当使用 Vue.js 开发应用时，v-bind 可以为数据和 DOM 元素属性创建一个活跃的连接。

绑定一个属性，打开 src/App.vue 文件，编写的代码如下：

```
//ch7/04/src/App.vue
<!-- 在普通的 HTML 中, title 是静态的 -->
<a href=" 链接地址 " title=" 一个静态的 title"> 普通链接 </a>
<!-- 使用 v-bind: 动态绑定 title attribute -->
<a v-bind:href="url" v-bind:title="myTitle">Vue 动态绑定链接 </a>
```

在上述代码中，url 和动态的 title 都是定义在 Vue.js 实例中的数据属性。

v-bind 在使用时可以简写，去掉 v-bind 直接使用 ":" 就可以达到同样的效果，打开 src/App.vue 文件，编写的代码如下：

```
//ch7/04/src/App.vue
<!-- 完整语法 -->
<a v-bind:href="url"> 完整语法链接 </a>
<!-- 缩写语法 -->
<a :href="url"> 缩写语法链接 </a>
```

使用对象语法可以在一个 v-bind 中绑定多个属性，对象的 key 表示属性名，value 表示对应的数据字段，打开 src/App.vue 文件，编写的代码如下：

```
//ch7/04/src/App.vue
<a v-bind="{ href: url, title: myTitle }"> 绑定多个属性 </a>
```

绑定 class 和 style，打开 src/App.vue 文件，编写的代码如下：

```
//ch7/04/src/App.vue
<!-- 绑定 class -->
<div v-bind:class="{active: isActive, 'text-danger': hasError}"> 绑定 class</div>
<!-- 绑定 style -->
<div v-bind:style="{color: activeColor, fontSize: fontSize + 'px'}"> 绑定 style</div>
```

在表达式中，isActive 和 hasError 用于控制相应的 class 是否存在；activeColor 用于动态地决定颜色，fontSize 用于决定字体大小的数据属性。

v-bind 是在 Vue.js 文件中创建响应式动态界面的重要指令之一。通过 v-bind 可以更便捷地将数据的变化反映到视图上。

2. v-on

在 Vue.js 文件中，v-on 是用于监听 DOM 事件的指令。可以用来将事件绑定到元素上并在事件触发时执行一些 JavaScript 代码。如果想在按钮单击事件发生时调用一种方法，则可以这样使用 v-on，打开 src/App.vue 文件，编写的代码如下：

```
//ch7/05/src/App.vue
<button v-on:click="handleClick">单击这里</button>
```

在上述代码中，当按钮被单击时，handleClick 方法将会被调用。

v-on 也可以简写为 @，打开 src/App.vue 文件，编写的代码如下：

```
//ch7/05/src/App.vue
<button @click="handleClick">单击这里</button>
```

此外，v-on 指令配合事件修饰符能够提供额外的控制能力：

（1）.stop 修饰符可以停止事件冒泡。

（2）.prevent 修饰符可以防止默认事件行为。

（3）.once 修饰符令事件只触发一次。

使用修饰符，打开 src/App.vue 文件，编写的代码如下：

```
//ch7/05/src/App.vue
<!-- 阻止事件冒泡 -->
<button @click.stop="handleClickStop">单击这里</button>
<!-- 阻止默认事件行为，如链接跳转或表单提交 -->
<form @submit.prevent="handleClickPrevent">...</form>
<!-- 事件只触发一次 -->
<button @click.once="handleClickOnce">单击这里</button>
```

每种修饰符都有其特定的应用场景，以满足不同的事件响应需求。

3. v-html

v-html 是 Vue.js 框架中的一个指令（Directive）。用于将字符串中的 HTML 代码渲染到模板中的指定位置。当需要从数据到视图的绑定并包含 HTML 格式时，可以使用 v-html 指令。这个指令会忽略数据字符串中的任何模板语法（如 {{ }}），只是简单地直接输出 HTML 代码。

使用 v-html 需要小心，因为如果内容来源不可靠，则可能会导致跨站脚本（XSS）攻击。需要确保渲染的 HTML 是安全的，或者来源于可信任的内容。打开 src/App.vue 文件，编写的代码如下：

```
//ch7/06/src/App.vue
<template>
  <div>
    <div v-html="rawHtml"></div>
  </div>
</template>
<script setup>
import {ref} from "vue";
const rawHtml = ref('<div style="color: red">这是红色的文本</div>');
</script>
```

在上述代码中，<div> 元素的内部会被替换为 rawHtml 数据属性中的 HTML 内容。渲染结果就是显示红色文本的 <div> 元素。

在站点上动态渲染任意的 HTML 是非常危险的,因为很容易导致 XSS 攻击。应只对可信的内容使用 HTML 插值,绝不要将用户提供的内容作为插值。

7.1.4 Data 选项

在 Vue.js 3 中,ref 和 reactive 是两种定义响应式数据的方法,是 Composition API 的一部分,旨在更灵活和更有组织地编排组件的逻辑。

ref 用于定义一个响应式的引用。当需要包装基本类型值(如 number、string、boolean)使其成为响应式时,通常会使用 ref。当访问 ref 包装的值时,需要使用 .value 属性。

当 ref 在模板中使用时,可以直接访问 ref 创建的响应式变量,无须使用 .value 属性。Vue.js 的模板编译器会自动处理这些引用,打开 src/App.vue 文件,编写的代码如下:

```
//ch7/07/src/App.vue
<template>
  <div>
    <p>
      {{count}}
    </p>
    <button @click="increment">Add</button>
  </div>
</template>
<script setup>
import {ref} from 'vue'
const count = ref(0)
const increment = () => {
  count.value++
}
</script>
```

ref 也可以用来包装对象,在它内部使用 reactive 实现对象的响应性。

reactive 提供了创建响应式对象的能力。当包装一个复杂对象(如对象字面量、数组等)使其成为响应式时,可以使用 reactive。打开 src/App.vue 文件,编写的代码如下:

```
//ch7/08/src/App.vue
<template>
  <div>
    <p>
      {{state.count}} <br />
      {{state.items}}
    </p>
    <button @click="increment">Add</button>
  </div>
</template>
<script setup>
import {reactive} from 'vue'
const state = reactive({
  count: 0,
  items: []
})
const increment = () => {
  state.count++
  state.items.push(state.count)
}
```

ref 和 reactive 的主要区别是各自包装的数据类型及如何访问这些数据。ref 会自动将基本类型数据包装成一个对象,通过 .value 属性进行访问和更新,而 reactive 则会更直接地将一个对象转换为响应式的,并且其属性可以直接被访问和修改,无须 .value。

Vue.js 3 鼓励使用 Composition API,ref 和 reactive 是构建响应式数据模型的基本工具。

7.1.5 class 的绑定

数据绑定中常见的需求是控制元素的 CSS 类列表和内联样式。由于类和样式都是属性,所以可以使用 v-bind 像绑定其他属性一样将它们与动态字符串绑定。

在处理复杂绑定时,使用拼接生成字符串是比较困难的,并且容易出错,因此 Vue.js 为 class 和 style 的 v-bind 用法提供了特别的功能。除了字符串,表达式的值也可以是对象或数组。

1. 对象语法

给 :class(v-bind:class 的缩写)传递一个对象并以此动态地切换 class,代码如下:

```
<div class="static" :class="{ active: isActive }"></div>
```

active 是否存在取决于数据属性 isActive 的真假值。打开 src/App.vue 文件,编写的代码如下:

```
//ch7/09/src/App.vue
<template>
  <div>
      <div class="static" :class="{ active: isActive, 'text-danger': hasError }"> 文字 </div>
  </div>
</template>
<script setup>
import {ref} from "vue";
const isActive = ref(true);
const hasError = ref(false);
</script>
```

渲染的结果如下:

```
<div class="static active"> 文字 </div>
```

当 isActive 或者 hasError 改变时,class 列表会随之更新。如果 hasError 变为 true,则 class 列表也会变成 "static active text-danger"。

```
<div class="static active text-danger"> 文字 </div>
```

2. 数组语法

可以把一个数组传给 v-bind:class,以应用一个 class 列表。打开 src/App.vue 文件,编写的代码如下:

```
//ch7/10/src/App.vue
<template>
  <div>
    <div :class="[activeClass, errorClass]"> 文字 </div>
  </div>
</template>
<script setup>
```

```
import {ref} from 'vue'
const activeClass = ref('active')
const errorClass = ref('text-danger')
</script>

<style>
.active {
  background-color: #03b177;
}
.text-danger {
  font-size: 60rpx;
  color: #ff0000;
}
</style>
```

渲染的结果如下：

```
<div class="active text-danger">文字</div>
```

如果想在数组中有条件地渲染某个 class，则可以使用三目运算符，代码如下：

```
<div :class="[isActive ? activeClass : '', errorClass]">文字</div>
```

errorClass 会一直存在，但 activeClass 会在 isActive 为真时才存在。

也可以在数组中嵌套对象，代码如下：

```
<div :class="[{active: isActive}, errorClass]">文字</div>
```

7.1.6 内联样式 Style 的绑定

在 Vue.js 文件中，可以使用 v-bind:style 或者简写为 :style 的方式来绑定内联样式。可以传递一个对象，其中的属性为样式属性，而值为对应的样式值。也可以传递一个包含对象的数组，用来合并多个样式对象。

1. 对象语法

绑定一个样式对象，打开 src/App.vue 文件，编写的代码如下：

```
//ch7/11/src/App.vue
<template>
  <div :style="styleObject">这个元素的样式将会被动态地绑定</div>
</template>
<script setup>
import {reactive} from 'vue'
const styleObject = reactive({
  color: 'red',
  fontSize: '14px',
  backgroundColor: 'blue'
})
</script>
```

绑定样式属性的计算属性，打开 src/App.vue 文件，编写的代码如下：

```
//ch7/12/src/App.vue
<template>
  <div :style="computedStyle">这个元素的样式将会被动态地绑定</div>
</template>
<script setup>
import {ref, computed} from 'vue'
```

```
const color = ref('red')
const fontSize = ref('12px')
const backgroundColor = ref('#ddd')
const computedStyle = computed(() => {
  return {
    color: color.value,
    fontSize: fontSize.value,
    backgroundColor: backgroundColor.value
  }
})
</script>
```

在 Vue.js 文件中，样式属性名称可以使用驼峰式（camelCase）或短横分隔符（kebab-case）（需要用引号引起来）表示，代码如下：

```
// 驼峰式
{
  marginBottom: '30px'
}
// 短横分隔符
{
  'margin-bottom': '30px'
}
```

2. 数组语法

:style 的数组语法可以将多个样式对象合并后渲染到同一个元素上，打开 src/App.vue 文件，编写的代码如下：

```
//ch7/13/src/App.vue
<template>
  <div :style="[baseStyles, overridingStyles]">这个元素有合并的样式</div>
</template>
<script setup>
import {reactive} from 'vue'
const baseStyles = reactive({
  color: 'red',
  fontSize: '14px'
})
const overridingStyles = reactive({ backgroundColor: 'blue' })
</script>
```

数组和对象的绑定可以是响应式的，当数据变化时，绑定到 style 的样式也会自动更新。

7.2 条件渲染

条件渲染是指根据数据的变化来动态地显示或隐藏页面上的元素。Vue 提供了一些指令以实现条件渲染，主要包括 v-if、v-else、v-else-if 和 v-show。

7.2.1 v-if 和 v-else

v-if 指令用于条件性地渲染内容。内容只会在指令的表达式返回真值时才被渲染，打开 src/App.vue 文件，编写的代码如下：

```
<h1 v-if="good">Vue is good!</h1>
```

在上述代码中，如果 good 为真，则会渲染 <h1> 标签里的文本 "Vue is good!"，否则不渲染该元素。

使用 v-else 指令来表示 v-if 的 "else 块"。v-else 元素必须紧跟在带 v-if 或者 v-else-if 的元素的后面，否则将不会被识别，打开 src/App.vue 文件，编写的代码如下：

```
//ch7/14/src/App.vue
<template>
  <div>
    <button @click="good = !good">切换</button>
    <h1 v-if="good">Vue is good!</h1>
    <h1 v-else>Oh no! </h1>
  </div>
</template>
<script setup>
import {ref} from "vue";
const good= ref(true);
</script>
```

当按钮被单击时会切换视图中的文本内容。文本内容的渲染使用了条件渲染指令 v-if 和 v-else。当变量 good 的值为 true 时会渲染 "Vue is good!"，否则会渲染 "Oh no！"。

v-else-if，顾名思义，充当 v-if 的 "else-if 块"，可以连续使用，打开 src/App.vue 文件，编写的代码如下：

```
//ch7/15/src/App.vue
<template>
  <div>
    <div v-if="type === 'A'"> A </div>
    <div v-else-if="type === 'B'"> B </div>
    <div v-else-if="type === 'C'"> C </div>
    <div v-else> 什么都不是 </div>
  </div>
</template>
<script setup>
import {ref} from "vue";
const type = ref("C");
</script>
```

类似于 v-else，v-else-if 也必须紧跟在带 v-if 或者 v-else-if 的元素之后。

7.2.2　v-show

另一个用于根据条件展示元素的选项是 v-show 指令。用法大致一样，打开 src/App.vue 文件，编写的代码如下：

```
//ch7/16/src/App.vue
<template>
  <div>
    <div v-show="show">Hello Vue!</div>
  </div>
</template>
<script setup>
import {ref} from "vue";
const show = ref(true);
</script>
```

v-show 来控制组件的显示和隐藏。如果 show 的值为真,则组件将显示,否则将隐藏。

7.2.3 v-if 和 v-show 的区别

v-if 和 v-show 都是条件渲染,但原理不同。由于 v-if 会在切换过程中使条件块内的事件监听器和子组件适当地被销毁和重建,因此在运行时如果条件不经常改变,则使用 v-if 比较好,而 v-show 则只是根据 CSS 控制元素的显示和隐藏,不涉及销毁和重建,适用于需要频繁切换的情况。

另外,不建议同一元素同时使用 v-if 和 v-for,因为在优先级上 v-if 高于 v-for。

7.3 列表渲染

列表渲染是指根据数组的数据生成一个元素列表。Vue 为此提供了一个特殊的指令 v-for,以此来渲染列表。使用 v-for 可以基于一个数组渲染一个元素列表,并且数组中每项数据的变化都能自动地反映到列表渲染结果中。

7.3.1 在 v-for 里使用数组

v-for 指令基于一个数组来渲染一个列表。v-for 指令的值需要使用 item in items 形式的特殊语法,其中 items 是源数据的数组,而 item 是迭代项的别名。

打开 src/App.vue 文件,编写的代码如下:

```
//ch7/17/src/App.vue
<template>
  <div>
    <li v-for="item in items" :key="item.id">
      {{item.message}}
    </li>
  </div>
</template>
<script setup>
import {ref} from 'vue'
const items = ref([
  {id: 1, message: 'Vue'},
  {id: 2, message: 'React'},
  {id: 3, message: 'Angular'}
])
</script>
```

在 v-for 中使用 :key 是为了提供一个唯一的标识,让 Vue.js 能更高效地更新列表。

在 v-for 块中可以完整地访问父作用域内的属性和变量。v-for 也支持使用可选的第 2 个参数表示当前项的位置索引。

打开 src/App.vue 文件,编写的代码如下:

```
//ch7/18/src/App.vue
<template>
  <div>
    <div v-for="(item, index) in items" :key="item.id">
      <div>{{index}} - {{item.message}}</div>
    </div>
  </div>
```

```
</template>
<script setup>
import { ref } from 'vue'
const items = ref([
  {id: 1, message: 'Vue'},
  {id: 2, message: 'React'},
  {id: 3, message: 'Angular'}
])
</script>
```

输出的结果如下:

```
0 - Vue
1 - React
2 - Angular
```

7.3.2 在 v-for 里使用对象

v-for 不仅可以用于遍历数组,还可以用于遍历对象的属性。使用 v-for 来遍历一个对象的所有属性。遍历的顺序会基于对该对象调用 Object.keys() 的返回值来决定。

第 1 个参数 value 是被迭代的对象元素的属性值。

第 2 个参数为 property 名称(也就是键名)。

第 3 个参数作为索引。

打开 src/App.vue 文件,编写的代码如下:

```
//ch7/19/src/App.vue
<template>
  <div>
    <div v-for="(value, name, index) in object" :key="index">
      <div>{{index}} - {{name}}: {{value}}</div>
    </div>
  </div>
</template>
<script setup>
import {reactive} from 'vue'
const object = reactive({
  firstName: '张',
  lastName: '三',
  age: 20
})
</script>
```

输出的结果如下:

```
0 - firstName: 张
1 - lastName: 三
2 - age: 20
```

7.3.3 在 v-for 里使用范围值

v-for 可以直接接受一个整数值。

打开 src/App.vue 文件,编写的代码如下:

```
//ch7/20/src/App.vue
<template>
```

```
    <div>
      <div v-for="n in 10" :key="n">
        <div>{{n}}</div>
      </div>
    </div>
</template>
<script setup>
</script>
```

在这种用例中会将该模板基于 1…n 的取值范围重复多次。

注意此处 n 的初值是从 1 开始的而非 0。

7.3.4 通过 key 维护状态

Vue.js 默认采用"就地更新"的策略来更新通过 v-for 渲染的元素列表。这意味着当数据项的顺序改变时，Vue.js 不会移动 DOM 元素的位置，而是就地更新每个元素，确保它们在原先指定的索引位置上被渲染。

尽管默认模式高效，但只适用于列表渲染的结果并不依赖子组件状态或临时 DOM 状态（例如表单输入值）的情况。

为了让 Vue.js 能够跟踪每个节点的标识，以便能够重用和重新排序现有的元素，需要为每个元素提供一个唯一的键属性，以提示 Vue.js，代码如下：

```
<view v-for="item in items" :key="item.id">
    <!-- content -->
</view>
```

建议尽可能地在使用 v-for 时提供键属性，除非遍历输出的 DOM 内容非常简单，或者刻意依赖默认行为以获取性能上的提升，打开 src/App.vue 文件，编写的代码如下：

```
//ch7/21/src/App.vue
<template>
  <div>
    <!-- array 中 item 的某个 property -->
    <div v-for="(item, index) in objectArray" :key="item.id">
      <div>{{index + ':' + item.name}}</div>
    </div>
    <!-- 当 item 本身是一个唯一的字符串或者数字时，可以使用 item 本身 -->
    <div v-for="(item, index) in stringArray" :key="item">
      <div>{{index + ':' + item}}</div>
    </div>
  </div>
</template>
<script setup>
import {ref} from 'vue'
const objectArray = ref([
  {
    id: 0,
    name: 'zhang san'
  },
  {
    id: 1,
    name: 'li si'
  }
])
```

```
const stringArray = ref(['a', 'b', 'c'])
</script>
```

注意：在 H5 平台 使用 v-for 循环整数时和其他平台存在差异，如 v-for="(item, index) in 10" 中，在 H5 平台 item 从 1 开始，而在其他平台 item 从 0 开始，可使用第 2 个参数 index 来保持一致。

在非 H5 平台，循环对象时不支持第 3 个参数，如 v-for="(value, name, index) in object" 中，不支持 index 参数。

7.3.5 在组件上使用 v-for

在 src/components 文件夹中创建 ListItem.vue 文件，用于定义子组件，代码如下：

```
//ch7/22/src/components/ListItem.vue
<template>
  <li>{{ item.text }}</li>
</template>

<script>
export default {
  props: {
    item: Object
  }
};
</script>
```

打开 src/App.vue 文件引入子组件，代码如下：

```
//ch7/22/src/App.vue
<template>
  <ul>
    <list-item v-for="item in items" :key="item.id" :item="item"></list-item>
  </ul>
</template>
<script setup>
import {ref} from 'vue'
import ListItem from './components/ListItem.vue'
const items = ref([
  {id: 1, text: '苹果'},
  {id: 2, text: '香蕉'},
  {id: 3, text: '橘子'}
])
</script>
```

在上述代码中，使用了 ref 来定义响应式数组 items。每个项目都有一个唯一的 id 和 text。在模板中，遍历 items 来动态地创建 ListItem 组件实例。

使用 v-for 时，给定的 :key 应该是唯一且稳定的，以帮助 Vue.js 高效地更新列表。

7.4 事件处理

事件处理使用 v-on 指令来监听 DOM 事件并在触发时执行一些 JavaScript 代码。

7.4.1 监听事件

可以使用 v-on 指令（简写为 @）来监听 DOM 事件，在事件触发时执行对应的 JavaScript。用法为 v-on:click="handler" 或 @click="handler"，打开 src/App.vue 文件，编写的代码如下：

```
//ch7/23/src/App.vue
<template>
  <div>
    <button @click="count++">增加 1</button>
    <p>Count is: {{ count }}</p>
  </div>
</template>
<script setup>
import {ref} from "vue";
const count = ref(0);
</script>
```

当单击按钮时，count 会加 1。

7.4.2 事件处理方法

随着事件处理器的逻辑变得愈发复杂，内联代码方式变得不够灵活，因此 v-on 也可以接受一种方法名或对某种方法进行调用。

打开 src/App.vue 文件，编写的代码如下：

```
//ch7/24/src/App.vue
<template>
  <div>
    <div>hello {{hello}}</div>
    <button @click="hi">按钮</button>
  </div>
</template>
<script setup>
import {ref} from 'vue'
const hello = ref('')
const hi = (event) => {
  console.log('event=>', event)
  hello.value = 'Vue!'
}
</script>
```

7.4.3 在内联处理器中调用方法

除了可以直接绑定方法名，还可以在内联事件处理器中调用方法。允许向方法传入自定义参数以代替原生事件，打开 src/App.vue 文件，编写的代码如下：

```
//ch7/25/src/App.vue
<template>
  <div>
    <button @click="say1('你好啊？')">Say {{word1}}</button>
  </div>
  <div>
    <button @click="say2('贵姓啊？')">Say {{word2}}</button>
  </div>
</template>
```

```
<script setup>
import {ref} from 'vue'
const word1 = ref()
const word2 = ref()
const say1 = (message) => {
  word1.value = message
}
const say2 = (message) => {
  word2.value = message
}
</script>
```

7.4.4 在内联事件处理器中访问事件参数

有时需要在内联事件处理器中访问原生 DOM 事件。可以向该处理器方法传入一个特殊的 $event 变量，或者使用内联箭头函数，打开 src/App.vue 文件，编写的代码如下：

```
//ch7/26/src/App.vue
<template>
  <div>
    <!-- 使用特殊的 $event 变量 -->
    <button @click="warn(' 自定义参数 ', $event)">按钮1</button>
  </div>
  <div>
    <!-- 使用内联箭头函数 -->
    <button @click="(event) => warn(' 自定义参数 ', event)">按钮2</button>
  </div>
</template>
<script setup>
const warn = (message, event) => {
  // 这里可以访问原生事件
  if (event) {
    // 可访问 event.target 等原生事件对象
    console.log('event.target=> ', event.target)
  }
  console.log('message =>', message)
  console.log('event =>', event)
}
</script>
```

7.5 表单输入绑定 v-model

在 Vue.js 3 中，v-model 仍然是用来创建双向数据绑定的一个非常重要的指令。与 Vue.js 2 相比，Vue.js 3 有所改变和改进。

以下是在 Vue.js 3 中使用 v-model 的一些关键点。

1. 基本使用

和 Vue.js 2 一样，可以通过 v-model 在表单元素上创建双向数据绑定，打开 src/App.vue 文件，编写的代码如下：

```
//ch7/27/src/App.vue
<template>
  <div><input v-model="message" /></div>
```

```
    <div>{{message}}</div>
</template>
<script setup>
import {ref} from 'vue'
const message = ref('')
</script>
```

2. 组件中的 v-model

在自定义组件中，Vue.js 3 允许开发者在一个组件上同时使用多个 v-model。每个 v-model 对应组件的一个不同的 prop，在默认情况下，这些 prop 会有一个名为 modelValue 的 prop 和一个更新它的事件 :modelValue。

定义一个自定义的子组件，使用多个 v-model，在 src/components 文件夹中创建 MyInputComponent.vue 文件，代码如下：

```
//ch7/28/src/components/MyInputComponent.vue
<template>
  <input :value="modelValue" @input="$emit('update:modelValue', $event.target.value)" />
  <div>子组件显示：{{modelValue}}</div>
</template>

<script>
export default {
  props: ['modelValue'],
  emits: ['update:modelValue']
}
</script>
```

在父组件中使用，修改 src/App.vue 文件，代码如下：

```
//ch7/28/src/App.vue
<template>
  <div>
    <MyInputComponent v-model="inputValue" />
  </div>
</template>
<script setup>
import {ref} from 'vue'
import MyInputComponent from './components/MyInputComponent.vue'
const inputValue = ref()
</script>
```

定义自定义名字的 v-model，在 src/components 文件夹中创建 MyInputComponent2.vue 文件，代码如下：

```
//ch7/29/src/components/MyInputComponent2.vue
<template>
 <input
    :value="customValue"
    @input="$emit('update:customValue', $event.target.value)"
 />
</template>

<script>
export default {
  props: ['customValue'],
```

```
  emits: ['update:customValue']
};
</script>
```

在父组件中使用，修改 src/App.vue 文件，代码如下：

```
//ch7/29/src/App.vue
<template>
  <div>
    <MyInputComponent2 v-model:customValue="inputValue" />
  </div>
</template>
<script setup>
import {ref} from 'vue'
import MyInputComponent2 from './components/MyInputComponent2.vue'
const inputValue = ref()
</script>
```

3. 高级用法：修饰符

Vue.js 3 中的 v-model 支持修饰符，与 Vue.js 2 类似。可以帮助开发者提供一些特定的行为，如 .trim 和 .number：

（1）.trim 自动去除用户输入的前后空白字符。

（2）.number 将有效的输入转换成数字类型。

打开 src/App.vue 文件，编写的代码如下：

```
//ch7/30/src/App.vue
<template>
  <div>
    <input v-model.trim="message" />
  </div>
  <div>
    <input v-model.number="age" />
  </div>
</template>
<script setup>
import {ref} from 'vue'
const message = ref('')
const age = ref('')
</script>
```

注意：v-model 会忽略任何表单元素上初始的 value、checked 或 selected attribute。始终将当前绑定的 JavaScript 状态视为数据的正确来源。开发者应该在 JavaScript 中使用响应式系统的 API 声明该初始值。

7.6 计算属性和侦听器

Vue.js 文件中的计算属性和侦听器都是用来处理数据变化的响应式功能。

7.6.1 计算属性 computed

计算属性是通过 computed 函数创建的，计算属性通常用于根据组件的数据计算一个值，并且确保只有当相关依赖发生变化时才重新计算该值，打开 src/App.vue 文件，编写的代码如下：

```
//ch7/31/src/App.vue
<template>
  <div>
    <p>原价:{{price}}</p>
    <p>打折后的价格:{{discountedPrice}}</p>
  </div>
</template>

<script setup>
import {ref, computed} from 'vue'
const price = ref(100) // 商品原价
const discount = ref(0.2) // 商品折扣
// 计算属性
const discountedPrice = computed(() => {
  return price.value * (1 - discount.value)
})
</script>
```

上述代码演示了如何使用计算属性。

computed 用来定义一个计算属性。接收一个函数作为参数，自动跟踪该函数中所用到的响应式依赖（例如这里的 price 和 discount）。

当 price 或 discount 的值发生变化时，discountedPrice 计算属性会自动重新求值。

computed 返回的是一个响应式的引用，并且值是只读的。当访问计算属性的值时，需要使用 .value 属性，例如在模板中使用 {{ discountedPrice }} 时，Vue.js 会自动处理 .value 的访问。在 JavaScript 中访问计算属性时，需要通过 discountedPrice.value 获取实际的值。

7.6.2 计算属性和方法

计算属性（Computed Properties）和方法（Methods）都可以用来根据组件的状态计算并返回数据。两者在如何缓存和何时更新计算结果上有明显的区别。

（1）计算属性：计算属性依赖于响应式依赖（通常是响应式数据或计算属性）。只有当依赖的响应式数据发生变化时，计算属性才会重新计算其值。这种机制被称作缓存机制。也就是说，依赖数据没变，计算属性会立即返回之前的计算结果，而不会再次执行计算函数。这可以显著地提升性能，尤其是在涉及复杂计算或计算成本较高的情况。

（2）方法：每次调用方法时，Vue.js 都会运行方法中的代码，返回新计算的结果，而不管输入数据是否发生改变，因此，方法不具备缓存机制，每次被请求时是即时执行的。

打开 src/App.vue 文件，编写的代码如下：

```
//ch7/32/src/App.vue
<template>
  <div>
    <p>计算属性结果:{{computedValue}}</p>
    <p>方法结果:{{methodValue()}}</p>
  </div>
</template>

<script setup>
import {ref, computed} from 'vue'
const a = ref(1)
```

```
const b = ref(2)
const computedValue = computed(() => {
  console.log('计算属性结果 =>')
  return a.value + b.value
})
const methodValue = () => {
  console.log('方法结果 =>')
  return a.value + b.value
}
</script>
```

在上述代码中,如果 a 或 b 发生了变化,则 computedValue 将重新计算,将信息输出到控制台。

每当模板中的 methodValue() 方法被调用(例如组件重新渲染)时都会执行并将信息输出到控制台,而不管 a 或 b 的值是否有变化。

到底是使用计算属性还是方法,主要取决于具体需求:

(1)如果需要基于响应式数据进行性能敏感的计算,并且只在响应式依赖发生变化时更新结果,则应该使用计算属性。

(2)如果需要执行一个操作,例如用户提交的结果,或者计算结果不需要缓存,则使用方法可能更适合。

7.6.3　侦听器 watch

1. 监听变量的值变化

watch 是一个核心功能,用来观察和响应 Vue.js 实例上的数据变动。当需要在数据变化时执行异步或开销较大的操作时,watch 是非常有用的。可以使用 watch 侦听响应式数据的变化,在变化时触发特定的回调,打开 src/App.vue 文件,编写的代码如下:

```
//ch7/33/src/App.vue
<template>
  <div>
    {{state}} - {{otherState}}
    <button @click="changeState">改变 state</button>
  </div>
</template>
<script setup>
import {reactive, watch} from 'vue'
// 创建一个响应式的状态对象
const state = reactive({count: 0})
// 观察单个响应式引用
watch(
  () => state.count,
  (newCount, oldCount) => {
    console.log(`count 变化了,新的值为 ${newCount},之前的值为 ${oldCount}`)
  }
)
const changeState = () => {
  state.count++
}
// 观察多个源
const otherState = reactive({name: 'Vue'})
watch([() => state.count, () => otherState.name], (newValues, oldValues) =>
```

```
            console.log(`count 或 name 变化了，新的值为 ${newValues}，之前的值为 ${oldValues}`)
        )
    </script>
```

在上述代码中 watch() 函数接受两个参数：

被观察的响应式引用或 getter() 函数。对于响应式引用，直接传入（如 state.count）。对于 getter() 函数，需要包装成一个无参数返回响应式状态（如 () => state.count）。

回调函数，当观察的数据变化时会被调用。回调函数接受新值和旧值作为参数。

此外，watch 还可以接受第 3 个参数，这是一个对象，用来配置一些高级功能。

（1）immediate：如果设置为 true，则会在监听器创建后立即调用回调，以当前状态作为"旧值"参数。

（2）deep：如果设置为 true，则将深度观察被监听的对象内部值的变化（对于对象或数组等复杂类型数据）。

2. 选项：immediate，即时回调的侦听器

watch 侦听器的 immediate 选项可以用于控制侦听器在创建后是否应该立即执行一次回调函数。

在默认情况下，使用 watch 创建侦听器时，仅在侦听的响应式属性发生变化后才触发回调函数。如果想要在侦听器创建的同时即立即执行回调函数（使用当前的值作为旧值和新值），则可以设置 immediate: true。

打开 src/App.vue 文件，编写的代码如下：

```
//ch7/34/src/App.vue
<template>
    <div>
        {{state}}
    </div>
</template>
<script setup>
import {reactive, watch} from 'vue'
const state = reactive({count: 0})
watch(
    () => state.count,
    (newCount, oldCount) => {
        console.log(`count 立即触发，新的值为 ${newCount}，之前的值为 ${oldCount}`)
    },
    {
        immediate: true // 立即触发回调函数
    }
)
</script>
```

在上述代码中，watch 侦听了 state.count 这个响应式引用。正常情况下，只有在 count 发生变化时才会触发回调函数，但是由于设置了 immediate: true，所以在侦听器首次创建时，watch 会立即执行回调函数。

immediate 选项在一些场景下很有用，例如当需要基于当前状态初始化某些数据时。

3. 选项：deep，深层侦听器

watch 侦听器的 deep 选项能够深度观察一个对象内部的变化，例如当需要检测到一个对象的嵌套属性或数组内部元素的改变时。

在默认情况下，watch 并不会检测对象内部属性的变化，即对象或数组的内部变动是不会触发回调的。如果要侦听对象或数组内部值的变化，则 deep 选项需要被设置为 true。

打开 src/App.vue 文件，编写的代码如下：

```vue
//ch7/35/src/App.vue
<template>
  <div>
    {{state}}
  </div>
  <div>
    <button @click="handle">改变 userInfo 的值</button>
  </div>
</template>
<script setup>
import {reactive, watch} from 'vue'
const state = reactive({
  userInfo: {name: '张三', sex: '男'}
})
const handle = () => {
  state.userInfo.name = '李四'
  state.userInfo.sex = '女'
}
// 深度观察
watch(
  () => state.userInfo,
  (newValue, oldValue) => {
    console.log('userInfo发生深度变化 =>', newValue)
  },
  {
    deep: true // 开启深度观察
  }
)
</script>
```

在上述代码中，watch 侦听了 state.userInfo 对象。如果没有 deep 选项，则对 userInfo.name 或 userInfo.sex 的更改不会触发回调函数。由于在这里设置了 deep: true，所以这些嵌套属性发生了变化也会导致回调函数的执行。

开启深度观察可能带来性能上的开销，因为 Vue.js 需要递归地访问被侦听对象的所有属性以侦测可能的变化，因此，只有在确实需要的情况下才应该使用 deep 选项。

7.7 组件

Vue.js 的组件是视图层的基本组成单元。

7.7.1 概念

组件是一个单独且可复用的功能模块的封装。

组件允许将 UI 划分为独立的可重用的部分，并且可以对每部分进行单独思考。在实际应用中，组件常常被组织成层层嵌套的树状结构。

在 src/components 文件夹中创建 ButtonCounter.vue 组件，代码如下：

```
//ch7/36/src/components/ButtonCounter.vue
<template>
  <button @click="count++">单击 {{count}} 次.</button>
</template>
<script setup>
import {ref} from 'vue'

const count = ref(0)
</script>
```

上述代码是一个计数器组件,命名为 ButtonCounter.vue,这个组件将会以默认导出的形式被暴露给外部。

定义一个名为 count 的响应式变量,初始值为 0。在模板中显示 count 变量值,每次单击按钮时,通过 @click 事件触发 count 的自增操作。

如果要使用子组件,则需要在父组件中导入,打开 src/App.vue 文件,编写的代码如下:

```
//ch7/36/src/App.vue
<template>
  <div>
    <h1>这里有一个子组件</h1>
    <div><ButtonCounter /></div>
  </div>
</template>
<script setup>
import ButtonCounter from './components/ButtonCounter.vue'
</script>
```

组件也可以重复使用任意多次,打开 src/App.vue 文件,编写的代码如下:

```
//ch7/37/src/App.vue
<template>
  <div>
    <h1>这里有多个组件</h1>
    <div><ButtonCounter /></div>
    <div><ButtonCounter /></div>
    <div><ButtonCounter /></div>
    <div><ButtonCounter /></div>
    <div><ButtonCounter /></div>
  </div>
</template>
<script setup>
import ButtonCounter from './components/ButtonCounter.vue'
</script>
```

每当单击这些按钮时,每个组件都维护着自己的状态,显示不同的 count。这是因为每当使用一个组件时,就会创建一个新的实例。

在单文件组件中,推荐子组件使用 PascalCase(与骆驼命名法类似。骆驼命名法是首字母小写,而帕斯卡命名法则是首字母大写)的标签名来区分原生 HTML 元素。这样可以使代码更易读、更易懂,同时在编译中也可以更容易地区分大小写。可以在单文件组件中使用"/>"来关闭一个标签,这可以使代码更简洁和更易读。

7.7.2 组件优势

组件化开发可以提高应用的可维护性、可重用性和可扩展性,可以将复杂的业务逻辑拆分成较小的单元，降低耦合度，提高代码的可读性和可维护性。组件化开发还可以大大减少代码的冗余，提高代码的复用性，降低开发成本。同时，每个组件都是独立的，可以单独进行测试，从而减少了测试的时间和成本，提高了应用的质量。

合理地划分组件可以提高应用的性能。由于每个组件都是独立的，所以可以根据需要灵活地加载，从而减小整个应用的资源占用和加载时间。组件可以采用懒加载的方式，只有在需要时才被加载，可以避免一次性加载所有组件所带来的延迟和资源浪费。合理划分和使用组件，可以在不影响应用功能和可维护性的前提下，提高应用的性能和用户体验。

组件化开发可以使代码更加方便组织和管理，并且扩展性也更强，便于多人协同开发。将代码分解为组件，每个组件都负责一个特定的功能，这些功能可以组合起来形成完整的应用。由于每个组件都是独立的，因此可以避免开发人员之间的命名冲突和代码冲突。此外，每个组件都是单独的模块，可以在不影响组件的前提下进行修改和调试，降低代码维护和调试的难度。最重要的是，组件化开发便于多人协同开发，每个开发者都可以独立开发和维护自己负责的组件，从而提高协作效率和代码质量。

7.7.3 注册

一个 Vue.js 组件在使用前需要先被"注册"，这样 Vue.js 才能在渲染模板时找到其对应的实现。组件注册有两种方式：全局注册和局部注册。

1. 全局注册

全局注册的组件可以在项目的任何一个模板中使用。可以通过以下方式进行全局注册。在 src/components 文件夹中创建 MyComponent.vue 组件，代码如下：

```vue
//ch7/38/src/components/MyComponent.vue
<template>
    <div> 这是一个全局组件 </div>
</template>

<script setup></script>
```

打开 src/main.js 文件，全局注册组件，代码如下：

```js
//ch7/38/src/main.js
import {createApp} from 'vue';
import App from './App.vue';
import MyComponent from './components/MyComponent.vue';
const app = createApp(App);
app.component('MyComponent', MyComponent);   // 全局注册组件
```

注册之后，就可以在此应用的任何模板中像使用局部组件一样使用 <MyComponent />，而无须在每个使用它的组件中单独导入和注册了。

打开 src/App.vue 文件，应用全局注册组件，代码如下：

```vue
//ch7/38/src/App.vue
<template>
  <div>
    <!-- 应用全局注册的组件 -->
    <MyComponent />
  </div>
</template>
<script setup></script>
```

全局注册的组件在所有的 Vue.js 实例中可用,这可能会导致不必要的全局状态或代码冗余。在应用程序较大或组件很少会被重用时,最好还是使用局部注册。

2. 局部注册

全局注册虽然方便,但在一些方面确实存在一些问题。局部注册则可以更好地控制代码的依赖性和可维护性。在实际开发中,应该根据项目的需要灵活地选择使用全局注册或局部注册。

在 src/components 文件夹中创建 ComponentA.vue 组件,代码如下:

```
//ch7/39/src/components/ComponentA.vue
<template>
  <div>这是一个局部组件</div>
</template>

<script setup></script>
```

在使用 <script setup> 的单文件组件中,导入的组件可以直接在模板中使用,而无须注册,打开 src/App.vue 文件,编写的代码如下:

```
//ch7/39/src/App.vue
<template>
  <ComponentA />
</template>

<script setup>
import ComponentA from './components/ComponentA.vue'
</script>
```

如果没有使用 <script setup>,在 ".vue" 文件中使用组件,则需要使用 components 选项来显式地注册这些组件,打开 src/App.vue 文件,编写的代码如下:

```
//ch7/40/src/App.vue
<template>
  <ComponentA />
</template>

<script>
import ComponentA from './components/ComponentA.js'

export default {
  components: {
    ComponentA
  },
  setup() {
    //...
  }
}
</script>
```

components 选项需要一个对象,对象里的属性就是组件名,属性的值就是组件选项对象。

局部注册的组件在后代组件中并不可用。在局部注册的情况下,注册的组件仅在当前组件中可用,如果需要在子组件中使用该组件,则需要在子组件中再次注册这个组件。这样可以避免组件之间的隐式依赖关系,使组件之间的关系更加明了。

打开 src/App.vue 文件,修改后的代码如下:

```vue
//ch7/41/src/App.vue
<template>
  <div>
    <!-- 直接使用局部注册的 MyComponent 组件 -->
    <MyComponent />
    <!-- 作为自定义组件注册到子组件中 -->
    <ComponentB>
      <MyComponent />
    </ComponentB>
  </div>
</template>

<script>
import ComponentB from './components/ComponentB.vue'
import MyComponent from './components/MyComponent.vue'

export default {
  name: 'ComponentA',
  components: {
    MyComponent,
    ComponentB,
  },
}
</script>
```

在 src/components 文件夹中创建 ComponentB.vue 组件,代码如下:

```vue
//ch7/41/src/components/ComponentB.vue
<template>
  <div>
    <!-- 直接使用局部注册的 MyComponent 组件 -->
    <MyComponent />
    <!-- 作为父组件提供的子组件使用 -->
    <slot />
  </div>
</template>

<script>
import MyComponent from './MyComponent.vue'

export default {
  name: 'ComponentB',
  components: {
    MyComponent,
  },
}
</script>
```

在 src/components 文件夹中修改 MyComponent.vue 组件,代码如下:

```vue
//ch7/41/src/components/MyComponent.vue
<template>
  <div>
    {{message}}
  </div>
</template>
```

```
<script>
export default {
  name: 'MyComponent',
  data() {
    return {
      message: 'Hello, World!',
    }
  },
}
</script>
```

在 App.vue 文件中局部注册了 MyComponent 组件，并直接在当前组件中使用。同时，在 ComponentB.vue 文件中也向父组件提供了 MyComponent 组件，在子组件中使用时需要再次注册。这样做的好处是可以更加清晰地控制组件之间的依赖关系，使代码更加容易维护。

7.7.4 props

props 可以是数组或对象，用来接收来自父组件的数据，这样组件就可以在自己的作用域内使用这些数据了。

在使用 `<script setup>` 的单文件组件中，defineProps() 可以用来声明 props 选项。

在 src/components 文件夹中，创建 componentA1.vue 组件，代码如下：

```
//ch7/42/src/components/componentA1.vue
<template>
  <div>
    <!-- 这是子组件 componentA -->
    <div>{{props.age}}</div>
  </div>
</template>
<script setup>
const props = defineProps({
  age: {
    // 类型为 Number
    type: Number,
    // 默认值为 0
    default: 0,
    // 必填
    required: true,
    // 数据校验，规则是大于或等于 0
    validator: function (value) {
      return value >= 0;
    },
  },
});
</script>
```

打开 src/App 文件，引入 componentA1 组件，代码如下：

```
//ch7/42/src/App.vue
<template>
  <div>
    <!-- 这是父组件 -->
    <componentA1 :age="10"></componentA1>
  </div>
```

```
</template>
<script setup>
import componentA1 from './components/componentA1.vue';
</script>
```

在父组件中传递了一个名为 age 的 prop，prop 的值为 10。这里使用了动态绑定语法。

7.7.5 传递静态或动态的 props

1. 传入一个静态的值

在 src/components 文件夹中创建 componentA2.vue 组件，代码如下：

```
//ch7/43/src/components/componentA2.vue
<template>
  <div>
    <!-- 这是子组件 -->
    <div>{{props.title}}</div>
  </div>
</template>
<script setup>
const props = defineProps(['title'])
</script>
```

打开 src/App.vue 文件，引入 componentA2 组件，代码如下：

```
//ch7/43/src/App.vue
<template>
  <div>
    <!-- 这是父组件 -->
    <componentA2 title="这是传入一个静态的值"></componentA2>
  </div>
</template>
<script setup>
import componentA2 from './components/componentA2.vue';
</script>
```

2. 动态赋值

可以通过 v-bind 或简写 ":" 动态地进行赋值，打开 src/App.vue 文件，编写的代码如下：

```
//ch7/44/src/App.vue
<template>
  <div>
    <!-- 这是父组件 -->
    <div>
      <!-- 动态赋予一个变量的值 -->
      <componentA2 :title="title"></componentA2>
    </div>
    <div>
      <!-- 动态赋予一个复杂表达式的值 -->
      <componentA2 :title="title + ' by ' + author"></componentA2>
    </div>
  </div>
</template>
<script setup>
import {ref} from 'vue'
import componentA2 from './components/componentA2.vue'
const title = ref('动态赋予一个变量的值')
```

```
const author = ref(' 张三 ')
</script>
```

在上述代码中,传入的值都是字符串类型的,但实际上任何类型的值都可以作为 props 的值被传递。

3. 传入一个数字 Number

在 src/components 文件夹中创建 componentA3.vue 组件,代码如下:

```
//ch7/45/src/components/componentA3.vue
<template>
  <div>
    <!-- 这是子组件 -->
    <div>{{props.likes}}</div>
  </div>
</template>
<script setup>
const props = defineProps({
  likes: {
    type: Number
  }
})
</script>
```

打开 src/App.vue 文件,引入 componentA3 组件,代码如下:

```
//ch7/45/src/App.vue
<template>
  <div>
    <!-- 虽然 `50` 是个常量,但是需要使用 v-bind -->
    <!-- 因为这是一个 JavaScript 表达式而不是一个字符串 -->
    <componentA3 :likes="50" />
  </div>
  <br>
  <div>
    <!-- 根据一个变量的值动态传入 -->
    <componentA3 :likes="post.likes" />
  </div>
</template>
<script setup>
import {reactive} from 'vue'
import componentA3 from './components/componentA3.vue'
const post = reactive({
  likes: 10
})
</script>
```

4. 传入一个布尔值 Boolean

在 src/components 文件夹中创建 componentA4.vue 组件,代码如下:

```
//ch7/46/src/components/componentA4.vue
<template>
  <div>
    <!-- 这是子组件 -->
    <div>{{props.isPublished}}</div>
  </div>
</template>
<script setup>
```

```
const props = defineProps({
  isPublished: {
    type: Boolean
  }
})
</script>
```

打开 src/App.vue 文件，引入 componentA4 组件，代码如下：

```
//ch7/46/src/App.vue
<template>
  <div>
    <!-- 即使 `false` 是静态的值，仍然需要 `v-bind` -->
    <!-- 因为这是一个 JavaScript 表达式而不是一个字符串 -->
    <componentA4 :isPublished="false" />
  </div>
  <br />
  <div>
    <!-- 根据一个变量进行动态赋值 -->
    <componentA4 :isPublished="post.isPublished" />
  </div>
</template>
<script setup>
import {reactive} from 'vue'
import componentA4 from './components/componentA4.vue'
const post = reactive({
  isPublished: true
})
</script>
```

5. 传入一个数组 Array

在 src/components 文件夹中创建 componentA5.vue 组件，代码如下：

```
//ch7/47/src/components/componentA5.vue
<template>
  <div>
    <!-- 这是子组件 -->
    <div>{{props.ids}}</div>
  </div>
</template>
<script setup>
const props = defineProps({
  ids: {
    type: Array
  }
})
</script>
```

打开 src/App.vue 文件，引入 componentA5 组件，代码如下：

```
//ch7/47/src/App.vue
<template>
  <div>
    <!-- 即使数组是静态的，仍然需要使用 `v-bind` -->
    <!-- 因为这是一个 JavaScript 表达式而不是一个字符串 -->
    <componentA5 :ids="[123, 456, 789]" />
  </div>
  <br />
```

```
    <div>
      <!-- 根据一个变量进行动态赋值 -->
      <componentA5 :ids="post.ids" />
    </div>
</template>
<script setup>
import {reactive} from 'vue'
import componentA5 from './components/componentA5.vue'
const post = reactive({
  ids: [111, 222, 333]
})
</script>
```

6. 传入一个对象 Object

在 src/components 文件夹中创建 componentA6.vue 组件，代码如下：

```
//ch7/48/src/components/componentA6.vue
<template>
   <div>
      <!-- 这是子组件 -->
      <div>{{props.author}}</div>
   </div>
</template>
<script setup>
const props = defineProps({
  author: {
    type: Object
  }
})
</script>
```

打开 src/App.vue 文件，引入 componentA6 组件，代码如下：

```
//ch7/48/src/App.vue
<template>
   <div>
      <!-- 即使这个对象的字面量是个常量, 仍然需要使用 v-bind -->
      <!-- 这是一个 JavaScript 表达式而不是一个字符串 -->
      <componentA6 :author="{ name: '张三', company: '张三有限公司' }" />
   </div>
   <br />
   <div>
      <!-- 根据一个变量进行动态赋值 -->
      <componentA6 :author="post.author" />
   </div>
</template>
<script setup>
import {reactive} from 'vue'
import componentA6 from './components/componentA6.vue'
const post = reactive({
  author: { name: '李四', company: '李四技术有限公司' }
})
</script>
```

7.7.6 单向数据流

所有的 props 在 Vue.js 文件中都遵循着单向绑定原则。props 是从父组件向子组件传递数据的，只能由父组件对其进行更新，子组件不能直接修改 props 的值。

这种单向数据流的设计可以避免子组件误操作而导致父组件状态不稳定的情况，使整个应用的数据流变得更可控、更易于维护。

每次父组件更新后，所有的子组件中的 props 都会被更新到最新值，这意味着不应该在子组件中更改一个 prop。若这么做了，Vue.js 则会在控制台上抛出警告，在 src/components 文件夹中创建 componentA7.vue 组件，代码如下：

```
//ch7/49/src/App.vue
<template>
  <div>
    <!-- 这是子组件 -->
    <div>{{props.foo}}</div>
  </div>
</template>
<script setup>
const props = defineProps(['foo'])

// 警告！props 是只读的！
// 这里先做注销处理
props.foo = 'bar'
</script>
```

通常情况下，想要修改一个 prop 的需求可能来源于以下两种场景。

1. prop 用来传入初始值

子组件想将其作为一个本地的数据来使用。在这种情形下，最好定义一个本地的数据，将 prop 作为其初始值即可，在 src/components 文件夹中创建 componentA8.vue 组件，代码如下：

```
//ch7/50/src/components/componentA8.vue
<template>
  <div>
    <!-- 这是子组件 -->
    <div>{{counter}}</div>
    <button @click="counter++"> 按钮 </button>
  </div>
</template>
<script setup>
import {ref} from 'vue'
const props = defineProps(['initialCounter'])

// 计数器将 props.initialCounter 的值作为初始值
const counter = ref(props.initialCounter)
</script>
```

打开 src/App.vue 文件，引入 componentA8 组件，代码如下：

```
//ch7/50/src/App.vue
<template>
  <div>
    <!-- 根据一个变量进行动态赋值 -->
    <componentA8 :initialCounter="initialCounter" />
  </div>
</template>
<script setup>
import {ref} from 'vue'
```

```
import componentA8 from './components/componentA8.vue'
const initialCounter = ref(0)
</script>
```

2. 对 prop 值进行转换

对传入的 prop 值进行转换，最好是使用这个 prop 值定义一个计算属性，在 src/components 文件夹中创建 componentA9.vue 组件，代码如下：

```
//ch7/51/src/components/componentA9.vue
<template>
  <div>
    <!-- 这是子组件 -->
    <div>{{normalizedSize}}</div>
  </div>
</template>
<script setup>
import {computed} from 'vue'
const props = defineProps(['size'])

// 当 prop 发生变更时，计算属性也会自动更新
//trim() 和 toLowerCase() 都是 JavaScript 中的字符串方法
//trim() 方法用于删除字符串两端的空白字符。空白字符包括空格、制表符、换行符等其他空
// 白符
//toLowerCase() 方法用于将字符串中的所有大写字母转换为小写字母
const normalizedSize = computed(() => props.size.trim().toLowerCase())
</script>
```

打开 src/App.vue 文件，引入 componentA9 组件，代码如下：

```
//ch7/51/src/App.vue
<template>
  <div>
    <!-- 根据一个变量进行动态赋值 -->
    <componentA9 :size="size" />
  </div>
</template>
<script setup>
import {ref} from 'vue'
import componentA9 from './components/componentA9.vue'
const size = ref('   ABC   ')
</script>
```

7.7.7 props 验证

Vue.js 组件能够更细致地声明对传入 props 的校验要求。如果传入值不满足类型要求，则 Vue.js 会在浏览器控制台中抛出警告，提醒开发者注意。这在开发组件时非常有用，因为 props 验证能够确保组件的稳定性和可维护性。除了类型声明之外，还可以指定 props 必须满足的条件、默认值及自定义校验函数等，这些方式也有助于提高组件的可靠性和可维护性。在 src/components 文件夹中创建 componentA10.vue 组件，代码如下：

```
//ch7/52/src/components/componentA10.vue
<template>
  <div>
    <!-- 这是子组件 -->
    <div>{{props}}</div>
    <div>{{props.propG()}}</div>
```

```
    </div>
</template>
<script setup>
const props = defineProps({
  // 基础类型检查（给出 `null` 和 `undefined` 会通过任何类型检查）
  propA: Number,
  // 多种可能的类型
  propB: [String, Number],
  //String 字符串类型
  propC: {
    type: String,
    required: true
  },
  // 带有默认值的 Number 数字类型
  propD: {
    type: Number,
    default: 1
  },
  // 带有默认值的对象类型
  propE: {
    type: Object,
    // 对象或数组的默认值必须从一个工厂函数获得
    default() {
      return {message: 'hello'}
    }
  },
  // 自定义校验函数
  propF: {
    validator(value) {
      // 这个值必须匹配下列字符串中的一个值
      return ['success', 'warning', 'danger'].includes(value)
    }
  },
  // 带有默认值的函数类型
  propG: {
    type: Function,
    // 与对象或数组的默认值不同，这不是工厂函数。这是一个用来作为默认值的函数
    default() {
      return 'Default function'
    }
  }
})
</script>
```

当 prop 验证失败的时候，(在开发模式下) Vue.js 将会产生一个控制台的警告。

打开 src/App.vue 文件，引入 componentA10 组件，代码如下：

```
//ch7/52/src/App.vue
<template>
  <div>
    <!-- 根据一个变量进行动态赋值 -->
    <componentA10
      :propA="propA"
      :propB="propB"
      :propC="propC"
      :propD="propD"
      :propE="propE"
```

```
      :propF="propF"
      :propG="propG"
    />
  </div>
</template>
<script setup>
import {ref} from 'vue'
import componentA10 from './components/componentA10.vue'
const propA = ref(10)
const propB = ref('hello')
const propC = ref('world')
const propD = ref(100)
const propE = ref({hi:'你好!'})
const propF = ref('success')
const propG = () => {
  return '父组件的方法'
}
</script>
```

7.7.8 事件

在组件的模板表达式中，可以通过 emit() 方法触发自定义事件，一般会在 v-on 的事件处理函数中使用。使用 emit() 方法可以向父组件发送自定义事件，以便在父组件中处理这些事件。在 src/components 文件夹中创建 componentA11.vue 组件，代码如下：

```
//ch7/53/src/components/componentA11.vue
<template>
    <!-- 这是子组件 -->
    <button @click="onClick">click me</button>
</template>

<script setup>
const emit = defineEmits(["someEvent"]);

const onClick = () => {
    emit("someEvent","子组件携带的数据");
};
</script>
```

在父组件中，可以通过 v-on（缩写为 @）指令绑定自定义事件，定义一个相应的处理函数来响应该事件，打开 src/App.vue 文件，引入 componentA11 组件，代码如下：

```
//ch7/53/src/App.vue
<template>
  <div>
      <!-- 根据一个变量进行动态赋值 -->
      <componentA11 @someEvent="onClick" />
  </div>
</template>
<script setup>
import componentA11 from './components/componentA11.vue'
const onClick = (val) => {
  console.log('子组件作为荷载发送的数据 val =>', val)
}
</script>
```

7.7.9 组件的 v-model

在默认情况下，v-model 在组件上都会使用 modelValue 作为 prop，以 update:modelValue 作为对应的事件。可以通过给 v-model 指定一个参数来更改这些名字。

打开 src/App.vue 文件，编写的代码如下：

```
//ch7/54/src/App.vue
<template>
  <div><componentA12 v-model:title="title" /></div>
  <div>{{title}}</div>
</template>

<script setup>
import {ref} from 'vue'
import componentA12 from './components/componentA12.vue'
const title = ref('三国演义')
</script>
```

子组件声明一个 title prop，通过触发 update:title 事件更新父组件值，在 src/components 文件夹中创建 componentA12.vue 组件，代码如下：

```
//ch7/54/src/components/componentA12.vue
<template>
  <!-- 这是子组件 -->
  <input type="text" :value="title" @input="$emit('update:title', $event.target.value)" />
</template>

<script setup>
defineProps(['title'])
defineEmits(['update:title'])
</script>
```

7.7.10 插槽

1. 插槽内容与出口

在某些应用场景中，可能想要为子组件传递一些模板片段，在子组件中渲染这些片段。

打开 src/App.vue 文件，编辑的代码如下：

```
//ch7/55/src/App.vue
<template>
  <componentA13>
    单击 <!-- 插槽内容 -->
  </componentA13>
</template>

<script setup>
import componentA13 from "./components/componentA13.vue";
</script>
```

在 src/components 文件夹中创建 componentA13.vue 组件，代码如下：

```
//ch7/55/src/components/componentA13.vue
<template>
  <!-- 这是子组件 -->
  <button>
```

```
            <slot></slot>
            <!-- 插槽出口 -->
    </button>
</template>
```

<slot>元素是一个插槽出口（Slot Outlet），标示了父组件提供的插槽内容（Slot Content）将在子组件的什么地方被渲染。

最终渲染出来的 DOM 如下：

```
<button>单击</button>
```

通过插槽，组件更加灵活和更具有可复用性。组件可以用在不同的地方渲染各异的内容，同时还可以保证都具有相同的样式。

2. 默认内容

在父组件没有提供任何内容的情况下，可以为插槽指定默认内容，在 src/components 文件夹中创建 componentA14.vue 组件，代码如下：

```
//ch7/56/src/components/componentA14.vue
<template>
    <!-- 这是子组件 -->
    <button type="submit">
        <slot>
            提交
            <!-- 默认内容 -->
        </slot>
    </button>
</template>
```

打开 src/App.vue 文件，引入 componentA14 组件，代码如下：

```
//ch7/56/src/App.vue
<template>
    <div>
        <!-- 使用默认插槽内容 -->
        <componentA14/>
    </div>
    <div>
        <!-- 自定义插槽内容 -->
        <componentA14>保存</componentA14>
    </div>
</template>

<script setup>
import componentA14 from './components/componentA14.vue'
</script>
```

使用默认插槽内容，在组件模板中使用 <componentA14> 标签，此处没有提供任何插槽内容，<componentA14> 组件会显示默认的内容"提交"。

自定义插槽内容，在组件模板中使用 <componentA14> 标签，并且提供了自定义的插槽内容（"保存"），<componentA14> 组件会显示"保存"。

3. 具名插槽

具名插槽是一种在 Vue.js 组件中定义多个插槽的方式，每个插槽都可以有自己的名称，并在组件模板中通过名称来引用。与默认插槽不同，具名插槽可以在组件中定义多个，并且可以传递不同的内容和数据。

如果要为具名插槽传入内容，则需要使用一个含 v-slot 指令的 <template> 元素，将目标插槽的名称作为指令的参数，代码如下：

```
<BaseLayout>
  <template v-slot:header>
    <!-- 插槽内容 -->
  </template>
</BaseLayout>
```

Vue.js 提供了 v-slot 对应的简写 "#"，<template v-slot:header> 可以简写为 <template #header>，也就是"将这部分模板片段传入子组件的具名插槽 header 中"。

在 src/components 文件夹中创建 BaseLayout.vue 组件，代码如下：

```
//ch7/57/src/components/BaseLayout.vue
<template>
  <div class="container">
    <header>
      <slot name="header"></slot>
    </header>
    <main>
      <slot></slot>
    </main>
    <footer>
      <slot name="footer"></slot>
    </footer>
  </div>
</template>

<style>
  footer {
    border-top: 1px solid #ccc;
    color: #666;
    font-size: 0.8em;
  }
</style>
```

打开 src/App.vue 文件，引入 BaseLayout 组件，代码如下：

```
//ch7/57/src/App.vue
<template>
  <BaseLayout>
    <template #header>
      <h1> 这里是标题 </h1>
    </template>

    <template #default>
      <p> 这里是主要内容 .</p>
      <p> 作者信息 .</p>
    </template>

    <template #footer>
      <p> 这里是页脚 </p>
    </template>
  </BaseLayout>
</template>
```

```
<script setup>
import BaseLayout from './BaseLayout.vue'
</script>
```

当一个组件同时接收默认插槽和具名插槽时,所有位于顶级的非 <template> 节点都被隐式地视为默认插槽的内容。上述代码可以简写。

打开 src/App.vue 文件,修改后的代码如下:

```
//ch7/58/src/App.vue
<BaseLayout>
  <template #header>
     <h1> 这里是标题 </h1>
  </template>

  <!-- 隐式的默认插槽 -->
  <p> 这里是主要内容.</p>
  <p> 作者信息.</p>

  <template #footer>
     <p> 这里是页脚 </p>
  </template>
</BaseLayout>
```

最终渲染出的模板内容,代码如下:

```
<div class="container">
  <header>
     <h1> 这里是标题 </h1>
  </header>
  <main>
     <p> 这里是主要内容.</p>
     <p> 作者信息.</p>
  </main>
  <footer>
     <p> 这里是页脚 </p>
  </footer>
</div>
```

4. 作用域插槽

在某些应用场景下插槽的内容可能想要同时使用父组件的数据和子组件的数据。要做到这一点,需要一种方法来让子组件在渲染时将一部分数据提供给插槽。

如果要创建作用域插槽,则需要在使用 v-slot 或 "#" 指令时使用一个参数来命名插槽,为其指定一个传入值的名称。

在 src/components 文件夹中创建 componentA15.vue 组件,代码如下:

```
//ch7/59/src/components/componentA15.vue
<template>
  <!-- 这是子组件 -->
  <div>
     <!-- 定义一个作用域插槽,并提供名为 slotProps 的作用域数据 -->
     <slot name="default" :slotProps="scopeData"> 默认内容 </slot>
  </div>
</template>

<script setup>
```

```
import {ref} from 'vue'

// 使用 ref 创建响应式数据
const scopeData = ref({
  text: '你好，来自子组件！'
})
</script>
```

打开 src/App.vue 文件，引入 componentA15 组件，代码如下：

```
//ch7/59/src/App.vue
<template>
  <div>
    <!-- 使用 componentA15，并利用 v-slot 指令接收作用域插槽数据 -->
    <componentA15>
      <template v-slot:default="slotScope">
        <!-- 自定义渲染内容，可以访问子组件提供的作用域数据 -->
        <p>{{ slotScope.slotProps.text }}</p>
      </template>
    </componentA15>
  </div>
</template>

<script setup>
import componentA15 from "./components/componentA15.vue";
</script>
```

7.7.11 命名限制

以下这些名称作为保留关键字，不可作为组件名，见表 7-1。

表 7-1 保留关键字

a	canvas	cell	content	countdown
datepicker	div	element	embed	header
image	img	indicator	input	link
list	loading-indicator	loading	marquee	meta
refresh	richtext	script	scrollable	scroller
select	slider-neighbor	slider	slot	span
spinner	style	svg	switch	tabbar
tabheader	template	text	textarea	timepicker
transition-group	transition	video	view	web

除以上列表中的名称外，标准的 HTML 及 SVG 标签名也不能作为组件名。

7.8 组合式 API

在 Vue.js 3 中，可以使用导入的 API 函数来描述组件逻辑，这就是组合式 API。在单文件组件中，通常会使用 <script setup> 标志来使用组合式 API。这个标志会告诉 Vue.js 在编译时进行处理，使开发者能够更加简洁地使用组合式 API。

在 <script setup> 中，可以导入所需的函数、组件、包含组合式 API 的 import 语句等。同时，顶层变量和函数也可以在模板中直接使用，这大大减少了冗余代码，使组件更清晰和更易于维护。

7.8.1 使用组合式 API

打开 src/App.vue 文件，编写的代码如下：

```
//ch7/60/src/App.vue
<template>
  <div>
    {{ title }}
  </div>
</template>

<script>
import {defineComponent, ref} from 'vue'
export default defineComponent({
  setup() {
    const title = ref('Hello')

    return {
      title
    }
  }
})
</script>
```

7.8.2 使用 Script Setup

打开 src/App.vue 文件，使用 Script Setup 写法，编写的代码如下：

```
//ch7/61/src/App.vue
<template>
  <div>
    {{title}}
  </div>
</template>

<script setup>
import {ref} from 'vue'
const title = ref('Hello')
</script>
```

在 Vue.js 3 中，可以在单文件组件中使用 <script setup> 语法来使用组合式 API。相比于普通的 <script> 语法，<script setup> 具有以下几点优势。

1. 更少的样板内容，更简洁的代码

使用 <script setup> 可以大大减少代码量，以及声明和导入代码的烦琐性，使组件代码变得更加简洁易读。

2. 纯 TypeScript 声明 props 和自定义事件

可以在编写 Vue.js 组件时纯粹地使用 TypeScript 声明 props 和自定义事件的类型，提供类型安全和更好的代码提示能力。

3. 更好的运行时性能

模板会被编译成同一作用域内的渲染函数，避免了渲染上下文代理对象的生成，从而提高运行时性能。这种优化是由于 <script setup> 中的变量将会被提升到父级作用域中进行访问。

4. 更好的 IDE 类型推导性能

使用 <script setup> 不仅有助于减少代码，而且还能够提高 IDE 的类型推导性能，避免了语言服务器从代码中抽取类型的工作，提高了开发效率。

<script setup> 是推荐的组合式 API 使用方式。可以在不增加额外开销的情况下提供更好的类型提示、更少的样板代码及更好的运行性能。

7.8.3 基本语法

需要在 <script> 代码块上添加 setup attribute，写成 <script setup> 这样，代码如下：

```
<script setup>
console.log('hello script setup')
</script>
```

在 Vue.js 3 中，使用 <script setup> 所包含的代码会被编译成组件的 setup() 函数的内容。与普通的 <script> 不同的是，<script setup> 中的代码会在每次组件实例被创建时执行，而不仅在组件被首次引入时执行一次。

使用 <script setup> 时，所有在顶层声明的绑定，包括变量、函数声明和导入的内容都可以在组件模板中直接使用。不必像在常规的 Vue.js 组件中那样，在 data、computed 或 methods 部分显式定义这些绑定。

在 <script setup> 中声明一个变量 message，然后在模板中直接使用它。

打开 src/App.vue 文件，编写的代码如下：

```
//ch7/62/src/App.vue
<template>
  <button @click="log">{{ message }}</button>
</template>

<script setup>
const message = "Hello, Vue 3!";
const log = () => {
  console.log(message);
};
</script>
```

在上述代码中，没有在任何其他属性（例如 data 或 computed）中定义 message，只是在 <script setup> 的顶级声明了一个变量。该变量可以在模板中直接使用。

7.8.4 响应式

响应式状态需要使用响应式 API 来创建，包括 ref、reactive、computed 等。只有使用这些 API 创建的状态才能自动触发视图的更新。

打开 src/App.vue 文件，编写的代码如下：

```
//ch7/63/src/App.vue
<template>
  <div>{{count}}</div>
```

```
    <button @click="add">自增</button>
</template>

<script setup>
import {ref} from "vue";
const count = ref(0);
const add = () => {
  count.value++;
};
</script>
```

在 `<script setup>` 中声明的响应式状态,可以直接在模板中使用,Vue.js 3 会自动将其解包,使其在模板中表现为普通的变量。

7.8.5 使用组件

在 src/components 文件夹中创建 ComponentA16.vue 组件,代码如下:

```
//ch7/64/src/components/ComponentA16.vue
<template>
  <!-- 这是子组件 -->
  <div>
    自定义组件
  </div>
</template>
```

打开 src/App.vue 文件,引入 ComponentA16 组件,代码如下:

```
//ch7/64/src/App.vue
<template>
  <ComponentA16 />
</template>

<script setup>
import ComponentA16 from './components/ComponentA16.vue'
</script>
```

这里的 ComponentA16 可以被理解为在引用一个变量。

7.8.6 动态组件

由于在 `<script setup>` 中声明的组件变量是通过直接引用而非字符串组件名来定义的,所以在使用动态组件时,需要使用动态的 :is 属性来绑定。

在 src/components 文件夹中创建 ComponentAA.vue 组件,代码如下:

```
//ch7/65/src/components/ComponentAA.vue
<template>
  <!-- 这是子组件 -->
  <div>
    ComponentAA 组件
  </div>
</template>
```

在 src/components 文件夹中创建 ComponentBB.vue 组件,代码如下:

```
//ch7/65/src/components/ComponentBB.vue
<template>
```

```
  <!-- 这是子组件 -->
  <div>
    ComponentBB 组件
  </div>
</template>
```

打开 src/App.vue 文件，引入 ComponentAA 组件和 ComponentBB 组件，代码如下：

```
//ch7/65/src/App.vue
<template>
  <component :is="ComponentAA" />
  <component :is="currentComponent ? ComponentAA : ComponentBB" />
</template>

<script setup>
import {ref} from "vue";
import ComponentAA from "./components/ComponentAA.vue";
import ComponentBB from "./components/ComponentBB.vue";
const currentComponent = ref(false);
</script>
```

上述代码定义了两个组件：ComponentAA 和 ComponentBB，并将响应式变量 currentComponent 的值定义为 false。在模板部分，通过 ":is" 属性绑定了 currentComponent，动态地切换渲染的组件，在组件切换时，只需修改 currentComponent 的值，不需要进行额外的注册和销毁操作。

7.8.7　defineProps() 函数和 defineEmits() 函数

1. defineProps() 函数

defineProps() 函数在 <script setup> 标签内使用，能够更便捷地定义组件的属性（props）。不需要导入就可以使用，在模板编译的过程中已识别和处理。

在 src/components 文件夹中创建 ComponentDefineProps.vue 组件，代码如下：

```
//ch7/66/src/components/ComponentDefineProps.vue
<template>
  <div>{{title}} - {{message}}</div>
  <div>{{props}}</div>
</template>

<script setup>
// 使用 defineProps 定义组件的 props
const props = defineProps({
  title: String,
  message: {
    type: String,
    required: true
  }
});
</script>
```

打开 src/App.vue 文件，引入 ComponentDefineProps 组件，代码如下：

```
//ch7/66/src/App.vue
<template>
  <div>
```

```
    <ComponentDefineProps :title="title" :message="message" />
  </div>
</template>

<script setup>
import {ref} from 'vue'
import ComponentDefineProps from './components/ComponentDefineProps.vue'
const title = ref('DefineProps')
const message = ref('message')
</script>
```

2. defineEmits() 函数

defineEmits() 函数是一个编译时辅助函数，用于在 \<script setup\> 语法中声明组件可以发出的事件。

使用 defineEmits() 函数可以明确地指定组件可以发送哪些事件及对应的参数类型，从而增强代码的可读性和可维护性。

在 src/components 文件夹中创建 ComponentDefineEmits.vue 组件，代码如下：

```
//ch7/67/src/components/ComponentDefineEmits.vue
<template>
  <button @click="add">Add</button>
  <button @click="addValue">AddValue</button>
</template>

<script setup>
// 使用 defineEmits 定义组件的 emits
const emit = defineEmits(['add', 'addValue'])

// 在组件内部，调用 emit 函数来发射事件
const add = () => {
  emit('add')
}
// 在组件内部，调用 emit 函数来发射事件，携带荷载
const addValue = () => {
  emit('addValue', '发送携带的值')
}
</script>
```

打开 src/App.vue 文件，引入 ComponentDefineEmits 组件，代码如下：

```
//ch7/67/src/App.vue
<template>
  <div>
    <ComponentDefineEmits @add="add" @addValue="addValue" />
  </div>
</template>

<script setup>
import ComponentDefineEmits from './components/ComponentDefineEmits.vue'
const add = () => {
  console.log('无携带值 =>')
}
const addValue = (val) => {
  console.log('携带值 =>', val)
}
```

```
</script>
```

defineProps() 函数和 defineEmits() 函数只能在 <script setup> 中使用。不需要导入，这两个函数会随着 <script setup> 的处理过程一同被编译。

7.8.8 生命周期钩子函数

1. onBeforeMount() 钩子函数

onBeforeMount() 钩子函数会在组件挂载之前执行。在组件被渲染到 DOM 之前会先触发 onBeforeMount() 钩子函数，打开 src/App.vue 文件，编写的代码如下：

```
//ch7/68/src/App.vue
<template>
  <div>{{ message }}</div>
</template>

<script setup>
import {ref, onBeforeMount} from 'vue'
const message = ref('')
const fetchData = () => {
  // 异步获取数据方法
  return new Promise((resolve) => {
    // 模拟远程返回数据
    const data = {message: '数据获取成功！'}
    setTimeout(() => {
      resolve(data)
    }, 500)
  })
}
onBeforeMount(() => {
  console.log('组件挂载前执行')
  fetchData().then((data) => {
    message.value = data.message
  })
})
</script>
```

在组件挂载之前通过 fetchData() 方法异步获取数据，在 onBeforeMount() 钩子函数中更新 message 状态，以确保组件挂载时能够正常地渲染出数据。

onBeforeMount() 钩子函数只会在组件挂载之前执行一次，可以在这里进行一些初始化工作，例如异步获取数据、设置状态等，以便组件挂载时能够正常地渲染出数据。

2. onMounted() 钩子函数

onMounted() 钩子函数会在组件被挂载到 DOM 上后立即执行。可以用于在组件挂载后执行一些异步操作，例如请求数据、初始化插件等，打开 src/App.vue 文件，编写的代码如下：

```
//ch7/69/src/App.vue
<template>
  <div>{{message}}</div>
</template>

<script setup>
import {ref, onMounted} from 'vue'
const message = ref('')
```

```
const fetchData = () => {
  // 异步获取数据方法
  return new Promise((resolve) => {
    // 模拟远程返回数据
    const data = {message: '数据获取成功！'}
    setTimeout(() => {
      resolve(data)
    }, 500)
  })
}
// 在组件挂载后，异步获取数据并更新 message
onMounted(() => {
  console.log('组件挂载后执行')
  fetchData().then((data) => {
    message.value = data.message
  })
})
</script>
```

在 onMounted() 钩子函数的回调函数中，执行异步操作来更新组件的状态。

onMounted() 钩子函数只会在组件初次挂载时执行一次，如果需要在组件重渲染时执行异步操作，则可以考虑使用 onBeforeUpdate() 钩子函数。

3. onBeforeUpdate() 钩子函数

onBeforeUpdate() 钩子函数会在组件更新之前执行。在组件重新渲染之前会先触发 onBeforeUpdate() 钩子函数，打开 src/App.vue 文件，编写的代码如下：

```
//ch7/70/src/App.vue
<template>
  <div>{{ message }}</div>
  <button @click="updateMessage">更新</button>
</template>

<script setup>
import {ref, onBeforeUpdate} from 'vue'
const message = ref('张三丰')
const fetchData = () => {
  // 异步获取数据方法
  return new Promise((resolve) => {
    // 模拟远程返回数据
    const data = {message: '明教教主'}
    setTimeout(() => {
      resolve(data)
    }, 500)
  })
}
const updateMessage = () => {
  fetchData().then((data) => {
    message.value = data.message
  })
}
onBeforeUpdate(() => {
  console.log('组件更新前执行')
})
</script>
```

当单击按钮时会调用 updateMessage() 方法异步获取数据,更新 message 状态。当组件重新渲染之前会触发 onBeforeUpdate() 钩子函数,打印出"组件更新前执行"。

onBeforeUpdate() 钩子函数只会在组件更新之前执行一次,可以在这里进行一些更新前的操作,例如获取数据、打印日志等,以便在组件更新时能够得到最新的数据和状态。

4. onUpdated() 钩子函数

onUpdated() 钩子函数会在组件更新完成后执行。每次组件重新渲染后会触发 onUpdated() 钩子函数,打开 src/App.vue 文件,编写的代码如下:

```vue
//ch7/71/src/App.vue
<template>
  <div>{{message}}</div>
  <button @click="updateMessage"> 更新 </button>
</template>

<script setup>
import {ref, onUpdated} from 'vue'
const message = ref(' 张三丰 ')
const fetchData = () => {
  // 异步获取数据方法
  return new Promise((resolve) => {
    // 模拟远程返回数据
    const data = {message: ' 明教教主 '}
    setTimeout(() => {
      resolve(data)
    }, 500)
  })
}
const updateMessage = () => {
  fetchData().then((data) => {
    message.value = data.message
  })
}
onUpdated(() => {
  console.log(' 组件更新后执行 ')
})
</script>
```

当 updateMessage() 方法被调用时会异步获取数据,更新 message 状态,组件会被重新渲染,触发 onUpdated() 钩子函数,打印出"组件更新后执行"。

onUpdated() 钩子函数会在每次组件重新渲染后被触发,需要谨慎使用和执行性能敏感的操作。

5. onBeforeUnmount() 钩子函数

onBeforeUnmount() 钩子函数会在组件销毁之前执行。在组件从 DOM 中被移除之前会先触发 onBeforeUnmount() 钩子函数。

在 src/components 文件夹中创建 ComponentOnBeforeUnmount.vue 组件,代码如下:

```vue
//ch7/72/src/components/ComponentOnBeforeUnmount.vue
<template>
  <div> 组件 </div>
</template>
```

```
<script setup>
  import {onBeforeUnmount} from 'vue'
  onBeforeUnmount(() => {
    console.log('组件即将被销毁')
  })
</script>
```

打开 src/App.vue 文件，引入 ComponentOnBeforeUnmount 组件，代码如下：

```
//ch7/72/src/App.vue
<template>
  <ComponentOnBeforeUnmount v-if="destroyed" />
  <button @click="destroyComponent">销毁组件</button>
</template>

<script setup>
  import {ref} from 'vue'
  import ComponentOnBeforeUnmount from
'./components/ComponentOnBeforeUnmount.vue';
  const destroyed = ref(true)
  const destroyComponent = () => {
    destroyed.value = false
  }
</script>
```

当单击"销毁组件"按钮时会调用 destroyComponent() 方法将组件标记为 false。ComponentOnBeforeUnmount 组件准备销毁之前会触发 onBeforeUnmount() 钩子函数，打印出一条日志"组件即将被销毁"。onBeforeUnmount() 钩子函数只会在组件卸载之前执行一次，可以在这里进行一些清理工作，例如取消事件监听、清空定时器、取消请求等。

6. onUnmounted() 钩子函数

onUnmounted() 钩子函数会在组件被销毁时执行。当组件从 DOM 中被移除时会触发 onUnmounted() 钩子函数。

在 src/components 文件夹中创建 ComponentOnUnmounted.vue 组件，代码如下：

```
//ch7/73/src/components/ComponentOnUnmounted.vue
<template>
  <div>组件</div>
</template>

<script setup>
  import {onUnmounted} from 'vue'
  onUnmounted (() => {
    console.log('组件已销毁')
  })
</script>
```

打开 src/App.vue 文件，引入 ComponentOnUnmounted 组件，代码如下：

```
//ch7/73/src/App.vue
<template>
  <ComponentOnUnmounted v-if="destroyed" />
  <button @click="destroyComponent">销毁组件</button>
</template>
```

```
<script setup>
  import {ref} from 'vue'
  import ComponentOnUnmounted from
'./components/ComponentOnUnmounted.vue';
  const destroyed = ref(true)
  const destroyComponent = () => {
    destroyed.value = false
  }

</script>
```

当 destroyComponent() 方法被调用时会将 destroyed 的值设置为 false。

当 ComponentOnUnmounted 组件被销毁时会触发 onUnmounted() 钩子函数，打印出"组件已销毁"。

onUnmounted() 钩子函数只会在组件被销毁时执行一次，可以在这里进行一些清理工作，例如取消定时器、解绑事件等。

7.9 状态管理 Pinia

Pinia（发音为 /piːnjʌ/，如英语中的 peenya）是 Vue.js 的存储库，允许跨组件、页面共享状态。

Pinia 诞生于 Vuex 开发团队对 Vuex 下一版本的探索实验中，其融合了 Vuex 5 的核心开发团队所讨论的众多想法。随着这一探索的深入，Vuex 开发团队发现 Pinia 已经具备了对 Vuex 5 的大部分期望和设想，因此，Vuex 开发团队决定将 Pinia 作为官方推荐的状态管理方案，以替代原有的 Vuex。

Pinia 之于 Vuex，带来了一个更加简化的 API 设计，而且引入了与 Vue.js 3 组合式 API 相协调的接口风格。Pinia 在配合 TypeScript 使用时，体现出了极佳的类型推断能力，为开发者提供了一个既直观又可靠的状态管理体验。

Pinia 于 2020 年初正式推出，迅速获得了广泛的关注和使用。现在，Pinia 已经成为 Vue.js 应用程序中广泛使用的状态管理库之一。

7.9.1 安装

本项目创建时默认安装了 Pinia。如果没有安装 Pinia，则可使用 NPM 或者 YARN 包管理器安装 Pinia，命令如下：

```
npm install pinia --save

// 或者
yarn add pinia
```

7.9.2 创建 Pinia 实例并挂载到根元素

打开 src/main.js 文件，代码如下：

```
//ch7/74/src/main.js
import './assets/main.css'
```

```
import {createApp} from 'vue'
import {createPinia} from 'pinia'

import App from './App.vue'
import router from './router'

const app = createApp(App)

app.use(createPinia())
app.use(router)

app.mount('#app')
```

从 Pinia 库中导入 createPinia() 函数。createPinia() 函数会创建一个 Pinia 实例,该实例可以用于创建和管理状态。

从 Vue.js 文件中导入 createApp 函数及应用组件 App。创建一个 Vue.js 应用,使用 use 方法将 Pinia 实例注册到 Vue.js 应用中。

将 Vue.js 应用挂载到 HTML 元素上(此处为 #app)。

这样就在项目中成功地引入了 Pinia,就可以在项目中使用 Pinia 进行编程了。

7.9.3 定义 store

store 是一个保存状态和业务逻辑的实体,并不与组件树绑定。store 承载着全局状态。有点像一个永远存在的组件,每个组件都可以读取和写入。store 有 3 个概念:state、getter 和 action,这些概念相当于组件中的 data、computed 和 methods。

在项目的 src 文件夹中,新建一个 stores 文件夹。在 stores 文件夹中,创建一个 counter.js 文件,代码如下:

```
import { defineStore } from 'pinia'

// 第 1 个参数是应用中 store 的唯一 id
export const useCounterStore = defineStore('counter', {
  // 其他配置
})
```

可以对 defineStore() 的返回值进行任意命名,但最好使用 store 的名字,同时以 use 开头且以 store 结尾,例如 useUserStore、useCartStore、useProductStore。

defineStore() 的第 2 个参数可接受两类值:Setup 函数或 Option 对象。

1. Option store

与 Vue.js 的选项式 API 类似,这里可以传入一个带有 state、actions 与 getters 属性的 Option 对象。

打开 src/stores/counter.js 文件,编写的代码如下:

```
//ch7/74/src/stores/counter.js
import {defineStore} from 'pinia'
export const useCounterStore = defineStore('counter', {
  state: () => ({ count: 0 }),
  getters: {
    double: (state) => state.count * 2,
  },
  actions: {
```

```
    increment() {
      this.count++
    },
  },
})
```

也可以理解为 state 是 store 的数据（data），getters 是 store 的计算属性（computed），而 actions 则是方法（methods）。

2. 使用 store

前面定义了一个 store，在使用 <script setup> 调用 useStore() 之前，store 实例是不会被创建的。

打开 src/App.vue 文件，使用 store，代码如下：

```
//ch7/74/src/App.vue
<template>
  <div>
    <h2>count:{{count}} - doubleCount:{{double}}</h2>
    <button @click="increment">单击自增</button>
  </div>
</template>
<script setup>
import {storeToRefs} from 'pinia'
import {useCounterStore} from '@/stores/counter'
const store = useCounterStore()
const {increment} = store
const {count, double} = storeToRefs(store)
</script>
```

为了从 store 中提取属性时保持其响应性，需要使用 storeToRefs()。storeToRefs 将为每个响应式属性创建引用。当只使用 store 的状态而不调用任何 action 时，storeToRefs 会非常有用。action 可以从 store 直接解构，因为 action 是被绑定到 store 上的。

7.9.4 state

state 是 store 的核心。在 Pinia 中，state 被定义为一个返回初始状态的函数。

在项目的 src/stores 文件夹中创建 user.js 文件，代码如下：

```
//ch7/75/src/stores/user.js
import {defineStore} from 'pinia'

export const useUserStore = defineStore('user', {
    state: () => {
        return {
            // 所有这些属性都将被自动推断出类型
            name: '张三',
            age: 20,
            count: 0,
            isAdmin: true,
            items: [],
        }
    },
})
```

1. 访问 state

可以通过 store 实例访问 state，直接对其进行读写，打开 src/App.vue 文件，编写的代码如下：

```
//ch7/75/src/App.vue
import {useUserStore} from "@stores/user";
const store = useUserStore()
const add = () => {
  store.count++
}
```

2. 重置 state

通过调用 store 的 $reset() 方法将 state 重置为初始值，打开 src/App.vue 文件，编写的代码如下：

```
//ch7/75/src/App.vue
import {useUserStore} from "@stores/user";
const store = useUserStore()
const reset = () => {
  store.$reset()
}
```

3. 变更 state

除了可以用 store.count++ 直接改变 store，还可以调用 $patch 方法。$patch 方法允许用一个 state 的补丁对象在同一时间更改多个属性，打开 src/App.vue 文件，编写的代码如下：

```
//ch7/75/src/App.vue
import {useUserStore} from "@stores/user";
const store = useUserStore()
const patch1 = () => {
  store.$patch({
    count: store.count + 1,
    age: 30,
    name: '李四'
  })
}
```

$patch 方法也接受一个函数实现对 state 变更。

打开 src/App.vue 文件，编写的代码如下：

```
//ch7/75/src/App.vue
import {useUserStore} from "@stores/user";
const store = useUserStore()
const patch2 = () => {
  store.$patch((state) => {
    state.count++, (state.age = 30), (state.name = '李四')
  })
}
```

4. 替换 state

不能完全替换 store 的 state，那样会破坏其响应性。不过可以修补（patch）它，打开 src/App.vue 文件，编写的代码如下：

```
//ch7/75/src/App.vue
// 实际上并没有替换 `$state`
```

```
store.$state = {count: 24}
// 其实在内部调用了 `$patch()`:
store.$patch({count: 24})
```

5. App.vue 完整代码

App.vue 的完整代码如下:

```
//ch7/75/src/App.vue
<template>
  <div>
    <h2>store:{{store}}</h2>
    <br />
    <h2>store.count:{{store.count}}</h2>
    <br />
    <button @click="add">单击增加</button>
    <button @click="reset">设为初始值</button>
    <button @click="patch1">变更 state 方法 1</button>
    <button @click="patch2">变更 state 方法 2</button>
    <button @click="replace">替换 state</button>
  </div>
</template>
<script setup>
//import {storeToRefs} from 'pinia'
import {useUserStore} from '@/stores/user'
const store = useUserStore()
const add = () => {
  store.count++
}
const reset = () => {
  store.$reset()
}
const patch1 = () => {
  store.$patch({
    count: store.count + 1,
    age: 30,
    name: '李四'
  })
}
const patch2 = () => {
  store.$patch((state) => {
    state.count++, (state.age = 30), (state.name = '李四')
  })
}
const replace = () => {
  // 实际上并没有替换 `$state`
  store.$state = {count: 24}
  // 其实在内部调用了 `$patch()`:
  //store.$patch({count: 24})
}
</script>
```

7.9.5　getter

getter 完全等同于 store 的 state 的计算值。通过 defineStore() 中的 getters 属性来定义。这里推荐使用箭头函数，getter 接收 state 作为第 1 个参数。

打开 src/stores/user.js 文件,编写的代码如下:

```
//ch7/76/src/stores/user.js
import {defineStore} from 'pinia'

export const useUserStore = defineStore('user', {
    state: () => {
        return {
            // 所有这些属性都将被自动推断出类型
            name: '张三',
            age: 20,
            count: 0,
            isAdmin: true,
            items: [],
        }
    },
    getters: {
        doubleCount: (state) => state.count * 2,
    },
})
```

1. 访问 getter

在绝大多数情况下,getter 仅依赖 state,与计算属性一样,可以组合多个 getter。

打开 src/stores/user.js 文件,编写的代码如下:

```
//ch7/76/src/stores/user.js
import {defineStore} from 'pinia'

export const useUserStore = defineStore('user', {
    state: () => {
        return {
            // 所有这些属性都将被自动推断出类型
            name: '张三',
            age: 20,
            count: 0,
            isAdmin: true,
            items: [],
        }
    },
    getters: {
        doubleCount: (state) => state.count * 2,
        doublePlusOne: (state) => {
            return state.doubleCount + 1
        },
    },
})
```

打开 src/App.vue 文件,直接访问 store 实例上的 getter,代码如下:

```
//ch7/76/src/App.vue
<template>
  <p>Double count is {{doubleCount}}</p>
  <p>doublePlusOne count is {{doublePlusOne}}</p>
  <button @click="add">add</button>
</template>
<script setup>
import {storeToRefs} from 'pinia'
```

```
import {useUserStore} from '@/stores/user'
const store = useUserStore()
const {doubleCount, doublePlusOne} = storeToRefs(store)
const add = () => {
  store.count ++
}
</script>
```

2. 访问其他 store 的 getter

如果要使用另一个 store 的 getter，则直接在 getter 内使用就可以了，打开 src/stores/counter.js 文件，编写的代码如下：

```
//ch7/77/src/stores/counter.js
import {defineStore} from 'pinia'
import {useUserStore} from '@/stores/user'
export const useCounterStore = defineStore('counter', {
  state: () => ({count: 0}),
  getters: {
    double: (state) => state.count * 2,
    otherGetter: () => {
      const user = useUserStore()
      return user
    }
  },
  actions: {
    increment() {
      this.count++
    },
  },
})
```

打开 src/App.vue 文件，使用其他 store 的 getter，代码如下：

```
//ch7/77/src/App.vue
<template>
  <p>otherGetter:{{otherGetter}}</p>
</template>
<script setup>
import {storeToRefs} from 'pinia'
import {useCounterStore} from '@/stores/counter'
const store = useCounterStore()
const {otherGetter} = storeToRefs(store)
</script>
```

7.9.6　action

action 相当于组件中的 method。可以通过 defineStore() 中的 actions 属性来定义，action 是定义业务逻辑的完美选择，打开 src/stores/counter.js 文件，编写的代码如下：

```
//ch7/78/src/stores/user.js
import {defineStore} from 'pinia'

export const useUserStore = defineStore('user', {
  state: () => ({
    count: 0,
  }),
```

```
    actions: {
      increment() {
        this.count++
      },
      randomizeCounter() {
        this.count = Math.round(100 * Math.random())
      },
    },
})
```

打开 src/App.vue 文件，编写的代码如下：

```
//ch7/78/src/App.vue
<template>
  <p>{{count}}</p>
  <div><button @click="increment">自增</button></div>
  <div><button @click="randomizeCounter">获取随机数</button></div>
</template>
<script setup>
import {storeToRefs} from 'pinia'
import {useUserStore} from '@/stores/user'
const store = useUserStore()
const {increment, randomizeCounter} = store
const {count} = storeToRefs(store)
</script>
```

1. 访问其他 action

类似于 getter，action 也可以通过 this 访问整个 store 实例，并支持完整的类型标注。不同的是，action 可以是异步的，可以异步调用任何 API，以及其他 action。

在项目的 src/stores 文件夹中，创建 userinfo.js 文件，代码如下：

```
//ch7/79/src/stores/userinfo.js
import {defineStore} from 'pinia'

export const useUserinfoStore = defineStore('userinfo', {
    state: () => {
        return {
            userinfo: null,
            token: ''
        }
    },
    actions: {
        /**
         * 设置 userinfo
         * @param {object} userinfo
         */
        setUserinfo(userinfo) {
            this.userinfo = userinfo;
        },
        /**
         * 设置 Token
         * @param {string} token
         */
        setToken(token) {
            this.token = token;
        },
```

```
    /**
     * 注册
     * @param {string} username
     * @param {string} password
     */
    async register(username = '', password = '') {
        const {token, userinfo} = await this.getData({username,
        password});
        console.log('token, userinfo', token, userinfo);
        if (token) {
            this.setToken(token);
            this.setUserinfo(userinfo);
        }
    },

    async getData(data = {}) {
        console.log('data =>', data);
        return new Promise((resolve) => {
            // 模拟远程获取用户数据
            const userinfo = {name: '张三', age: 21, sex: '男'}
            const token = 'eyJhbGciOiJIUzI1NiIsInR5cCI6IkpXVCJ9.
            eyJuaWNrTmFtZSI6IuaYpeaxn'
            setTimeout(() => {
                resolve({userinfo, token})
            }, 500)

        })
    }
},
})
```

由于是在模拟用户注册,所以 register() 方法并没有提交任何参数。在实际注册中,username 和 password 的值应该不允许为空。

打开 src/App.vue 文件,编写的代码如下:

```
//ch7/79/src/App.vue
<template>
  <p>userinfo: {{userinfo}}</p>
  <p>token: {{token}}</p>
  <div><button @click="register"> 注册用户 </button></div>
</template>
<script setup>
import {storeToRefs} from 'pinia'
import {useUserinfoStore} from '@/stores/userinfo'
const store = useUserinfoStore()
const {register} = store
const {userinfo, token} = storeToRefs(store)
</script>
```

2. 访问其他 store 的 action

如果要使用另一个 store 的 action,则直接在 action 内使用就可以了。

打开 src/stores/counter.js 文件,修改后的代码如下:

```
//ch7/80/src/stores/counter.js
import {defineStore} from 'pinia'
import {useUserStore} from '@/stores/user'
```

```js
export const useCounterStore = defineStore('counter', {
  state: () => ({count: 0}),
  getters: {
    double: (state) => state.count * 2,
    otherGetter: () => {
      const user = useUserStore()
      return user
    }
  },
  actions: {
    increment() {
      this.count++
    },
    fooAction(payload) {
      console.log('调用了 useCounterStore 中的操作:', payload);
    }
  },
})
```

打开 src/stores/userinfo.js 文件,修改后的代码如下:

```js
//ch7/80/src/stores/userinfo.js
import {defineStore} from 'pinia'
import {useCounterStore} from '@/stores/counter'
export const useUserinfoStore = defineStore('userinfo', {
    state: () => {
        return {
            userinfo: null,
            token: ''
        }
    },
    actions: {
        /**
         * 设置 userinfo
         * @param {object} userinfo
         */
        setUserinfo(userinfo) {
            this.userinfo = userinfo;
        },
        /**
         * 设置 Token
         * @param {string} token
         */
        setToken(token) {
            this.token = token;
        },
        /**
         * 注册
         * @param {string} username
         * @param {string} password
         */
        async register(username = '', password = '') {
            const {token, userinfo} = await this.getData({username,
            password});
            console.log('token, userinfo', token, userinfo);
            if (token) {
                this.setToken(token);
```

```
                    this.setUserinfo(userinfo);
                }
            },
            /**
             * 模拟获取数据
             * @param {object} data
             * @returns
             */
            async getData(data = {}) {
                console.log('data =>', data);
                return new Promise((resolve) => {
                    // 模拟远程获取用户数据
                    const userinfo = {name: '张三', age: 21, sex: '男'}
                    const token = 'eyJhbGciOiJIUzI1NiIsInR5cCI6IkpXVCJ9.eyJuaWNrTmFtZSI6IuaYpeaxn'
                    setTimeout(() => {
                        resolve({userinfo, token})
                    }, 500)
                })
            },
            /**
             * 访问其他 store 的 action
             * @returns
             */
            otherAction() {
                const counter = useCounterStore()
                return counter.fooAction('携带的参数')
            }
        },
    })
```

打开 src/App.vue 文件，编写的代码如下：

```
//ch7/80/src/App.vue
<template>
  <div><button @click="triggerActions">访问其他store的action</button></div>
</template>
<script setup>
//import {ref} from 'vue'
import {useUserinfoStore} from '@/stores/userinfo'
const userinfo = useUserinfoStore()
const {otherAction} = userinfo
const triggerActions = () => {
  otherAction()
}
</script>
```

7.9.7 Pinia 数据持久化

在 Pinia 中，可以使用插件来对状态进行持久化。有一个稳定的插件可用于将某些或所有的状态持久化到浏览器的 localStorage 或 sessionStorage 中，名称为 pinia-plugin-persistedstate。

1. 安装 pinia-plugin-persistedstate

在命令行安装 pinia-plugin-persistedstate，命令如下：

```
yarn add pinia-plugin-persistedstate

// 或者
npm install pinia-plugin-persistedstate --save
```

2. 注册 pinia-plugin-persistedstate 插件

在 main.js 文件中注册 pinia-plugin-persistedstate，打开 src/main.js 文件，修改后的代码如下：

```
//ch7/81/src/main.js
import './assets/main.css'

import {createApp} from 'vue'
import {createPinia} from 'pinia'
import piniaPluginPersist from 'pinia-plugin-persistedstate'
import App from './App.vue'
import router from './router'

const app = createApp(App)
const store = createPinia()
// 数据持久化
store.use(piniaPluginPersist)
app.use(store)
app.use(router)

app.mount('#app')
```

3. 开启持久化

打开 src/stores/userinfo.js 文件，开启持久化，代码如下：

```
//ch7/81/src/stores/userinfo.js
import {defineStore} from 'pinia'
import {useCounterStore} from '@/stores/counter'
export const useUserinfoStore = defineStore('userinfo', {
    state: () => {
        return {
            userinfo: null,
            token: ''
        }
    },
    actions: {
        /**
         * 设置 userinfo
         * @param {object} userinfo
         */
        setUserinfo(userinfo) {
            this.userinfo = userinfo;
        },
        /**
         * 设置 Token
         * @param {string} token
         */
        setToken(token) {
            this.token = token;
        },
        /**
```

```
         * 注册
         * @param {string} username
         * @param {string} password
         */
        async register(username = '', password = '') {
            const {token, userinfo} = await this.getData({username,
            password});
            console.log('token, userinfo', token, userinfo);
            if (token) {
                this.setToken(token);
                this.setUserinfo(userinfo);
            }
        },
        /**
         * 模拟获取数据
         * @param {object} data
         * @returns
         */
        async getData(data = {}) {
            console.log('data =>', data);
            return new Promise((resolve) => {
                // 模拟远程获取用户数据
                const userinfo = {name: '张三', age: 21, sex: '男'}
                const token = 'eyJhbGciOiJIUzI1NiIsInR5cCI6IkpXVCJ9.
                eyJuaWNrTmFtZSI6IiaYpeaxn'
                setTimeout(() => {
                    resolve({userinfo, token})
                }, 500)

            })
        },
        /**
         * 访问其他 store 的 action
         * @returns
         */
        otherAction() {
            const counter = useCounterStore()
            return counter.fooAction('携带的参数')
        }

    },
    persist: {
        enabled: true
    }
})
```

pinia-plugin-persistedstate 插件会先读取本地的数据，如果新的请求获取新数据，则会自动用新数据覆盖旧的数据。无须再做额外处理，插件会自动将旧的数据更新到最新数据。

打开 src/App.vue 文件，编写的代码如下：

```
//ch7/81/src/App.vue
<template>
  <div>{{userinfo}}</div>
  <div>{{token}}</div>
  <div><button @click="register">将注册用户的信息写入 Store</button></div>
</template>
```

```
<script setup>
import {useUserinfoStore} from '@/stores/userinfo'
import {storeToRefs} from 'pinia'
const store = useUserinfoStore()
const {register} = store
const {userinfo, token} = storeToRefs(store)
</script>
```

单击按钮"将注册用户的信息写入 Store"后会调用状态管理里面的 register() 方法获取 userinfo 和 token，在获取 userinfo 和 token 后会分别赋值给状态管理里面的 userinfo 和 token，由于设置了数据持久化，所以当再次刷新浏览器时数据会一直存在，打开本地存储查看，如图 7-3 所示。

图 7-3　Pinia 数据持久化

第 8 章 uni-app

uni-app 是一个使用 Vue.js 开发所有前端应用的框架，开发者编写一套代码，便可发布到 iOS、Android、Web 及各种小程序（微信/支付宝/百度/头条/飞书/QQ/快手/钉钉/淘宝）、快应用等多个平台。

uni-app 的语法和 Vue.js 基本保持一致，开发者可以很容易地学习和使用 uni-app。uni-app 提供了丰富的插件和工具，方便开发者快速实现各种功能和效果。

uni-app 是一个功能强大、易于使用的前端开发框架，可以帮助开发者快速开发和部署各种前端应用。

8.1 HBuilder X

HBuilder X 中的 H 是 HTML 的首字母，Builder 是构造者，X 是 HBuilder 的下一代版本。简称为 HX。HX 是轻如编辑器、强如 IDE 的合体版本。

8.1.1 HBuilder X 介绍

HBuilder X 非常轻巧，启动速度也非常快。

HBuilder X 内置了许多高效的字处理模型，可以提高编码效率。

HBuilder X 的界面清爽简洁，绿柔主题经过科学的脑疲劳测试，是最适合人眼长期观看的主题界面。

HBuilder X 是一款非常优秀的前端开发工具，为前端开发者提供了更高效、更便捷的开发环境。

8.1.2 HBuilder X 下载并安装

1. Windows 系统下安装 HBuilder X

1）下载 HBuilder X 的 Windows 版程序

打开浏览器访问 https://www.dcloud.io/hbuilderx.html，单击 Download for Windows 按钮，下载 HBuilder X 软件的 Windows 版程序，如图 8-1 所示。

2）解压缩

下载完成后，找到下载的 .zip 文件，如图 8-2 所示。

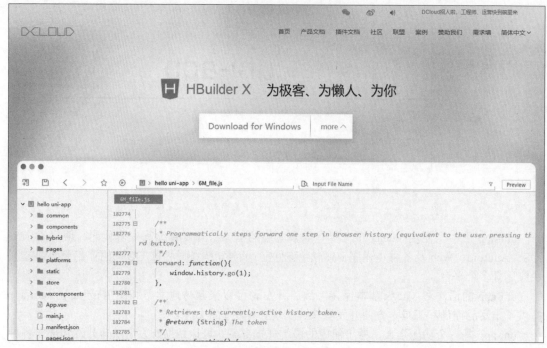

图 8-1 HBuilder X 网站

图 8-2 找到下载的 .zip 压缩文件

右击此文件后进行解压缩，如图 8-3 所示。

3）创建桌面快捷方式

打开解压缩后的文件夹，使用鼠标右击 HBuilderX.exe 安装文件，在出现的下拉菜单中单击"发送到"，在出现的下拉菜单中单击"桌面快捷方式"，完成桌面快捷方式的创建，如图 8-4 所示。

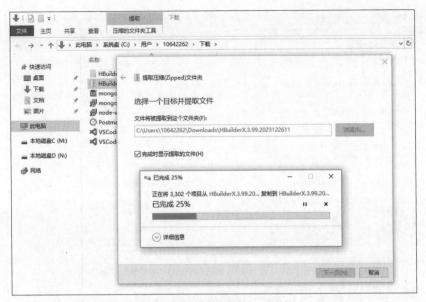

图 8-3 解压缩下载的 .zip 文件

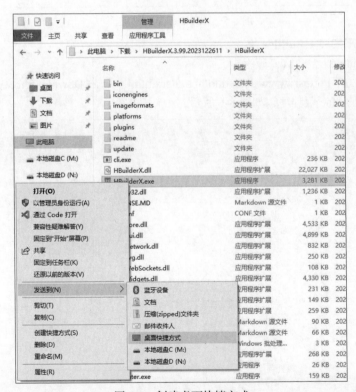

图 8-4 创建桌面快捷方式

双击在桌面创建的 HBuilderX.exe 的快捷方式图标，打开 HBuilderX.exe 软件，如图 8-5 所示。

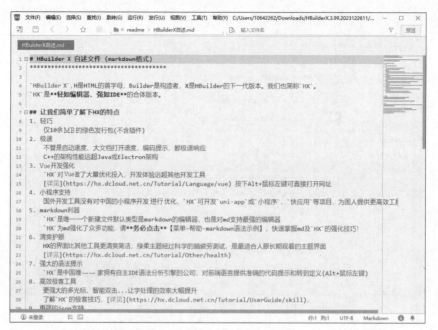

图 8-5 HBuilder X 软件界面

2. Mac 系统下安装 HBuilder X

1）下载 HBuilder X 的 Mac 版程序

打开浏览器访问 https://www.dcloud.io/hbuilderx.html，单击 Download for Mac 按钮，下载 HBuilder X 软件的 Mac 版程序，如图 8-6 所示。

图 8-6 HBuilder X 网站

下载完成后，找到下载的 .dmg 文件，如图 8-7 所示。

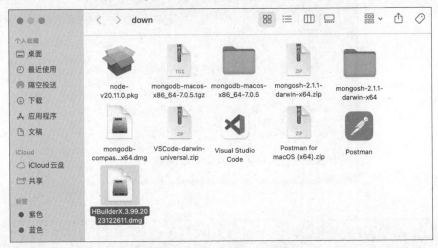

图 8-7 找到下载的 .dmg 安装文件

2）安装 HBuilder X 的 Mac 版程序

双击启动安装程序，如图 8-8 所示。

单击"打开"按钮，此时会出现安装界面，如图 8-9 所示。

图 8-8 安全警报

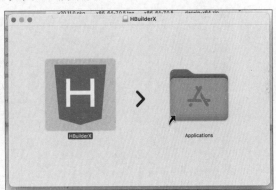

图 8-9 HBuilder X 安装界面

HBuilder X 采用的是拖曳安装方式，将 HBuilder X 图标拖曳到 Applications 文件夹，便可完成安装，如图 8-10 所示。

安装成功后，单击左上角红色的 X 按钮，退出安装器。

3）启动 HBuilder X 的 Mac 版程序

单击启动台，在启动台找到 HBuilder X 图标，如图 8-11 所示。

单击 HBuilder X 图标，打开 HBuilder X 软件，如图 8-12 所示。

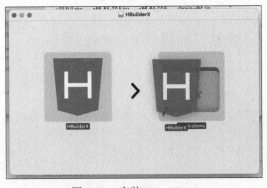

图 8-10 安装 HBuilder X

图 8-11　Mac 启动台

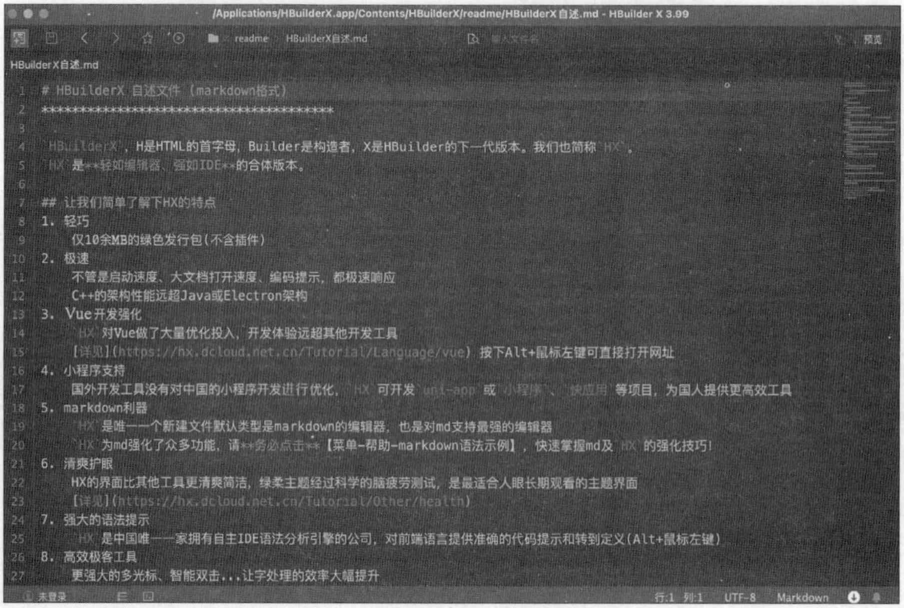

图 8-12　HBuilder X 软件界面

8.2　创建 uni-app 项目

1min

打开 HBuilder X，新建一个 uni-app 项目。单击菜单栏的"文件"→"新建"→"项目"来创建新项目。

在弹出的窗口中，选择 uni-app。接着，选择一个模板，例如"Hello uni-app"或其他模板，这些模板为新项目提供了一个基础框架。

填写项目名称，笔者填写的是 01，选择项目存放路径。

Vue 版本选择 3。

单击"创建"按钮，创建项目，如图 8-13 所示。

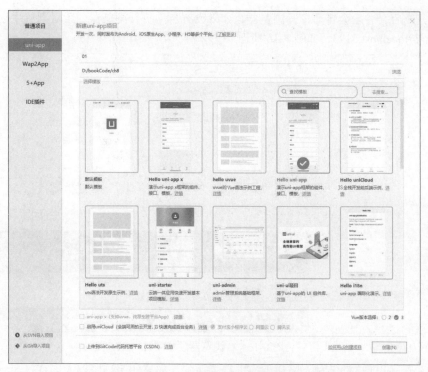

图 8-13　创建 uni-app 项目

8.3　运行项目

在 HBuilder X 中,打开项目,单击工具栏上的"运行"按钮可以选择运行到浏览器或模拟器查看效果,如图 8-14 所示。

执行运行后,HBuilder X 会对项目进行编译,如图 8-15 所示。

16min

图 8-14　运行 uni-app 项目

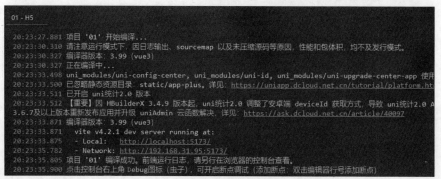

图 8-15　编译项目

编译完成后,一般会自动打开浏览器,如果没有自动打开浏览器,读者则可手动打开浏览器访问 http://localhost:5173,如图 8-16 所示。

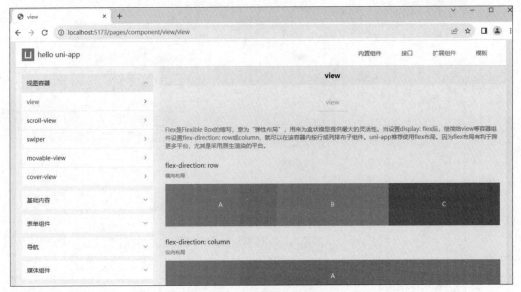

图 8-16 在浏览器预览项目

Hello uni-app 项目已经对大屏和小屏进行了适配,如果使用浏览器大屏幕打开,就显示适合浏览器的界面,在键盘上按 F12 键,可以打开模拟的手机界面,刷新页面,如图 8-17 所示。

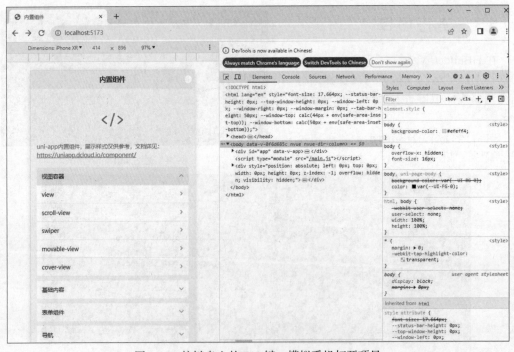

图 8-17 按键盘上的 F12 键,模拟手机打开项目

uni-app 项目也可以运行到小程序模拟器，通过"运行"→"运行到小程序模拟器"实现。

运行到小程序模拟器需要做两件事情：

（1）安装微信开发者工具，如果读者的计算机没有安装微信开发者工具，则可打开 https://developers.weixin.qq.com/miniprogram/dev/devtools/download.html 地址下载微信开发者工具进行安装，安装步骤非常简单。

（2）配置微信开发者工具路径，在菜单栏单击"工具"→"设置"，打开设置面板，单击左侧"运行配置"，找到"小程序运行配置"，配置微信开发者工具路径，如图 8-18 所示。

图 8-18　配置微信开发者工具

配置完成后，在菜单栏单击"运行"→"运行到小程序模拟器"→"微信开发者工具"，如图 8-19 所示。

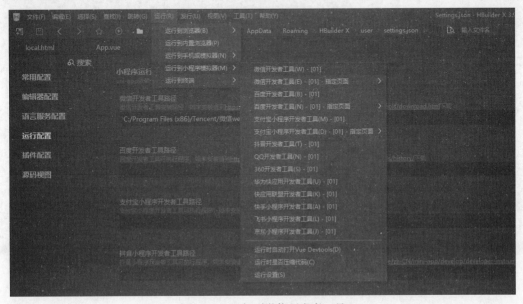

图 8-19　运行到微信开发者工具

单击运行到微信开发者工具后，HBuilder X 会对项目进行编译，如图 8-20 所示。

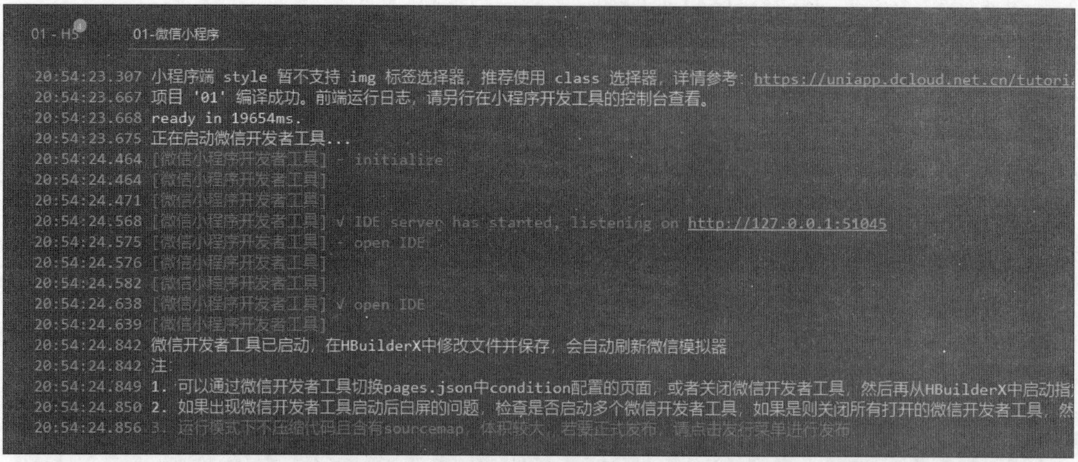

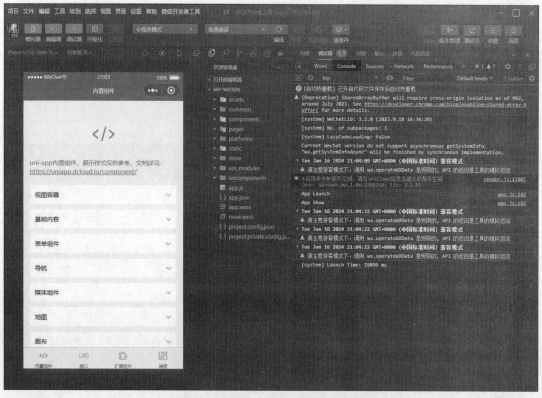

图 8-20　HBuilder X 编译项目运行到微信小程序开发者工具

项目编译成功后会自动启动微信开发者工具，打开项目，如图 8-21 所示。

图 8-21　在微信开发者工具中打开项目

本项目是一个 H5 的项目，以后在开发过程中主要使用浏览器调试开发。

8.4 基础语言和开发规范

uni-app 是一个基于 Vue.js 的开发框架，允许使用一套代码，编写一次，发布到多个平台，包括网页 H5、iOS、Android 及各种小程序（如微信、支付宝、百度等）。

uni-app 支持的基本语言和技术包括以下几种。

（1）JS（JavaScript），标准的编程语言，用于实现大部分的业务逻辑。

（2）Vue.js 用于构建用户界面的渐进式框架。uni-app 基于 Vue.js。

（3）CSS 用于样式描述，决定应用的外观。

（4）HTML 用于定义页面的结构。

此外，uni-app 也支持：

（1）TS（TypeScript），一种由 Microsoft 开发的开源语言，是 JavaScript 的一个超集，添加了类型系统和对 ES6+ 的支持。

（2）SCSS/SASS，一种 CSS 预处理器，允许使用变量、嵌套规则、混合等功能，将这些编译成普通的 CSS。

在 App 端，uni-app 也支持：

（1）NVue，支持原生渲染的视图，提供近乎原生的性能表现。

（2）UTS，uni-app 的 TypeScript 增强，可以编译为 Kotlin 和 Swift，适用于需要编译成原生应用代码的场景。

对于后端开发，uni-app 提供了 UniCloud，DCloud 提供的一套基于 JS 的服务器端开发解决方案，允许开发者使用 JavaScript 编写服务器代码，实现全栈开发。

uni-app 的开发规范如下：

（1）页面文件采用 Vue.js 单文件组件（SFC）规范，每个 .vue 文件就是一个页面。

（2）组件标签和接口能力（JS API）接近于小程序的规范，但需要将小程序特有的接口前缀（如 wx 或 my）替换为 uni。

（3）数据绑定和事件处理遵循 Vue.js 规范，并且扩展了应用生命周期及页面生命周期的相关功能。

（4）为了兼容 App-NVue 平台，推荐使用 flex 布局进行开发。

uni-app 的编译器和 runtime 的合作使一套代码可以多端运行。编译器负责将代码编译成不同平台所需的格式，而每个平台（Web、Android App、iOS App、各种小程序）都拥有自己的 runtime 来解析和执行编译后的代码。

8.5 编译器

uni-app 的编译器是开发环境的核心部分，集成在 HBuilder X 工具中，也可以使用独立的 CLI（命令行界面）。编译器的作用是把开发者按 uni-app 规范编写的代码转换成各个目标平台支持的代码。

具体到不同平台，编译器的工作方式如下：

（1）在 Web 平台，编译器将 .vue 文件转换为 JavaScript 代码。这个过程与普通的 Vue CLI 项目很相似。

（2）在微信小程序平台，编译器会将 .vue 文件拆分为微信小程序识别的 wxml、wxss、js 等文件格式。

（3）在 App 平台（如 Android 和 iOS），编译器将 .vue 文件转换为 JavaScript 代码。如果涉及用到 .uts 文件，编译器则会进一步地进行操作：在 Android 平台，将 .uts 文件编译为 Kotlin 代码；在 iOS 平台，则编译为 Swift 代码。

编译器本身提供了两种版本，分别针对 Vue.js 2 和 Vue.js 3：

（1）Vue.js 2 版本，编译器基于 Webpack 构建工具实现。

（2）Vue.js 3 版本，编译器基于 Vite 构建工具实现，后者以其高性能而闻名。

uni-app 编译器支持条件编译。开发者可以指定某些代码块只在特定的平台中编译和运行，这样可以很好地融合公共代码和针对特定平台的个性化代码。通过条件编译，可以使同一个代码同时满足多个平台上的特定需求，使代码管理更加高效灵活。

8.6 运行时

uni-app 为开发者提供了一个跨平台的开发体验，可以用一套代码开发 Web、Android App、iOS App 及各类小程序，并且在这些平台上实现了各自的运行时（runtime）环境。这是一个复杂而庞大的工程，旨在保证应用在不同平台上都能正常运行。

在小程序端，uni-app 的 runtime 等效于一个为小程序定制的 Vue runtime。负责管理页面路由、组件、API 等，并且能够将代码转换为小程序平台能理解的形式。

在 Web 端，uni-app 的 runtime 与传统的 Vue.js 项目相比，额外集成了一套 UI 库、页面路由框架，以及封装好的 uni 对象（常见 API 封装）。

在 App 端，uni-app 的 runtime 更为复杂。可以理解为 DCloud 也拥有一套小程序引擎，将开发者的 uni-app 项目代码和这套小程序引擎打包成 Android 的 apk 或者 iOS 的 ipa 文件。

uni-app runtime 主要包含 3 部分：基础框架、组件和 API。

（1）基础框架包括语法解析、数据驱动、全局文件、应用与页面管理、JavaScript 引擎、渲染和排版引擎等。在 Web 和小程序平台上，由于可以直接使用浏览器和小程序提供的引擎，因此不需要 uni-app 提供额外的 JS 引擎和排版引擎，但在 App 端，则需要 uni-app 提供这些引擎，其中 Android 使用的 JS 引擎是 V8，而 iOS 使用的是 JSCore。

（2）组件方面，runtime 包含的是基础组件，如 <view>、<button> 等，而扩展组件则需开发者根据需要自行添加到项目中。uni-app 的内置组件命名规范与小程序保持一致，以降低开发者的学习成本。

（3）API 方面，uni-app 内置了丰富的可跨端使用的 API。开发者也可以调用各端原生平台的 API。例如在小程序平台，可以使用小程序的所有 API；在 Web 平台上，可以使用浏览器的所有 API，而在 iOS 和 Android 平台上，则可以使用操作系统的所有 API。

除此之外，DCloud 还提供了一套称为 ext API 的解决方案，用于管理那些不是特别常用的且会影响应用体积的 API。这些 ext API 虽然以 uni. 作为前缀，但需要开发者根据需求单独下载，集成到项目中。

8.7 目录结构

项目目录的大致结构如下。
（1）pages：存放项目页面文件。
（2）static：存放静态资源，如图片、样式表等。注意：静态资源都应存放在此目录。
（3）components：符合 Vue.js 组件规范的 uni-app 组件目录。
（4）uni_modules：存放 uni_module。
（5）platforms：存放各平台专用页面的目录。
（6）hybrid：App 端存放本地 HTML 文件的目录。
（7）wxcomponents：存放小程序组件的目录。
（8）main.js：Vue.js 初始化入口文件。
（9）App.vue：应用配置，用来配置 App 全局样式及监听。
（10）manifest.json：配置应用名称、appid、logo、版本等打包信息。
（11）pages.json：配置页面路由、导航条、标签栏等页面类信息。

8.8 pages.json 配置

pages.json 是 uni-app 项目中的一个重要配置文件，用于配置页面路径、窗口表现、原生导航条、底部的原生 tabbar 等。

8.8.1 新建默认模板项目

单击菜单栏的"文件"→"新建"→"项目"来创建新项目。

在弹出的窗口中，选择 uni-app，选择"默认模板"，填写项目名称，笔者填写的是 02，选择项目存放路径。

Vue 版本选择 3。

单击"创建"按钮，创建项目。

8.8.2 创建页面

右击 pages 文件夹后会出现菜单，单击菜单上的"新建页面"，如图 8-22 所示。

打开新建 uni-app 页面对话框，如图 8-23 所示。

单击"创建"按钮，完成页面的创建。

依次创建 pages/my/my 页面、pages/cart/cart 页面和 pages/about/about 页面。

在创建页面的时候勾选"在 pages.json 文件中注册"，打开 pages.json 文件会看到刚刚创建的页面都已经注册好了，代码如下：

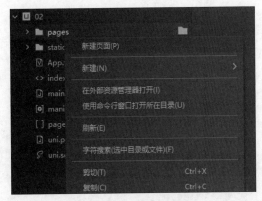

图 8-22　新建页面

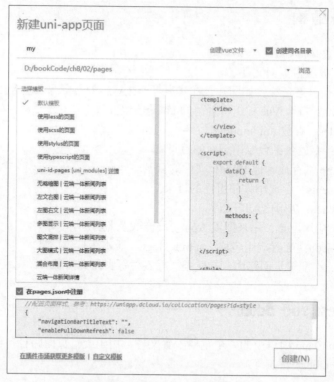

图 8-23 新建 uni-app 页面对话框

```
//ch8/02/pages.json
"pages": [
  {
    "path": "pages/index/index",
    "style": {
      "navigationBarTitleText": "uni-app"
    }
  },
  {
  "path": "pages/cart/cart",
  "style": {
    "navigationBarTitleText": "",
    "enablePullDownRefresh": false
  }
},
{
  "path": "pages/my/my",
  "style": {
    "navigationBarTitleText": "",
    "enablePullDownRefresh": false
  }
},
{
  "path": "pages/about/about",
    "style": {
    "navigationBarTitleText": "",
```

```
      "enablePullDownRefresh": false
    }
  }
],
```

通过观察 pages.json 文件,读者应该已经发现,新创建的页面 navigationBarTitleText 的值都是空的。

8.8.3 完善 pages.json

pages.json 文件用于对 uni-app 进行全局配置,用于设置页面文件的路径、窗口样式、原生的导航栏、底部的原生 tabbar 等。类似微信小程序中 app.json 的页面管理部分。在小程序中定位权限申请等属于 app.json 的内容,但在 uni-app 中定位权限申请等是在 manifest 中配置的。

pages 用于定义所有页面的路径和页面名称,以及页面所在的目录。

打开 pages.json 文件,修改后的代码如下:

```
//ch8/02/pages.json
"pages": [
  {
    "path": "pages/index/index",
    "style": {
      "navigationBarTitleText": "首页"
    }
  },
  {
    "path": "pages/cart/cart",
    "style": {
      "navigationBarTitleText": "购物车"
    }
  },
  {
    "path": "pages/my/my",
    "style": {
      "navigationBarTitleText": "我的"
    }
  },
  {
    "path": "pages/about/about",
    "style": {
      "navigationBarTitleText": "关于"
    }
  }
],
```

8.8.4 查看 globalStyle 全局样式

globalStyle 用于定义全局样式,打开 pages.json 文件,代码如下:

```
//ch8/02/pages.json
"globalStyle": {
  "navigationBarTextStyle": "black",
  "navigationBarTitleText": "uni-app",
  "navigationBarBackgroundColor": "#f8f8f8",
  "backgroundColor": "#f8f8f8"
},
```

8.8.5 tabBar 底部导航栏

笔者开发 tabBar 底部导航栏使用了图片，读者可将 02/static/tabbar 文件夹的内容复制到读者自己项目的 static/tabbar 文件夹，如果读者有兴趣自己整理相关图片，则只需将 iconPath 和 selectedIconPath 的图片地址和项目的图片资源文件夹对应上。

tabBar 用于定义底部导航栏，打开 pages.json 文件，代码如下：

```
//ch8/02/pages.json
"tabBar": {
  "color": "#8a8a8a",
  "selectedColor": "#d81e06",
  "backgroundColor": "#f8f8f8",
  "borderStyle": "white",
  "list": [
    {
      "pagePath": "pages/index/index",
      "text": "首页",
      "iconPath": "static/tabbar/home.png",
      "selectedIconPath": "static/tabbar/home-selected.png"
    },
    {
      "pagePath": "pages/cart/cart",
      "text": "购物车",
      "iconPath": "static/tabbar/cart.png",
      "selectedIconPath": "static/tabbar/cart-selected.png"
    },
    {
      "pagePath": "pages/my/my",
      "text": "我的",
      "iconPath": "static/tabbar/my.png",
      "selectedIconPath": "static/tabbar/my-selected.png"
    }
  ]
}
```

pages.json 文件的配置选项还有很多，仔细阅读官方文档，可以根据需要进行灵活配置。在修改 pages.json 文件后，需要重启 uni-app 开发工具或重新编译才能生效，如图 8-24 所示。

图 8-24　配置 pages 后运行项目

8.9 manifest.json 配置

2min

manifest.json 文件是 uni-app 项目的配置文件,用于定义应用的基本信息和配置,包括应用名称、版本号、图标、启动页面、权限管理等。使用 HBuilder X 创建的工程,manifest.json 文件被保存在根目录,而使用 CLI 创建的工程,manifest.json 文件被保存在 src 目录。

本项目是使用 HBuilder X 创建的,打开 manifest.json 文件,代码如下:

```
//ch8/02/manifest.json
{
  // 应用名称
  "name": "02",
  // 应用标识,新建 uni-app 项目时,由 DCloud 云端分配
  "appid": "",
  // 应用描述
  "description": "",
  // 版本名称,例如1.0.0
  "versionName": "1.0.0",
  // 版本号,例如36
  "versionCode": "100",
  // 此选项已废弃
  "transformPx": false,
  /* 5+App 特有相关 */
  "app-plus": {
    "usingComponents": true,
    "nvueStyleCompiler": "uni-app",
    "compilerVersion": 3,
    "splashscreen": {
      "alwaysShowBeforeRender": true,
      "waiting": true,
      "autoclose": true,
      "delay": 0
    },
    /* 模块配置 */
    "modules": {},
    /* 应用发布信息 */
    "distribute": {
      /* Android 打包配置 */
      "android": {
        "permissions": [
          "<uses-permission android:name=\"android.permission.CHANGE_NETWORK_STATE\"/>",
          "<uses-permission android:name=\"android.permission.MOUNT_UNMOUNT_FILESYSTEMS\"/>",
          "<uses-permission android:name=\"android.permission.VIBRATE\"/>",
          "<uses-permission android:name=\"android.permission.READ_LOGS\"/>",
          "<uses-permission android:name=\"android.permission.ACCESS_WIFI_STATE\"/>",
          "<uses-feature android:name=\"android.hardware.camera.autofocus\"/>",
          "<uses-permission android:name=\"android.permission.ACCESS_NETWORK_STATE\"/>",
          "<uses-permission android:name=\"android.permission.CAMERA\"/>",
          "<uses-permission android:name=\"android.permission.GET_ACCOUNTS\"/>",
```

```json
        "<uses-permission android:name=\"android.permission.READ_PHONE_STATE\"/>",
        "<uses-permission android:name=\"android.permission.CHANGE_WIFI_STATE\"/>",
        "<uses-permission android:name=\"android.permission.WAKE_LOCK\"/>",
        "<uses-permission android:name=\"android.permission.FLASHLIGHT\"/>",
        "<uses-feature android:name=\"android.hardware.camera\"/>",
        "<uses-permission android:name=\"android.permission.WRITE_SETTINGS\"/>"
      ]
    },
    /* iOS 打包配置 */
    "ios": {},
    /* SDK 配置 */
    "sdkConfigs": {}
  }
},
/* 快应用特有相关 */
"quickapp": {},
/* 微信小程序特有相关 */
"mp-weixin": {
  "appid": "",
  "setting": {
    "urlCheck": false
  },
  "usingComponents": true
},
/* 支付宝小程序特有相关 */
"mp-alipay": {
  "usingComponents": true
},
/* 百度小程序特有相关 */
"mp-baidu": {
  "usingComponents": true
},
/* 抖音小程序特有相关 */
"mp-toutiao": {
  "usingComponents": true
},
// 是否开启 uni 统计, 全局配置
"uniStatistics": {
  "enable": false
},
//Vue 版本
"vueVersion": "3"
}
```

manifest.json 文件的配置选项还有很多,仔细阅读官方文档,可以根据需要进行灵活配置。在修改 manifest.json 文件后,需要重启 uni-app 开发工具或重新编译才能生效。

8.10 编译器

uni-app 能使用一套代码实现多端运行,其核心是通过编译器+运行时实现的。

(1)编译器(条件编译):是将 uni-app 代码编译生成各个不同平台支持的特有代码;例如在小程序平台,编译器会将 .vue 文件拆分生成 wxml、wxss、js 等小程序平台的代码。

(2)运行时:实现动态处理数据绑定、事件代理,从而保证了 Vue.js 和平台宿主数据的一致性。

8.10.1 跨端兼容

uni-app 封装了常用的组件和 JS API,遵循 uni-app 规范开发可以确保应用在多个平台上兼容,大部分业务需求可以得到满足。

然而,不同平台之间仍存在一些不同之处,因此可能会出现一些无法跨平台的情况。如果在代码中频繁地使用 if else 语句来判断平台类型,则不仅会导致代码执行效率较低,而且管理起来也很混乱。

为了解决这个问题,uni-app 提供了条件编译的方式,在同一个工程里为不同平台提供个性化的实现,类似于 C 语言中的 #ifdef 和 #ifndef。这种方式可以优雅地完成平台个性化的开发,避免在编译到不同工程后进行二次修改,从而降低了后续升级的难度。

8.10.2 条件编译

在 uni-app 中,条件编译是一种在代码编译时根据特殊的标记进行选择性编译的技术,在不同的平台上输出不同的内容。

条件编译的写法是以特殊的注释为标记,使用 #ifdef 或 #ifndef 开头,以 #endif 结尾,代码如下:

```
#ifdef H5
  console.log('这是H5平台');
#endif
```

上述代码表示在 H5 平台下,输出"这是 H5 平台",在其他平台则不会输出。如果需要在其他平台下输出不同的内容,则可以使用不同的条件表达式,在编译时只编译符合条件的代码。

在条件编译时,使用 %PLATFORM% 表示平台名称,可以用于拼接条件表达式,代码如下:

```
#ifdef %PLATFORM% == 'MP-WEIXIN'
  console.log('这是微信小程序平台');
#endif
```

上述代码表示在微信小程序平台下输出"这是微信小程序平台",其他平台则不会输出。

条件编译在 uni-app 的多平台开发中非常实用,可以根据不同平台的特性编写不同的代码,提升应用的性能和用户体验。

%PLATFORM% 的可取值见表 8-1。

表 8-1 平台名称对照

值	生效条件	版本支持
VUE3	uni-app JS 引擎版用于区分 Vue.js 2 和 Vue.js 3	HBuilderX 3.2.0+
VUE2	uni-app JS 引擎版用于区分 Vue.js 2 和 Vue.js 3	
H5	H5	
WEB	同 H5	HBuilderX 3.6.3+
APP-PLUS	App	
APP-ANDROID	App Android 平台 仅限 UTS 文件	
APP-IOS	App iOS 平台 仅限 UTS 文件	
MP-WEIXIN	微信小程序	
MP-ALIPAY	支付宝小程序	
MP-BAIDU	百度小程序	
MP-TOUTIAO	字节跳动小程序	
MP-LARK	飞书小程序	
MP-QQ	QQ 小程序	
MP-KUAISHOU	快手小程序	
MP-JD	京东小程序	
MP-360	360 小程序	
MP	微信小程序、支付宝小程序、百度小程序、字节跳动小程序、飞书小程序、QQ 小程序、360 小程序	
QUICKAPP-WEBVIEW	快应用通用（包含联盟、华为）	
QUICKAPP-WEBVIEW-UNION	快应用联盟	
QUICKAPP-WEBVIEW-HUAWEI	快应用华为	

注意：条件编译是利用注释实现的，在不同语法里注释的写法不一样，JS 使用 // 注释、CSS 使用 /* 注释 */、Vue/NVue 模板里使用 <!-- 注释 -->。

1. API 的条件编译

API 的条件编译，代码如下：

```
//#ifdef    %PLATFORM%
平台特有的 API 实现
//#endif
```

打开 pages/index/index.vue 文件，修改逻辑，代码如下：

```
//ch8/02/pages/index/index.vue
<script setup>
import {ref} from "vue"
import {onLoad} from '@dcloudio/uni-app'
const title = ref('hello')
onLoad(() => {
    console.log('onLoad =>');
//#ifdef H5
```

```
console.log('这段代码只会在 H5 平台中编译');
//#endif
//#ifndef H5
console.log('这段代码在除了 H5 之外的平台编译');
//#endif
})
</script>
```

将代码风格修改为组合式 API（Composition API），通过组合式 API，可以使用导入的 API 函数来构建组件的逻辑。在 Vue.js 单文件组件中，组合式 API 经常与 <script setup> 结合使用。<script setup> 是一个特殊的编译指示，会告诉 Vue.js 编译器对文件进行特定处理，使开发者能够更高效地利用组合式 API 的特性。

当使用 <script setup> 时，可以直接导入和使用顶层变量或函数，这些变量或函数会自动在模板中可用。这让代码更加简洁，避免了重复的模板属性声明，也让开发者可以更专注于逻辑本身。

从 Vue 解构获得 ref，用于定义响应式变量 title。

从 @dcloudio/uni-app 解构获得 onLoad 页面生命周期钩子函数。

在 onLoad 页面生命周期钩子函数里执行 API 的条件编译代码。

2. 组件的条件编译

组件的条件编译，代码如下：

```
<!-- #ifdef %PLATFORM% -->
平台特有的组件
<!-- #endif -->
```

打开 pages/index/index.vue 文件，在模板部分增加的代码如下：

```
//ch8/02/pages/index/index.vue
<view class="text-area text-color">
<!-- #ifdef H5 -->
这段文字只会在 H5 平台中显示
<!-- #endif -->
<!-- #ifndef H5 -->
这段文字在除了 H5 之外的平台显示
<!-- #endif -->
</view>
```

上述代码用于组件的条件编译，在 H5 平台显示"这段文字只会在 H5 平台中显示"，在非 H5 平台显示"这段文字在除了 H5 之外的平台显示"。

3. 样式的条件编译

样式的条件编译，代码如下：

```
/* #ifdef %PLATFORM% */
平台特有样式
/* #endif */
```

如果要在 H5 平台使 text-color 的颜色为 red，在非 H5 平台使 text-color 的颜色为 green，则可使用条件编译，打开 pages/index/index.vue 文件，编写的代码如下：

```
//ch8/02/pages/index/index.vue
/* #ifdef H5 */
.text-color {
  color: red;
```

```
}
/* #endif */
/* #ifndef H5 */
.text-color {
  color: green;
}
/* #endif */
```

上述代码用于样式的条件编译。

uni-app 提供了条件编译功能，允许开发者编写在不同平台下执行不同的代码。这有助于处理不同平台之间的兼容性问题，或者在特定平台上使用专有的 API。

4. pages.json 文件的条件编译

在开发过程中，pages.json 文件是项目的全局配置文件，配置了路由、界面表现、网络超时时间等。有些时候可能需要根据不同的平台进行条件编译，以此来调整这些配置。uni-app 提供了 pages.json 文件的条件编译的功能，可以通过特定的编译变量来区分不同平台。

打开 pages.json 文件，代码如下：

```
//ch8/02/pages.json
{
  "path": "pages/index/index",
  "style": {
    "navigationBarTitleText": "首页",
    //#ifdef H5
    "navigationBarBackgroundColor": "#F8F8F8",
    //#endif
    //#ifndef H5
    "navigationBarBackgroundColor": "#FFFFFF"
    //#endif
  }
},
```

上述代码用于 pages.json 文件的条件编译，在 H5 平台，navigationBarBackgroundColor 的值为 "#F8F8F8"，而在非 H5 平台，navigationBarBackgroundColor 的值为 "#FFFFFF"。

在 HBuilder X 中重新编译项目，查看预览效果，如图 8-25 所示。

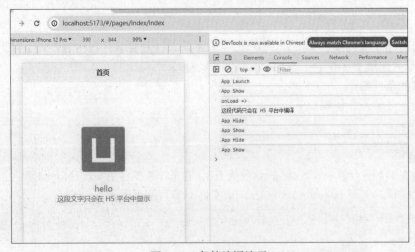

图 8-25　条件编译演示

8.11 应用生命周期

App.vue 是 uni-app 的主组件,所有页面都是在该组件下进行切换的,可视为页面入口文件,但 App.vue 本身不是页面,不能编写视图元素,即不包含 <template> 标签。

该文件的主要作用包括调用应用生命周期钩子函数、配置全局样式、配置全局的存储 globalData。

应用生命周期钩子函数只能在 App.vue 文件中监听,无法在页面中监听。

uni-app 应用生命周期钩子函数包括以下方法。

(1) onLaunch:应用初始化时触发,全局只触发一次,参数为应用启动参数,同 uni.getLaunchOptionsSync 的返回值。

(2) onShow:应用启动或从后台进入前台显示时触发,参数为应用启动参数,同 uni.getLaunchOptionsSync 的返回值。

(3) onHide:应用从前台进入后台时触发。

(4) onError:应用出错时触发。

(5) onThemeChange:监听系统主题变化事件的函数。

(6) onPageNotFound:监听页面不存在的函数。

(7) onExit:应用退出的监听函数。

打开 App.vue 文件,将代码风格修改为组合式 API(Composition API),代码如下:

```
//ch8/02/App.vue
<script setup>
  import {
    onLaunch,
    onShow,
    onHide,
    onError,
    onThemeChange,
    onPageNotFound,
    onExit
  } from '@dcloudio/uni-app'
  // 只能在 App.vue 里监听应用的生命周期钩子函数
  onLaunch(() => {
    // 应用启动时执行的初始化操作
    console.log('App Launch')
  })
  onShow(() => {
    // 当应用程序进入前台显示状态时执行的操作
    console.log('App Show')
  })
  onHide(() => {
    // 当应用程序进入后台状态时执行的操作
    console.log('App Hide')
  })
  onError((msg) => {
    // 当应用程序发生错误时执行的操作
    console.log('App Error', msg);
  })
  onThemeChange((res) => {
    // 监听系统主题变化
```

```
        console.log('Theme change', res);
    })
    onPageNotFound((res) => {
        // 页面不存在监听函数
        console.log('Page not found', res);
    })
    onExit(() => {
        // 监听应用退出
        console.log('onExit');
    })
</script>
```

上述代码实现了应用生命周期钩子函数，App.vue 是整个应用的入口组件，实现这些生命周期钩子函数可以对整个应用进行管理和控制。

应用生命周期钩子是全局的，适用于对应用的整个生命周期进行管理。如果需要对不同页面的生命周期进行管理，则可以在各个页面的 .vue 文件中使用页面生命周期钩子函数来处理。

8.12 页面生命周期

uni-app 页面的生命周期包含了一系列的事件，这些事件会在页面的不同阶段被调用。下面是 uni-app 页面生命周期的详细说明。

（1）onLoad：监听页面加载，该页面生命周期钩子函数被调用时，响应式数据、计算属性、方法、侦听器、props、slots 都已设置完成，其参数为上个页面传递的数据，传递数据类型为 Object，用于页面传参。

（2）onShow：监听页面显示，每次出现在屏幕上都会触发，包括从下级页面返回当前页面。

（3）onReady：监听页面初次渲染完成，此时组件已经加载完成，DOM 树已经可用。如果页面渲染速度很快，则可能在页面进入动画完成前触发。

（4）onHide：监听页面隐藏。

（5）onUnload：监听页面卸载。

（6）onResize：监听窗口尺寸变化。

（7）onPullDownRefresh：监听用户下拉动作，一般用于下拉刷新。

（8）onReachBottom：监听页面滚动到底部的事件（不是 scroll-view 滚到底），常用于加载下一页数据。

（9）onTabItemTap：单击 Tab 时触发，参数类型为 Object。

（10）onShareAppMessage：监听用户单击右上角分享事件。

（11）onPageScroll：监听页面滚动，参数类型为 Object。

（12）onNavigationBarButtonTap：监听原生标题栏按钮单击事件。

（13）onBackPress：监听页面返回，返回 event = {from:backbutton、navigateBack}，backbutton 表示来源是左上角返回按钮或 Android 返回键；navigateBack 表示来源是 uni.navigateBack。

（14）onNavigationBarSearchInputChanged：监听原生标题栏搜索输入框输入内容变化事件。

（15）onNavigationBarSearchInputConfirmed：监听原生标题栏搜索输入框搜索事件，当用户单击软键盘上的"搜索"按钮时触发。

（16）onNavigationBarSearchInputClicked：监听原生标题栏搜索输入框单击事件（当 pages.json 文件中的 searchInput 配置 disabled 为 true 时才会触发）。

（17）onShareTimeline：监听用户单击右上角的转发到朋友圈。

（18）onAddToFavorites：监听用户单击右上角的收藏。

打开 pages/index/index.vue 文件，修改后的代码如下：

```vue
//ch8/02/pages/index/index.vue
<script setup>
import { ref } from "vue"
import {
  onLoad,
  onShow,
  onReady,
  onHide,
  onUnload,
  onResize,
  onPullDownRefresh,
  onReachBottom,
  onTabItemTap,
  onShareAppMessage,
  onPageScroll,
  onNavigationBarButtonTap,
  onBackPress,
  onNavigationBarSearchInputChanged,
  onNavigationBarSearchInputConfirmed,
  onNavigationBarSearchInputClicked,
  onShareTimeline,
  onAddToFavorites
} from '@dcloudio/uni-app'
const title = ref('hello')

// 页面加载时触发。一个页面只会调用一次，可以在 onLoad 的参数中获取打开当前页面路径中
// 的参数
onLoad((options) => {
  //options 为页面跳转所带来的参数
  console.log('Page onLoad with options:', options);
  //#ifdef H5
  console.log(' 这段代码只会在 H5 平台中编译 ');
  //#endif
  //#ifndef H5
  console.log(' 这段代码在除了 H5 之外的平台编译 ');
  //#endif
})

// 页面显示 / 切入前台时触发
onShow(() => {
  console.log('Page onShow');
})

// 初次渲染完成时触发
onReady(() => {
  console.log('Page onReady');
})

// 页面隐藏 / 切入后台时触发
```

```js
onHide(() => {
  console.log('Page onHide');
})

// 页面卸载时触发,如 redirectTo 或 navigateBack 到其他页面时
onUnload(() => {
  console.log('Page onUnload');
})

// 监听页面尺寸的改变
onResize((e) => {
  const size = e.size
  console.log('Page onResize:', size);
})

// 监听用户下拉动作
onPullDownRefresh(() => {
  console.log('Page onPullDownRefresh');
  setTimeout(function() {
     uni.stopPullDownRefresh();
  }, 1000);
})

// 页面上拉触底事件的处理函数
onReachBottom(() => {
  console.log('Page onReachBottom');
})

// 单击 Tab 时触发
onTabItemTap((item) => {
  console.log('Page onTabItemTap:', item);
})

// 用户转发时触发
onShareAppMessage(() => {
  console.log('Page onShareAppMessage');
  return {
     title: 'Share Title', // 转发标题
     path: '/page/path', // 转发页面路径
  };
})

// 页面滚动触发事件的处理函数
onPageScroll((scrollTop) => {
  console.log('Page onPageScroll:', scrollTop);
})

// 导航栏的按钮被单击时触发
onNavigationBarButtonTap((e) => {
  console('Page onNavigationBarButtonTap:', e);
})

// 监听返回按钮触发
onBackPress((e) => {
  console.log('Page onBackPress:', e);
  // 当返回 true 时阻止页面返回
```

```
    return false;
})
// 导航栏输入框内容变化事件
onNavigationBarSearchInputChanged((e) => {
  console.log('Page onNavigationBarSearchInputChanged:', e);
})

// 当导航栏输入框确认搜索时触发
onNavigationBarSearchInputConfirmed((e) => {
  console.log('Page onNavigationBarSearchInputConfirmed:', e);
})

// 导航栏输入框单击触发
onNavigationBarSearchInputClicked(() => {
  console.log('Page onNavigationBarSearchInputClicked');
})

// 当页面被用户分享到朋友圈时触发
onShareTimeline(() => {
  console.log('Page onShareTimeline');
  return {
    title: 'Share on Timeline Title',
    query: 'key=value'
  };
})

// 当用户单击右上角的收藏时触发
onAddToFavorites(() => {
  console.log('Page onAddToFavorites')
  return {
    title: 'Favorites Title',
    imageUrl: '/static/image.png', // 分享图片，路径可以是相对路径、存储文件路
                                   // 径或者网络图片路径。支持 PNG 及 JPG 格式
    query: 'key=value' // 自定义 query 字段的内容
  };
})
</script>
```

上述代码只是通用示例，在实际开发中开发者需要根据项目要求和页面功能来编写具体的处理逻辑。

另外，有些生命周期钩子函数，如 onPullDownRefresh() 生命周期钩子函数，需要在 pages.json 文件里找到当前页面的 pages 节点，在 style 选项中开启 enablePullDownRefresh。

当处理完数据刷新后，uni.stopPullDownRefresh 可以停止当前页面的下拉刷新。

打开 pages.json 文件，修改后的代码如下：

```
//ch8/02/pages.json
{
  "path": "pages/index/index",
  "style": {
    "navigationBarTitleText": "首页",
    "enablePullDownRefresh": true,
    //#ifdef H5
    "navigationBarBackgroundColor": "#F8F8F8",
    //#endif
```

```
        //#ifndef H5
        "navigationBarBackgroundColor": "#FFFFFF"
        //#endif
    }
},
```

上述代码用于将 enablePullDownRefresh 设置为 true。

8.13 组件生命周期

组件支持的生命周期与 Vue.js 标准组件的生命周期相同。没有页面级的 onLoad 等生命周期钩子函数，uni-app 组件的生命周期钩子函数包括以下几种。

（1）onBeforeMount：在组件被挂载到 DOM 之前运行。
（2）onMounted：在组件被挂载到 DOM 之后运行。
（3）onBeforeUpdate：在响应式依赖发生变化且 DOM 被重新渲染之前运行。
（4）onUpdated：在响应式依赖发生变化且 DOM 被重新渲染之后运行。
（5）onBeforeUnmount：在组件卸载之前运行。
（6）onUnmounted：在组卸载之后运行。
（7）onErrorCaptured：当捕获一个来自后代组件的错误时被调用。
（8）onRenderTracked：当依赖被追踪时调用。
（9）onRenderTriggered：当虚拟 DOM 被重新渲染并触发依赖更新时调用。

在根文件夹新建 components 文件夹，在 components 文件夹上右击，此时会出现菜单，单击菜单上的"新建组件"按钮，如图 8-26 所示。

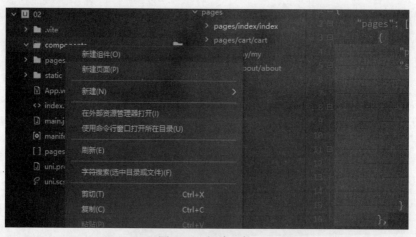

图 8-26 新建组件

单击"新建组件"按钮后会出现新建 uni-app 组件对话框，输入组件名称，笔者输入的是 LifecycleDemo，勾选创建同名目录。单击"创建"按钮，创建组件，如图 8-27 所示。

创建 LifecycleDemo.vue 组件成功后，编辑器会自动打开文件，默认的代码风格是选项式 API（Options API），将代码风格修改为组合式 API 后，再编写组件生命周期函数，代码如下：

```
//ch8/02/components/LifecycleDemo.vue
```

```
<template>
    <div>
        {{title}} - 组件内容
    </div>
</template>

<script setup>
  import {
  onBeforeMount,
  onMounted,
  onBeforeUpdate,
  onUpdated,
  onBeforeUnmount,
  onUnmounted,
  onErrorCaptured,
  onRenderTracked,
  onRenderTriggered,
  } from 'vue';
  const props = defineProps({
    title: {
    type: String
    }
  })
  // 在组件被挂载到DOM之前运行
  onBeforeMount(() => {
    console.log('组件即将被挂载到DOM上');
  });

  // 在组件被挂载到DOM之后运行
  onMounted(() => {
    console.log('组件已经被挂载到DOM上');
  });

  // 在响应式依赖发生变化且DOM被重新渲染之前运行
  onBeforeUpdate(() => {
    console.log('组件即将更新');
  });

  // 在响应式依赖发生变化且DOM被重新渲染之后运行
  onUpdated(() => {
    console.log('组件已经更新');
  });

  // 在组件卸载之前运行
  onBeforeUnmount(() => {
    console.log('组件即将被卸载');
  });

  // 在组卸载之后运行
  onUnmounted(() => {
    console.log('组件已经被卸载');
  });

  // 当捕获一个来自后代组件的错误时被调用
  onErrorCaptured((error, instance, info) => {
    console.log('错误被捕获', {
```

```
            error,
            instance,
            info
    });
        // 可以返回值false来阻止事件继续传播
        //return false;
    });

// 当依赖被追踪时调用
onRenderTracked((event) => {
  console.log('渲染跟踪捕获', event);
});

// 当虚拟DOM被重新渲染并触发依赖更新时调用
onRenderTriggered((event) => {
  console.log('渲染触发捕获', event);
});
</script>

<style>
  /* 组件样式 */
</style>
```

图 8-27　新建 uni-app 组件对话框

打开 pages/index/index.vue 文件，引入 LifecycleDemo.vue 组件，模板部分增加的代码如下：

```
//ch8/02/pages/index/index.vue
<button @click="show">显示组件</button>
<button @click="update">更新组件</button>
<button @click="hide">卸载组件</button>
<LifecycleDemo :title="title" v-if="isShow"></LifecycleDemo>
```

逻辑部分增加的代码如下：

```
//ch8/02/pages/index/index.vue
import LifecycleDemo from "../../components/LifecycleDemo/LifecycleDemo.vue"
```

```
const isShow = ref(false)
// 显示组件
const show = () => {
  isShow.value = true
}

// 隐藏组件
const hide = () => {
  isShow.value = false
  title.value = 'hello'
}
// 更新组件
const update= () => {
  title.value = 'hi uni-app!'
}
```

上述代码是组件生命周期的演示代码，包含了常用的组件生命周期钩子函数。页面中包含3个按钮，分别用于显示组件、卸载组件和更新组件，子组件在需要时通过 v-if 指令进行动态渲染。

在控制台输出了页面和组件的各个生命周期钩子函数的调用顺序和执行结果，用于帮助理解页面生命周期和组件生命周期实例在各个阶段的行为，如图 8-28 所示。

图 8-28　组件生命周期

完整的 pages/index/index.vue 文件，代码如下：

```
//ch8/02/pages/index/index.vue
<template>
  <view class="content">
    <image class="logo" src="/static/logo.png"></image>
    <view class="text-area">
      <text class="title">{{title}}</text>
```

```html
      </view>

      <view class="text-area text-color">
        <!--  #ifdef H5 -->
        这段文字只会在 H5 平台中显示
        <!--  #endif -->
        <!--  #ifndef H5 -->
        这段文字在除了 H5 之外的平台显示
        <!--  #endif -->
      </view>
      <button @click="show">显示组件 </button>
      <button @click="update">更新组件 </button>
      <button @click="hide">卸载组件 </button>
      <LifecycleDemo :title="title" v-if="isShow"> </LifecycleDemo>

    </view>
</template>

<script setup>
    import {ref} from "vue"
    import LifecycleDemo from "../../components/LifecycleDemo/LifecycleDemo.vue"
    import {
      onLoad,
      onShow,
      onReady,
      onHide,
      onUnload,
      onResize,
      onPullDownRefresh,
      onReachBottom,
      onTabItemTap,
      onShareAppMessage,
      onPageScroll,
      onNavigationBarButtonTap,
      onBackPress,
      onNavigationBarSearchInputChanged,
      onNavigationBarSearchInputConfirmed,
      onNavigationBarSearchInputClicked,
      onShareTimeline,
      onAddToFavorites
  } from '@dcloudio/uni-app'
  const title = ref('hello')
  const isShow = ref(false)

  // 显示组件
  const show = () => {
    isShow.value = true
  }

  // 卸载组件
  const hide = () => {
    isShow.value = false
    title.value = 'hello'
  }
```

```
// 更新组件
const update= () => {
   title.value = 'hi uni-app!'
}

// 页面加载时触发。一个页面只会被调用一次，可以在 onLoad 的参数中获取打开当前页面
// 路径中的参数
onLoad((options) => {
//options 为页面跳转所带来的参数
console.log('Page onLoad with options:', options);
//#ifdef H5
console.log(' 这段代码只会在 H5 平台中编译 ');
//#endif

//#ifndef H5
console.log(' 这段代码在除了 H5 之外的平台编译 ');
//#endif
 })

   // 页面显示/切入前台时触发
   onShow(() => {
      console.log('Page onShow');
   })

   // 初次渲染完成时触发
   onReady(() => {
      console.log('Page onReady');
   })

   // 页面隐藏/切入后台时触发
   onHide(() => {
      console.log('Page onHide');
   })

   // 页面卸载时触发，如 redirectTo 或 navigateBack 到其他页面时
   onUnload(() => {
      console.log('Page onUnload');
   })

   // 监听页面尺寸的改变
   onResize((e) => {
     const size = e.size
     console.log('Page onResize:', size);
   })

   // 监听用户下拉动作
   onPullDownRefresh(() => {
      console.log('Page onPull DownRefresh');
      setTimeout(function() {
        uni.stopPullDownRefresh();
      }, 1000);
   })

   // 页面上拉触底事件的处理函数
   onReachBottom(() => {
      console.log('Page onReachBottom');
```

```js
})

// 单击 Tab 时触发
onTabItemTap((item) => {
  console.log('Page onTabItemTap:', item);
})

// 用户转发时触发
onShareAppMessage(() => {
  console.log('Page onShareAppMessage');
  return {
    title: 'Share Title',  // 转发标题
    path: '/page/path',    // 转发页面路径
  };
})

// 页面滚动触发事件的处理函数
onPageScroll((scrollTop) => {
  console.log('Page onPageScroll:', scrollTop);
})

// 当导航栏的按钮被单击时触发
onNavigationBarButtonTap((e) => {
  console('Page onNavigationBarButtonTap:', e);
})

// 监听返回按钮触发
onBackPress((e) => {
  console.log('Page onBackPress:', e);
// 当返回 true 时阻止页面返回
  return false;
})

// 导航栏输入框内容变化事件
onNavigationBarSearchInputChanged((e) => {
  console.log('Page onNavigationBarSearchInputChanged:', e);
})

// 当导航栏输入框确认搜索时触发
onNavigationBarSearchInputConfirmed((e) => {
  console.log('Page onNavigationBarSearchInputConfirmed:', e);
})

// 导航栏输入框单击触发
onNavigationBarSearchInputClicked(() => {
  console.log('Page onNavigationBarSearchInputClicked');
})

// 当页面被用户分享到朋友圈时触发
onShareTimeline(() => {
  console.log('Page onShareTimeline');
  return {
    title: 'Share on Timeline Title',
    query: 'key=value'
  };
})
```

```
    // 当用户单击右上角的收藏时触发
    onAddToFavorites(() => {
      console.log('Page onAddToFavorites')
      return {
        title: 'Favorites Title',
        imageUrl: '/static/image.png', // 分享图片，路径可以是相对路径、存储文件
                                       // 路径或者网络图片路径。支持 PNG 及 JPG 格式
        query: 'key=value' // 自定义 query 字段的内容
      };
    })
</script>

<style>
  .content {
    display: flex;
    flex-direction: column;
    align-items: center;
    justify-content: center;
  }

  .logo {
    height: 200rpx;
    width: 200rpx;
    margin-top: 200rpx;
    margin-left: auto;
    margin-right: auto;
    margin-bottom: 50rpx;
  }

  .text-area {
    display: flex;
    justify-content: center;
  }

  /* #ifdef H5 */
  .text-color {
    color: red;
  }
  /* #endif */

  /* #ifndef H5 */
  .text-color {
    color: green;
  }
  /* #endif */

  .title {
    font-size: 36rpx;
    color: #8f8f94;
  }
</style>
```

8.14 uni-app 路由

uni-app 路由是一个统一跳转管理的机制，开发者可以快速地实现跨平台应用程序的页面跳

转,包括前进、后退、tabBar 切换等功能。

8.14.1 组件路由

组件路由类似 HTML 中的 <a> 组件,只能跳转本地页面。目标页面必须在 pages.json 文件中注册。

1. 创建组件路由需要跳转的页面

在 pages 文件夹上右击,在出现的下拉菜单上单击"新建页面"按钮创建页面,在弹出的"新建 uni-app 页面"对话框输入页面名称,笔者输入的是 navigate,勾选"在 pages.json 文件中注册"选项,单击"创建"按钮,完成页面创建,具体的新建页面方法可参考 8.7.2 节。

按照上述步骤再创建一个 redirect 页面,用于组件路由的跳转。

2. 在 pages.json 文件中完善页面的名称

打开 pages.json 文件,修改 navigate 和 redirect 的页面标题,代码如下:

```
//ch8/03/pages.json
{
  "path" : "pages/navigate/navigate",
  "style" :
  {
    "navigationBarTitleText" : "",
    "enablePullDownRefresh" : false
  }
},
{
  "path" : "pages/redirect/redirect",
  "style" :
  {
    "navigationBarTitleText" : "",
    "enablePullDownRefresh" : false
  }
}

// 修改为
{
  "path" : "pages/navigate/navigate",
  "style" :
  {
    "navigationBarTitleText" : "navigate",
    "enablePullDownRefresh" : false
  }
},
{
  "path" : "pages/redirect/redirect",
  "style" :
  {
    "navigationBarTitleText" : "redirect",
    "enablePullDownRefresh" : false
  }
}
```

3. 在 redirect 页面增加"返回"按钮

通过 <navigator open-type="switchTab"> 跳转到 pages/index/index 页面,跳转 tabBar 页面,必须设置 open-type="switchTab"。

打开 /pages/redirect/redirect.vue 文件，给 redirect 页面增加返回按钮，代码如下：

```
//ch8/03/pages/redirect/redirect.vue
<navigator url="/pages/index/index" open-type="switchTab">
  <button type="default">返回首页</button>
</navigator>
```

4. 实现组件路由跳转

打开 pages/index/index.vue 文件，增加 uni-app 组件路由，代码如下：

```
//ch8/03/pages/index/index.vue
<navigator url="/pages/navigate/navigate">
  <button type="default">跳转到新页面</button>
</navigator>
<navigator url="/pages/redirect/redirect" open-type="redirect">
  <button type="default">在当前页打开</button>
</navigator>
<navigator url="/pages/cart/cart" open-type="switchTab">
  <button type="default">跳转 Tab 页面</button>
</navigator>
```

在上述代码中 3 个导航组件分别是 <navigator>(open-type 如果没有输入，就是默认的 open-type="navigate ")、<navigator open-type="redirect"> 和 <navigator open-type="switchTab">。

<navigator> 用于在新页面中打开链接。

<navigator open-type="redirect"> 用于在关闭当前页面时跳转到应用内的某个页面。

<navigator open-type="switchTab"> 用于切换到 tabBar 页面。

打开浏览器，单击组件路由按钮查看效果，如图 8-29 所示。

单击 "跳转到新页面" 按钮会打开 pages/navigate/navigate.vue 页面，当 open-type 不写或者 open-type="navigate" 时访问后默认左上角有返回按钮。可以返回之前的页面。

当单击 "在当前页面打开" 按钮时会关闭当前页面，跳转到 pages/redirect/redirect.vue 页面，当 open-type="redirect" 时，左上角不会有返回按钮。

当单击 "跳转 Tab 页面" 时会打开 Tab 页面购物车。

图 8-29　组件路由

8.14.2　API 路由

uni-app 是一个基于 Vue.js 的跨平台开发框架，其 API 路由与 Vue.js 的路由非常类似。

1. uni.navigateTo

跳转到非 tabBar 页面，新页面打开。保留当前页面，跳转到应用内的某个页面，使用 uni.navigateBack 可以返回原页面。

打开 pages/index/index.vue 文件，修改模板，代码如下：

```
//ch8/04/pages/index/index.vue
<template>
  <view class="content">
    <image class="logo" src="/static/logo.png"></image>
```

```html
        <view class="text-area">
            <text class="title">{{title}}</text>
        </view>
        <view class="text-area text-color">
            <!--  #ifdef H5 -->
            这段文字只会在 H5 平台中显示
            <!--  #endif -->
            <!--  #ifndef H5 -->
            这段文字在除了 H5 之外的平台显示
            <!--  #endif -->
        </view>
        <button @click="show">显示组件</button>
        <button @click="update">更新组件</button>
        <button @click="hide">卸载组件</button>
        <LifecycleDemo :title="title" v-if="isShow"></LifecycleDemo>
        <navigator url="/pages/navigate/navigate">
            <button type="default">跳转到新页面</button>
        </navigator>
        <navigator url="/pages/redirect/redirect" open-type="redirect">
            <button type="default">在当前页打开</button>
        </navigator>
        <navigator url="/pages/cart/cart" open-type="switchTab">
            <button type="default">跳转 Tab 页面</button>
        </navigator>
    </view>
</template>

// 修改为
<template>
  <view class="content">
        <!-- <image class="logo" src="/static/logo.png"></image> -->
        <hr width="50%" color="#eee" style="margin: 20px;">
        <view class="text-area">
          <text class="title">{{title}}</text>
        </view>
        <hr width="50%" color="#eee" style="margin: 20px;">
        <view class="text-area text-color">
            <!--  #ifdef H5 -->
            这段文字只会在 H5 平台中显示
            <!--  #endif -->
            <!--  #ifndef H5 -->
            这段文字在除了 H5 之外的平台显示
            <!--  #endif -->
        </view>
        <hr width="50%" color="#eee" style="margin: 20px;">
        <button @click="show">显示组件</button>
        <button @click="update">更新组件</button>
        <button @click="hide">卸载组件</button>
        <LifecycleDemo :title="title" v-if="isShow"></LifecycleDemo>
        <hr width="50%" color="#eee" style="margin: 20px;">
        <navigator url="/pages/navigate/navigate">
            <button type="default">跳转到新页面</button>
        </navigator>
        <navigator url="/pages/redirect/redirect" open-type="redirect">
            <button type="default">在当前页打开</button>
```

```
      </navigator>
      <navigator url="/pages/cart/cart" open-type="switchTab">
         <button type="default">跳转 Tab 页面</button>
      </navigator>
         <hr width="50%" color="#eee" style="margin: 20px;">
         <button @click="navigateTo">uni.navigateTo</button>
         <button @click="redirectTo">uni.redirectTo</button>
         <button @click="switchTab">uni.switchTab</button>

   </view>
</template>
```

打开 pages/index/index.vue 文件,在逻辑部分增加的代码如下:

```
//ch8/04/pages/index/index.vue
// 跳转到非 tabBar 页面
const navigateTo = () => {
  uni.navigateTo({
     url:"/pages/navigate/navigate"
  })
}
```

2. uni.redirectTo

关闭当前页面,跳转到应用内的某个页面。

打开 pages/index/index.vue 文件,在逻辑部分增加的代码如下:

```
//ch8/04/pages/index/index.vue
// 关闭当前页面,跳转到应用内的某个页面
const redirectTo = () => {
  uni.redirectTo({
     url:"/pages/redirect/redirect"
  })
}
```

3. uni.switchTab

跳转到 tabBar 页面,并关闭其他所有非 tabBar 页面。

打开 pages/index/index.vue 文件,在逻辑部分增加的代码如下:

```
//ch8/04/pages/index/index.vue
// 跳转到 tabBar 页面,并关闭其他所有非 tabBar 页面
const switchTab = () => {
  uni.switchTab({
     url:"/pages/cart/cart"
  })
}
```

4. uni.reLaunch

关闭所有页面,跳转到应用内的某个页面。

新建 product 页面,用于 reLaunch 跳转,具体的新建页面方法可参考 8.7.2 节。

打开 pages.json 文件,将 product 页面 navigationBarTitleText 的值修改为 "商品",代码如下:

```
//ch8/04/pages.json
{
  "path" : "pages/product/product",
  "style" :
```

```
    {
        "navigationBarTitleText" : "",
        "enablePullDownRefresh" : false
    }
}

// 修改为
{
    "path" : "pages/product/product",
    "style" :
    {
        "navigationBarTitleText" : "商品",
        "enablePullDownRefresh" : false
    }
}
```

H5 端在调用 uni.reLaunch() 函数后之前的页面栈会被销毁,但是无法清空浏览器之前的历史记录,此时的 navigateBack() 方法不能返回,如果存在历史记录,则在单击浏览器的返回按钮或者调用 history.back() 后仍然可以导航到浏览器的其他历史记录。

打开 pages/product/product.vue 文件,增加返回按钮,代码如下:

```
//ch8/04/pages/product/product.vue
<template>
  <view>
     <button @click="back">返回</button>
  </view>
</template>

<script setup>
const back = () => {
  history.back(1)
}
</script>

<style>
</style>
```

打开 pages/navigate/navigate.vue 文件,增加模板,代码如下:

```
//ch8/04/pages/navigate/navigate.vue
<button @click="reLaunch">uni.reLaunch</button>
```

打开 pages/navigate/navigate.vue 文件,修改逻辑,代码如下:

```
//ch8/04/pages/navigate/navigate.vue
<script setup>
// 关闭所有页面,跳转到应用内的某个页面
const reLaunch = () => {
  uni.reLaunch({
     url: "/pages/product/product"
  })
}
</script>
```

5. uni.navigateBack

关闭当前页面,返回上一页面或多级页面,打开 pages/navigate/navigate.vue 文件,增加模板,代码如下:

```
//ch8/04/pages/navigate/navigate.vue
<button @click="navigateBack">uni.navigateBack</button>
```

打开 pages/navigate/navigate.vue 文件，增加逻辑，代码如下：

```
//ch8/04/pages/navigate/navigate.vue
// 返回
const navigateBack = () => {
  uni.navigateBack({
      delta: 1
  })
}
```

uni-app 的 API 路由提示：

（1）navigateTo 只能打开非 tabBar 页面。
（2）switchTab 只能打开 tabBar 页面。
（3）reLaunch 可以打开任意页面。
（4）页面底部的 tabBar 由页面决定，即只要是被定义为 tabBar 的页面，底部都有 tabBar。
（5）不能在 App.vue 里面进行页面跳转。
（6）H5 端页面刷新之后页面栈会消失，此时 navigateBack 不能返回，如果一定要返回，则可以使用 history.back() 方法导航到浏览器的其他历史记录。

6. 查看 API 路由演示

打开浏览器，刷新页面，如图 8-30 所示。

单击 uni.navigateTo 按钮，触发 navigateTo() 方法，跳转到 pages/navigate/navigate 页面，如图 8-31 所示。

图 8-30　API 路由

图 8-31　navigate 页面

navigate 页面有两个按钮，uni.reLaunch 用于关闭所有页面，跳转到应用内的某个页面。uni.navigateBack 按钮用于返回。

单击 uni.redirectTo 按钮，触发 redirectTo() 方法，跳转到 pages/redirect/redirect 页面，如图 8-32 所示。

redirect 页面有一个按钮，用于返回首页。

单击 uni.switchTab 按钮，触发 switchTab() 方法，跳转到 pages/cart/cart 页面，如图 8-33 所示。

图 8-32　redirect 页面

图 8-33　cart 页面

cart 页面是 tabBar 页面，如果需要返回，则需要单击 tabBar 上面的首页，返回首页。

8.14.3　路由传参与接收传参

1. API 路由 uni.navigateTo 传参

跳转到应用内非 tabBar 的页面的路径，路径后可以携带参数。参数与路径之间使用"?"分隔，参数由键 - 值对组成，其中键和值用等号"="连接，不同参数用"&"分隔，如 path?key=value&key2=value2，目标页面的 onLoad() 函数可获取传递的参数。

打开 pages/index/index.vue 文件，修改逻辑，代码如下：

```
//ch8/05/pages/index/index.vue
// 跳转到非 tabBar 页面
const navigateTo = () => {
  uni.navigateTo({
    url: "/pages/navigate/navigate"
  })
}
```

```
// 修改为
// 跳转到非 tabBar 页面
const navigateTo = () => {
  uni.navigateTo({
    url: "/pages/navigate/navigate?title=navigate&id=123"
  })
}
```

上述代码在 url 路径中增加了参数 ?title=navigate&id=123。

2. API 路由 uni.redirectTo 传参

跳转的应用内非 tabBar 的页面的路径，路径后可以携带参数。参数与路径之间使用 "?" 分隔，参数由键 - 值对组成，其中键和值用等号 "=" 连接，不同参数用 "&" 分隔。

打开 pages/index/index.vue 文件，修改逻辑，代码如下：

```
//ch8/05/pages/index/index.vue
// 关闭当前页面，跳转到应用内的某个页面
const redirectTo = () => {
  uni.redirectTo({
    url: "/pages/redirect/redirect"
  })
}

// 修改为
// 关闭当前页面，跳转到应用内的某个页面
const redirectTo = () => {
  uni.redirectTo({
    url: "/pages/redirect/redirect?title=redirect&id=456"
  })
}
```

上述代码在 url 路径中增加了参数 ?title=redirect&id=456。

3. API 路由 uni.reLaunch 传参

跳转的应用内页面路径，路径后可以携带参数。参数与路径之间使用 "?" 分隔，参数由键 - 值对组成，其中键和值用等号 "=" 连接，不同参数用 "&" 分隔。如果跳转的页面路径是 tabBar 页面，则不能携带参数。

打开 pages/navigate/navigate.vue 文件，修改逻辑，代码如下：

```
//ch8/05/pages/navigate/navigate.vue
// 关闭所有页面，跳转到应用内的某个页面
const reLaunch = () => {
  uni.reLaunch({
    url: "/pages/product/product?title=reLaunch&id=789"
  })
}
```

上述代码在 url 路径中增加了参数 ?title=reLaunch&id=789。

4. 组件路由传参

<navigator url="/pages/navigate/navigate?title=navigate"> 组件路由 navigate 传参 </navigator> 等同于 uni.navigateTo 传参。

<navigator url="/pages/redirect/redirect?title=redirect" open-type="redirect"> 组件路由 redirect 传参 </navigator> 等同于 uni.redirectTo 传参。

`<navigator url="/pages/product/product?title=reLaunch" open-type="reLaunch">` 组件路由 reLaunch 传参 `</navigator>` 等同于 uni.reLaunch 传参。

打开 pages/index/index.vue 文件,修改模板,代码如下:

```
//ch8/05/pages/index/index.vue
<navigator url="/pages/navigate/navigate">
  <button type="default">跳转到新页面</button>
</navigator>
<navigator url="/pages/redirect/redirect" open-type="redirect">
  <button type="default">在当前页打开</button>
</navigator>

// 修改为
<navigator url="/pages/navigate/navigate?title=navigate&id=123">
  <button type="default">跳转到新页面</button>
</navigator>
<navigator url="/pages/redirect/redirect?title=redirect&id=456" open-type="redirect">
  <button type="default">在当前页打开</button>
</navigator>
```

上述代码在 /pages/navigate/navigate 后面增加了 ?title=navigate&id=123,在 /pages/redirect/redirect 后面增加了 ?title=redirect&id=456。

5. navigate 页面接受传参

打开 pages/navigate/navigate.vue,增加逻辑,代码如下:

```
//ch8/05/pages/navigate/navigate.vue
import {onLoad} from '@dcloudio/uni-app'
onLoad((options) => {
  console.log('options =>',options);
})
```

6. redirect 页面接受传参

打开 pages/redirect/redirect.vue,修改后的代码如下:

```
//ch8/05/pages/redirect/redirect.vue
<script setup>
  import {onLoad} from '@dcloudio/uni-app'
  onLoad((options) => {
    console.log('options =>',options);
  })
</script>
```

7. product 页面接受传参

打开 pages/product/product.vue,增加逻辑,代码如下:

```
//ch8/05/pages/product/product.vue
import {onLoad} from '@dcloudio/uni-app'
onLoad((options) => {
  console.log('options =>', options);
})
```

8. 路由传参演示

打开浏览器,刷新页面,如图 8-34 所示。

单击首页的"跳转到新页面"和 uni.navigateTo 按钮,在控制台会打印出 options => {title:

'navigate', id: '123'}，表明目标页面已经获取相关传参。

单击 pages/navigate/navigate 页面的 uni.reLaunch 按钮，在控制台会打印出 options => {title: 'reLaunch', id: '789'}，表明目标页面已经获取相关传参。

图 8-34　路由传参

单击首页的"在当前页打开"和 uni.redirectTo 按钮，在控制台会打印出 options => {title: 'redirect', id: '456'}，表明目标页面已经获取相关传参。

8.15　uni-app 常用 API

在 uni-app 开发中，API 可以分为两部分：标准 ECMAScript 的 API 和 uni 扩展 API。标准 ECMAScript 的 API 通常只包含最基础的 JavaScript 功能。浏览器基于标准 ECMAScript 的 API 扩展了一些常用的对象，例如 window、document、navigator 等。小程序也基于标准 ECMAScript 的 API 扩展了各种 wx.xx、my.xx、swan.xx 的 API，Node.js 则扩展了 fs 等模块。

在 uni-app 中，基于标准 ECMAScript 的 API，开发者可以使用一些简单的 JavaScript 语法实现基本的功能，例如变量声明、循环控制、条件判断等。

uni-app 还提供了 uni 对象，用于扩展 uni-app 的 API 功能。可以使用 uni 对象来调用各种 uni.xx 的 API，这些 API 是 uni-app 的独特扩展 API，跨越了不同平台之间的差异，方便了开发者开发多平台应用。uni-app 的 API 命名也与小程序保持兼容。

8.15.1　网络请求

1. request

uni.request 是 uni-app 中用于发起网络请求的 API。通过调用 uni.request() 方法，可以向指定的服务器发送 HTTP 或 HTTPS 请求，获取服务器的响应数据。

uni.request() 方法的语法如下：

```
uni.request(OBJECT)
```

OBJECT 是一个必填对象，用于设置请求的相关参数，具体可以包括以下属性。

（1）url：必填，请求的地址。

（2）method：非必填，请求方法，默认为 GET，其他值是 GET、POST、PUT、DELETE 等。

（3）data：非必填，请求的参数，建议使用 JSON 格式。

（4）header：非必填，请求头，例如 Content-type:application/json。

（5）dataType：非必填，预期返回的数据类型，可以是 text、json、xml。若指定的 dataType 转换失败，则数据将会被强制转换为 text 类型。

（6）responseType：非必填，响应数据类型，可以是 text 或 arraybuffer。

（7）success：非必填，请求成功的回调函数。

（8）fail：非必填，请求失败的回调函数。

（9）complete：非必填，请求结束的回调函数。

打开 pages/index/index.vue 文件，增加模板，代码如下：

```
//ch8/06/pages/index/index.vue
<button @click="request">request 请求</button>
<hr width="50%" color="#eee" style="margin: 20px;">
```

上述代码在模板页面增加了"request 请求"按钮。单击按钮会触发 request() 方法。

打开 pages/index/index.vue 文件，增加逻辑，代码如下：

```
//ch8/06/pages/index/index.vue
//request 请求
const request = () => {
  uni.request({
    //URL 网址为后端获取评论列表的 API 地址
    url: 'http://127.0.0.1:7001/comment',
    method: 'GET',
    data: {
        page: 1,
        pageSize: 2
    },
    header: {
        'content-type': 'application/json'
    },
    success: (res) => {
        console.log(res.data)
    },
    fail: (res) => {
        console.log(res.errMsg)
    },
    complete: () => {
        console.log('complete')
    }
  })
}
```

上述代码用于向 http://127.0.0.1:7001/comment 发送一条 GET 请求，这里的 URL 网址为第

6 章开发的后端 API，详见 6.8.4 节。

需要启动后端项目，打开命令行工具进入后端项目根目录，执行的命令如下：

```
yarn dev
```

上述命令为用户启动后端 API 服务，默认端口为 7001，网址为 http://127.0.0.1:7001。

在请求头中将 Content-Type 设置为 application/json，data 为 data: { page: 1, pageSize: 2 }，如果请求成功，控制台就会输出服务器返回的响应数据；如果请求失败，控制台就会输出错误信息。请求结束，控制台会输出 complete，如图 8-35 所示。

图 8-35　request 请求

uni.request 是 uni-app 开发中非常重要的 API，可以通过它方便快捷地向服务器发送 HTTP 或 HTTPS 请求，获取服务器的响应数据并进行处理。

2. uploadFile

uni.uploadFile 是 uni-app 中用于上传文件的 API。通过该 API 可以将本地文件上传到服务器上。

uni.uploadFile() 方法的语法如下：

```
uni.uploadFile(OBJECT)
```

OBJECT 是一个必填对象，用于设置上传的相关参数，具体可以包括以下属性。

（1）url：必填，开发者服务器地址。

（2）filePath：必填，要上传文件资源的路径。

（3）name：必填，文件对应的键，开发者在服务器端通过这个键可以获取文件二进制内容。

（4）header：非必填，HTTP 请求 Header，Header 中不能设置 Referer。

（5）formData：非必填，除文件以外的其他请求信息。

（6）success：非必填，接口调用成功的回调函数。

（7）fail：非必填，接口调用失败的回调函数。

（8）complete：非必填，接口调用结束的回调函数。

将本地资源上传到开发者服务器，客户端发起一个 POST 请求，其中 content-type 为 multipart/form-data。页面通过 uni.chooseImage() 方法、uni.chooseFile() 方法或 uni.chooseVideo() 方法等方法获取一个本地资源的临时文件路径后，可通过此接口将本地资源上传到指定服务器。笔者示例使用的是 uni.chooseImage() 方法，用于获取本地资源的临时文件路径。

打开 pages/index/index.vue 文件，增加模板，代码如下：

```
//ch8/06/pages/index/index.vue
<button @click="uploadFile">uploadFile 上传文件</button>
```

打开 pages/index/index.vue 文件，增加逻辑，代码如下：

```
//ch8/06/pages/index/index.vue
// 上传文件
const uploadFile = () => {
  uni.chooseImage({
    success: (chooseImageRes) => {
      const tempFilePaths = chooseImageRes.tempFilePaths;
      uni.showLoading({
        title:'图片上传中...'
      })
      uni.uploadFile({
        //URL 网址为后端注册用户上传头像的接口
        url: "http://127.0.0.1:7001/user/registerAvatar",
        filePath: tempFilePaths[0],
        name: "file",
        formData: {
            user: "test",
        },
        success: (uploadFileRes) => {
            uni.hideLoading()
            console.log("uploadFileRes.data =>",
            uploadFileRes.data);
        },
        fail: (res) => {
            console.log(res.errMsg);
        },
        complete: () => {
            console.log("complete");
        },
      });
    },
    fail: (err) => {
      console.log(err);
    },
    complete: () => {
      console.log("complete");
    },
  });
}
```

上述代码 uploadFile() 方法用于将本地文件上传到 http://127.0.0.1:7001/user/registerAvatar，这里的 URL 网址为第 6 章开发的后端 API，详见 6.5.8 节。如出现 missing csrf token 错误提示，请参考 9.11.6 节。

调用 uni.chooseImage() 方法，允许用户从设备上选择图片。这种方法接受一个对象参数，包含不同的回调函数，如 success、fail 和 complete。

success 回调，当用户成功选择图像后执行。这个回调接受一个参数 chooseImageRes，包含了选择的图像的相关信息。

从 chooseImageRes.tempFilePaths 取得了临时文件路径数组并赋值给 tempFilePaths。

调用 uni.uploadFile() 方法来上传所选择的图片文件。该方法接受一个配置对象，其中包含以下属性。

（1）url：指向后端接口的 URL 网址。

（2）filePath：要上传文件的临时路径，tempFilePaths 是一个数组，这里只取第 1 张作为上传对象 tempFilePaths[0]。

（3）name：与后端服务器约定的用于文件上传的字段名称。

（4）formData：伴随文件上传的额外数据。

uni.uploadFile() 方法中也有 success、fail 和 complete 回调。

（1）success 回调：在文件上传成功后执行，打印上传后的服务器响应。

（2）fail 回调：在上传失败时执行，并打印错误信息。

（3）complete 回调：无论成功还是失败都会被执行，可以用来执行清理或状态更新操作。

在上传图片的过程中，可能会有一些等待时间，在执行 uni.uploadFile() 方法前，执行 uni.showLoading() 方法，显示上传图片提示。在上传完成后的 success 回调中，执行 uni.hideLoading() 方法，关闭上传提示。

uploadFile() 方法封装了从用户选择图片到将图片上传到服务器的完整流程，在不同阶段提供了相应的控制台输出，如图 8-36 所示。

图 8-36　uploadFile 上传文件

uni.uploadFile() 方法是 uni-app 开发中非常重要的 API 之一，可以通过它将本地文件上传到服务器上，实现文件上传功能。

8.15.2　导航条

1. uni.setNavigationBarTitle

uni.setNavigationBarTitle() 方法是用来动态地设置当前页面的导航条标题 API。基本用法非常简单，只需传递一个对象，包含一个 title 属性，该属性值为要设置的标题文本。

打开 pages/index/index.vue 文件，增加模板，代码如下：

```
//ch8/07/pages/index/index.vue
<hr width="50%" color="#eee" style="margin: 20px;">
<button @click="setNavigationBarTitle">设置导航条标题</button>
```

打开 pages/index/index.vue 文件，增加逻辑，代码如下：

```
//ch8/07/pages/index/index.vue
// 设置导航条标题
const setNavigationBarTitle = () => {
  uni.setNavigationBarTitle({
      title: '导航条新标题' // 设置导航栏标题内容
  });
}
```

上述代码用于设置导航栏标题，单击"设置导航条标题"按钮，触发 setNavigationBarTitle() 方法以设置导航栏标题，导航栏标题将被修改为"导航条新标题"，如图8-37所示。

2. uni.setNavigationBarColor

uni.setNavigationBarColor() 方法是用于设置应用导航栏颜色的 API。允许开发者动态地改变应用顶部导航栏的背景色和前景色（标题、返回按钮和其他按钮的颜色）。

uni.setNavigationBarColor() 方法的文档说明及参数：

`uni.setNavigationBarColor(options)`

options 对象包含以下属性。

（1）frontColor (String)：必填，前景颜色值，仅支持 #ffffff 和 #000000。
（2）backgroundColor (String)：必填，背景颜色值，有效值为十六进制颜色值。
（3）animation (Object)：动画效果。
（4）animation 对象包含以下属性。
① duration (Number)：动画变化时间，默认为 0。
② timingFunc (String)：动画变化方式，默认为 'linear'。

图 8-37 设置导航栏标题

打开 pages/index/index.vue 文件，增加模板，代码如下：

```
//ch8/07/pages/index/index.vue
<button @click="setNavigationBarColor">设置导航栏颜色</button>
```

打开 pages/index/index.vue 文件，增加逻辑，代码如下：

```
//ch8/07/pages/index/index.vue
// 设置导航栏颜色
const setNavigationBarColor = () => {
  uni.setNavigationBarColor({
      frontColor: '#ffffff', // 前景色为白色
      backgroundColor: '#d81e06', // 背景颜色为红色
      animation: {
          duration: 200, // 动画持续时间为 200ms
          timingFunc: 'easeIn' // 动画缓动函数为 easeIn
      }
  });
}
```

上述代码用于设置导航栏颜色,单击"设置导航栏颜色"按钮,触发 setNavigationBarColor()
方法以便设置导航栏颜色,导航栏将被修改为深红色底色,白色的字,如图 8-38 所示。

3. uni.showNavigationBarLoading 和 uni.hideNavigationBarLoading

uni.showNavigationBarLoading() 方法和 uni.hideNavigationBarLoading() 方法是 uni-app 框架
中用于显示和隐藏导航栏加载动画的 API,用于在当前页面导航栏中显示加载动画,通常用于
页面数据加载时显示用户等待状态,以及在当前页面隐藏导航栏的加载动画。

打开 pages/index/index.vue 文件,增加模板,代码如下:

```
//ch8/07/pages/index/index.vue
<button @click="showNavigationBarLoading">导航栏加载动画</button>
```

打开 pages/index/index.vue 文件,增加逻辑,代码如下:

```
//ch8/07/pages/index/index.vue
// 导航栏加载动画
const showNavigationBarLoading = () => {
  // 显示导航栏加载动画
  uni.showNavigationBarLoading();
  // 模拟加载数据
  setTimeout(() => {
      // 数据加载完成后隐藏导航栏加载动画
      uni.hideNavigationBarLoading();
  }, 1000);
}
```

上述代码用于显示导航栏的加载动画,在数据加载完成后隐藏导航栏的加载动画,如
图 8-39 所示。

图 8-38　设置导航栏颜色　　图 8-39　导航栏加载动画

单击"导航栏加载动画"按钮,触发 showNavigationBarLoading() 方法,显示导航栏加载动画,
模拟数据加载完成后,调用 uni.hideNavigationBarLoading() 方法,隐藏导航栏加载动画。

8.15.3　交互反馈

1. uni.showToast

uni.showToast() 方法是 uni-app 框架中非常常用的一个 API,可以用于展示简短的提示信
息,例如成功或失败的提示、输入错误提示等,常用于用户操作反馈。

uni.showToast() 方法接受一个 options 对象，其中可以包含以下属性。

（1）title：必填，提示信息的文字内容。

（2）icon：非必填，提示图标，可选值有 success（成功）、loading（加载中）和 none（无图标），默认值为 success。

（3）duration：非必填，提示框显示时间，单位为毫秒，默认值为 1500，超时后提示框自动消失。

（4）mask：非必填，是否显示透明蒙层，防止触摸穿透，默认值为 false。

（5）success：非必填，接口调用成功的回调函数。

（6）fail：非必填，接口调用失败的回调函数。

（7）complete：非必填，接口调用结束的回调函数。

打开 pages/index/index.vue 文件，增加模板，代码如下：

```
//ch8/08/pages/index/index.vue
<hr width="50%" color="#eee" style="margin: 20px;">
<button @click="showToastSuccess">操作成功</button>
<button @click="showToastLoading">加载中</button>
<button @click="showToastNone">无图标</button>
```

打开 pages/index/index.vue 文件，增加逻辑，代码如下：

```
//ch8/08/pages/index/index.vue
// 成功
const showToastSuccess = () => {
  uni.showToast({
    title: '操作成功',
    icon: 'success', //success：成功；loading：加载中；none：无图标
    duration: 1500,
    mask: false,
    success: function() {},
    fail: function() {},
    complete: function() {}
  })
}

// 加载中
const showToastLoading = () => {
  uni.showToast({
    title: '加载中',
    icon: 'loading', //success：成功；loading：加载中；none：无图标
    duration: 1500,
    mask: false,
    success: function() {},
    fail: function() {},
    complete: function() {}
  })
}

// 无图标
const showToastNone = () => {
  uni.showToast({
    title: '该交互无图标',
    icon: 'none', //success：成功；loading：加载中；none：无图标
    duration: 1500,
```

```
    mask: false,
    success: function() {},
    fail: function() {},
    complete: function() {}
  })
}
```

上述代码用于 showToast 交互反馈，单击"操作成功"按钮，触发 showToastSuccess() 方法，显示"操作成功"的交互反馈提示框。1500ms 后自动关闭提示框，显示图标是"√"，如图 8-40 所示。

单击"加载中"按钮，触发 showToastLoading() 方法，显示"加载中"的交互反馈提示框。1500ms 后自动关闭提示框，显示图标是转圈加载的图标，如图 8-41 所示。

单击"无图标"按钮，触发 showToastNone() 方法，显示"该交互无图标"的交互反馈提示框。1500ms 后自动关闭提示框，不显示图标，如图 8-42 所示。

图 8-40　操作成功

图 8-41　加载中

图 8-42　无图标

2. uni.hideToast

uni.hideToast() 方法用来手动隐藏提示框，通常与 uni.showToast() 方法配合使用。当提前需要关闭正在显示的提示框时调用该方法，无参数。

uni.hideToast() 方法的语法如下：

```
uni.hideToast();
```

打开 pages/index/index.vue 文件，增加模板，代码如下：

```
//ch8/08/pages/index/index.vue
<button @click="hideToast">5s 后自动隐藏</button>
```

打开 pages/index/index.vue 文件，增加逻辑，代码如下：

```
//ch8/08/pages/index/index.vue
//5s 后自动隐藏
const hideToast = () => {
  uni.showToast({
    title: '正在加载...',
```

```
        icon: 'loading',
        duration: 20000
    });
    //5s 后隐藏 toast
    setTimeout(() => {
        uni.hideToast();
    }, 5000);
}
```

上述代码用于展示加载中的提示框,在 5s 后隐藏,如图 8-43 所示。

当需要在页面中显示提示信息或加载图标时可以使用 uni.showToast() 方法,当需要手动关闭时则可以使用 uni.hideToast() 方法。

3. uni.showLoading 和 uni.hideLoading

uni.showLoading() 方法和 uni.hideLoading() 方法是用来控制加载提示的方法。

uni.showLoading() 方法用于显示加载提示的弹窗,显示当前有数据正在加载。

uni.hideLoading() 方法用于隐藏加载提示的弹窗。

当发起一个需要较长时间处理的请求时,可能会使用这两种方法。

打开 pages/index/index.vue 文件,增加模板,代码如下:

```
//ch8/08/pages/index/index.vue
<hr width="50%" color="#eee" style="margin: 20px;">
<button @click="getData">模拟数据加载</button>
```

打开 pages/index/index.vue 文件,增加逻辑,代码如下:

```
//ch8/08/pages/index/index.vue
// 模拟数据加载
const getData = () => {
    // 显示加载提示框
    uni.showLoading({
        title: '加载中'
    });
    // 模拟请求数据
    setTimeout(() => {
        // 这里是请求完成后的回调
        // 隐藏加载提示框
        uni.hideLoading();
    }, 3000);
}
```

上述代码用于显示和隐藏加载框,单击"模拟数据加载"按钮,触发 getData() 方法,在数据开始请求时,调用 uni.showLoading() 方法,显示"数据加载中",当服务器返回结果后,调用 uni.showLoading() 方法隐藏加载提示框,如图 8-44 所示。

在数据加载结束时,无论是数据获取成功还是失败都要调用 uni.hideLoading() 方法来确保加载提示被关闭,这样可以避免阻塞用户的其他操作。

4. uni.showModal

uni.showModal() 方法用于在用户界面中显示模态对话框(弹窗),可以包含标题、内容信息及一些操作按钮,是一种与用户进行交互的常见方式。

uni.showModal() 方法在调用时接受一个对象作为参数,该对象可以包含以下属性。

(1) title:对话框标题。

图 8-43　5s 后自动隐藏　　图 8-44　模拟数据加载

（2）content：对话框内容。
（3）showCancel：是否显示取消按钮，默认为 true。
（4）cancelText：取消按钮的文字，默认为"取消"。
（5）cancelColor：取消按钮的文字颜色。
（6）confirmText：确定按钮的文字，默认为"确定"。
（7）confirmColor：确定按钮的文字颜色。
（8）success：调用成功的回调函数。
（9）fail：调用失败的回调函数。
（10）complete：调用结束的回调函数（无论成功还是失败）。

打开 pages/index/index.vue 文件，增加模板，代码如下：

```
//ch8/08/pages/index/index.vue
<hr width="50%" color="#eee" style="margin: 20px;">
<button @click="showModal">模态对话框</button>
```

打开 pages/index/index.vue 文件，增加逻辑，代码如下：

```
//ch8/08/pages/index/index.vue
// 模态对话框
const showModal = () => {
  uni.showModal({
    title: '温馨提示',
    content: '这是一个模态弹窗！',
    showCancel: true,
    cancelText: '不同意',
    confirmText: '同意',
    success: function(res) {
      if (res.confirm) {
        console.log('用户单击了"同意"');
      } else if (res.cancel) {
        console.log('用户单击了"不同意"');
      }
    }
  });
}
```

上述代码用于显示模态对话框（弹窗），包含标题、内容及"不同意"和"同意"两个按钮，当用户单击"同意"时，控制台输出'用户单击了"同意"'，反之则输出'用户单击了"不同意"'，如图 8-45 所示。

success 回调函数中 res 对象包含两个属性：confirm 和 cancel。

（1）confirm：类型布尔值，当用户单击"确定"按钮时为 true。

（2）cancel：类型布尔值，当用户单击"取消"按钮时为 true（Android 系统下，如果用户单击了物理返回键取消对话框，则会触发 cancel）。

uni.showModal() 方法通常用于需要用户作出决策的情况，例如确认删除操作、允许权限申请等。

对话框是一个阻塞性质的界面元素，一旦弹出，用户必须进行操作才能继续其他的界面交互。

不要尝试在 success 回调函数内部再次调用 uni.showModal() 方法，以避免造成循环调用和界面卡顿的问题。

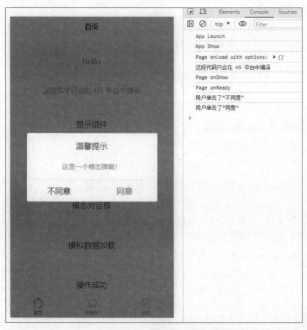

图 8-45　模态对话框

在一些平台上（特别是小程序），模态对话框的外观可能无法完全自定义，可能需要遵循平台的设计风格。

8.15.4　tabBar

1. uni.setTabBarItem

uni.setTabBarItem 是 uni-app 框架中用于动态设置 tabBar 中单个菜单项的 API，用于修改 tabBar 的图标或标题等信息。uni.setTabBarItem() 方法的语法如下：

```
uni.setTabBarItem({
    index: Number,  // 要修改的菜单项的下标
    text: String,   //tabBar 上的按钮文字
```

```
  iconPath: String, // 图片路径（本地路径）
  selectedIconPath: String // 选中时的图片路径（本地路径）
});
```

参数说明如下。

（1）index：要修改的菜单项的下标，从 0 开始计数。

（2）text：要设置的菜单项的标题文字。

（3）iconPath：要设置的菜单项的未选中状态下的图标。

（4）selectedIconPath：要设置的菜单项的选中状态下的图标。

打开 pages/index/index.vue 文件，增加模板，代码如下：

```
//ch8/09/pages/index/index.vue
<hr width="50%" color="#eee" style="margin: 20px;">
<button @click="setTabBarItem">设置 TabBar</button>
```

打开 pages/index/index.vue 文件，增加逻辑，代码如下：

```
//ch8/09/pages/index/index.vue
// 设置 tabBar
const setTabBarItem = () => {
  // 动态地修改第 1 个菜单项的图标和标题
  uni.setTabBarItem({
    index: 0,
    text: '我的',
    iconPath: '/static/tabbar/my.png',
    selectedIconPath: '/static/tabbar/my-selected.png'
  });
}
```

上述代码可以动态地修改 tabBar 的第 1 个菜单项的图标和标题，让用户更好地识别当前页面的功能。

单击"设置 tabBar"按钮后会触发 setTabBarItem() 方法，可以动态地修改第 1 个菜单项的图标和标题，如图 8-46 所示。

2. uni.setTabBarStyle

uni.setTabBarStyle 是 uni-app 框架中用于动态设置 tabBar 整体样式的 API，用于修改 tabBar 的背景色、文字颜色等样式，uni.setTabBarStyle() 方法的语法如下：

```
uni.setTabBarStyle({
  color: String, //tabBar 上的文字默认颜色
  selectedColor: String, //tabBar 上的文字选中时的颜色
  backgroundColor: String, //tabBar 的背景色
  borderStyle: String
  //tabBar 上边框的颜色，仅支持 black/white
});
```

图 8-46 设置 tabBar

参数说明如下。

（1）color：tabBar 上的文字默认颜色。

（2）selectedColor：tabBar 上的文字选中时的颜色。

（3）backgroundColor：tabBar 的背景色。

（4）borderStyle：tabBar 上边框的颜色，仅支持 black/white。

打开 pages/index/index.vue 文件，增加模板，代码如下：

```
//ch8/09/pages/index/index.vue
<button @click="setTabBarStyle">设置 tabBar 风格</button>
```

打开 pages/index/index.vue 文件，增加逻辑，代码如下：

```
//ch8/09/pages/index/index.vue
// 设置 tabBar
const setTabBarStyle = () => {
  // 动态地修改 tabBar 的样式
  uni.setTabBarStyle({
    color: '#8a8a8a',
    selectedColor: '#007aff',
    backgroundColor: '#ffffff',
    borderStyle: 'black'
  });
}
```

上述代码可以动态地修改 tabBar 的文字颜色、选中时的文字颜色、背景色及边框颜色等样式，实现自定义 tabBar 样式的效果。

单击"设置 tabBar 风格"按钮后会触发 setTabBarStyle() 方法，可以动态地修改 tabBar 的样式，如图 8-47 所示。

3. uni.hideTabBar

uni.hideTabBar 是 uni-app 中用于隐藏 tabBar 的 API，该 API 会在当前页面隐藏整个 tabBar，当然也可以设置 callback 在隐藏动画完成后触发的回调函数。uni.hideTabBar() 方法的语法如下：

```
uni.hideTabBar({
  animation: Boolean, // 是否需要动画效果
  callback: Function  // 隐藏动画完成后触发，只有一个
                      // 参数：success(Boolean)
});
```

图 8-47 设置 tabBar 风格

参数说明如下：

（1）animation：是否需要动画效果，默认值为 true。

（2）callback：隐藏动画完成后触发，只有一个参数 success（Boolean），表示是否成功执行。

打开 pages/index/index.vue 文件，增加模板，代码如下：

```
//ch8/09/pages/index/index.vue
<button @click="hideTabBar">隐藏 TabBar</button>
```

打开 pages/index/index.vue 文件，增加逻辑，代码如下：

```
//ch8/09/pages/index/index.vue
// 隐藏 tabBar
const hideTabBar = () => {
  uni.hideTabBar({
    // 是否需要动画效果
    animation: true,
    // 显示动画完成后触发
    success: (res) => {
```

```
        console.log("tabBar是否成功隐藏:" + JSON.stringify(res));
    }
});
}
```

上述代码会在当前页面隐藏整个 tabBar，如果需要在隐藏 tabBar 的时候完成一些其他任务，则可以在 callback 中添加相应处理。

单击"隐藏 tabBar"按钮后会触发 hideTabBar() 方法，隐藏 tabBar，在控制台输出"tabBar 是否成功隐藏：{"errMsg":"hideTabBar:ok"}"，如图 8-48 所示。

4. uni.showTabBar

uni.showTabBar 是 uni-app 框架中用于展示 tabBar 的 API，该 API 可以在当前页面展示整个 tabBar。uni.showTabBar() 方法的语法如下：

```
uni.showTabBar({
    animation: Boolean, //是否需要动画效果
    callback: Function // 显示动画完成后触发，只有一个参数: success(Boolean)
});
```

图 8-48　隐藏 tabBar

参数说明如下。

（1）animation：是否需要动画效果，默认值为 true。

（2）callback：显示动画完成后触发，只有一个参数 success（Boolean），表示是否成功执行。

打开 pages/index/index.vue 文件，增加模板，代码如下：

```
//ch8/09/pages/index/index.vue
<button @click="showTabBar">显示 tabBar</button>
```

打开 pages/index/index.vue 文件，增加逻辑，代码如下：

```
//ch8/09/pages/index/index.vue
// 显示 tabBar
const showTabBar = () => {
  uni.showTabBar({
    // 是否需要动画效果
    animation: true,
    // 显示动画完成后触发
    success: (res)=> {
      console.log("tabBar是否成功显示:" + JSON.stringify(res));
    }
  });
}
```

上述代码会在当前页面展示整个 tabBar，如果需要在展示 tabBar 的时候完成一些其他任务，则可以在 callback 中添加相应处理。

单击"显示 tabBar"按钮后会触发 hideTabBar() 方法，显示 tabBar，在控制台输出"tabBar是否成功显示：{"errMsg":"showTabBar:ok"}"，如图 8-49 所示。

图 8-49　显示 tabBar

8.15.5　下拉刷新和上拉加载

onPullDownRefresh 是指在页面下拉刷新的时候触发的事件。该事件可以由页面定义事件处理函数，在用户下拉列表时触发该事件执行对应的操作。

笔者在 pages/product/product.vue 页面实现了下拉刷新和上拉加载的效果。

1. 增加"下拉刷新/上拉加载"按钮

打开 pages/index/index.vue 文件，增加打开 pages/product/product.vue 的页面路由按钮，代码如下：

```
//ch8/10/pages/index/index.vue
<hr width="50%" color="#eee" style="margin: 20px;">
<button @click="toProduct">下拉刷新 / 上拉加载</button>
```

打开 pages/index/index.vue 文件,增加逻辑,代码如下:

```
//ch8/10/pages/index/index.vue
// 路由跳转到 /pages/product/product 页面
const toProduct = () => {
  uni.navigateTo({
    url: "/pages/product/product"
  })
}
```

2. 开启 enablePullDownRefresh

在 pages.json 文件里,在 pages 节点下找到 pages/product/product,在 style 选项中开启 enablePullDownRefresh,打开 pages.js 文件,修改后的代码如下:

```
//ch8/10/pages.json
{
  "path" : "pages/product/product",
  "style" :
  {
    "navigationBarTitleText" : " 商品 ",
    "enablePullDownRefresh" : false
  }
}

// 修改为
{
  "path" : "pages/product/product",
  "style" :
  {
    "navigationBarTitleText" : " 商品 ",
    "enablePullDownRefresh" : true
  }
}
```

3. 修改 product 页面模板

打开 pages/product/product.vue 文件,修改模板,代码如下:

```
//ch8/10/pages/product/product.vue
<template>
  <view class="list">
    <view class="item" v-for="item in list" :key="item.id">
      {{item.title}}
    </view>
  </view>
</template>
```

上述代码用于循环遍历 list 数组的内容。

4. 修改 product 页面逻辑

打开 pages/product/product.vue 文件,修改逻辑,代码如下:

```
//ch8/10/pages/product/product.vue
<script setup>
  import {ref} from 'vue'
```

```
    import {
      onLoad,
      onPullDownRefresh,
      onReachBottom,
    } from '@dcloudio/uni-app'

    onLoad((options) => {
      console.log('options =>', options);
      loadData(true)
    })

    // 监听用户下拉动作
    onPullDownRefresh(() => {
      console.log('Page onPullDownRefresh');
      setTimeout(function() {
        loadData(true)
        uni.stopPullDownRefresh();
      }, 1000);
    })

    // 页面上拉触底事件的处理函数
    onReachBottom(() => {
      console.log('Page onReachBottom');
      loadData()
    })

    // 列表
    const list = ref([])

    // 加载数据
    const loadData = (bool = false) => {
      // 判断 bool,如果 bool 为真,则表示下拉刷新,清空 list 数组
      if (bool) {
        list.value = []
      }
      // 首先获取数组的长度并加 1,然后赋值给 index
      const index = list.value.length + 1
      for (let i = 0; i < 20; i++) {
        const data = {
          title: `产品标题 ${index + i}`,
          id: index
        }
        list.value.push(data)
      }
    }
</script>
```

上述代码用于实现下拉刷新、上拉加载功能。

从 Vue 解构出 ref,用于创建响应式数据。

从 @dcloudio/uni-app 解构出 onLoad、onPullDownRefresh、onReachBottom 生命周期钩子函数,分别在页面加载、下拉刷新和上拉触底时调用。

在 onLoad() 生命周期钩子函数中调用 loadData(true) 方法,加载数据。

onPullDownRefresh() 生命周期钩子函数用于监听用户下拉动作,当用户下拉页面时会触发这个函数。通过设置延时函数来模拟异步加载数据。

在 setTimeout() 函数中执行 loadData(true) 方法和 uni.stopPullDownRefresh() 生命周期钩子函数，uni.stopPullDownRefresh() 函数用来停止下拉刷新动作，这样用户界面便可以回到正常状态。

onReachBottom() 生命周期函数用于监听页面上拉触底事件的处理，当页面滚动到底部时，这个函数会被触发。调用 loadData() 方法来加载更多数据。

使用 ref 定义一个响应式数组 list，用来存储加载的数据。

定义加载数据 loadData() 方法，该方法接受一个参数 bool，bool 的默认值为 false，如果不传入参数，bool 的值就是 false。

判断 bool 的值，当 bool 值为 true 时，list 列表会被清空（适用于初次加载或下拉刷新）。首先获取数组的长度并加 1，然后赋值给常量 index，index 是用于获取新加载的数据条目的起始索引。

使用 for 循环创建新的数据对象 data，将 data 通过 push() 方法添加到 list 数组中。

5. 修改 product 页面样式

打开 pages/product/product.vue 文件，增加样式，代码如下：

```
//ch8/10/pages/product/product.vue
<style>
  .list {
    padding: 20upx;
  }

  .item {
    padding: 30upx 0;
    border-bottom: 1px solid #eee;
  }
</style>
```

6. 效果演示

打开浏览器后单击"下拉刷新 / 上拉加载"按钮，进入 product 页面，如图 8-50 所示。

进入 product 页面后，滚动页面便可自动加载更多数据，如图 8-51 所示。

回到顶部，下拉刷新，如图 8-52 所示。

图 8-50　单击"下拉刷新 / 上拉加载"按钮　　图 8-51　上拉加载　　图 8-52　下拉刷新

8.15.6 窗口

uni.onWindowResize() 是 uni-app 中提供的窗口尺寸变化事件监听 API。可以使用该 API 监听窗口的尺寸变化，在尺寸变化时触发对应的回调函数。

该 API 接受一个函数作为参数，用于指定尺寸变化时的回调函数。该回调函数接受一个参数，提供了窗口当前的尺寸信息。

打开 pages/index/index.vue 文件，增加逻辑，代码如下：

```
//ch8/11/pages/index/index.vue
// 监听窗口尺寸变化
uni.onWindowResize((res) => {
  console.log(' 变化后的窗口宽度 =>', res.size.windowWidth);
  console.log(' 变化后的窗口高度 =>', res.size.windowHeight);
});
```

上述代码用于在回调函数中通过对象获取当前窗口的尺寸信息，包括窗口的高度和宽度，如图 8-53 所示。

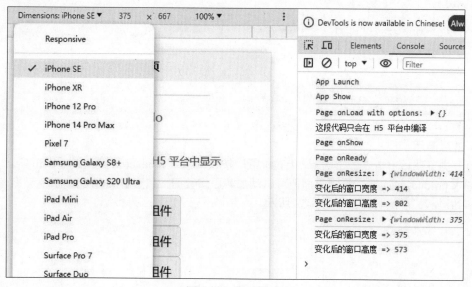

图 8-53　窗口尺寸

单击浏览器上的 Dimensions: iPhone SE，选择模拟器，在选择模拟器后，控制台会打印出"变化后的窗口宽度 => 375"和"变化后的窗口高度 => 573"。

8.15.7 数据缓存

在 Pinia 的章节中介绍了相关 Pinia 数据持久化，Pinia 使用 pinia-plugin-persistedstate 插件实现了数据持久化。本节主要介绍 uni-app 的数据持久化。

1. uni.setStorage

uni.setStorage() 方法是 uni-app 框架中用于设置本地缓存的 API，可以存储一些简单的数据类型，如字符串、数字等。

uni.setStorage() 方法的语法如下：

```
uni.setStorage(OBJECT)
```

OBJECT：Object 类型，用于设置本地缓存的 options，包括以下参数。

（1）key：String 类型，必填项，表示要写入本地缓存的 key。

（2）data：Any 类型，必填项，表示要写入本地缓存的数据，可以是任何可序列化的 JavaScript 类型，包括对象、数组、布尔值、日期、字符串等。

（3）success：Function 类型，表示设置本地缓存数据成功后的回调函数。

（4）fail：Function 类型，表示设置本地缓存数据失败后的回调函数。

（5）complete：Function 类型，表示设置本地缓存数据操作完成后的回调函数，不论成功还是失败都会执行。

1）异步存储字符串类型的数据

打开 pages/index/index.vue 文件，增加"将 String 类型数据异步存储到本地缓存"按钮，代码如下：

```
//ch8/12/pages/index/index.vue
<button @click="setStringStorage">将 String 类型数据异步存储到本地缓存</button>
```

打开 pages/index/index.vue 文件，增加逻辑，代码如下：

```
//ch8/12/pages/index/index.vue
const setStringStorage = () => {
  // 存储一个 String 类型的数据
  uni.setStorage({
    key: 'token',
    data: 'eyJhbGciOiJIU132323zI1NVCJ9.eyJu132WNrTmYpeaxn',
    success: function() {
      console.log('数据存储成功')
    }
  })
}
```

上述代码用于异步将 String 类型数据存储到本地缓存，单击"将 String 类型数据异步存储到本地缓存"按钮，将 Token 的值保存到本地存储，如图 8-54 所示。

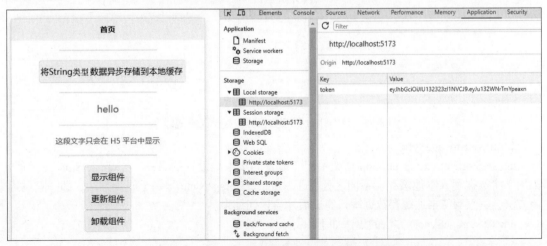

图 8-54　将 String 类型数据异步存储到本地缓存

2）异步存储对象类型的数据

打开 pages/index/index.vue 文件，增加"将 Object 类型数据异步存储到本地缓存"按钮，代码如下：

```
//ch8/12/pages/index/index.vue
<button @click="setObjectStorage">将 Object 类型数据异步存储到本地缓存</button>
```

打开 pages/index/index.vue 文件，增加逻辑，代码如下：

```
//ch8/12/pages/index/index.vue
const setObjectStorage = () => {
  // 存储一个 Object 类型的数据
  uni.setStorage({
    key: 'userinfo',
    data: {
        name: '张三',
        age: 18,
        sex: '男'
    },
    success: function() {
      console.log('数据存储成功')
    }
  })
}
```

上述代码用于将 Object 类型数据异步存储到本地缓存，单击"将 Object 类型数据异步存储到本地缓存"按钮，将 userinfo 的值保存到本地存储，如图 8-55 所示。

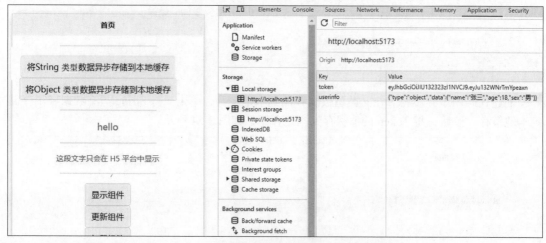

图 8-55　将 Object 类型数据异步存储到本地缓存

2. uni.setStorageSync

uni.setStorageSync 是 uni-app 框架中用于设置同步本地缓存的 API，与 uni.setStorage 类似，都用于将数据写入本地缓存。不同之处在于，uni.setStorageSync 是一个同步方法，即一旦调用该方法会一直等待本地缓存数据写入完成后才会返回结果。

uni.setStorageSync() 方法的语法如下：

```
uni.setStorageSync(KEY,DATA)
```

具体参数说明如下。

① KEY：String 类型，必填项，表示要写入本地缓存的 key。

② DATA：Any 类型，必填项，表示要写入本地缓存的数据，可以是任何可序列化的 JavaScript 类型，包括对象、数组、布尔值、日期、字符串等。

1）同步存储字符串类型的数据

打开 pages/index/index.vue 文件，增加"将 String 类型数据同步存储到本地缓存"按钮，代码如下：

```
//ch8/12/pages/index/index.vue
<button @click="setStringStorageSync">将String类型数据同步存储到本地缓存</button>
```

打开 pages/index/index.vue 文件，增加逻辑，代码如下：

```
//ch8/12/pages/index/index.vue
const setStringStorageSync = () => {
  try {
    // 存储一个字符串类型的数据
    uni.setStorageSync('title', '水浒传');
    console.log('数据存储成功');
  } catch (e) {
    console.log(e);
  }
}
```

上述代码用于将 String 类型数据同步存储到本地缓存，单击"将 String 类型数据同步存储到本地缓存"按钮，将 title 的值保存到本地存储，如图 8-56 所示。

图 8-56　将 String 类型数据同步存储到本地缓存

2）同步存储对象类型的数据

打开 pages/index/index.vue 文件，增加"将 Object 类型数据同步存储到本地缓存"按钮，代码如下：

```
//ch8/12/pages/index/index.vue
<button @click="setObjectStorageSync">将Object类型数据同步存储到本地缓存</button>
```

打开 pages/index/index.vue 文件,增加逻辑,代码如下:

```
//ch8/12/pages/index/index.vue
const setObjectStorageSync = () => {
  try {
    // 存储一个 Object 类型的数据
    uni.setStorageSync('book', {
        title: '水浒传',
        author: '施耐庵',
    });
    console.log('数据存储成功');
  } catch (e) {
    console.log(e);
  }
}
```

上述代码用于将 Object 类型数据同步存储到本地缓存,单击"将 Object 类型数据同步存储到本地缓存"按钮,将 book 的值保存到本地存储,如图 8-57 所示。

图 8-57　将 Object 类型数据同步存储到本地缓存

同步方法可以方便地获取返回结果,但在大量数据操作时会阻塞主线程,影响用户体验,因此在数据量较大或操作频繁时,建议使用异步 uni.setStorage() 方法。

3. uni.getStorage

uni.getStorage 是 uni-app 框架中用于获取本地缓存数据的 API,可以获取通过 uni.setStorage() 方法存储的本地缓存数据。

uni.getStorage() 方法的语法如下:

```
uni.getStorage(OBJECT)
```

参数说明如下。

OBJECT: Object 类型,用于设置本地缓存的 options,包括以下参数。

(1) key: String 类型,必填项,表示要获取本地缓存的 key。

(2) success: Function 类型,表示获取本地缓存数据成功后的回调函数会将获取的数据作为参数传入。

(3) fail: Function 类型,表示获取本地缓存数据失败后的回调函数。
(4) complete: Function 类型,表示获取本地缓存数据操作完成后的回调函数,不论成功还是失败都会执行。

1) 异步获取字符串类型的数据

打开 pages/index/index.vue 文件,增加"从本地缓存中异步获取指定 String 类型数据"按钮,代码如下:

```
//ch8/12/pages/index/index.vue
<button @click="getStringStorage">从本地缓存中异步获取指定String类型数据</button>
```

打开 pages/index/index.vue 文件,增加逻辑,代码如下:

```
//ch8/12/pages/index/index.vue
const getStringStorage = () => {
  // 获取一个String类型的数据
  uni.getStorage({
    key: 'token',
    success: function(res) {
      console.log('getStorage res.data =>' ,res.data)
      // 其他业务逻辑
    }
  })
}
```

上述代码用于从本地缓存中异步获取 String 类型数据,单击"从本地缓存中异步获取指定 String 类型数据"按钮,在控制台会打印出获取的 Token 数据,如图 8-58 所示。

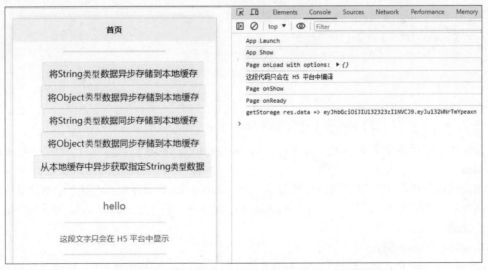

图 8-58 从本地缓存中异步获取指定 String 类型数据

2) 异步获取对象类型的数据

打开 pages/index/index.vue 文件,增加"从本地缓存中异步获取指定 Object 类型数据"按钮,代码如下:

```
//ch8/12/pages/index/index.vue
```

```
<button @click="getObjectStorage">从本地缓存中异步获取指定 Object 类型数据</button>
```

打开 pages/index/index.vue 文件,增加逻辑,代码如下:

```
//ch8/12/pages/index/index.vue
const getObjectStorage = () => {
  // 获取一个 Object 类型的数据
  uni.getStorage({
    key: 'userinfo',
    success: function(res) {
      console.log('getStorage res=>', res)
      // 其他业务逻辑
    }
  })
}
```

上述代码用于从本地缓存中异步获取指定 Object 类型数据,单击"从本地缓存中异步获取指定 Object 类型数据"按钮,在控制台会打印出获取的 userinfo 数据,如图 8-59 所示。

图 8-59　从本地缓存中异步获取指定 Object 类型数据

如果从本地缓存中获取的数据不存在,则 success() 回调函数仍然会执行,传入的 res 值为 undefined。

如果从本地缓存中获取的数据已经过期,则 success() 回调函数仍然会执行,传入的 res 值为 undefined,所以在某些情况下需要在回调函数中判断 res 是否为 undefined 以判断数据是否存在或已过期。

4. uni.getStorageSync

uni.getStorageSync 是 uni-app 框架中用于获取同步本地缓存数据的 API,可以获取通过 uni.setStorageSync() 方法存储的本地缓存数据。与 uni.getStorage 类似,不同之处在于该方法是同步获取数据的。

uni.getStorageSync() 方法的语法如下:

```
uni.getStorageSync(KEY)
```

具体参数说明如下。

KEY：String 类型，必填项，表示要获取本地缓存的 key。

1）同步获取字符串类型的数据

打开 pages/index/index.vue 文件，增加"从本地缓存中同步获取指定 String 类型数据"按钮，代码如下：

```
//ch8/12/pages/index/index.vue
<button @click="getStringStorageSync">从本地缓存中同步获取指定 String 类型数据</button>
```

打开 pages/index/index.vue 文件，增加逻辑，代码如下：

```
//ch8/12/pages/index/index.vue
const getStringStorageSync = () => {
  try {
    // 获取一个 String 类型的数据
    const title = uni.getStorageSync('title');
    if (title) {
      console.log('getStorageSync title =>',title);
      // 其他业务逻辑
    }
  } catch (e) {
    console.log(e);
  }
}
```

上述代码用于从本地缓存中同步获取指定 String 类型数据，单击"从本地缓存中同步获取指定 String 类型数据"按钮，在控制台会打印出获取的 title 数据，如图 8-60 所示。

图 8-60　从本地缓存中同步获取指定 String 类型数据

2）同步获取对象类型的数据

打开 pages/index/index.vue 文件，增加"从本地缓存中同步获取指定 Object 类型数据"按钮，代码如下：

```
//ch8/12/pages/index/index.vue
<button @click="getObjectStorageSync">从本地缓存中同步获取指定 Object 类型数据
</button>
```

打开 pages/index/index.vue 文件，增加逻辑，代码如下：

```
//ch8/12/pages/index/index.vue
const getObjectStorageSync = () => {
  try {
    // 获取一个 Object 类型的数据
    const book = uni.getStorageSync('book');
    if (book) {
      console.log('getStorageSync book =>', book);
      // 其他业务逻辑
    }
  } catch (e) {
    console.log(e);
  }
}
```

上述代码用于从本地缓存中同步获取指定 Object 类型数据，单击"从本地缓存中同步获取指定 Object 类型数据"按钮，在控制台会打印出获取的 book 数据，如图 8-61 所示。

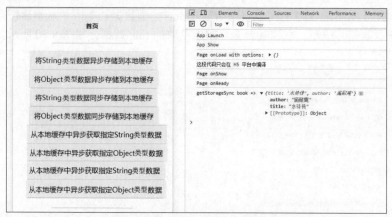

图 8-61　从本地缓存中同步获取指定 Object 类型数据

如果从本地缓存中获取的数据不存在，则该方法仍然会返回 undefined。

如果从本地缓存中获取的数据已经过期，则该方法仍然会返回 undefined，所以在某些情况下需要判断返回值是否为 undefined 以判断数据是否存在或已过期。

如果数据量较大，则应该避免频繁地调用该方法，以免阻塞主线程而影响用户体验。对于数据量较大或操作频繁的场景，应该使用异步回调方式。

5. uni.getStorageInfo(OBJECT)

uni.getStorageInfo 是 uni-app 框架中用于获取本地缓存的相关信息的 API，可以获取当前已经存储的本地缓存数据大小和限制值。

uni.getStorageInfo() 方法的语法如下：

uni.getStorageInfo(OBJECT)

具体参数说明如下。

OBJECT：Object 类型，用于设置本地缓存的 options，包括以下几个参数。

（1）success：Function 类型，表示获取本地缓存信息成功后的回调函数会将获取的数据作为参数传入。回调函数的 res 参数包括以下几个属性。

① keys：Array 类型，当前已缓存的所有 key 的列表。

② currentSize：Number 类型，当前已经存储的数据大小，单位为字节（Byte）。

③ limitSize：Number 类型，当前本地缓存数据的最大限制，单位为字节（Byte）。

（2）fail：Function 类型，表示获取本地缓存信息失败后的回调函数。

（3）complete：Function 类型，表示获取本地缓存信息操作完成后回调函数，不论成功还是失败都会执行。

打开 pages/index/index.vue 文件，增加"异步获取本地缓存信息"按钮，代码如下：

```
//ch8/12/pages/index/index.vue
<button @click="getStorageInfo">异步获取本地缓存信息</button>
```

打开 pages/index/index.vue 文件，增加逻辑，代码如下：

```
//ch8/12/pages/index/index.vue
// 异步获取本地缓存信息
const getStorageInfo = () => {
  uni.getStorageInfo({
    success: function(res) {
      console.log('getStorageInfo res.keys =>', res.keys)
      console.log('getStorageInfo res.currentSize =>', res.currentSize)
      console.log('getStorageInfo res.limitSize =>', res.limitSize)
    }
  })
}
```

上述代码用于异步获取本地缓存信息，单击"异步获取本地缓存信息"按钮，在控制台会打印出缓存信息，如图 8-62 所示。

图 8-62　异步获取本地缓存信息

本地缓存是有大小限制的，存在容量最大值的限制。当数据量接近或超过最大限制值时，应该注意清理缓存或优化缓存策略，否则可能会导致数据存储失败或者影响应用的性能。

uni.getStorageInfo() 方法可以用于辅助进行缓存清理或优化。可以在应用开发过程中结合应用实际情况定期调用该方法监测缓存大小和限制值，进行相应的缓存策略调整或清理。

6. uni.getStorageInfoSync

uni.getStorageInfoSync 是 uni-app 框架中用于同步获取本地缓存信息的 API，可以同步获取当前已经存储的本地缓存数据大小和限制值。

uni.getStorageInfoSync() 方法的语法如下：

```
uni.getStorageInfoSync()
```

具体参数说明：

本 API 没有参数，使用者直接调用即可。

打开 pages/index/index.vue 文件，增加"同步获取本地缓存信息"按钮，代码如下：

```
//ch8/12/pages/index/index.vue
<button @click="getStorageInfoSync">同步获取本地缓存信息</button>
```

打开 pages/index/index.vue 文件，增加逻辑，代码如下：

```
//ch8/12/pages/index/index.vue
// 同步获取本地缓存信息
const getStorageInfoSync = () => {
  try {
    const res = uni.getStorageInfoSync();
    console.log('getStorageInfoSync res.keys =>', res.keys)
    console.log('getStorageInfoSync res.currentSize =>', res.currentSize)
    console.log('getStorageInfoSync res.limitSize =>', res.limitSize)
  } catch (error) {
    console.log(error)
  }
}
```

上述代码用于同步获取本地缓存信息，单击"同步获取本地缓存信息"按钮，在控制台会打印出缓存信息，如图 8-63 所示。

图 8-63　同步获取本地缓存信息

7. uni.removeStorage

uni.removeStorage 是 uni-app 框架中用于异步移除指定 key 的本地缓存数据的 API。

uni.removeStorage() 方法的语法如下：

```
uni.removeStorage(OBJECT)
```

具体参数说明如下。

OBJECT：Object 类型，包括以下参数。

（1）key：String 类型，表示要移除的缓存数据的 key 值。

（2）success：Function 类型，表示移除本地缓存数据成功后的回调函数。

（3）fail：Function 类型，表示移除本地缓存数据失败后的回调函数。

（4）complete：Function 类型，表示移除本地缓存数据操作完成后的回调函数，不论成功还是失败都会执行。

1）异步移除指定字符串数据

打开 pages/index/index.vue 文件，增加"从本地缓存异步移除指定 String 类型数据"按钮，代码如下：

```
//ch8/12/pages/index/index.vue
<button @click="removeStringStorage">从本地缓存异步移除指定 String 类型数据</button>
```

打开 pages/index/index.vue 文件，增加逻辑，代码如下：

```
//ch8/12/pages/index/index.vue
// 从本地缓存异步移除指定 String 类型数据
const removeStringStorage = () => {
  uni.removeStorage({
    key: 'token',
    success: function(res) {
      console.log('removeStorage res =>', res)
    }
  })
}
```

上述代码用于异步移除 String 类型数据，单击"从本地缓存异步移除指定 String 类型数据"按钮，从本地缓存移除 Token 信息，如图 8-64 所示。

图 8-64　异步移除 Token 信息

2）异步移除指定对象数据

打开 pages/index/index.vue 文件，增加"从本地缓存异步移除指定 Object 类型数据"按钮，代码如下：

```
//ch8/12/pages/index/index.vue
<button @click="removeObjectStorage">从本地缓存异步移除指定Object类型数据</button>
```

打开 pages/index/index.vue 文件，增加逻辑，代码如下：

```
//ch8/12/pages/index/index.vue
// 从本地缓存异步移除指定Object类型数据
const removeObjectStorage = () => {
  uni.removeStorage({
    key: 'userinfo',
    success: function(res) {
     console.log('removeStorage res =>', res)
    }
  })
}
```

上述代码用于异步移除 Object 类型数据，单击"从本地缓存异步移除指定 Object 类型数据"按钮，从本地缓存移除 userinfo 信息，如图 8-65 所示。

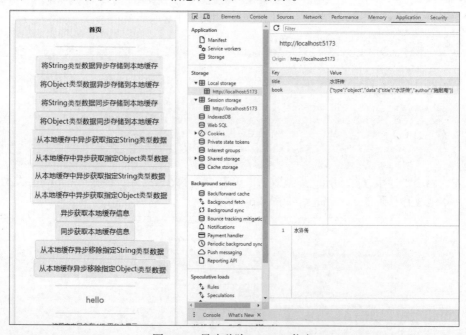

图 8-65　异步移除 userinfo 信息

如果指定的 key 不存在，则 uni.removeStorage() API 会忽略移除操作。

在移除本地缓存数据时，需要注意该操作是异步执行的，因此，如果需要在移除完成后执行相应操作，则需要通过 success 或 complete 回调函数实现。

8. uni.removeStorageSync

uni.removeStorageSync 是 uni-app 框架中用于同步移除指定 key 的本地缓存数据的 API。

uni.removeStorageSync() 方法的语法如下：

```
uni.removeStorageSync(KEY)
```

具体参数说明如下。

KEY：String 类型，表示要移除的缓存数据的 key 值。

1）同步移除指定字符串数据

打开 pages/index/index.vue 文件，增加"从本地缓存同步移除指定 String 类型数据"按钮，代码如下：

```
//ch8/12/pages/index/index.vue
<button @click="removeStringStorageSync">从本地缓存同步移除指定String类型数据</button>
```

打开 pages/index/index.vue 文件，增加逻辑，代码如下：

```
//ch8/12/pages/index/index.vue
// 从本地缓存同步移除指定 String 类型数据
const removeStringStorageSync = () => {
  try {
    uni.removeStorageSync('title');
    console.log('removeStorageSync =>', '移除成功');
  } catch (error) {
    console.log(error)
  }
}
```

上述代码用于同步移除 String 类型数据，单击"从本地缓存同步移除指定 String 类型数据"按钮，从本地缓存移除 title 信息，如图 8-66 所示。

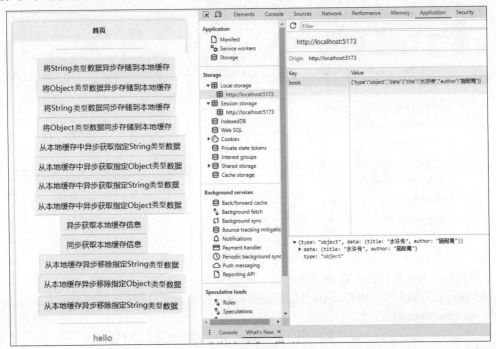

图 8-66　同步移除 title 信息

2）同步移除指定对象数据

打开 pages/index/index.vue 文件，增加"从本地缓存同步移除指定 Object 类型数据"按钮，代码如下：

```
//ch8/12/pages/index/index.vue
<button @click="removeObjectStorageSync">从本地缓存同步移除指定 Object 类型数据</button>
```

打开 pages/index/index.vue 文件，增加逻辑，代码如下：

```
//ch8/12/pages/index/index.vue
// 从本地缓存同步移除指定 Object 类型数据
const removeObjectStorageSync = () => {
  try {
    uni.removeStorageSync('book');
    console.log('removeStorageSync res =>', '移除成功');
  } catch (error) {
    console.log(error)
  }
}
```

上述代码用于同步移除 Object 类型数据，单击"从本地缓存同步移除指定 Object 类型数据"按钮，从本地缓存移除 book 信息，如图 8-67 所示。

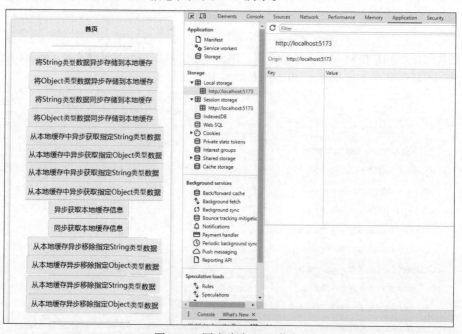

图 8-67　同步移除 book 信息

如果指定的 key 不存在，则 uni.removeStorageSync()API 会忽略移除操作。

同步执行会阻塞进程，因此在执行过程中应避免阻塞时间过长，以防影响应用的正常运行。

9. uni.clearStorage

uni.clearStorage 是 uni-app 框架中用于异步清空本地缓存数据的 API。

打开 pages/index/index.vue 文件，增加"清理本地数据缓存"按钮，代码如下：

```
//ch8/12/pages/index/index.vue
<button @click="clearStorage">清理本地数据缓存</button>
```

打开 pages/index/index.vue 文件，增加逻辑，代码如下：

```
//ch8/12/pages/index/index.vue
// 清理本地数据缓存
const clearStorage = async () => {
  const res = await uni.clearStorage()
  console.log('clearStorage res =>', res);
}
```

上述代码用于清空本地缓存，在清空本地缓存前先写入一些数据，依次单击页面上的"将 String 类型数据异步存储到本地缓存"按钮、"将 Object 类型数据异步存储到本地缓存"按钮、"将 String 类型数据同步存储到本地缓存"按钮和"将 Object 类型数据同步存储到本地缓存"按钮，向本地缓存写入数据，如图 8-68 所示。

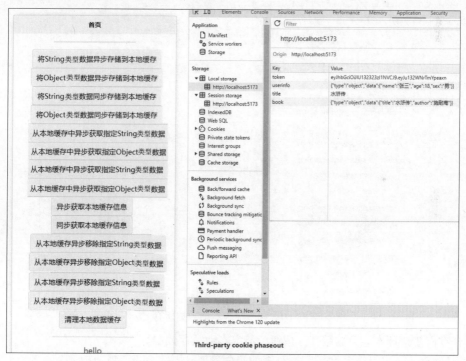

图 8-68 清理本地数据缓存

单击"清理本地数据缓存"按钮，清空本地缓存数据。
uni.clearStorage API 会清空所有本地缓存数据，因此需要谨慎使用。

10. uni.clearStorageSync

uni.clearStorageSync 是 uni-app 框架中用于同步清空本地缓存数据的 API。

打开 pages/index/index.vue 文件，增加"同步清理本地数据缓存"按钮，代码如下：

```
//ch8/12/pages/index/index.vue
<button @click="clearStorageSync">同步清理本地数据缓存</button>
```

打开 pages/index/index.vue 文件，增加逻辑，代码如下：

```
//ch8/12/pages/index/index.vue
// 同步清理本地数据缓存
const clearStorageSync = () => {
  try {
      uni.clearStorageSync();
      console.log('clearStorageSync res =>', '清理本地数据缓存成功 ');
  } catch (error) {
      console.log(error)
  }
}
```

上述代码用于同步清空本地缓存，在清空本地缓存前先写入一些数据，随机单击页面上的"将 String 类型数据异步存储到本地缓存"按钮、"将 Object 类型数据异步存储到本地缓存"按钮、"将 String 类型数据同步存储到本地缓存"按钮和"将 Object 类型数据同步存储到本地缓存"按钮，向本地缓存写入数据，如图 8-69 所示。

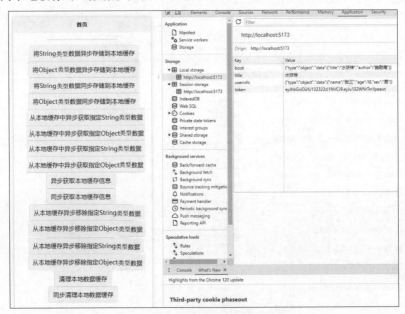

图 8-69　同步清理本地数据缓存

单击"同步清理本地数据缓存"按钮，清空本地缓存数据。
uni.clearStorageSync API 会清空所有本地缓存数据，因此需要谨慎使用。

11. 完整的 pages/index/index.vue 代码

打开 pages/index/index.vue 文件，完整的代码如下：

```
//ch8/12/pages/index/index.vue
<template>
    <view class="content">
      <!-- <image class="logo" src="/static/logo.png"></image> -->
      <hr width="50%" color="#eee" style="margin: 20px;">
      <button @click="setStringStorage">将 String 类型数据异步存储到本地缓存
      </button>
      <button @click="setObjectStorage">将 Object 类型数据异步存储到本地缓存
      </button>
```

```html
<button @click="setStringStorageSync">将 String 类型数据同步存储到本地缓存 </button>
<button @click="setObjectStorageSync">将 Object 类型数据同步存储到本地缓存 </button>
<button @click="getStringStorage">从本地缓存中异步获取指定 String 类型数据 </button>
<button @click="getObjectStorage">从本地缓存中异步获取指定 Object 类型数据 </button>
<button @click="getStringStorageSync">从本地缓存中同步获取指定 String 类型数据 </button>
<button @click="getObjectStorageSync">从本地缓存中同步获取指定 Object 类型数据 </button>
<button @click="getStorageInfo">异步获取本地缓存信息 </button>
<button @click="getStorageInfoSync">同步获取本地缓存信息 </button>
<button @click="removeStringStorage">从本地缓存异步移除指定 String 类型数据 </button>
<button @click="removeObjectStorage">从本地缓存异步移除指定 Object 类型数据 </button>
<button @click="removeStringStorageSync">从本地缓存同步移除指定 String 类型数据 </button>
<button @click="removeObjectStorageSync">从本地缓存同步移除指定 Object 类型数据 </button>
<button @click="clearStorage">清理本地数据缓存 </button>
<button @click="clearStorageSync">同步清理本地数据缓存 </button>
<hr width="50%" color="#eee" style="margin: 20px;">
<view class="text-area">
    <text class="title">{{title}}</text>
</view>
<hr width="50%" color="#eee" style="margin: 20px;">
<view class="text-area text-color">
    <!-- #ifdef H5 -->
    这段文字只会在 H5 平台中显示
    <!-- #endif -->
    <!-- #ifndef H5 -->
    这段文字在除了 H5 之外的平台显示
    <!-- #endif -->
</view>

<hr width="50%" color="#eee" style="margin: 20px;">
<button @click="show">显示组件 </button>
<button @click="update">更新组件 </button>
<button @click="hide">隐藏组件 </button>
<LifecycleDemo :title="title" v-if="isShow"></LifecycleDemo>
<hr width="50%" color="#eee" style="margin: 20px;">
<button @click="toProduct">下拉刷新 / 上拉加载 </button>
<hr width="50%" color="#eee" style="margin: 20px;">
<button @click="setTabBarItem">设置 tabBar</button>
<button @click="setTabBarStyle">设置 tabBar 风格 </button>
<button @click="hideTabBar">隐藏 tabBar</button>
<button @click="showTabBar">显示 tabBar</button>
<hr width="50%" color="#eee" style="margin: 20px;">
<button @click="showModal">模态对话框 </button>
<hr width="50%" color="#eee" style="margin: 20px;">
<button @click="getData">模拟数据加载 </button>
<hr width="50%" color="#eee" style="margin: 20px;">
<button @click="showToastSuccess">操作成功 </button>
```

```html
        <button @click="showToastLoading">加载中</button>
        <button @click="showToastNone">无图标</button>
        <button @click="hideToast">5s 后自动隐藏</button>
        <hr width="50%" color="#eee" style="margin: 20px;">
        <button @click="setNavigationBarTitle">设置导航条标题</button>
        <button @click="setNavigationBarColor">设置导航栏颜色</button>
        <button @click="showNavigationBarLoading">导航栏加载动画</button>
        <hr width="50%" color="#eee" style="margin: 20px;">
        <button @click="request">request 请求</button>
        <button @click="uploadFile">uploadFile 上传文件</button>
        <hr width="50%" color="#eee" style="margin: 20px;">
        <navigator url="/pages/navigate/navigate?title=navigate&id=123">
            <button type="default">跳转到新页面</button>
        </navigator>
        <navigator url="/pages/redirect/redirect?title=redirect&id=456"
        open-type="redirect">
            <button type="default">在当前页打开</button>
        </navigator>
        <navigator url="/pages/cart/cart" open-type="switchTab">
            <button type="default">跳转 Tab 页面</button>
        </navigator>
        <hr width="50%" color="#eee" style="margin: 20px;">
        <button @click="navigateTo">uni.navigateTo</button>
        <button @click="redirectTo">uni.redirectTo</button>
        <button @click="switchTab">uni.switchTab</button>
    </view>
</template>

<script setup>
    import { ref } from "vue"
    import LifecycleDemo from "../../components/LifecycleDemo
    /LifecycleDemo.vue"
    import {
        onLoad,
        onShow,
        onReady,
        onHide,
        onUnload,
        onResize,
        onPullDownRefresh,
        onReachBottom,
        onTabItemTap,
        onShareAppMessage,
        onPageScroll,
        onNavigationBarButtonTap,
        onBackPress,
        onNavigationBarSearchInputChanged,
        onNavigationBarSearchInputConfirmed,
        onNavigationBarSearchInputClicked,
        onShareTimeline,
        onAddToFavorites
    } from '@dcloudio/uni-app'
    const title = ref('hello')
    const isShow = ref(false)

    // 将 String 类型数据异步存储到本地缓存
```

```js
const setStringStorage = () => {
    // 存储一个字符串类型的数据
    uni.setStorage({
      key: 'token',
      data: 'eyJhbGciOiJIU132323zI1NVCJ9.eyJu132WNrTmYpeaxn',
      success: function() {
        console.log('数据存储成功')
      }
  })
}

// 将 Object 类型数据异步存储到本地缓存
const setObjectStorage = () => {
    // 存储一个 Object 类型的数据
    uni.setStorage({
      key: 'userinfo',
      data: {
        name: '张三',
        age: 18,
        sex: '男'
      },
      success: function() {
        console.log('数据存储成功')
      }
  })
}

// 将 String 类型数据同步存储到本地缓存
const setStringStorageSync = () => {
    try {
        // 存储一个 String 类型的数据
        uni.setStorageSync('title', '水浒传');
        console.log('数据存储成功');
    } catch (e) {
        console.log(e);
    }
}

// 将 Object 类型数据同步存储到本地缓存
const setObjectStorageSync = () => {
    try {
        // 存储一个 Object 类型的数据
      uni.setStorageSync('book', {
        title: '水浒传',
        author: '施耐庵',
      });
      console.log('数据存储成功');
    } catch (e) {
      console.log(e);
    }
}

// 从本地缓存中异步获取指定 String 类型数据
const getStringStorage = () => {
    // 获取一个 String 类型的数据
    uni.getStorage({
```

```javascript
    key: 'token',
    success: function(res) {
     console.log('getStorage res.data =>' ,res.data)
     //其他业务逻辑
   }
 })
}

// 从本地缓存中异步获取指定 Object 类型数据
const getObjectStorage = () => {
   //获取一个 Object 类型的数据
   uni.getStorage({
     key: 'userinfo',
     success: function(res) {
      console.log('getStorage res =>', res)
      //其他业务逻辑
     }
   })
}

// 从本地缓存中同步获取指定 String 类型数据
const getStringStorageSync = () => {
  try {
    //获取一个 String 类型的数据
    const token = uni.getStorageSync('title');
    if (token) {
      console.log('getStorageSync token =>',token);
      //其他业务逻辑
    }
  } catch (e) {
    console.log(e);
  }
}

// 从本地缓存中同步获取指定 Object 类型数据
const getObjectStorageSync = () => {
  try {
   //获取一个 Object 类型的数据
    const book = uni.getStorageSync('book');
    if (book) {
     console.log('getStorageSync book =>', book);
     //其他业务逻辑
    }
  } catch (e) {
    console.log(e);
  }
}

// 异步获取本地缓存信息
const getStorageInfo = () => {
  uni.getStorageInfo({
    success: function(res) {
      console.log('getStorageInfo res.keys =>', res.keys)
      console.log('getStorageInfo res.currentSize =>', res.currentSize)
      console.log('getStorageInfo res.limitSize =>', res.limitSize)
    }
```

```js
  })
}

// 同步获取本地缓存信息
const getStorageInfoSync = () => {
  try {
    const res = uni.getStorageInfoSync();
    console.log('getStorageInfoSync res.keys =>', res.keys)
    console.log('getStorageInfoSync res.currentSize =>', res.currentSize)
    console.log('getStorageInfoSync res.limitSize =>', res.limitSize)
  } catch (error) {
    console.log(error)
  }
}

// 从本地缓存异步移除指定 String 类型数据
const removeStringStorage = () => {
  uni.removeStorage({
    key: 'token',
    success: function(res) {
      console.log('removeStorage res =>', res)
    }
  })
}

// 从本地缓存异步移除指定 Object 类型数据
const removeObjectStorage = () => {
  uni.removeStorage({
    key: 'userinfo',
    success: function(res) {
      console.log('removeStorage res =>', res)
    }
  })
}

// 从本地缓存同步移除指定 String 类型数据
const removeStringStorageSync = () => {
  try {
    uni.removeStorageSync('title');
    console.log('removeStorageSync =>', '移除成功');
  } catch (error) {
    console.log(error)
  }
}

// 从本地缓存同步移除指定 Object 类型数据
const removeObjectStorageSync = () => {
  try {
    uni.removeStorageSync('book');
    console.log('removeStorageSync res =>', '移除成功');
  } catch (error) {
    console.log(error)
  }
}
```

```js
// 清理本地数据缓存
const clearStorage = async () => {
  const res = await uni.clearStorage()
  console.log('clearStorage res =>', res);
}

// 同步清理本地数据缓存
const clearStorageSync = () => {
  try {
    uni.clearStorageSync();
    console.log('clearStorageSync res =>', '清理本地数据缓存成功');
  } catch (error) {
    console.log(error)
  }
}

// 路由跳转到 /pages/product/product 页面
const toProduct = () => {
  uni.navigateTo({
      url: "/pages/product/product"
  })
}

// 监听窗口尺寸变化
uni.onWindowResize((res) => {
  console.log(' 变化后的窗口宽度 =>', res.size.windowWidth);
  console.log(' 变化后的窗口高度 =>', res.size.windowHeight);
});

// 设置 tabBar
const setTabBarItem = () => {
  // 动态地修改第 1 个菜单项的图标和标题
  uni.setTabBarItem({
    index: 0,
    text: ' 我的 ',
    iconPath: '/static/tabbar/my.png',
    selectedIconPath: '/static/tabbar/my-selected.png'
  });
}

// 设置 tabBar
const setTabBarStyle = () => {
   // 动态地修改 tabBar 的样式
   uni.setTabBarStyle({
     color: '#8a8a8a',
     selectedColor: '#007aff',
     backgroundColor: '#ffffff',
     borderStyle: 'black'
   });
}

// 隐藏 tabBar
const hideTabBar = () => {
   uni.hideTabBar({
      // 是否需要动画效果
      animation: true,
```

```js
      // 显示动画完成后触发
      success: (res) => {
        console.log("tabBar是否成功隐藏:" + JSON.stringify(res));
      }
   });
}

// 显示tabBar
const showTabBar = () => {
  uni.showTabBar({
    // 是否需要动画效果
    animation: true,
    // 显示动画完成后触发
    success: (res) => {
      console.log("tabBar是否成功显示:" + JSON.stringify(res));
    }
  });
}

// 模态对话框
const showModal = () => {
  uni.showModal({
    title: '温馨提示',
    content: '这是一个模态弹窗！',
    showCancel: true,
    cancelText: '不同意',
    confirmText: '同意',
    success: function(res) {
      if (res.confirm) {
        console.log('用户单击了"同意"');
      } else if (res.cancel) {
        console.log('用户单击了"不同意"');
      }
    }
  });
}

// 模拟数据加载
const getData = () => {
  // 显示加载提示框
  uni.showLoading({
    title: '加载中'
  });
  // 模拟请求数据
  setTimeout(() => {
    // 这里是请求完成后的回调
    // 隐藏加载提示框
    uni.hideLoading();
  }, 3000);
}

// 成功
const showToastSuccess = () => {
  uni.showToast({
    title: '操作成功',
    icon: 'success', //success: 成功; loading: 加载中; none: 无图标
```

```js
        duration: 1500,
        mask: false,
        success: function() {},
        fail: function() {},
        complete: function() {}
    })
}

// 加载中
const showToastLoading = () => {
    uni.showToast({
        title: '加载中',
        icon: 'loading',  //success: 成功; loading: 加载中; none: 无图标
        duration: 1500,
        mask: false,
        success: function() {},
        fail: function() {},
        complete: function() {}
    })
}

// 无图标
const showToastNone = () => {
    uni.showToast({
        title: '该交互无图标',
        icon: 'none',  //success: 成功; loading: 加载中; none: 无图标
        duration: 1500,
        mask: false,
        success: function() {},
        fail: function() {},
        complete: function() {}
    })
}

//5s 后自动隐藏
const hideToast = () => {
    uni.showToast({
        title: '正在加载...',
        icon: 'loading',
        duration: 20000
    });
    //5s 后隐藏 toast
    setTimeout(() => {
        uni.hideToast();
    }, 5000);
}

// 设置导航条标题
const setNavigationBarTitle = () => {
    uni.setNavigationBarTitle({
        title: '导航条新标题' // 设置导航条标题内容
    });
}

// 设置导航条颜色
const setNavigationBarColor = () => {
    uni.setNavigationBarColor({
```

```
      frontColor: '#ffffff', // 前景色为白色
      backgroundColor: '#d81e06', // 背景颜色为红色
      animation: {
        duration: 200, // 动画持续时间为 200ms
        timingFunc: 'easeIn' // 动画缓动函数为 easeIn
      }
   });
}
// 导航栏加载动画
const showNavigationBarLoading = () => {
   // 显示导航栏加载动画
   uni.showNavigationBarLoading();
   // 模拟加载数据
   setTimeout(() => {
      // 数据加载完成后隐藏导航栏加载动画
      uni.hideNavigationBarLoading();
   }, 1000);
}

//request 请求
const request = () => {
   uni.request({
      //URL 网址为笔者编写的获取评论列表的 API 地址, 读者可以使用自己编写的获取评论列
      // 表的 API
      // 地址进行测试
      url: 'https://commentapi.aiboxs.cn/comment',
      method: 'GET',
      data: {
         page: 1,
         pageSize: 2
      },
      header: {
         'content-type': 'application/json'
      },
      success: (res) => {
         console.log(res.data)
      },
      fail: (res) => {
         console.log(res.errMsg)
      },
      complete: () => {
         console.log('complete')
      }
   })
}

// 文件上传
const uploadFile = () => {
   uni.chooseImage({
      success: (chooseImageRes) => {
         const tempFilePaths = chooseImageRes.tempFilePaths;
         uni.uploadFile({
            //URL 网址为笔者编写的未注册用户上传头像的接口, 读者可以使用自己编写的
            // 未注册用户上传头像的接口进行测试
            url: "https://commentapi.aiboxs.cn/user/registerAvatar",
```

```js
          filePath: tempFilePaths[0],
          name: "file",
          formData: {
          user: "test",
          },
          success: (uploadFileRes) => {
            console.log("uploadFileRes.data =>",uploadFileRes.data);
          },
          fail: (res) => {
            console.log(res.errMsg);
          },
          complete: () => {
            console.log("complete");
          },
        });
      },
    });
}

// 跳转到非 tabBar 页面
const navigateTo = () => {
  uni.navigateTo({
    url: "/pages/navigate/navigate?title=navigate&id=123"
  })
}

// 关闭当前页面，跳转到应用内的某个页面
const redirectTo = () => {
  uni.redirectTo({
    url: "/pages/redirect/redirect?title=redirect&id=456"
  })
}

// 跳转到 tabBar 页面，并关闭其他所有的非 tabBar 页面
const switchTab = () => {
  uni.switchTab({
    url: "/pages/cart/cart"
  })
}

// 显示组件
const show = () => {
  isShow.value = true
}

// 卸载组件
const hide = () => {
  isShow.value = false
  title.value = 'hello'
}

// 更新组件
const update = () => {
  title.value = 'hi uni-app!'
}
```

```js
// 页面加载时触发。一个页面只会调用一次，可以在 onLoad 的参数中获取打开当前页面路径
// 中的参数
onLoad((options) => {
    // 页面数据加载前显示导航栏加载动画
    uni.showNavigationBarLoading();
    // 模拟加载数据
    setTimeout(() => {
        // 数据加载完成后隐藏导航栏加载动画
        uni.hideNavigationBarLoading();
    }, 2000);

    //options 为页面跳转所带来的参数
    console.log('Page onLoad with options:', options);
    //#ifdef H5
    console.log(' 这段代码只会在 H5 平台中编译 ');
    //#endif
    //#ifndef H5
    console.log(' 这段代码在除了 H5 之外的平台编译 ');
    //#endif
})

// 页面显示 / 切入前台时触发
onShow(() => {
    console.log('Page onShow');
})

// 初次渲染完成时触发
onReady(() => {
    console.log('Page onReady');
})

// 页面隐藏 / 切入后台时触发
onHide(() => {
    console.log('Page onHide');
})

// 页面卸载时触发，如 redirectTo 或 navigateBack 到其他页面时
onUnload(() => {
    console.log('Page onUnload');
})

// 监听页面尺寸的改变
onResize((e) => {
    const size = e.size
    console.log('Page onResize:', size);
})

// 监听用户下拉动作
onPullDownRefresh(() => {
    console.log('Page onPullDownRefresh');
    setTimeout(function() {
        uni.stopPullDownRefresh();
    }, 1000);
})

// 页面上拉触底事件的处理函数
```

```js
  onReachBottom(() => {
    console.log('Page onReachBottom');
  })
  // 单击 tabBar 时触发
  onTabItemTap((item) => {
    console.log('Page onTabItemTap:', item);
  })

  // 用户转发时触发
  onShareAppMessage(() => {
    console.log('Page onShareAppMessage');
    return {
      title: 'Share Title', // 转发标题
      path: '/page/path', // 转发页面路径
    };
  })

  // 页面滚动触发事件的处理函数
  onPageScroll((scrollTop) => {
    console.log('Page onPageScroll:', scrollTop);
  })

  // 当导航栏的按钮被单击时触发
  onNavigationBarButtonTap((e) => {
    console('Page onNavigationBarButtonTap:', e);
  })

  // 监听返回按钮触发
  onBackPress((e) => {
    console.log('Page onBackPress:', e);
    // 当返回 true 时阻止页面返回
    return false;
  })

  // 导航栏输入框内容变化事件
  onNavigationBarSearchInputChanged((e) => {
    console.log('Page onNavigationBarSearchInputChanged:', e);
  })
  // 当导航栏输入框确认搜索时触发
  onNavigationBarSearchInputConfirmed((e) => {
    console.log('Page onNavigationBarSearchInputConfirmed:', e);
  })

  // 导航栏输入框单击触发
  onNavigationBarSearchInputClicked(() => {
    console.log('Page onNavigationBarSearchInputClicked');
  })

  // 当页面被用户分享到朋友圈时触发
  onShareTimeline(() => {
    console.log('Page onShareTimeline');
    return {
      title: 'Share on Timeline Title',
      query: 'key=value'
    };
  })
```

```
    // 当用户单击右上角的收藏时触发
    onAddToFavorites(() => {
      console.log('Page onAddToFavorites')
      return {
        title: 'Favorites Title',
        imageUrl: '/static/image.png', // 分享图片，路径可以是相对路径、存储文件
                                       // 路径或者网络图片路径。支持 PNG 及 JPG 格式
        query: 'key=value' // 自定义 query 字段的内容
      };
    })
</script>

<style>
  .content {
    display: flex;
    flex-direction: column;
    align-items: center;
    justify-content: center;
  }

  .logo {
    height: 200rpx;
    width: 200rpx;
    margin-top: 200rpx;
    margin-left: auto;
    margin-right: auto;
    margin-bottom: 50rpx;
  }

  .text-area {
    display: flex;
    justify-content: center;
  }

  /* #ifdef H5 */
  .text-color {
    color: red;
  }
  /* #endif */
  /* #ifndef H5 */
  .text-color {
    color: green;
  }

  /* #endif */

  .title {
    font-size: 36rpx;
    color: #8f8f94;
  }
</style>
```

第 9 章 项目实战

经过前面一系列的准备,又来到了激动人心的时刻:项目实战环节。通过实战项目,可以将前面的理论知识应用到具体的问题解决中,有助于加深对这些理论的理解和记忆。在实战中,读者会接触到软件开发的全过程,包括需求分析、设计、编码、测试及部署等环节,这样的全流程经验能够提升读者的综合开发能力。

9.1 给 VS Code 安装扩展和配置设置

在 VS Code 中,通过访问左侧工具栏的扩展市场来安装扩展,并在编辑器的设置中自定义配置来优化开发环境。

9.1.1 安装 uni-helper

在扩展搜索框搜索关键词 uni-helper。uni-helper 扩展旨在增强开发 uni-app 系列产品在 VS Code 内的体验,如图 9-1 所示。

图 9-1 安装 uni-helper

uni-helper 扩展实际上是以下几个扩展的扩展包。

（1）uni-app-schemas：校验 uni-app 中的 androidPrivacy.json、pages.json 和 manifest.json 格式，也可以直接在对应的文件中添加 $schema 来使用对应的 schema 文件。

（2）uni-app-snippets：提供 uni-app 基本能力代码片段。

（3）uni-cloud-snippets：提供 uni-cloud 基本能力代码片段。

（4）uni-ui-snippets：提供 uni-ui 基本能力代码片段。

（5）uni-highlight：在 VS Code 中对条件编译的代码注释部分提供了语法高亮功能。

9.1.2　安装 Vue Language Features (Volar)

在扩展搜索框输入关键词 Vue Language Features（Volar），如图 9-2 所示。

图 9-2　安装 Vue Language Features (Volar)

Vue Language Features 是由 Volar 扩展提供的一套支持工具，专门为 Vue.js 开发者设计，主要为 Vue.js 3 提供优化的工具支持，主要包括以下功能。

（1）TypeScript 支持：Volar 利用 TypeScript 提供丰富的 IntelliSense、错误检查等功能。

（2）模板分析和智能提示：在 .vue 文件的 <template> 部分编辑时，Volar 能够提供自动完成、悬停信息、跳转到定义、查找引用等功能。

（3）样式支持：Volar 对 <style> 标签和样式文件提供智能感知，支持 CSS、SCSS、LESS 等预处理语言，并且能够识别模板中的类名和样式应用。

（4）重构和代码快速修复：Volar 提供的重构功能可以帮助开发者快速地重命名、更新模板引用、提取组件等，同时提供一些代码修复建议。

（5）格式化：Volar 集成了 Prettier 和 Vetur 的格式化选项，可以对 Vue.js 文件进行格式化，提高代码的一致性和可读性。

（6）国际化支持：对于多语言项目，Volar 可以提供 i18n 键值的自动补全和悬停预览功能。

9.1.3 安装 Vetur

在扩展搜索框输入关键词 Vetur，如图 9-3 所示。

图 9-3 安装 Vetur

Vetur 是一个著名的 Visual Studio Code（VS Code）扩展，专为 Vue.js 开发设计。为在 VS Code 中开发 Vue.js 应用程序提供了增强的支持，主要包括以下几个方面的功能。

（1）语法高亮：为 .vue 文件中的各种代码块提供语法高亮功能，包括 HTML、JavaScript、CSS 和 Vue.js 的模板语法。

（2）智能感知（IntelliSense）：自动完成代码、显示函数参数信息等，帮助开发者快速编写代码。

（3）错误检查和 Linting：集成了 ESLint 等工具，能够在编码时提示代码错误和潜在问题。

（4）代码格式化：整合了 Prettier 和其他格式化工具，可自动或手动格式化代码。

（5）代码片段（Snippets）：提供常用的 Vue.js 代码片段，便于开发者快捷地编写模板和脚本。

（6）代码导航和查找定义：可以跳转到组件的定义处，提升代码阅读和重构的效率。

安装完成后，当打开 .vue 文件时，就可以享受到 Vetur 提供的这些便利功能。

9.1.4 安装 uniapp 小程序扩展

在扩展搜索框输入关键词 uniapp 小程序扩展，如图 9-4 所示。

图 9-4　安装 uniapp 小程序扩展

插件官方自述：一个灵活、好用、持续维护的 uniapp 小程序拓展。

9.1.5　设置 VS Code 保存自动格式化

打开 VS Code 软件，按 F1 键，此时会弹出输入框，在输入框输入 settings.json，在下拉菜单里单击"首选项：打开用户设置（JSON）"，相关操作可以参考 2.3.3 节，在 settings.json 里面插入的代码如下：

```
"[vue]": {
  "editor.defaultFormatter": "octref.vetur",
  "editor.formatOnSave": true,
},
"editor.formatOnPaste": true,
"editor.formatOnType": true,
```

上述代码用于设置当编辑 .vue 文件时，"editor.defaultFormatter": "octref.vetur" 表示默认的格式化工具为 octref.vetur，Vetur 是一个流行的 Vue.js 工具扩展。"editor.formatOnSave": true 为开启 editor.formatOnSave 选项，保存时自动格式化代码。这样可以保证代码遵守一定的风格和约定，使其更加整洁和一致。

当 "editor.formatOnPaste": true 为粘贴内容时，自动按文档格式设置格式化粘贴的内容。

当 "editor.formatOnType": true 为输入内容时，自动按文档格式设置格式化内容。

Vue Language Features（Volar）扩展是专为 Vue.js 开发而设计的，主要为 Vue.js 3 提供优化的工具支持，editor.defaultFormatter 的值还可以设置为 Vue.volar，代码如下：

```
  "[vue]": {
    "editor.defaultFormatter": "Vue.volar",
    "editor.formatOnSave": true,
  },
  "editor.formatOnPaste": true,
  "editor.formatOnType": true,
```

上述代码用于将默认的格式化工具指定为 Vue.volar，表示当执行格式化命令时，应使用 Volar 插件。Volar 是一个 VS Code 扩展，专门为 Vue.js 3 项目提供了语法高亮、类型检查和其他智能功能。

9.2 创建项目

uni-app 创建项目有两种方法：
第 1 种是使用 HBuilder X 可视化界面创建项目，详见 8.2 节。
第 2 种是使用 Vue-CLI 脚手架创建项目。
本项目使用 Vue-CLI 脚手架创建项目，首先需要全局安装 Vue-CLI，命令如下：

```
npm install -g @vue/cli
```

使用 Vue.js 3/Vite 版创建项目，命令如下：

```
npx degit dcloudio/uni-preset-vue#vite comment-h5
```

注意：模板项目存放于 GitHub，由于网络环境问题，可能会导致下载失败。如果命令行创建失败，则可直接访问 https://gitee.com/dcloud/uni-preset-vue/repository/archive/ vite.zip 下载模板，在 Gitee 下载模板文件，需要注册并登录 Gitee。

如果从 Gitee 下载模板文件，则需要将下载的 zip 压缩包解压缩到新创建的文件夹 comment-h5 中，此处的文件夹名称，读者也可以按自己的习惯命名，不做硬性限制。

9.3 运行项目

使用 Vue-CLI 脚手架创建的项目需要先安装项目依赖，然后执行运行项目的命令。

9.3.1 安装项目依赖

使用 Vue-CLI 脚手架创建的项目和普通的 Vue.js 项目一样，需要安装项目依赖，命令如下：

```
cd comment-h5
npm install

// 或者
cd comment-h5
yarn
```

上述命令 cd comment-h5 指进入 comment-h5 文件夹，npm install 和 yarn 都是安装依赖的命令，执行其中一个即可。

9.3.2 运行项目

依赖安装成功后,运行项目,命令如下:

```
npm run dev:h5

// 或者
yarn dev:h5
```

打开浏览器,在网址栏输入 http://localhost:5173,查看预览,如图 9-5 所示。

9.3.3 JSON 文件不能写注释的问题

使用 VS Code 打开项目,打开 src/pages.json 文件,提示错误,如图 9-6 所示。

在 HBuilder X 编辑器里面,支持在 pages.json 文件和 manifest.json 文件中写注释。VS Code 默认 JSON 文件是不可以写注释的,现在 JSON 文件里面写了注释,所以提示错误。

解决这个问题,需要设置文件关联,有两种方法设置文件关联。

图 9-5 项目预览

图 9-6 JSON 文件写注释提示错误

1. 手动设置文件关联

通过手动设置文件关联,以此来告诉 VS Code 这个文件是特殊的 JSON 格式,即 JSONC 格式。这样一来问题就解决了。

在 VS Code 按 Ctrl+, 组合键或者单击"文件"→"首选项"→"设置",打开设置,在输入框输入"文件关联",如图 9-7 所示。

图 9-7 设置文件关联（1）

单击"添加项"按钮，依次添加 manifest.json 和 pages.json 文件，将值都设置为 jsonc，单击"确定"按钮，如图 9-8 所示。

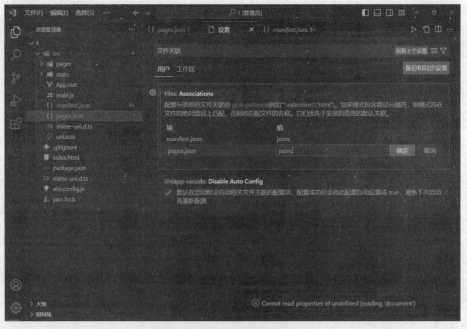

图 9-8 设置文件关联（2）

再次打开 src/pages.json 文件查看，错误提示消失，如图 9-9 所示。

图 9-9 设置文件关联(3)

2. 在 settings.json 文件中设置文件关联

打开 VS Code 软件,按 F1 键,此时会弹出输入框,在输入框输入 settings.json,在下拉菜单里单击"首选项:打开用户设置(JSON)",相关操作可以参考 2.3.3 节,在 settings.json 里面插入的代码如下:

```
"files.associations": {
  "manifest.json": "jsonc",
  "pages.json": "jsonc"
},
```

上述代码用于设置文件关联,定义了两个文件名 manifest.json 和 pages.json 使用的语言模式。JSONC 代表 JSON with Comments,即带有注释的 JSON,允许 JSON 文件内包含注释。

在标准的 JSON 文件格式中是不被允许带有注释的。

上述设置告诉 VS Code,当打开 manifest.json 或者 pages.json 文件时,不要将它们视为标准的 JSON 文件,而是视为可以包含注释的 JSON(JSONC)。

笔者的 settings.json 文件,代码如下:

```
{
  "workbench.iconTheme": "vscode-icons",
  "author-generator.author": "rococo",
  "author-generator.email": "rococo@aiboxs.cn",
  "author-generator.updateOnSave": true,
  "editor.codeActionsOnSave": {
    "source.fixAll.eslint": "explicit"
  },
  "[vue]": {
    "editor.defaultFormatter": "octref.vetur",
```

```
    "editor.formatOnSave": true,
  },
  "editor.formatOnPaste": true,
  "editor.formatOnType": true,
  "files.associations": {
    "manifest.json": "jsonc",
    "pages.json": "jsonc"
  },
}
```

9.3.4 修改项目名称

打开 package.json 文件，修改项目名称、版本号，并增加简介、作者，代码如下：

```
//ch9/1/package.json
"name": "zhihuzheye-comment",
"version": "1.0.0",
"description": "之乎者也评论系统",
"author": "天圣",
```

其中，name 为项目名称，version 为版本号，description 为简介，author 为作者。

打开 src/pages.json 文件，修改项目标题名称，代码如下：

```
//ch9/1/src/pages.json
{
  "pages": [
    {
      "path": "pages/index/index",
      "style": {
        "navigationBarTitleText": "之乎者也评论"
      }
    }
  ],
  "globalStyle": {
    "navigationBarTextStyle": "black",
    "navigationBarTitleText": "之乎者也评论",
    "navigationBarBackgroundColor": "#F8F8F8",
    "backgroundColor": "#F8F8F8"
  }
}
```

9.3.5 修改 API 风格

Vue.js 的组件可以按两种不同的风格书写：选项式 API 和组合式 API。

1. 选项式 API(Options API)

使用选项式 API，可以用包含多个选项的对象来描述组件的逻辑，例如 data、methods 和 mounted。选项所定义的属性都会暴露在函数内部的 this 上并会指向当前的组件实例，代码如下：

```
<script>
export default {
  data() {
    return {
      count: 0,
    };
```

```
  },
  methods: {
    add() {
      this.count++;
    },
  },
  mounted() {
    console.log(`count => ${this.count}.`);
  },
};
</script>
<template>
  <button @click="add">Count is: {{count}}</button>
</template>
```

2. 组合式 API(Composition API)

通过组合式 API，可以使用导入的 API 函数来描述组件逻辑。在单文件组件中，组合式 API 通常会与 <script setup> 搭配使用。这个 setup attribute 是一个标识，告诉 Vue.js 需要在编译时进行一些处理，让开发者可以更简洁地使用组合式 API。例如，<script setup> 中的导入和顶层变量或者函数都能够在模板中直接使用。

下面是使用了组合式 API 与 <script setup> 改造后和上面的模板完全一样的组件：

```
<script setup>
import {ref, onMounted} from "vue";
const count = ref(0);
const add = () => {
  count.value++;
};
onMounted(() => {
  console.log(`count=> ${count.value}.`);
});
</script>

<template>
  <button @click="add">Count is: {{count}}</button>
</template>
```

3. 将 App.vue 的 API 风格修改为组合式 API

本项目是 Vue.js 3 的项目，选择使用组合式 API 开发。

打开 src/App.vue 文件，修改后的代码如下：

```
//ch9/1/src/App.vue
<script setup>
import {onLaunch, onShow, onHide} from "@dcloudio/uni-app";

onLaunch(() => {
  console.log("App Launch");
});
onShow(() => {
  console.log("App Show");
});
onHide(() => {
  console.log("App Hide");
});
```

```
</script>

<style>
/* 每个页面公共css */
</style>
```

4. 修改 index.vue 的 API 风格和 logo

下载 https://comment.aiboxs.cn/static/new-logo.png 文件并保存到 src/static 文件夹。

打开 src/pages/index/index.vue 文件,修改后的代码如下:

```
//ch9/1/src/pages/index/index.vue
<template>
  <view class="content">
    <image class="logo" src="/static/new-logo.png"></image>
    <view class="text-area">
      <text class="title">{{title}}</text>
    </view>
  </view>
</template>

<script setup>
import {onLoad} from "@dcloudio/uni-app";
import {ref} from "vue";
const title = ref("欢迎来到『之乎者也评论』系统");
onLoad(() => {
  console.log("index onLoad =>");
});
</script>
```

5. 预览修改后的界面

刷新浏览器查看修改后的界面,如图 9-10 所示。

图 9-10 修改 Logo 后的首页预览

9.4 Sass

Sass 是一种强化 CSS 的语言,让开发者能以一种更加简洁、结构化的方式编写 CSS 代码。

9.4.1 Sass 简介

Sass 是一种静态类型的 CSS 预处理器,可以将 CSS 代码分解成一系列的语法糖,转换为一个或多个 CSS 规则。Sass 可以通过插值、变量、函数等方式灵活地处理 CSS 样式,从而实现更加复杂和灵活的样式表。

9.4.2 安装 Sass

在命令行执行如下命令安装 Sass:

```
npm install sass -D

// 或者
yarn add sass -D
```

npm install package_name -D 相当于 npm install package_name --save-dev，这样安装可以将这个包作为一个开发依赖添加到项目中，这样的安装是局部安装，相关配置会写到 package.json 文件的 devDependencies 里，开发依赖通常包括编译工具、测试框架或者其他在开发过程中需要但在生产环境中不必要的包。

yarn add package_name -D 与 npm 中的 -D 功能相同。

9.5 引入 uni-ui 组件库

uni-ui 组件库是 DCloud 提供的一个跨端的 UI 库，是基于 Vue.js 组件、flex 布局、无 DOM 的跨全端 UI 框架。uni-ui 组件是多端自适应的，底层抹平了很多平台的差异。uni-ui 是为 uni-app 定制的，开发者可以很容易地在 uni-app 项目中引入和使用 uni-ui 组件。uni-ui 能够让应用在不同的平台上保持风格和行为的一致性，减少了因平台差异而造成的样式适配工作。

9.5.1 安装 uni-ui 组件库

在命令行执行的命令如下：

```
npm install @dcloudio/uni-ui --save

// 或者
yarn add @dcloudio/uni-ui
```

安装完成以后并不能立即使用，需要进行相关配置。

9.5.2 easycom 引入组件

传统的 Vue.js 组件需要经过安装、引用、注册 3 个步骤才可以使用该组件。

easycom 将 3 步精简为 1 步。easycom 默认为自动开启的，不需要手动开启。打开 src/pages.json 文件在 easycom 进行个性化的设置，代码如下：

```
//ch9/2/src/pages.json
"easycom": {
  "autoscan": true,
  "custom": {
    "^uni-(.*)": "@dcloudio/uni-ui/lib/uni-$1/uni-$1.vue"
  }
},
```

autoscan 为 true 意味着 uni-app 将会自动扫描项目中 components 目录及 node_modules 目录下的 uni-ui 组件，从而无须手动在每个页面或组件中使用 import 和 components 注册。

custom 为组件定义自定义的匹配模式。

^uni-(.*) 是一个正则表达式，用来匹配以 "uni-" 开头的组件名。

@dcloudio/uni-ui/lib/uni-$1/uni-$1.vue 是文件路径模板。$1 是正则表达式中的一个捕获组引用，表示正则表达式 ^uni-(.*) 中括号内匹配到的字符。当 uni-app 编译器遇到组件名时（例如 uni-button）会根据这个模板去寻找对应的文件，如 @dcloudio/uni-ui/lib/uni-button/uni-button.vue。

这样的配置让开发者能够直接在项目中使用 uni-ui 库的组件，无须手动导入和注册。当使用组件时，uni-app 会根据上述配置自动引入 uni-ui 库中对应的组件实现文件。这大大地简化了组件的使用流程，使开发效率提高。

9.6 Pinia 数据持久化

Pinia 是一种状态管理库，提供了一个中心化的存储来管理应用的状态。在某些情况下，开发者希望在关闭浏览器或刷新页面后某些状态能够被保留并恢复，这就是数据持久化的需求。

9.6.1 安装 Pinia

安装 Pinia，在命令行执行的命令如下：

```
npm install pinia@2.0.36 --save

//或者
yarn add pinia@2.0.36
```

如果在使用 Pinia 时遇到了一个错误，指出 hasInjectionContext 这个导出在 vue-demi 插件中不存在，则可能意味着项目中 Vue.js 和 Pinia 的版本存在不兼容的问题，如图 9-11 所示。

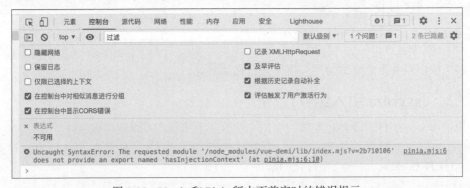

图 9-11 Vue.js 和 Pinia 版本不兼容时的错误提示

一种可行的方法是将 Pinia 版本锁定在 2.0.36 版本，笔者亲测有效。可以通过在 package.json 文件中精确指定 Pinia 版本号实现，代码如下：

```
//ch9/2/package.json
"dependencies": {
  "pinia": "2.0.36"
}
```

运行 npm install 或 yarn 命令以根据 package.json 文件中的指定版本重新安装依赖。这样可以避免版本不兼容而导致的问题，同时仍然能够使用 Pinia 管理应用状态。

还有一个解决方案就是将 Vue.js 升级到 3.3 及以上版本，并将 Pinia 更新到 2.1.0 或以上版本，也可以解决这个问题，不过笔者亲测好像不能解决问题。笔者建议先将 Pinia 版本锁定在 2.0.36 版本，等以后有了好的解决方案时再升级版本。

9.6.2 安装数据持久化插件

Pinia 数据持久化插件是 pinia-plugin-persistedstate，在命令行执行的命令如下：

```
npm install pinia-plugin-persistedstate --save

// 或者
yarn add pinia-plugin-persistedstate
```

9.6.3　配置数据持久化插件

在 src 文件夹中创建 stores 文件夹，在 stores 文件夹中创建 index.js 文件，代码如下：

```
//ch9/2/src/stores/index.js
import {createPinia} from "pinia";
import piniaPluginPersistedstate from "pinia-plugin-persistedstate";
// 创建 store 实例
const store = createPinia();
//store 使用 pinia-plugin-persistedstate 数据持久化插件
store.use(piniaPluginPersistedstate);
// 默认导出
export default store;
// 导出 useUserStore
export {useUserStore} from "./modules/user";
```

在 src/stores 文件夹中创建 modules 文件夹，在 modules 文件夹中创建 user.js 文件，代码如下：

```
//ch9/2/src/stores/modules/user.js
import {defineStore} from "pinia";

// 定义 Store
export const useUserStore = defineStore("user", {
  //user 是必需的且在所有 Store 中唯一
  //state 是一个返回状态对象的方法，这些状态是响应式的，可以在组件内直接使用
  state: () => ({
    token: "",
    userinfo: {},
  }),
  //getters 类似于 Vue 的计算属性
  getters: {},
  //actions 用于定义能够修改状态的方法。这些方法可以是同步的，也可以是异步的
  actions: {
    /**
     * 清空 token 和 userinfo
     */
    setUserInfoNull() {
        this.token = ""
        this.userinfo = {}
    }
  },
  //persist 用于状态持久化
  persist: true
});
```

打开 src/main.js 文件，导入 Pinia 实例，将 Pinia 实例注册到 Vue.js 应用中，代码如下：

```
//ch9/2/src/main.js
import {createSSRApp} from "vue";
// 导入 Pinia 实例
import store from "./stores";
```

```
import App from "./App.vue";
export function createApp() {
    const app = createSSRApp(App);
    // 通过 app.use 方法将 store 实例注册到 Vue 应用中
    app.use(store);
    return {
      app,
    };
}
```

9.7 数据请求封装

数据请求封装是指创建一个公用的数据请求服务，用来处理不同组件或模块发起的所有数据请求，这种封装可以增加代码的可重用性、可维护性和错误处理的一致性。

9.7.1 封装 request 数据请求和 uploadFile 文件上传

在 src 目录中创建 request 文件夹，在 request 文件夹中创建 index.js 文件，代码如下：

```
//ch9/2/src/request/index.js
import {useUserStore} from "@/stores";
import {storeToRefs} from "pinia";
const baseURL = "http://127.0.0.1:7001";

/**
 * 拦截器
 */
const httpInterceptor = {
  invoke(options) {
    options.url = baseURL + options.url;
    options.timeout = 10 * 1000;
    const user = useUserStore();
    const {token, csrfToken} = storeToRefs(user);
    if (token.value) {
      options.header = {
        ...options.header,
        Authorization: `Bearer ${token.value}`,
      };
    }
  },
};

/**
 * 注册拦截器
 */
uni.addInterceptor("request", httpInterceptor);
uni.addInterceptor("uploadFile", httpInterceptor);

/**
 * request 请求数据
 * @param {object} options
 * @returns
 */
export const request = (options) => {
```

```
return new Promise((resolve, reject) => {
  uni.request({
    ...options,
    success({data, statusCode}) {
      if (statusCode === 200) {
        resolve(data);
      } else if (statusCode === 204) {
        resolve(204);
      } else if (statusCode >= 401 && statusCode < 506) {
        console.log('data=>', data);
        if (statusCode === 403) {
          console.log('statusCode =>', statusCode);
          uni.showModal({
            title: data.error,
            content: "请重新登录！",
            showCancel: false,
            success: ({confirm, cancel}) => {
              if (confirm) {
                const user = useUserStore();
                const {setUserInfoNull} = user;
                setUserInfoNull();
                setTimeout(() => {
                  uni.navigateTo({url: "/pages/my/login"});
                }, 500);
              }
            },
          });
        } else {
          uni.showToast({
            title: data.error,
            icon: "none",
            mask: true,
          });
        }
      } else if (statusCode >= 506) {
        console.log('statusCode =>', statusCode);
        uni.showModal({
          title: "登录已过期！",
          content: "请重新登录！",
          showCancel: false,
          success: ({confirm, cancel}) => {
            if (confirm) {
              const user = useUserStore();
              const {setUserInfoNull} = user;
              setUserInfoNull();
              setTimeout(() => {
                uni.navigateTo({url: "/pages/my/login"});
              }, 500);
            }
          },
        });
      }
    },
    fail(err) {
      uni.showModal({
        title: "网络错误",
```

```
          content: "请切换网络再尝试！",
          showCancel: true,
          success: ({confirm, cancel}) => { },
        });
      },
    });
  });
};

/**
 * 文件上传
 * @param {object} options
 * @returns
 */
export const uploadFile = (options) => {
  return new Promise((resolve, reject) => {
    uni.uploadFile({
      ...options,
      success({data, statusCode}) {
        if (statusCode === 200) {
          resolve(data);
        } else if (statusCode >= 401 && statusCode < 506) {
          if (statusCode === 403) {
            console.log('statusCode =>', statusCode);
            uni.showModal({
              title: data.error,
              content: "请重新登录！",
              showCancel: false,
              success: ({confirm, cancel}) => {
                if (confirm) {
                  const user = useUserStore();
                  const {setUserInfoNull} = user;
                  setUserInfoNull();
                  setTimeout(() => {
                    uni.navigateTo({url: "/pages/my/login"});
                  }, 500);
                }
              },
            });
          } else {
            uni.showToast({
              title: data.error,
              icon: "none",
              mask: true,
            });
          }
        } else if (statusCode >= 506) {
          uni.showModal({
            title: "登录已过期！",
            content: "请重新登录！",
            showCancel: false,
            success: ({confirm, cancel}) => {
              if (confirm) {
                const user = useUserStore();
                const {setUserInfoNull} = user;
                setUserInfoNull();
```

```
          setTimeout(() => {
            uni.navigateTo({url: "/pages/my/login"});
          }, 500);
        }
      },
    });
  }
},
fail(err) {
  uni.showModal({
    title: "网络错误",
    content: "请切换网络再尝试！",
    showCancel: true,
    success: ({confirm, cancel}) => { },
  });
},
    });
  });
};
```

上述代码封装了统一的 HTTP 请求和文件上传功能，自动添加身份验证 Token（如有 Token），处理了错误提示和登录过期问题。

从 @/stores 路径引入了定义的 useUserStore() 方法，从 Pinia 包引入了 storeToRefs() 方法，用于将 Store 的状态转换为响应式引用。

定义 httpInterceptor HTTP 拦截器对象。

在 httpInterceptor 对象中定义了 invoke() 方法，invoke() 方法会修改请求选项，包括设置完整的 URL（通过拼接 baseURL 和传入的 options.url），设置请求超时时间，从 Store 获取当前的 Token。如果存在 Token，则将其添加到请求头 Authorization 字段中，实现请求的身份验证。

使用 uni-app 提供的 uni.addInterceptor 方法注册 httpInterceptor 拦截器，分别对 request() 方法和 uploadFile() 方法进行拦截。

定义 request() 方法和 uploadFile() 方法：request() 方法和 uploadFile() 方法分别用于发起普通的 HTTP 请求和上传文件的请求。它们都返回一个 Promise，调用 uni.request() 方法或 uni.uploadFile() 方法时传递包含请求参数的 options 对象。

request() 方法和 uploadFile() 方法处理了请求的成功（状态码为 200 和 204）和失败场景：

（1）当状态码等于 200 时，表示请求成功，服务器返回数据，resolve(data)。

（2）当状态码等于 204 时，表示操作成功，服务器无返回数据，resolve(204)。

（3）当状态码大于或等于 401 或状态码小于 506 时的提示错误信息。

（4）当状态码等于 403 时的操作，展示一个模态窗口以提示用户无权限操作，需要重新登录，并清空用户登录状态，然后引导用户跳转到登录页面。

（5）当状态码大于或等于 506 时，展示一个模态窗口以提示用户登录状态已过期，需要重新登录，并清除用户信息状态，然后引导用户前往登录页面。

在失败的回调中，向用户显示模态窗口以提醒网络错误，提示用户检查并切换网络后重试。

9.7.2 封装 API 请求

在 src 文件夹中创建 api 文件夹，在 api 文件夹创建 index.js 文件，代码如下：

```javascript
//ch9/2/src/api/index.js
import {request, uploadFile} from "@/request";
/**
 * GET 方法
 * @param {string} url
 * @param {object} data
 * @returns
 */
export const get = (url, data = {}) => {
    return request({
      method: "GET",
      url,
      data,
    });
};

/**
 * POST 方法
 * @param {string} url
 * @param {object} data
 * @returns
 */
export const post = (url, data = {}) => {
    return request({
      method: "POST",
      url,
      data,
    });
};

/**
 * PUT 方法
 * @param {string} url
 * @param {object} data
 * @returns
 */
export const put = (url, data = {}) => {
    return request({
      method: "PUT",
      url,
      data,
    });
};

/**
 * DELETE 方法
 * @param {string} url
 * @returns
 */
export const del = (url) => {
    return request({
      method: "DELETE",
      url
    });
};
```

```
/**
 * 上传图片
 * @param {string} url
 * @param {string} path
 * @param {string} category
 * @returns
 */
export const upload = (url, path, category = "avatar") => {
    return uploadFile({
      url,
      fileType: "image",
      filePath: path,
      name: "file",
      formData: {category},
    });
};
```

上述代码封装了不同 HTTP 请求方法的 API 服务模块，提供了常用的 GET、POST、PUT 和 DELETE 请求方法，以及一个用于上传文件的方法 upload。

这个 API 服务模块可以直接在 Vue.js 组件中使用，允许通过对应的方法名发起不同类型的请求，例如 get('/url') 发起一个 GET 请求，post('/url', { name: 'zhangsan' }) 发起一个包含数据的 POST 请求。这种封装抽象了底层的 uni.request API 和 uni.uploadFile API，让代码更加简洁和统一。

从 request/index 文件导入了 request 和 uploadFile。这两种方法是在 9.7.1 节封装出来的，提供了向服务器发送请求和处理响应的统一方式。

定义 get() 方法，用于进行 GET 请求。url 是请求的目标地址。data 是附加到请求的查询参数。如果调用时没有提供 data，则默认为空对象 {}。方法内部通过调用 request 方法执行实际的 HTTP 请求，返回一个 Promise。

定义 post() 方法，用于进行 POST 请求。url 和 data 类似于 get() 方法，但这里的 data 包含应在请求正文中发送的数据。方法内部同样返回一个执行 POST 请求的 Promise。

定义 put() 方法，用于进行 PUT 请求，常用于更新服务器上的资源。参数和行为与 post() 方法相似。

定义 del() 方法，用于进行 DELETE 请求。url 是请求的目标地址。DELETE 请求通常不需要传递正文数据，方法内部返回一个执行 DELETE 请求的 Promise。

定义 upload() 方法，用于上传文件，特别是图片。url 是上传的目标地址。path 是本地文件路径，即需要上传的文件。category 是表单中其他可能需要的数据，默认值为 avatar，表示上传文件的类别。方法内部通过调用 uploadFile 方法发起上传，返回一个 Promise。

9.7.3 配置路径别名 @

使用脚手架创建的项目，一般需要手动配置路径别名，例如 "@": resolve(__dirname, "./src")，配置一个别名 @，指向项目的 src 目录。

在项目根文件夹中打开 vite.config.js 文件，配置的代码如下：

```
//ch9/2/vite.config.js
import {defineConfig} from "vite";
import uni from "@dcloudio/vite-plugin-uni";
```

```
import {resolve} from "path";

//https://vitejs.dev/config/
export default defineConfig({
   plugins: [uni()],
   resolve: {
      // 路径别名
      alias: {
         "@": resolve(__dirname, "./src"),
      },
   },
});
```

在项目根文件夹中创建 jsconfig.json 文件，配置的代码如下：

```
//ch9/2/jsconfig.json
{
   "compilerOptions": {
      "baseUrl": ".",
      "paths": {
         "@/*":["src/*"]
      }
   },
   "Exclude": ["node_modules","dist"]
}
```

这样做在代码中引用模块时不需要写出相对路径，增强了代码的可维护性。

9.8 首页

评论首页是一个评论列表，支持下拉刷新和上拉加载功能。评论内容包括用户头像、用户昵称、评论内容、评论图片，评论时间及评论者所在地等。

9.8.1 首页功能预览

打开浏览器查看 https://comment.aiboxs.cn，如图 9-12 所示。

9.8.2 发起评论列表请求

1. 封装 commentList 方法

本项目将所有与数据请求相关的操作集中在全局状态管理 Pinia 中处理。这种做法主要是为了促进组件与数据之间的解耦。

集中管理数据请求可以使业务逻辑与 UI 组件分离，从而使代码更易于维护。这样，当业务需求变更时，通常只需修改状态管理的代码，而不需要触及多个组件。

在状态管理中集中处理数据请求可以让这些数据易于在各个组件之间共享和重用，这样就不需要在每个组件中重复相同的数据获取逻辑。

打开 src/stores/modules/user.js 文件，在 actions 里创建 commentList 方法，用于用户请求评论列表数据，首先引入 api 请求方法，代码如下：

图 9-12 完整的首页预览

```
//ch9/3/src/stores/modules/user.js
import {get, post, put, del, upload} from "@/api";
```

再在 actions 中创建 commentList 方法，代码如下：

```
//ch9/3/src/stores/modules/user.js
/**
* 评论列表
* @param {object} data { page:1, pagesize:10 }
* @returns
*/
async commentList(data = {}) {
    return await get("/comment", data);
},
```

上述代码用户请求评论列表，该方法接受一个参数 data，{ page: 1, pagesize: 10 } 是 data 参数的示例，page 是请求的当前页码，pagesize 是每页需要返回的评论数。

调用了 9.7.2 节封装的 get() 方法，传入了 URL 路径 "/comment" 和参数 data。

get() 方法返回一个 Promise，使用 await 关键字修饰，用来等待 Promise 完成，将服务器返回结果返回。

2. 应用 commentList 方法

打开 src/pages/index/index.vue 文件，引入 commentList 方法，代码如下：

```
//ch9/3/src/pages/index/index.vue
<script setup>
import {ref} from "vue";
import {onLoad} from "@dcloudio/uni-app";
import {useUserStore} from "@/stores";
const user = useUserStore();
const {commentList} = user;
const list = ref([]);
const page = ref(1);
const pageSize = ref(10);
const title = ref("欢迎来到『之乎者也评论』系统");
onLoad(() => {
    console.log("index onLoad =>");
    loadData();
});
const loadData = async () => {
    const data = {page: page.value, pageSize: pageSize.value};
    const res = await commentList(data);
    console.log('commentList res =>',res);
    if (res) {
      list.value = res.data;
      page.value = res.page;
      pageSize.value = res.pageSize;
    }
};
</script>
```

上述代码用于在页面加载时获取评论列表，然后将结果存储在 list 数组中。

从 @/stores 导入 useUserStore，实例化 useUserStore 并赋值给 user，这里的 useUserStore() 方法是一个自定义 hook，当调用它时会返回指定 id 的 store 的实例。如果这个 store 已经被创建，则会返回这个现存的实例，如果没被创建，则会创建一个新的实例。

从 user 解构出 commentList() 方法，commentList() 方法是用于用户获取评论列表的。

定义名为 list 的响应式数组，初始值为空数组，用于存储评论列表数据。

定义名为 page 的响应式变量，用于存储当前页码，默认值为 1。Vue.js 会通过类型推导出当前的类型是 number 类型。

定义名为 pageSize 的响应式变量，用于存储每页的数据量，默认值为 10。

定义名为 loadData() 的异步方法，用于加载数据，方法内创建了一个 data 对象，包含 page 和 pageSize，调用 commentList() 方法将 data 作为参数传入以获取数据，将返回结果赋值给 res，判断 res 是否存在，如果存在，则更新 list、page、pageSize 的值。

在页面生命周期函数 onLoad 里调用 loadData() 方法请求数据。

新开启命令行工具，在命令行进入后端目录，启动后端 API 项目，命令如下：

```
yarn dev
```

上述命令用于启动后端 API，端口是 7001，地址是 http://127.0.0.1:7001。

重启前端项目，按快捷键 Ctrl + C 终止项目，重新运行项目，命令如下：

```
npm run dev:h5

// 或者
yarn dev:h5
```

此时前后端项目应该都已经启动成功，后端端口为 7001，地址为 http://127.0.0.1:7001。前端端口为 5173，地址是 http://127.0.0.1:5173。

打开浏览器，访问 http://127.0.0.1:5173，按键盘上的 F12 键，打开调试面板，单击选项卡上的控制台，查看数据请求成功，如图 9-13 所示。

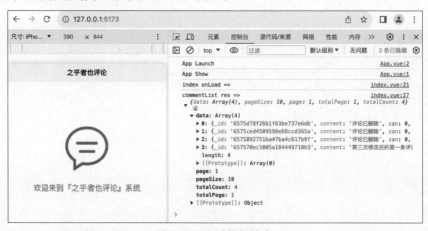

图 9-13 查看数据请求

9.8.3 编写布局和样式，渲染数据

1. 编写首页评论列表布局

打开 src/pages/index/index.vue 文件，编写首页评论列表布局，代码如下：

```
//ch9/3/src/pages/index/index.vue
<template>
```

```html
    <view class="container">
      <view class="h3">网友热议 </view>
      <view class="list">
        <block v-for="(item, index) in list" :key="index">
          <view class="item">
            <view class="avatar">
              <image :src=" item.user && item.user.avatar && item.user.avatar.url + '!img50'" mode="scaleToFill" />
            </view>
            <view class="main">
              <view class="userinfo">
                <view class="username">{{item.user.username}}</view>
                  <view class="zan">
                    <uni-icons type="hand-up" size="22" />
                    <text> 赞 </text>
                  </view>
              </view>

              <view class="content">
                {{item.content}}
              </view>
              <view class="img" v-if="item.img">
                <image :src="item.img.url + '!w300'" mode="widthFix" />
              </view>
              <view class="func_area">
                <view class="func">
                  <view class="reply">
                    {{item.child !== 0 ? item.child : ""}} 回复
                    <uni-icons type="forward" color="#666" size="15" />
                 </view>
             <view class="time">{{item.createdAt}}</view>
             <view class="dot"> · </view>
             <view class="from"> 来自 {{item.regionName}} </view>
              </view>
              <view class="close">
                <uni-icons type="closeempty" color="#999" size="15" />
              </view>
            </view>
          </view>
        </view>
      </block>
    </view>
  </view>
</template>
```

上述代码用于展示用户的评论列表，包括用户信息、评论内容及关联的图片，还包括了一些交互功能，例如点赞、回复等。

<template> 包含了整个组件的模板。

<view class="container"> 组件的最外层元素，包含了所有子视图。

<view class="h3"> 网友热议 </view> 显示标题"网友热议"。

<view class="list"> 评论列表。

<block v-for="(item, index) in list" :key="index"> 使用 v-for 指令来迭代评论列表，为每个评论生成一个块级容器，根据评论的索引设置 key。

`<view class="item">` 单个评论项。

`<view class="avatar">` 显示用户头像，`<image>` 标签用来展示用户头像，通过 Vue.js 的数据绑定动态地设置头像的 URL。

`<view class="main">` 包含用户名、点赞、评论内容、评论图片等其他信息。

`<view class="userinfo">` 包含用户名和点赞功能，点赞使用 `<uni-icons>` 组件来表示点赞的手势。

`<view class="content">` 展示评论内容的区域。

`<view class="img" v-if="item.img">` 判断如果评论有图片，就显示评论图片，使用 v-if 指令来判断。

`< class="func_area">` 包含回复、创建时间、来源等信息的功能区。

`<view class="func">` 具体的功能区域，例如回复、发表时间和来源等。

`<view class="close">` 评论举报功能。

2. 首页评论列表样式

在 src/pages/index/index.vue 文件，编写首页评论样式，代码如下：

```scss
//ch9/3/src/pages/index/index.vue
<style lang="scss">
.container {
    padding: 40upx;
    font-size: 28upx;
    line-height: 48upx;
    .list {
      .item {
        display: flex;
        padding: 30upx 0;
        .avatar {
         width: 100upx;
         image {
          width: 80upx;
          height: 80upx;
          border-radius: 50%;
         }
        }
        .main {
         flex: 1;
         .userinfo {
           display: flex;
           align-items: center;
           justify-content: space-between;
           .username {
            font-size: 30upx;
            font-weight: 600;
           }
           .zan {
            display: flex;
            align-items: center;
            font-size: 30upx;
            text {
              margin-left: 10upx;
            }
           }
         }
```

```
    }
    .content {
      padding: 20upx 0;
      font-size: 32upx;
    }
    .img {
      image {
        width: 400upx;
      }
    }
  }

  .func_area {
    display: flex;
    flex-wrap: wrap;
    align-items: center;
    justify-content: space-between;
    .func {
      display: flex;
      flex-wrap: wrap;
      color: #999;
      align-items: center;
      font-size: 26upx;
      justify-content: flex-start;
      .reply {
        margin-right: 20upx;
        background-color: #eee;
        border-radius: 15upx;
        padding: 0 10upx 0 20upx;
        color: #333;
      }
      .dot {
        margin: 12upx;
        }
      }
    }
  }
}
</style>
```

3. OSS 图片访问设置

刷新首页，可以发现图片无法显示，有报错提示，如图 9-14 所示。

这里使用了阿里云 OSS 提供的图片处理功能，阿里云 OSS 存储的图片文件（Object），可以在 GetObject 请求中携带图片处理参数对图片文件进行处理，例如图片缩放、添加图片水印、转换格式等。

当需要减少加载时间、节省存储空间、减少带宽费用或者以合适的尺寸呈现图片时，需要进行图片缩放。阿里云 OSS 支持通过图片缩放参数，调整 Bucket 内存储的图片大小。

不过使用图片处理服务时，也会产生图片处理费用、请求费用、流量费用。

创建图片参数样式，打开阿里云，单击右上角的"登录/注册"按钮，进行登录，登录成功后，单击右上角的"控制台"，进入控制台后，在"资源概览"的"我的资源"找到"对象存储 OSS"，单击旁边的"控制台"进入 OSS 控制台，如图 9-15 所示。

图 9-14　阿里云 OSS 图片资源显示不正常

进入 OSS 控制台后单击"Bucket 列表",如图 9-16 所示。

图 9-15　阿里云工作台　　　　　　　图 9-16　阿里云 OSS Bucket 列表

单击 my-comment 进入。这里的 my-comment 的名称是笔者创建的,读者应该单击自己创建的名称,如图 9-17 所示。

单击"数据处理"的下级菜单"图片处理",如图 9-18 所示。

图 9-17　进入 my-comment　　　　图 9-18　单击数据处理下的图片处理

进入图片处理创建样式,如图 9-19 所示。

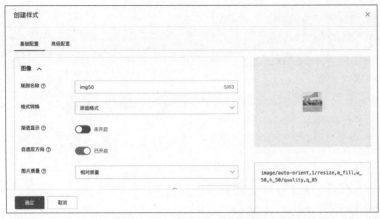

图 9-19　创建图片处理样式

提交创建样式会提示需要手机验证码。获取验证码后提交即可。

使用高级配置也可以创建样式，使用高级配置的方法创建样式，只需填写规则名称和代码就可以了，如图 9-20 所示。

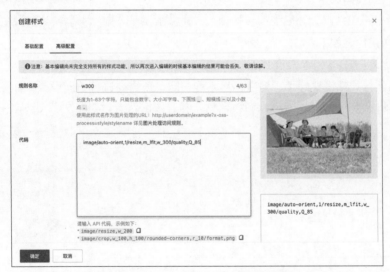

图 9-20　使用高级配置创建图片处理样式

下面是一些使用高级配置创建图片样式的代码，建议一一创建，否则会有图片显示不正常。

img50 的样式代码如下：

`image/auto-orient,1/resize,m_fill,w_50,h_50/quality,q_85`

img100 的样式代码如下：

`image/auto-orient,1/resize,m_fill,w_100,h_100/quality,q_85`

img150 的样式代码如下：

`image/auto-orient,1/resize,m_fill,w_150,h_150/quality,q_85`

img200 的样式代码如下：

image/auto-orient,1/resize,m_fill,w_200,h_200/quality,q_85

img300 的样式代码如下：

image/auto-orient,1/resize,m_fill,w_300,h_300/quality,q_85

img400 的样式代码如下：

image/auto-orient,1/resize,m_fill,w_400,h_400/quality,q_85

img500 的样式代码如下：

image/auto-orient,1/resize,m_fill,w_500,h_500/quality,q_85

w100 的样式代码如下：

image/auto-orient,1/resize,m_lfit,w_100/quality,Q_85

w200 的样式代码如下：

image/auto-orient,1/resize,m_lfit,w_200/quality,Q_85

w300 的样式代码如下：

image/auto-orient,1/resize,m_lfit,w_300/quality,Q_85

w400 的样式代码如下：

image/auto-orient,1/resize,m_lfit,w_400/quality,Q_85

w500 的样式代码如下：

image/auto-orient,1/resize,m_lfit,w_500/quality,Q_85

现在，虽然样式都设置好了，但是仍然不能访问，还需要进行访问设置，如图 9-21 所示。至此，OSS 图片访问设置完成。刷新首页，查看评论列表，如图 9-22 所示。

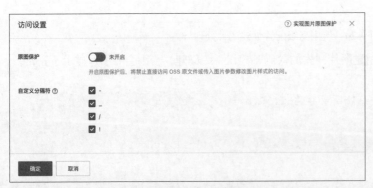

图 9-21　访问设置

图 9-22　首页图片显示正常

4. 格式化时间

评论列表显示的时间有一些问题，需要把时间格式化一下。

安装 dayjs，用于处理时间格式。在命令行执行的命令如下：

```
npm install dayjs --save

// 或者
yarn add dayjs
```

在 src 文件夹中创建 utils 文件夹，一般 utils 是工具文件夹，可以把常用的一些方法封装到这个文件夹，以便于随时导入组件调用。在 src/utils 文件夹中创建 tool.js 文件，代码如下：

```
//ch9/3/src/utils/tool.js
import dayjs from "dayjs";
import relativeTime from "dayjs/plugin/relativeTime";
import "dayjs/locale/zh-cn";
dayjs.locale("zh-cn");
dayjs.extend(relativeTime);

/**
 * 格式化时间（相对时间）
 * @param {number} time
 * @returns
 */
export const relativeDateTime = (time) => dayjs().to(dayjs(time))
```

上述代码用于时间处理和格式化，使用了 dayjs 库及其 relativeTime 插件。dayjs 是一个轻量级的时间库，提供了丰富的 API 来解析、验证、操作及对时间进行格式化。dayjs 的 relativeTime 插件允许 dayjs 处理相对时间，可以转换成 "3 小时前" 或 "2 天后" 等用户友好的相对时间字符串。

import "dayjs/locale/zh-cn"; 语句用于引入 dayjs 的中文语言包，支持时间的中文本地化显示。将 dayjs 的本地化设置为中文，这样，所有时间相关的显示都会使用中文格式。

dayjs 通过 extend 方法将 relativeTime 插件添加到 dayjs 的功能中，这样就可以使用 relativeTime 插件提供的功能了。

定义方法 relativeDateTime，这种方法接受 time 参数（参数可以是 UNIX 时间戳或者符合 dayjs 解析规则的时间字符串），返回相对当前时间的友好显示字符串。如 time 是一小时前的时间戳，则调用该方法返回的字符串可能就是 "1 小时前"。

这里，dayjs(time) 将传入的 time 转换为一个 dayjs 对象，然后由 dayjs().to(...) 计算从当前时间到该 dayjs 对象代表的时间的相对时间描述，返回这个相对时间字符串。

使用这种方法，可以在需要展示相对时间（例如在社交媒体或评论系统中展示帖子发表的时间）的地方得到展示。

5. 引入格式化时间

在 src/pages/index/index.vue 引入 relativeDateTime 格式化时间，代码如下：

图 9-23 显示相对时间

```
//ch9/3/src/pages/index/index.vue
import {relativeDateTime} from "@/utils/tool";
```

在 <template> 模板里格式化时间，代码如下：

```
//ch9/3/src/pages/index/index.vue
<view class="time">{{ relativeDateTime(item.createdAt) }}</view>
```

刷新首页，查看评论列表，如图9-23所示。

9.9 评论列表组件封装

Vue.js 是一种构建用户界面的渐进式 JavaScript 框架，其中的一个核心功能就是组件系统。封装成组件的代码可以在不同的地方多次使用，而不用写重复的代码。当发现需要在项目中多次编写相同的 HTML、CSS 或 JS 时，这通常是一个将这部分代码封装为组件的好时机。

当应用程序或网站非常大时，将功能分解为小块的组件可以更容易地管理和维护这些代码块。如果需要修改某个功能的代码，则只需定位到相应的组件并进行更新。

在大型项目和团队开发的情况下，不同的人可以负责不同的组件，封装组件有利于团队的分工合作，从而提高开发效率。

Vue.js 文件中的组件化还有助于性能优化。Vue.js 将组件作为独立的更新单元，只有当组件的状态变化时，才会重新渲染组件，而不是整个页面。

随着应用程序的发展，可以很容易地将程序从一个项目导入另一个项目中使用，这也是组件的好处。

通过封装组件，开发者可以创建出易于管理、可维护、可重用和高效的应用程序。

9.9.1 安装 VS Code 插件 uni-create-view

uni-create-view 插件可以在 VS Code 中右击目录文件夹快速创建页面与组件，创建页面时将自动添加到 pages.json 文件中，如图9-24所示。

图9-24 安装 uni-create-view 插件

9.9.2 封装组件 app-list-item

将评论列表页的 item 部分抽离成组件，这样做可以更容易地控制每个单独评论的样式和行为，并且如果与评论相关的逻辑或样式需要更改，则只需更改组件，不必修改整个列表的代码，这在长远来看大大地简化了维护工作。

1. 创建 app-list-item 组件

在 src 文件夹中创建 components 文件夹，以便用户存放组件。右击 src/components 文件夹选择"新建 uniapp 组件",创建 uniapp 组件,如图 9-25 所示。

图 9-25　新建 app-list-item 组件

在弹窗的窗口写上组件的名称,笔者这里写的是 app-list-item,按 Enter 键确认。

2. 将组件默认风格修改为组合式 API 风格

组件创建成功后,打开组件进行查看,发现组件的风格是选项式 API 风格的,这里把风格修改一下,修改成组合式 API 风格,代码如下:

```
<script setup></script>
```

因为里面没有实际性的代码,所以只是在 script 后面添加了 setup,删除了其他的代码。

3. 封装组件

复制模板代码,打开 src/pages/index/index.vue 文件,复制 template 部分的 <view class="item">...</view> 的代码,打开 src/components/app-list-item.vue 文件,删除 <template></template> 标签之间的代码,将复制的文件粘贴到 <template></template> 之间,代码如下:

```
//ch9/4/src/components/app-list-item.vue
<view class="item">
  <view class="avatar">
    <image :src=" item.user && item.user.avatar && item.user.avatar.
    url + '!img50'" mode="scaleToFill" />
  </view>
  <view class="main">
    <view class="userinfo">
    <view class="username">{{item.user && item.user.username}}</view>
    <view class="zan">
      <uni-icons type="hand-up" size="22" />
      <text>赞</text>
    </view>
  </view>

  <view class="content">
    {{item.content}}
  </view>
  <view class="img" v-if="item.img">
    <image :src="item.img.url + '!w300'" mode="widthFix" />
  </view>
  <view class="func_area">
    <view class="func">
        <view class="reply">
            {{item.child !== 0 ? item.child : ""}} 回复
            <uni-icons type="forward" color="#666" size="15" />
        </view>
    <view class="time">{{relativeDateTime(item.createdAt)}}</view>
    <view class="dot">·</view>
    <view class="from">来自 {{item.regionName}} </view>
    </view>
    <view class="close">
      <uni-icons type="closeempty" color="#999" size="15" />
```

```
            </view>
          </view>
        </view>
      </view>
```

复制样式代码,打开 src/pages/index.vue 文件,复制 style 部分的 .item{...} 之间的代码,此部分代码含 .item。打开 src/components/app-list-item.vue 文件,删除 <style></style> 标签之间的代码,将复制的文件粘贴到 <style scoped></style> 之间,代码如下:

```
//ch9/4/src/components/app-list-item.vue
.item {
  display: flex;
  padding: 30upx 0;
  .avatar {
    width: 100upx;
    image {
      width: 80upx;
      height: 80upx;
      border-radius: 50%;
    }
  }
  .main {
    flex: 1;
    .userinfo {
      display: flex;
      align-items: center;
      justify-content: space-between;
      .username {
        font-size: 30upx;
        font-weight: 600;
      }
      .zan {
        display: flex;
        align-items: center;
        font-size: 30upx;
        text {
          margin-left: 10upx;
        }
      }
    }
    .content {
      padding: 20upx 0;
      font-size: 32upx;
    }
    .img {
      image {
        width: 400upx;
      }
    }
  }
.func_area {
  display: flex;
  flex-wrap: wrap;
  align-items: center;
  justify-content: space-between;
  .func {
```

```
      display: flex;
      flex-wrap: wrap;
      color: #999;
      align-items: center;
      font-size: 26upx;
      justify-content: flex-start;
      .reply {
        margin-right: 20upx;
        background-color: #eee;
        border-radius: 15upx;
        padding: 0 10upx 0 20upx;
        color: #333;
      }
        .dot {
          margin: 0 12upx;
        }
      }
    }
  }
}
```

指定 style 使用 SCSS 语法，将 <style scoped> 修改为 <style scoped lang="scss">，代码如下：

```
//ch9/4/src/components/app-list-item.vue
<style scoped>

// 修改为
<style scoped lang="scss">
```

复制逻辑 script 代码，将 <script setup></script> 标签里面的格式化相对时间代码复制到 app-list-item.vue 组件，将如下代码复制到 src/components/app-list-item.vue 文件的 <script setup></script> 标签之间，代码如下：

```
//ch9/4/src/components/app-list-item.vue
import {relativeDateTime} from "@/utils/tool";
```

app-list-item 组件接收一个 item，使用 defineProps 定义 props，在 props 里面定义 item，数据类型是 Object，required: true 表示 item 为必传，意味着父组件在使用这个组件时需要传入一个 item 对象，否则会发出警告（在开发模式下），代码如下：

```
//ch9/4/src/components/app-list-item.vue
const props = defineProps({
  item: {
    type: Object,
    required: true,
  },
});
```

这里定义了 props 常量来接收 defineProps 的结果，但通常在 <script setup> 中直接使用 prop 的名字即可。在模板中，可以直接使用 item 进行数据绑定或逻辑处理。

4. 配置组件自动导入

打开 src/pages.json 文件，配置组件自动导入，在 custom 中配置匹配规则："^app-(.*)": "@/components/app-$1.vue"，代码如下：

```
//ch9/4/src/pages.json
```

```
"custom": {
  "^uni-(.*)": "@dcloudio/uni-ui/lib/uni-$1/uni-$1.vue",
  "^app-(.*)": "@/components/app-$1.vue"
}
```

custom 允许自定义组件的匹配和加载规则，即自定义自动导入组件的路径规则。

^app-(.*) 是一个正则表达式，用于匹配用到的组件名。^app-(.*) 表示匹配 app- 开头的字符，并且匹配位置在字符串的起始处。

@/components/app-$1.vue 是匹配到的组件名称将要被转换的路径模板，$1 代表正则表达式中的第 1 个捕获组，也就是 ^(.*) 匹配到的整个字符串（组件名）。

这样的配置效果是，在 .vue 文件中编写模板时，可以直接使用注册在 components 目录下的组件，而不需要显式地导入，代码如下：

```
<template><app-list-item /></template>
```

配置中的自定义规则会告诉 uni-app 编译器到 src/components/ 目录下查找 app-list-item.vue 文件并将其自动引入为组件。

这样配置可以简化组件的使用，不需要手动导入（import）组件，只要命名符合匹配规则，编译器便会自动导入组件。

5. 引入 app-list-item 组件

打开 src/pages/index/index.vue 文件，删除复制的 <template></template> 里面部分的 <view class="item">...</view> 之间的代码。在删除的地方插入 app-list-item 组件，代码如下：

```
//ch9/4/src/pages/index/index.vue
<app-list-item :item="item"></app-list-item>
```

打开 src/pages/index/index.vue 文件，删除复制的 style 部分的 .item{...} 之间的代码。此部分代码已经在 app-list-item 组件里面。

9.9.3 测试组件 app-list-item

重启项目，按快捷键 Ctrl+C 终止项目，在命令行执行如下命令，启动项目。

```
npm run dev:h5

// 或者
yarn dev:h5
```

在浏览器打开 http://127.0.0.1:5173，查看评论列表是否可以正常显示，如果可以正常显示，则说明组件封装、引入成功。

9.9.4 单击查看评论详情

1. 修改 app-list-item 组件模板

在 app-list-item 组件增加单击查看评论详情功能。打开 src/components/app-list-item.vue 文件，修改模板，代码如下：

```
//ch9/4/src/components/app-list-item.vue
<view class="content">
  {{item.content}}
</view>
```

```
// 修改为
<view class="content" @click="detail(item._id)">
  {{item.content}}
</view>
```

和

```
//ch9/4/src/components/app-list-item.vue
<view class="reply">
  {{item.child !== 0 ? item.child : ""}} 回复
  <uni-icons type="forward" color="#666" size="15" />
</view>

// 修改为
<view class="reply" @click="detail(item._id)">
  {{item.child !== 0 ? item.child : ""}} 回复
  <uni-icons type="forward" color="#666" size="15" />
</view>
```

上述两段代码都增加了一个 @click 事件监听器。当用户单击时，将触发 detail() 方法，将当前项的 _id 作为参数传递给 detail() 方法。

2. 增加页面跳转代码

打开 src/components/app-list-item.vue 文件，增加的逻辑代码如下：

```
//ch9/4/src/components/app-list-item.vue
/**
 * 查看评论详情
 * @param {string} id
 */
const detail = (id) => {
  const url = `/pages/comment?id=${id}`;
  uni.navigateTo({ url });
};
```

上述代码定义了 detail() 方法，用于页面跳转，detail() 方法接受的参数为 id，将 id 和路径拼接成 url 字符串，调用 uni.navigateTo() 方法将 {url} 作为参数传入，进行页面路由跳转。

9.9.5 查看评论图片预览

打开 src/components/app-list-item.vue 文件，修改模板，代码如下：

```
//ch9/4/src/components/app-list-item.vue
<view class="img" v-if="item.img">
  <image :src="item.img.url + '!w300'" mode="widthFix" />
</view>

// 修改为
<view class="img" v-if="item.img">
  <image
    :src="item.img.url + '!w300'"
    mode="widthFix"
    @click="previewImg(item.img.url)"
  />
</view>
```

在上述代码中增加了一个 @click 事件监听器。当用户单击图片时，将触发 previewImg() 方法，将当前项的 img.url 作为参数传递给 previewImg() 方法，进行图片预览。

打开 src/components/app-list-item.vue 文件，增加的逻辑代码如下：

```
//ch9/4/src/components/app-list-item.vue
/**
 * 评论图片预览
 * @param {string} url
 */
const previewImg = (url) => {
  uni.previewImage({
    urls: [url],
    longPressActions: {
      itemList: ["发送给朋友", "保存图片", "收藏"],
      success: (data) => {
        console.log(
          `选中了第 ${data.tapIndex + 1}个按钮,第 ${data.index + 1}张图片`
        );
      },
      fail: (err) => {
        console.log("err");
      },
    },
  });
};
```

上述代码定义了 previewImg() 方法，用于评论图片预览，previewImg() 方法接收的参数为 url，调用 uni.previewImage() 方法将 [url] 作为 urls 的值传入，实现图片预览功能。

刷新浏览器，单击评论图片，查看评论图片预览，如图 9-26 所示。

图 9-26 评论图片预览

9.10 评论二级页面

评论二级页面用于展示用户对特定评论的回应和讨论。

9.10.1 创建评论二级页面

右击 VS Code 编辑器中的 src/pages，此时会出现菜单，单击"新建 uniapp 页面"，创建评论二级页面，如图 9-27 所示。

在弹出的窗口输入 comment 评论，comment 和"评论"之间是空格，按 Enter 键确认，如图 9-28 所示。

打开 src/pages/comment.vue 文件，将 comment.vue 的 API 风格修改为组合式 API 风格。将 <script></script> 标签里面的内容删除，替换后的代码如下：

```
<script setup></script>
```

图 9-27　新建 uniapp 页面（1）

图 9-28　新建 uniapp 页面（2）

9.10.2　评论二级页面模板代码

打开 src/pages/comment.vue 文件，编写模板代码，代码如下：

```vue
//ch9/5/src/pages/comment.vue
<template>
  <view class="container">
    <view class="content">
      <app-list-item :item="content" :isContent="true"></app-list-item>
      <view class="zan_area">
        <view class="zanUsers">
          <view
            class="users"
            v-if="content.zanUsers && content.zanUsers.length > 0"
          >
            <block
              v-for="(item, index) in content.zanUsers.slice(0, 3)"
              :key="index"
            >
              <image :src="item.avatar.url + '!img50'" />
            </block>
          </view>
          <view class="zanLen">{{
            content && content.zan > 0 ? content.zan + "人赞过 >" : "暂无人赞过 "
          }}</view>
        </view>
        <view class="zan">
          <uni-icons type="hand-up" size="22"></uni-icons>
          <text>{{content.zan !== 0 ? content.zan : " 赞 "}}</text>
        </view>
      </view>
    </view>
    <view class="list" v-if="list.length > 0">
      <h4>全部回复 </h4>
      <block v-for="(item, index) in list" :key="index">
        <app-list-item :item="item"></app-list-item>
      </block>
    </view>
    <view class="list" v-else>
      <h4>抢先评论 </h4>
```

```
        </view>
      </view>
</template>
```

上述代码用于显示详细的评论内容。

<view class="container"> 是所有视图的父级元素。

<view class="content"> 定义了内容区域的视图。

<app-list-item :item="content" :isContent="true"></app-list-item> 是自定义 app-list-item 组件，接收一个名为 item 的 prop，值为 content，用于显示评论内容详情。接收一个名为 isContent 的 prop，值为 true，表示是评论内容，不是评论列表。

<view class="zan_area"> 定义了一个点赞区域，包含显示点赞用户和点赞按钮。

<view class="zanUsers"> 用于展示点赞的用户。

<block v-for="(item, index) in content.zanUsers.slice(0, 3)" :key="index"> 用于从 content.zanUsers 数组中获取最多 3 个用户，并渲染每个用户头像。

<image :src="item.avatar.url + '!img50'" /> 用于显示用户头像的图像。:src 用于动态绑定图像源地址。

<view class="zanLen"> 用于显示点赞数量，如果有人点赞，则会显示"××人赞过"，否则显示"暂无人赞过"。

<view class="zan"> 包含一个点赞的图标和显示点赞数量的文本。如果 content.zan 不为 0，则显示实际点赞数量，否则显示"赞"。

<view class="list" v-if="content.child > 0"> 只有当 content.child 大于 0（有子评论）时才显示。内部是一个循环渲染子评论的块。

<block v-for="(item, index) in list" :key="index"> 循环遍历 list 数组，渲染每个评论。

<view class="list" v-else> 当 content.child <= 0，即没有子评论时，显示一个"抢先评论"。

9.10.3　改造 app-list-item 组件

评论二级页面 src/pages/comment.vue 在评论内容显示部分也使用了 app-list-item 组件，代码如下：

```
//ch9/5/src/pages/comment.vue
<app-list-item :item="content" :isContent="true"></app-list-item>
```

默认的 app-list-item 组件已经无法满足评论列表显示和评论内容显示的差异化。鉴于此，需要改造 app-list-item 组件，以满足在不同地方显示相同组件的差异化需求。

打开 src/components/app-list-item.vue 组件，修改逻辑，代码如下：

```
//ch9/5/src/components/app-list-item.vue
const props = defineProps({
  item: {
    type: Object,
    required: true,
  },
});

// 修改为
const props = defineProps({
  item: {
```

```
    type: Object,
    required: true,
  },
  isContent: {
    type: Boolean,
    default: false,
  },
});
```

props 增加接受一个变量 isContent，类型为 Boolean，默认值为 false，父组件如果不传递 isContent 的值，isContent 值就是 false。

修改模板，代码如下：

```
//ch9/5/src/components/app-list-item.vue
<view class="zan">
  <uni-icons type="hand-up" size="22" />
  <text> 赞 </text>
</view>

// 修改为
<view class="zan" v-if="!isContent">
  <uni-icons type="hand-up" size="22" />
  <text> 赞 </text>
</view>
```

和

```
//ch9/5/src/components/app-list-item.vue
<view class="reply" @click="detail(item._id)">
  {{item.child !== 0 ? item.child : ""}} 回复
  <uni-icons type="forward" color="#666" size="15" />
</view>

// 修改为
<view class="reply" @click="detail(item._id)" v-if="!isContent">
  {{item.child !== 0 ? item.child : ""}} 回复
  <uni-icons type="forward" color="#666" size="15" />
</view>
```

上述代码使用了 v-if 判断语句判断了 !isContent，变量 isContent 前有一个"!"，表示取反。意思可以理解为如果不是评论内容（是评论列表）就显示里面的代码，如果是评论内容就不显示里面的内容。

如果是评论内容，就不需要单击打开详细内容的按钮操作。如果不是评论内容（是评论列表）就显示单击打开详细内容的按钮操作，代码如下：

```
//ch9/5/src/components/app-list-item.vue
<view class="content" @click="detail(item._id)">
  {{item.content}}
</view>

// 修改为
<view class="content" v-if="isContent">
  {{item.content}}
</view>
<view class="content" @click="detail(item._id)" v-else>
  {{item.content}}
```

```
</view>
```

上述代码使用了 v-if … v-else 判断语句判断了 isContent，如果 isContent 为真，则显示 v-if 里面的内容，如果为假，则显示 v-else 里面的内容。

9.10.4 评论二级页面逻辑代码

1. 在 Pinia 状态管理中封装 commentById 方法

打开 src/stores/modules/user.js 文件，在 actions 里创建 commentById 方法，代码如下：

```
//ch9/5/src/stores/modules/user.js
/**
 * 根据评论 ID 获取评论
 * @param {string} id
 * @returns
 */
async commentById(id) {
  return await get(`/comment/${id}`);
},
```

上述代码定义了 commentById() 方法，用于根据评论 id 获取评论，该方法接受参数 id，这个 id 是评论的 id。调用 get() 方法将 id 和路径拼接成 url 字符串作为参数将一个请求发送到服务器，并将返回结果返回。

2. 在评论二级页面引入 commentById 方法

打开 src/pages/comment.vue 文件，编写逻辑代码，代码如下：

```
//ch9/5/src/pages/comment.vue
<script setup>
import {ref} from "vue";
import {useUserStore} from "@/stores";
import {onLoad} from "@dcloudio/uni-app";
import {relativeDateTime} from "@/utils/tool";
onLoad((options) => {
  if (options.id) {
    id.value = options.id;
    loadComment();
    loadCommentList();
  }
});
const id = ref("");
const content = ref({});
const list = ref([]);
const page = ref(1);
const pageSize = ref(10);
const user = useUserStore();
const {commentById, commentList} = user;
const loadComment = async () => {
  const res = await commentById(id.value);
  if (res) {
    content.value = res;
  }
};
const loadCommentList = async () => {
  const data = {page: page.value, pageSize: pageSize.value, parent: id.value};
```

```
    const res = await commentList(data);
    if (res) {
      list.value = res.data;
      page.value = res.page;
      pageSize.value = res.pageSize;
    }
  }
};
</script>
```

上述代码是用于获取并展示评论详情及其评论列表的页面。使用 uni-app 的生命周期 onLoad 函数，伴随页面加载时执行相应的数据获取逻辑。onLoad 函数在页面加载时被触发，接收页面打开时的参数 options。判断 options 对象中是否存在 id，如果存在，则赋值给定义的响应式变量 id，并调用 loadComment() 方法和 loadCommentList() 方法来加载数据。

声明的响应式变量说明：
（1） id 表示评论的 id。
（2） content 用于保存单个评论的详情。
（3） list 是保存评论列表的数组。
（4） page 和 pageSize 分别表示评论列表的页码和每页的评论数量。

从 @/stores 导出 useUserStore，实例化 useUserStore() 并赋值给变量 user，解构 user 获取 commentById() 方法和 commentList() 方法，用于获取评论详情和评论列表。

使用 async 关键字定义异步方法 loadComment()，用于获取单个评论详情，在 loadComment() 方法中调用 commentById() 方法，传入响应式变量 id 的值作为参数，使用 await 关键字等待执行结果，将结果赋值给变量 res，判断 res 是否存在，如果存在，则将 res 赋值给响应式变量 content。

使用 async 关键字定义异步方法 loadCommentList() 用于获取评论列表，在 loadCommentList() 方法中定义 data 对象，传入 page、pageSize 和 parent，parent 的值是响应式变量 id 的值，调用 commentList() 方法将 data 作为参数传入，使用 await 关键字等待执行结果，将结果赋值给变量 res，判断 res 是否存在，如果存在，则将 res.data 赋值给 list，同时将 page 和 pageSize 的值分别更新为 res.page 和 res.pageSize。

9.10.5 评论二级页面样式代码

打开 src/pages/comment.vue 文件，编写样式代码，代码如下：

```
//ch9/5/src/pages/comment.vue
<style scoped lang="scss">
.container {
  padding: 20upx 40upx;
  font-size: 28upx;
  line-height: 48upx;
  .content {
    .zan_area {
      margin-left: 100upx;
      display: flex;
      align-items: center;
      justify-content: space-between;
      .zanUsers {
        display: flex;
```

```
          align-items: center;
          justify-content: space-between;
        .users {
          display: flex;
          align-items: center;
          justify-content: space-between;
          image {
            width: 50upx;
            height: 50upx;
            border-radius: 50%;
            margin-right: 10upx;
          }
        }
        .zanLen {
          color: #666;
        }
      }
      .zan {
        display: flex;
        align-items: center;
        font-size: 30upx;
        text {
          margin-left: 10upx;
        }
      }
    }
  }
  .list {
    h4 {
      font-weight: normal;
    }
    padding: 20upx 0;
    margin: 20upx 0;
    border-top: 2upx solid #ddd;
  }
}
</style>
```

9.10.6 查看二级页面演示

打开浏览器,刷新浏览器,单击评论内容,进入评论二级页面,如图9-29所示。

图 9-29 评论二级页面

9.11 用户注册

用户注册页面用于新用户创建账户,通过填写个人信息(如用户名、密码和头像等资料)来完成注册过程。

9.11.1 创建注册页面

右击 VS Code 编辑器中的 src/pages,此时会弹出如图9-30所示的快捷菜单,单击"新建文件夹"。

创建 my 文件夹，如图 9-31 所示。

图 9-30　新建文件夹（1）

图 9-31　新建文件夹（2）

右击 VS Code 编辑器中的 src/pages/my 文件夹，此时会出现菜单，单击"新建 uniapp 页面"，创建 register 页面。

在弹出的窗口中输入"register　注册"，register 和"注册"之间是空格，按 Enter 键确认。具体如何创建 uniapp 页面，可查阅 9.10.1 节。

打开 src/pages/my/register.vue 文件，将 register.vue 的 API 风格修改为组合式 API 风格。将 `<script></script>` 标签里面的内容删除，替换后的代码如下：

```
<script setup></script>
```

9.11.2　注册页面模板代码

打开 src/pages/my/register.vue 文件，编写模板代码，代码如下：

```
//ch9/6/src/pages/my/register.vue
<template>
  <view class="container">
    <uni-forms ref="valiForm" :rules="rules" :modelValue="userInfo">
      <uni-forms-item label="用户名" required name="username">
        <uni-easyinput
          type="text"
          v-model="userInfo.username"
          placeholder="请输入用户名"
        />
      </uni-forms-item>
      <uni-forms-item label="密码" required name="password">
        <uni-easyinput
          v-model="userInfo.password"
          type="password"
          placeholder="请输入密码"
        />
      </uni-forms-item>
      <uni-forms-item label="头像" required name="avatar">
        <view class="avatar" v-if="avatar.url">
          <image :src="avatar.url + '!img200'" />
          <view class="removeAvatar" @click="removeAvatar">
```

```
                <uni-icons type="clear" size="30" color="#ffffff"></uni-icons>
              </view>
            </view>
            <view class="avatar" @click="upload" v-else>上传头像</view>
          </uni-forms-item>
        </uni-forms>
        <view class="buttons">
          <button type="primary" @click="submit" class="btn">注册</button>
        </view>
        <view class="tips">注册即代表同意《用户协议》和《隐私政策》</view>
        <view class="login"
          ><button
            class="mini-btn"
            type="primary"
            size="mini"
            plain="true"
            @click="login"
          >
            使用已有账户登录
          </button></view
        >
      </view>
</template>
```

上述代码用于用户注册，用户可以通过表单输入用户名、密码，上传头像。表单的验证规则及数据动态绑定帮助实现动态响应和校验。

使用 uni-app 的组件库来创建一个注册表单界面。

uni-forms 是 uni-app 的扩展组件 uni-ui 的表单组件，用于验证和获取表单数据。

`<uni-forms-item label=" 用户名 " required name="username"><uni-easyinput type="text" v-model="userInfo.username" placeholder=" 请输入用户名 " /></uni-forms-item>` 为 uni-forms- item 表单项。

uni-easyinput 组件是对原生 input 组件的增强版，专门为了与扩展表单组件 uni-forms 协同工作而设计。这个组件不仅集成了 input 的所有功能，还内置了边框、图标等元素，使表单输入更加便捷和高效。

type="text" 用于将输入类型指定为文本。

v-model 用于绑定数据 userInfo.username。

`<uni-forms-item label=" 密码 " required name="password"><uni-easyinput v-model="userInfo.password" type="password" placeholder=" 请输入密码 " /></uni-forms-item>`。

密码的输入框，类型为 password，password 类型在输入时内容被隐藏。

`<uni-forms-item label=" 头像 " required name="avatar">` 为带有头像上传功能的表单项。

`<image :src="avatar + '!img200'" />` 用于显示用户已上传的头像，使用了图片处理操作符"!img200"设置图片大小，具体设置见 9.8.3 节。

`<view class="removeAvatar" @click="removeAvatar"><uni-icons type="clear" size="30" color="#ffffff"></uni-icons></view>` 用于删除头像的图标，单击时触发 removeAvatar() 方法。

`<view class="avatar" @click="upload" v-else>上传头像 </view>` 表示如果没有上传头像，则会显示一个上传头像的按钮，单击触发 upload() 方法。

`<button type="primary" @click="submit" class="btn">注册 </button>` 实现"注册"按钮，单击触发 submit() 方法提交表单。

```
<view class="login"><button class="mini-btn" type="primary" size="mini" plain="true"
@click="login"> 使用已有账户登录 </button></view> 用于实现单击 "使用已有账户登录" 按钮
跳转到登录页面,已有账户的用户可以进行登录。
```

9.11.3 注册页面逻辑代码

打开 src/pages/my/register.vue 文件,编写逻辑代码,代码如下:

```
//ch9/6/src/pages/my/register.vue
<script setup>
import {reactive, ref} from "vue";
import {useUserStore} from "@/stores";
const user = useUserStore();
const {h5Register, uploadRegisterAvatar} = user;
const valiForm = ref();
const avatar = ref({});
// 用户信息
const userInfo = reactive({
  username: "",
  password: "",
  avatar: "",
});

// 校验规则
const rules = {
  username: {
    rules: [
      {
        required: true,
        errorMessage: " 用户名不能为空 ",
      },
      {
        validateFunction: function (rule, value, data, callback) {
          const reg = /^[A-Za-z0-9\u4e00-\u9fa5]{2,15}$/;
          if (!reg.test(value)) {
            callback(" 用户名长度需要在 2~20 个字符 ");
          }
        },
      },
    ],
  },
  password: {
    rules: [
      {
        required: true,
        errorMessage: " 密码不能为空 ",
      },
      {
        validateFunction: function (rule, value, data, callback) {
          const reg = /^(?=.*[A-Za-z])(?=.*\d)[A-Za-z\d]{5,20}$/;
          if (!reg.test(value)) {
            callback(" 密码为 5~20 个字符,至少包含 1 个字母和 1 个数字 ");
          }
        },
      },
```

```javascript
      ],
    },
    avatar: {
      rules: [
        {
          required: true,
          errorMessage: "用户头像需要上传",
        },
      ],
    },
};

/**
 * 注册头像上传
 */
const upload = () => {
  uni.chooseImage({
    success: async (chooseImageRes) => {
      const tempFilePaths = chooseImageRes.tempFilePaths;
      uni.showLoading({
        title: "上传中",
        mask: true,
      });
      console.log("tempFilePaths=>", tempFilePaths);
      const res = await uploadRegisterAvatar(tempFilePaths[0]);
      console.log("res=>", res);
      if (res) {
        uni.hideLoading();
        avatar.value = JSON.parse(res);
        userInfo.avatar = avatar.value._id;
      }
    },
  });
};

/**
 * 数据校验和提交
 */
const submit = () => {
  valiForm.value
    .validate()
    .then((res) => {
      doRegister(res);
    })
    .catch((err) => {
      console.log("err", err);
    });
};

/**
 * 注册用户
 * @param {object} data
 */
const doRegister = async (data) => {
  const res = await h5Register(data);
  if (res) {
```

```
      uni.showToast({
        title: "注册成功",
        icon: "success",
        mask: true,
      });
      setTimeout(() => {
        uni.navigateBack({delta: 2});
      }, 500);
    }
  };

  /**
   * 到登录界面
   */
  const login = () => {
    uni.navigateTo({url: "/pages/my/login"});
  };

  /**
   * 删除头像
   */
  const removeAvatar = () => {
    avatar.value = {};
    userInfo.avatar = "";
  };
</script>
```

上述代码是用户注册的逻辑，包括上传头像、验证用户输入和处理表单提交等。

从 Vue 解构 reactive 和 ref，reactive 和 ref 是 Vue Composition API 中的响应式引用 API，分别用来声明响应式的对象和单个响应性值。

从 @/stores 导入 useUserStore，实例化 useUserStore 并赋值给 user，这里的 useUserStore() 方法是一个自定义 hook，当调用时会返回那个具有指定 id 的 store 的实例。如果这个 store 已经被创建，则会返回这个现存的实例，如果没被创建，则会创建一个新的实例。

从 user 解构出 h5Register() 方法和 uploadRegisterAvatar() 方法，h5Register() 方法用于处理用户注册逻辑，uploadRegisterAvatar() 方法用于处理用户上传用户头像逻辑。

定义名为 valiForm 的响应式变量，用于对表单验证组件的响应性引用。

定义名为 avatar 的响应式变量，用于存储上传头像后得到的信息，默认值为空。

定义名为 userInfo 的响应式对象，用于存储用户信息，包括用户名、密码和头像，默认值都为空。

定义校验规则 rules 对象，rules 定义了注册表单每个字段的校验规则，用户名和密码使用正则表达式校验，确保输入格式的合法性。将所有字段定义为必填。

头像上传的逻辑，upload() 方法用于处理选择和上传头像的逻辑。首先通过 uni.chooseImage 让用户选择图片，然后调用 uploadRegisterAvatar() 方法上传用户选择的图片，定义 res 接受返回结果，判断 res 是否存在，如果 res 存在，则使用 JSON.parse() 方法将 res 的 JSON 字符串转换成对象，并赋值给 avatar 的响应式变量，再将 avatar._id 赋值给响应式对象 userInfo 的 avatar。

提交表单的逻辑，submit 方法触发表单验证，如果验证通过，则调用 doRegister() 方法来注册用户。

定义 doRegister() 方法，接受校验通过的数据 data 作为参数，调用 h5Register() 方法传入 data 来执行实际的注册逻辑，注册成功后显示成功提示，延时返回上 2 级页面。

定义 login() 方法，用于单击跳转到登录页面。

定义 removeAvatar() 方法，用于删除已选择的头像，清空相关的响应式状态。

9.11.4 注册页面样式代码

打开 src/pages/my/register.vue 文件，编写样式代码，代码如下：

```scss
//ch9/6/src/pages/my/register.vue
<style scoped lang="scss">
.container {
  padding: 40upx;
  font-size: 28upx;
  line-height: 48upx;
  .tips {
    padding-top: 50upx;
    display: -webkit-box;
    display: -ms-flexbox;
    display: flex;
    -webkit-box-pack: center;
    -ms-flex-pack: center;
    justify-content: center;
    line-height: 30px;
  }
  .login {
    padding-top: 30upx;
    text-align: center;
  }
}

.avatar {
  width: 256upx;
  height: 256upx;
  border-radius: 5%;
  border: 2upx solid #eee;
  display: flex;
  align-items: center;
  justify-content: center;
  position: relative;
  .removeAvatar {
    position: absolute;
    top: 10upx;
    right: 10upx;
  }
  image {
    width: 256upx;
    height: 256upx;
    border-radius: 5%;
  }
}
</style>
```

9.11.5 在 Pinia 状态管理中编写用户注册和上传用户头像方法

打开 src/stores/modules/user.js 文件，编写 h5Register() 方法，用于用户注册，代码如下：

```
//ch9/6/src/stores/modules/user.js
/**
 * h5 用户注册
 * @param {object} data {username, password, avatar}
 * @returns
 */
async h5Register(data) {
  const res = await post("/user/register", data);
  console.log("h5Register res =>", res);
  if (res) {
    this.token = res.token;
    this.userinfo = res.userinfo;
    return res;
  }
  return;
}
```

上述代码是一个异步方法 h5Register()，用于处理用户注册逻辑，包括将注册信息发送到后端，等待后端 API 响应，在注册成功后更新用户状态。

定义 h5Register() 方法，使用 async 关键词修饰，h5Register() 接受 data 作为参数，data 是一个对象，包含注册所需的用户信息，如用户名、密码、头像等。

使用 await 语句调用了 post() 方法，向后端 API 发送请求，将 data 作为参数传入。定义常量 res 接受返回的值。

判断 res 是否存在，如果存在，则将 res.token 和 res.userinfo 更新到当前的状态管理中的 token 和 userinfo，返回 res。如果 res 不存在，则没有返回值。

打开 src/stores/modules/user.js 文件，编写 uploadRegisterAvatar() 方法，用于上传用户头像，代码如下：

```
//ch9/6/src/stores/modules/user.js
/**
 * 注册用户时头像上传
 * @param {string} path 用户头像地址
 */
async uploadRegisterAvatar(path) {
  return await upload("/user/registerAvatar", path);
}
```

上述代码是一个异步方法 uploadRegisterAvatar()，用于处理注册用户时头像上传逻辑。

定义 uploadRegisterAvatar() 方法，接受 path 作为参数，path 是用户头像地址。

使用 await 语句调用了 upload() 方法，向后端 API 发送请求，将 path 作为参数传入，使用 return 语句将结果直接返回。

9.11.6 注册用户

1. 将路由模式更改为 history 模式

重启项目，在浏览器打开 http://127.0.0.1:5173/#/pages/my/register 进行用户注册。仔细观察 URL，发现中间包含 "#"，这是因为 uni-app 的 h5 路由模式有两种，即 hash 模式和 history 模式，URL 里面包含 # 的是 hash 模式。

当需要在 uni-app 项目中切换 h5 的路由模式时，可以通过修改项目的配置文件实现。在默认情况下，uni-app 使用的是 hash 模式，所以 URL 中会包含一个"#"字符。如果希望使用 history 模式，则 history 模式会产生看起来更像传统 URL 的路径，不包含"#"，只需简单地修改项目的 manifest.json 文件。

打开 src/manifest.json 文件，添加 h5 的配置。添加一个 router 对象，其中包含 mode 属性。将 mode 的值设置为 history，代码如下：

```
//ch9/6/src/manifest.json
"h5": {
  "router": {
    "mode": "history"  // 启用 history 路由模式
  }
},
```

做完上述修改后，重启 uni-app 项目。在浏览器中访问不带"#"的 URL，http://127.0.0.1:5173/pages/my/register。如果一切配置正确，则应该能够看到用户注册页面，并且 URL 中不再含有"#"符号。

至于具体使用哪种路由模式，依个人喜好。笔者将路由模式修改为了 history 模式。

2. 测试用户注册

在 http://127.0.0.1:5173/pages/my/register 填写注册信息，单击"上传头像"，选择图片上传，此时出现了 403 错误，如图 9-32 所示。

图 9-32　用户注册上传头像出错

打开后端命令行控制台会发现 missing csrf token 和跨域错误信息，如图 9-33 所示。

3. 获取 csrf Token 和前端跨域

（1）在 Pinia 状态管理中创建 getCsrfToken() 方法。

打开 src/stores/modules/user.js 文件，增加 getCsrfToken() 方法，代码如下：

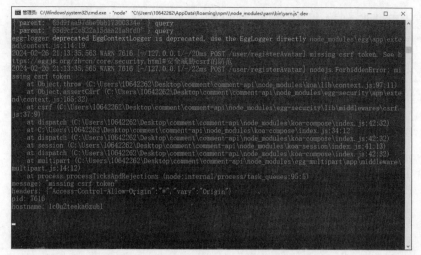

图 9-33　missing csrf token 和跨域错误信息

```
//ch9/6/src/stores/modules/user.js
/**
 * 获取csrfToken
 * @returns
 */
async getCsrfToken() {
  const res = await get("/csrfToken");
    if(res) {
      this.csrfToken = res.csrfToken
    }
},
```

上述代码是一个异步方法 getCsrfToken()，用于获取 csrfToken，调用 get() 方法向后端服务器发送请求，等待后端 API 响应，将结果赋值给常量 res，判断 res 是否存在，如果存在，则将 res.csrfToken 的值赋值给 this.csrfToken。如果 res 不存在，则没有返回值。

打开 src/stores/modules/user.js 文件，修改后的代码如下：

```
//ch9/6/src/stores/modules/user.js
state: () => ({
  token: "",
  userinfo: {},
}),

// 修改为
state: () => ({
  token: "",
  csrfToken: "",
  userinfo: {},
}),
```

上述代码用于在 state 增加响应式变量 csrfToken。

（2）在应用生命周期函数 onLaunch() 执行 getCsrfToken() 方法。

当 uni-app 初始化完成时触发生命周期函数 onLaunch()，全局只触发一次。在生命周期函数 onLaunch() 里执行 getCsrfToken() 方法获取 csrfToken，将获取的 csrfToken 保存到 Pinia 状态管理。

打开 src/App.vue 文件，修改后的代码如下：

```
//ch9/6/src/App.vue
<script setup>
import {onLaunch, onShow, onHide} from "@dcloudio/uni-app";
onLaunch(() => {
  console.log("App Launch");
});
onShow(() => {
  console.log("App Show");
});
onHide(() => {
  console.log("App Hide");
});
</script>

// 修改为
<script setup>
import {onLaunch, onShow, onHide} from "@dcloudio/uni-app";

import {useUserStore} from "@/stores";
const user = useUserStore()
const {getCsrfToken} = user

onLaunch(async() => {
  console.log("App Launch");
  await getCsrfToken()
});
onShow(() => {
  console.log("App Show");
});
onHide(() => {
  console.log("App Hide");
});
</script>
```

上述代码用于在生命周期函数 onLaunch() 中执行 getCsrfToken() 方法，获取 csrfToken。

从 @/stores 导出 useUserStore，实例化 useUserStore() 并赋值给变量 user，解构 user 获取 getCsrfToken() 方法，用于获取 csrfToken。

将生命周期函数 onLaunch() 中的匿名箭头函数使用 async 关键字定义，在匿名箭头函数体中执行 await getCsrfToken() 方法，该方法将向后端发起获取 csrfToken 的请求，如果存在返回结果，则将返回结果保存到 Pinia 状态管理，供后续使用，该方法没有返回值。

（3）在 request 数据请求拦截器增加携带 csrfToken 并发送给后端。

打开 src/request/index.js 文件，修改后的代码如下：

```
//ch9/6/src/request/index.js
/**
 * 拦截器
 */
const httpInterceptor = {
  invoke(options) {
    options.url = baseURL + options.url;
    options.timeout = 10 * 1000;
    const user = useUserStore();
```

```
      const {token} = storeToRefs(user);
      if (token.value) {
        options.header = {
          ...options.header,
          Authorization: `Bearer ${token.value}`,
        };
      }
    },
};

// 修改为
/**
 * 拦截器
 */
const httpInterceptor = {
  invoke(options) {
    options.url = baseURL + options.url;
    options.timeout = 10 * 1000;
    const user = useUserStore();
    const {token, csrfToken} = storeToRefs(user);
    if (token.value) {
      options.header = {
        ...options.header,
        Authorization: `Bearer ${token.value}`,
      };
    }
    if (csrfToken.value) {
      options.header = {
        ...options.header,
        csrfToken: csrfToken.value,
      }
    }
  },
};
```

上述代码用于在 request 数据请求拦截器增加携带 csrfToken 并发送给后端，从 storeToRefs(user) 解构获得响应式变量 csrfToken，判断 csrfToken.value 是否存在，如果存在，则将 csrfToken 添加到请求头 header 中。关于请求头中的 csrfToken 名称的定义，详见 6.12.3 节。

打开 src/request/index.js 文件，修改后的代码如下：

```
//ch9/6/src/request/index.js
const baseURL = "http://127.0.0.1:7001";

// 修改为
const baseURL = "/api";
```

上述代码用于将 baseURL 的值从 http://127.0.0.1:7001 修改为 /api。

（4）实现前端跨域。

跨域问题（Cross-Origin Resource Sharing, CORS）出现的主要原因是 Web 浏览器的同源策略限制。同源策略是浏览器的一个安全特性，限制了一个域下的文档或脚本与另一个域的资源进行交互的能力。主要是为了保护用户的信息安全，防止恶意网站读取或操作另一个网站上的敏感数据。

当一个网页尝试通过脚本向不同源的服务器发起请求时，如从 http://www.example-a.com 网站的脚本尝试访问 https://www.example-b.com 上的数据,浏览器会根据同源策略拦截这种非同源的请求。这种限制就是所谓的"跨域"。

要满足同源策略的要求,两个 URL 必须具有相同的协议(如 http 或 https)、域名和端口号,即使两个不同的域名指向同一个 IP 地址,只要域名不同,就会被视为不同的来源。

解决 Vue.js 前端跨域的方法也很简单,打开根文件夹的 vite.config.js 文件进行一些设置,代码如下:

```
//ch9/6/vite.config.js
import {defineConfig} from "vite";
import uni from "@dcloudio/vite-plugin-uni";
import {resolve} from "path";
//https://vitejs.dev/config/
export default defineConfig({
  plugins: [uni()],
  resolve: {
    // 路径别名
    alias: {
      "@": resolve(__dirname, "./src"),
    },
  },
});

// 修改为
import {defineConfig} from 'vite'
import uni from '@dcloudio/vite-plugin-uni'
import {resolve} from "path";

const baseURL = "http://127.0.0.1:7001";

//https://vitejs.dev/config/
export default defineConfig({
  plugins: [
    uni(),
  ],
  resolve: {
    // 路径别名
    alias: {
      "@": resolve(__dirname, "./src"),
    },
  },
  // 配置服务器代理,实现跨域
  server: {
    // 开发服务器的地址
    host: "127.0.0.1",
    // 开发服务器的端口,uni-app 的 h5 默认端口是 5173
    port: 5173,
    proxy: {
      // 所有以 "/api" 为前缀的接口都转到 baseURL
      "/api": {
        // 目标跳转地址
        target: baseURL,
        // 是否换源
        changeOrigin: true,
        // 替换掉"/api"的路径和后端接口拼接
```

```
        rewrite: (path) => path.replace(/^\/api/, ""),
      },
    },
  },
})
```

上述代码是一个用于服务器代理的配置，其目的是解决浏览器的同源策略导致的跨域请求限制问题。

proxy 是代理设置的部分，用来指定如何处理网络请求代理的规则。

/api 是代理规则的匹配模式。凡是 URL 路径以 "/api" 开头的请求都将被这个规则匹配，并触发代理行为。

target 为代理转发的目标地址。这个地址将会取代原始请求的域部分。

当 changeOrigin 被设为 true 时，代理服务器会在转发请求时修改请求头中的 Origin 字段，使其看起来像是从 target 指定的域发出的。这样有助于绕过后端服务可能有的同源策略限制。

rewrite 用作修改被代理的请求路径。rewrite 将移除原始请求路径中的 "/api" 前缀，之后再将此路径发送到 target 指定的服务器。举例来讲，如果原始请求路径是 "/api/user"，则经过重写后，实际发往目标服务器的请求路径将会是 "/user"。

完成以上配置以后，在键盘上按 Ctrl + C 组合键终止项目，重新运行项目，命令如下：

```
npm run dev:h5

// 或者
yarn dev:h5
```

4. 再次测试用户注册

在 http://127.0.0.1:5173/pages/my/register 页面中填写注册信息，如图 9-34 所示。

单击"注册"按钮，完成注册。

5. 查看保存到本地的 token 和 userinfo

打开本地存储查看 token 和 userinfo，如图 9-35 所示。

图 9-34 用户注册

图 9-35 打开本地存储查看 token 和 userinfo

9.12 用户登录

用户登录页面允许已注册用户通过输入用户名和密码来登录系统。

9.12.1 创建登录页面

右击 VS Code 编辑器中的 src/pages/my 文件夹,此时会出现菜单,单击"新建 uniapp 页面",创建 login 页面。

在弹出的窗口输入"login　登录",login 和"登录"之间是空格,按 Enter 键确认。

打开 src/pages/my/login.vue 文件,将 login.vue 的 API 风格修改为组合式 API 风格。将 <script></script> 标签里面的内容删除,替换后的代码如下:

```
<script setup></script>
```

9.12.2 登录页面模板代码

打开 src/pages/my/login.vue 文件,编写模板代码,代码如下:

```
//ch9/6/src/pages/my/login.vue
<template>
  <view class="container">
    <app-my-login></app-my-login>
    <view class="tips">登录即代表同意《用户协议》和《隐私政策》</view>
    <view class="register">
      <button
        class="mini-btn"
        type="primary"
        size="mini"
        plain="true"
        @click="register"
      >
        注册用户
      </button>
    </view>
  </view>
</template>
```

上述代码用于用户实现登录界面。

<app-my-login> 是自定义的 app-my-login 登录组件,用户可以通过输入账号和密码进行登录。

<view class="tips"> 是文本提示,通知用户,登录即意味着同意网站的《用户协议》和《隐私政策》。

<button class="mini-btn" type="primary" size="mini" plain="true" @click="register"> 注册用户 </button> 用于实现当用户还没有注册时,可以单击"注册用户"按钮,触发 register() 方法,跳转到用户注册界面。

9.12.3 登录页面逻辑代码

打开 src/pages/my/login.vue 文件,编写逻辑代码,代码如下:

```
//ch9/6/src/pages/my/login.vue
```

```
<script setup>
const register = () => {
  uni.navigateTo({ url: "/pages/my/register" });
};
</script>
```

上述代码定义了 register() 方法，用于单击跳转到注册页面。

9.12.4 登录页面样式代码

打开 src/pages/my/login.vue 文件，编写样式代码，代码如下：

```
//ch9/6/src/pages/my/login.vue
<style lang="scss" scoped>
.container {
  padding: 40upx;
  font-size: 28upx;
  line-height: 48upx;
  .tips {
    padding-top: 50upx;
    display: -webkit-box;
    display: -ms-flexbox;
    display: flex;
    -webkit-box-pack: center;
    -ms-flex-pack: center;
    justify-content: center;
    line-height: 30px;
  }
  .register {
    padding-top: 30upx;
    text-align: center;
  }
}
</style>
```

9.12.5 封装 app-my-login 组件

1. 创建 app-my-login 组件

右击 VS Code 编辑器中的 src/components 文件夹，选择"新建 uniapp 组件"，创建 uniapp 组件。

在弹出的窗口中写上组件的名称，笔者这里写的是 app-my-login，按 Enter 键确认。

2. 将组件默认风格修改为组合式 API 风格

组件创建成功后，打开组件进行查看，发现组件的风格是选项式 API 风格，这里把风格修改为组合式 API 风格，代码如下：

```
<script setup></script>
```

因为里面没有实际性的代码，所以只在 script 后面添加了 setup，删除了其他的代码。

3. 编写 app-my-login 组件模板代码

打开 src/components/app-my-login.vue 文件，编写组件模板，代码如下：

```
//ch9/6/src/components/app-my-login.vue
<template>
  <view>
```

```
        <uni-forms ref="valiForm" :rules="rules" :modelValue="userInfo">
          <uni-forms-item label="用户名" required name="username">
            <uni-easyinput
              type="text"
              v-model="userInfo.username"
              placeholder="请输入用户名"
            />
          </uni-forms-item>
          <uni-forms-item label="密码" required name="password">
            <uni-easyinput
              v-model="userInfo.password"
              type="password"
              placeholder="请输入密码"
            />
          </uni-forms-item>
        </uni-forms>
        <view class="buttons">
          <button type="primary" @click="submit" class="btn">登录</button>
        </view>
      </view>
    </template>
```

上述代码用于用户登录，用户可以通过表单输入用户名、密码。表单的验证规则及数据动态绑定及数据校验。

使用 uni-app 的组件库创建一个登录表单界面。

<uni-easyinput type="text" v-model="userinfo.username" placeholder="请输入用户名"/> 用于输入用户名。

<uni-easyinput v-model="userInfo.password" type="password" placeholder="请输入密码" /> 用于输入密码。

<button type="primary" @click="submit" class="btn"> 登录 </button> 用于实现"登录"按钮，单击触发 submit() 方法提交表单。

4. 编写 app-my-login 组件逻辑代码

打开 src/components/app-my-login.vue 文件，编写组件逻辑，代码如下：

```
//ch9/6/src/components/app-my-login.vue
<script setup>
import {ref, reactive} from "vue";
import {useUserStore} from "@/stores";
const user = useUserStore();
const {h5Login} = user;
const valiForm = ref();
const userInfo = reactive({
  username: "",
  password: "",
});

// 校验规则
const rules = {
  username: {
    rules: [
      {
        required: true,
```

```
        errorMessage: "用户名不能为空",
      },
      {
        validateFunction: function (rule, value, data, callback) {
          const reg = /^[A-Za-z0-9\u4e00-\u9fa5]{2,15}$/;
          if (!reg.test(value)) {
            callback("用户名长度需要在 2~15 个字符");
          }
        },
      },
    ],
  },
  password: {
    rules: [
      {
        required: true,
        errorMessage: "密码不能为空",
      },
      {
        validateFunction: function (rule, value, data, callback) {
          const reg = /^(?=.*[A-Za-z])(?=.*\d)[A-Za-z\d]{5,20}$/;
          if (!reg.test(value)) {
            callback("密码为 5~20 个字符，至少包含 1 个字母和 1 个数字");
          }
        },
      },
    ],
  },
};

/**
 * 校验提交数据
 */
const submit = () => {
  valiForm.value
    .validate()
    .then((res) => {
      doLogin(res);
    })
    .catch((err) => {
      console.log("err", err);
    });
};

/**
 * 用户登录
 * @param {object} data {username, password}
 */
const doLogin = async (data) => {
  const res = await h5Login(data);
  if (res) {
    uni.showToast({
      title: "登录成功",
      icon: "success",
      mask: true,
    });
```

```
      setTimeout(() => {
        uni.navigateBack({delta: 2});
      }, 500);
    }
  };
</script>
```

上述代码是用户登录的逻辑,包括验证用户输入和处理表单提交等。

从 Vue 解构 reactive 和 ref,reactive 和 ref 是 Vue Composition API 中的响应式引用 API,分别用来声明响应式的对象和单个响应性值。

从 @/stores 导入 useUserStore,实例化 useUserStore 并赋值给 user,这里的 useUserStore() 方法是一个自定义 hook,当调用时会返回那个具有指定 id 的 store 的实例。如果这个 store 已经被创建,则会返回这个现存的实例;如果没有被创建,则会创建一个新的实例。

从 user 解构出 h5Login() 方法,h5Login() 方法用于处理用户登录逻辑。

定义名为 valiForm 的响应式变量,用于对表单验证组件的响应性引用。

定义名为 userInfo 的响应式对象,用于存储用户信息,包括用户名、密码,默认值都为空。

定义校验规则 rules 对象,rules 定义了注册表单每个字段的校验规则,用户名和密码使用正则表达式校验,确保输入格式的合法性。将所有字段定义为必填。

提交表单的逻辑,submit() 方法触发表单验证,如果验证通过,则调用 doLogin() 方法进行用户登录操作。

定义 doLogin() 方法,该方法接受校验通过的数据 data 作为参数,调用 h5Login() 方法传入 data 来执行实际的登录逻辑,登录成功后显示成功提示,设置延时返回上 2 级页面。

5. 在 Pinia 状态管理中编写用户登录方法

打开 src/stores/modules/user.js 文件,编写 h5Login 用户登录方法,代码如下:

```
//ch9/6/src/stores/modules/user.js
/**
 * h5 用户登录
 * @param {object} data {username, password}
 * @returns
 */
async h5Login(data) {
  const res = await post("/user/login", data);
  if (res) {
    this.token = res.token;
    this.userinfo = res.userinfo;
    return res;
  }
  return;
}
```

上述代码是一个异步方法 h5Login(),用于处理用户登录逻辑,包括将登录信息发送到后端,等待后端 API 响应,在登录成功后更新用户状态。

h5Login() 是一个异步方法,使用 async 关键词修饰。h5Login() 方法接受 data 作为参数,data 是一个对象,包含登录所需的用户信息,如用户名、密码等。

使用 await 语句调用了 post() 方法,向后端 API 发送请求,将 data 作为参数传入。定义常量 res 接受返回的值。

判断 res 是否存在,如果存在,则将 res.token 和 res.userinfo 更新到当前状态管理中的

token 和 userinfo，返回 res。如果 res 不存在，则没有返回值。

6. 测试用户登录

在 http://127.0.0.1:5173/pages/my/login 页面中进行用户登录操作，如图 9-36 所示。

7. 在本地存储查看 token 和 userinfo

打开本地存储查看 token 和 userinfo。查看本地存储详见 9.6.3 节。

9.13 创建写评论组件

图 9-36 用户登录

右击 VS Code 编辑器中的 src/components 文件夹，选择"新建 uniapp 组件"，创建 uniapp 组件。

在弹出的窗口中输入组件的名称，笔者这里输入的是 app-write-comment，按 Enter 键确认。

1. 将组件默认风格修改为组合式 API 风格

组件创建成功后，打开组件进行查看，发现组件的风格是选项式 API 风格，这里把风格修改为组合式 API 风格，代码如下：

```
<script setup></script>
```

因为里面没有实际性的代码，所以只在 script 后面添加了 setup，删除了其他的代码。

2. 编写组件模板代码

打开 src/components/app-write-comment.vue 文件，编写组件模板，代码如下：

```
//ch9/6/src/components/app-write-comment.vue
<template>
  <view class="container">
    <view class="content">
      <uni-popup
        ref="popup"
        type="bottom"
        @change="change"
        background-color="#fff"
      >
        <view class="nologin" v-if="!token">
          <view class="btns">
            <view class="btn">
              <button type="primary" @click="login">登录</button>
            </view>
            <view class="btn">
              <button @click="register">注册</button>
            </view>
          </view>
          <view class="tips">请登录系统再进行评论！</view>
        </view>
        <view class="write-content" v-else>
          <view class="textarea">
            <textarea
              ref="textarea"
```

```
          v-model="data.content"
          :placeholder="
            username ? '回复给：' + username : '善语结善缘，恶语伤人心！'
          "
          :focus="replyFocus"
        ></textarea>
        <view class="preview" v-if="preview.url">
          <image
            :src="preview.url + '!img100'"
            @click="previewImage(preview.url)"
          />
          <view class="del" @click="del">
            <uni-icons type="clear" size="20" color="#999999"></uni-icons>
          </view>
        </view>
        <view class="submitarea">
          <view
            class="submit"
            :class="data.content ? 'color' : ''"
            @click="submit"
          >发布
          </view>
          <view class="upimg" @click="upload">
            <uni-icons type="image" size="23"></uni-icons>
          </view>
        </view>
      </view>
    </uni-popup>
  </view>
  <view class="my-container">
    <view class="write" @click="toggle">
      <uni-icons type="compose" size="23"></uni-icons>
      <text>写评论 ...</text>
    </view>
    <view class="count">
      <uni-badge
        class="uni-badge-left-margin"
        :text="count"
        absolute="rightTop"
        :offset="[9, 2]"
        size="small"
      >
        <uni-icons type="chatbubble" size="30"></uni-icons>
      </uni-badge>
    </view>
    <view class="zan"><uni-icons type="hand-up" size="30"></uni-icons></view>
    <view class="share"><uni-icons type="redo" size="30"></uni-icons></view>
  </view>
 </view>
</template>
```

上述代码实现了一个带弹出式交互的评论框功能，包含用户未登录和登录后的不同显示逻辑。

<uni-popup> 是一个弹出层组件，将类型设置为 bottom，该弹出层会从屏幕底部滑出，包含两个主要内容区域，一个是未登录状态下的显示区域（使用 v-if 条件判断），另一个是登录后的评论输入区域（使用 v-else 条件判断）。

未登录状态将内容显示为两个按钮，分别是"登录"和"注册"按钮，以及一条提示信息，告知用户"请登录系统再进行评论！"。

登录状态下有一个多行文本输入 <textarea>，用于用户输入评论内容。如果有图片，则会显示缩略图，单击图片可以预览图片，单击图片右上角的"×"可以删除图片。

"图片上传"和"评论发布"的按钮区域有"上传评论图片"按钮和"发布"评论按钮。

<view class="my-container"> 为固定的功能区，包含写评论、查看评论数、点赞和分享的快捷操作。

<uni-badge> 在评论图标旁用于显示评论数，使用 absolute 属性定位于右上角。

事件处理方法如下：

（1）@click="toggle"：控制弹出层显示和隐藏的切换。
（2）@click="login" 和 @click="register"：分别触发登录和注册操作。
（3）@click="submit"：用于提交评论的操作。
（4）@click="upload"：用户单击后会触发图片上传功能。

v-model="data.content" 用于双向绑定评论内容数据，v-if="!token" 和 v-else 用于根据是否有 Token 来决定是显示登录、注册按钮还是评论输入区。

3. 编写组件逻辑代码

打开 src/components/app-write-comment.vue 文件，编写组件逻辑，代码如下：

```
//ch9/6/src/components/app-write-comment.vue
<script setup>
import {ref, reactive} from "vue";
import {useUserStore} from "@/stores";
import {storeToRefs} from "pinia";
const popup = ref(null);
const user = useUserStore();
const {token} = storeToRefs(user);
const {uploadCommentImg, createComment, isLogin} = user;
const props = defineProps({
  count: {
    type: Number,
    default: 0,
  },
  commentId: {
    type: String,
    default: "",
  },
  commentUser: {
    type: String,
    default: "",
  },
});
const replyFocus = ref(false);
const preview = ref({});
const username = ref("");
const data = reactive({
```

```js
  content: "",
  img: "",
  parent: "",
});

/**
 * 打开弹出窗
 */
const toggle = () => {
  console.log("toggle=>");
  if (popup.value) {
    popup.value.open();
  }
  replyFocus.value = true;
  if (props.commentId) {
    data.parent = props.commentId;
  }
  if (props.commentUser) {
    username.value = props.commentUser;
  }
};

// 获取弹出窗的状态改变事件
const change = (e) => {
  console.log(e, "change e");
  const {show} = e;
  // 如果是不显示的状态，则将相关的值设置为空
  if (!show) {
    setTimeout(() => {
      data.parent = "";
      username.value = "";
    }, 500);
  } else {
    data.parent = props.commentId;
    username.value = props.commentUser;
  }
};

/**
 * 关闭弹出窗
 */
const close = () => {
  popup.value.close();
  data.content = "";
  data.img = "";
  data.parent = "";
  username.value = "";
  preview.value = {};
};

const emit = defineEmits(["change"]);

/**
 * 发布评论
 */
const submit = async () => {
```

```js
    const _isLogin = isLogin();
    console.log(_isLogin, "_isLogin");
    if (!_isLogin) return;
    const { content } = data;
    console.log(content, "submit data");
    if (!content) {
      uni.showModal({
        title: "提示",
        content: "评论内容为空",
        showCancel: false,
      });
      return;
    }
    const res = await createComment(data);
    console.log(res);
    emit("change", res);
    close();
    setTimeout(() => {
      uni.showToast({
        title: "评论成功",
        icon: "success",
        mask: true,
      });
    }, 500);
};

/**
 * 上传评论图片
 */
const upload = async () => {
    const _isLogin = isLogin();
    console.log(_isLogin, "_isLogin");
    if (!_isLogin) return;
    replyFocus.value = false;
    uni.chooseImage({
      success: async (chooseImageRes) => {
        const tempFilePaths = chooseImageRes.tempFilePaths;
        uni.showLoading({
          title: "上传图片中...",
          mask: true,
        });
        const res = await uploadCommentImg(tempFilePaths[0]);
        uni.hideLoading();
        console.log(res, "res");
        preview.value = JSON.parse(res);
        data.img = preview.value._id;
        replyFocus.value = true;
      },
    });
};

/**
 * 预览上传的评论图片
 * @param {string} url
 */
const previewImage = (url) => {
```

```js
      console.log("previewImage");
      uni.previewImage({
        urls: [url + "!w500"],
      });
    };

    /**
     * 跳转到登录界面
     */
    const login = () => {
      uni.navigateTo({url: "/pages/my/login"});
    };

    /**
     * 跳转到注册页面
     */
    const register = () => {
      uni.navigateTo({url: "/pages/my/register"});
    };

    /**
     * 删除上传的评论图片，不是真删除，只是将data.img设置为空
     */
    const del = () => {
      replyFocus.value = false;
      preview.value = {};
      data.img = "";
      setTimeout(() => {
        replyFocus.value = true;
      });
    };
</script>
```

上述代码是用于发表评论的组件，包括弹出对话框来提交评论、对图片进行预览和上传评论图像的功能，实现了诸如登录检查、评论内容提交、图片上传和预览等功能，通过Props和事件与父组件进行通信。

从 @/stores 导入 useUserStore，实例化 useUserStore 并赋值给 user。

从 Pinia 解构出 storeToRefs() 函数，storeToRefs() 是 Pinia 状态管理库提供的一个辅助函数，其作用是将 Pinia store 中的状态（state）转换为可响应的引用（refs），这样就可以在组件中像使用单个 Vue.js 的响应式引用那样使用 store 中的各种状态。

从 storeToRefs(user) 解构出 Token。

从 user 解构出 uploadCommentImg() 方法、createComment() 方法和 isLogin() 方法。uploadCommentImg() 方法用于上传评论图片，createComment() 方法用于发表评论，isLogin() 方法用户判断用户是否已登录。

使用 defineProps 定义 Props，在 Props 里面定义 count、commentId 和 commentUser。count 类型为 Number，默认值为 0。commentId 和 commentUser 的类型都是 String，默认值为空。

定义名为 replyFocus 的响应式变量，初始值为 false，用于改变输入框的 focus 焦点状态。

定义名为 preview 的响应式变量，初始值为 {} 空对象，用于预览上传的评论图片。

定义名为 username 的响应式变量，初始值为空，用于在回复评论时显示被回复的人名。

定义名为 data 的响应式对象，用于存储用户信息，包括评论内容、评论图片和被评论的评论 id，默认值都为空。

定义 toggle 方法，用于打开弹窗，将评论输入框设置为聚焦状态，判断 props.commentId 是否为空，props 的值来自父组件，判断父组件是否传入值，如果是传入值，props.commentId 就不为空，将 props.commentId 值赋值给响应式对象 data.parent。判断 props.commentUser 是否为空，如果不为空，则将 props.commentUser 的值赋值给响应式变量 username。

定义 change() 方法，用于获取 popup 的状态改变事件，change() 接受参数事件参数 e，e 的值是一个对象，e 对象里面有两个属性：show 属性和 type 属性。show 属性是一布尔值，只能是 true 或者 false。从 e 解构获得 show，判断 show 是否为真，如不为真，则为弹出窗的不显示状态。将 data.parent 和 username 设置为空。如果为真，则将 data.parent 的值设置为 props.commentId，将 username 值设置为 props.commentUser。

定义 close() 方法，用于关闭弹出窗，并清除相关数据。

在 Vue.js 3 中，defineEmits 是 Composition API 中的一个函数，用于在组件的 setup 函数内部明确地定义组件可以向其父组件发送的事件。

defineEmits 函数接受一个字符串数组，这些字符串代表组件允许发送的事件名称。

定义 emit 变量，用于接受 defineEmits 方法并返回一个 emit 方法。

组件声明了发送一个名为 change 的事件。当调用 submit 时会向父组件发送 change 事件，附带一个负载，也就是返回的 res，父组件可以通过事件监听器来监听这个事件，做出相应的响应。

定义 submit() 方法执行评论提交，检查用户的登录状态，验证评论内容并调用发表评论的方法。调用 isLogin() 方法判断用户是否已经登录，如果没有登录，则跳出方法。如果已经登录，则继续下面的步骤。判断 data.content 是否为空，如果为空，则弹出提示框，并提示"评论内容为空"，跳出方法。如果内容不为空，则调用 createComment() 方法，将 data 作为参数传入，发表评论。定义常量 res，用于接受返回结果。调用 emit() 方法，向父组件发送 change 事件，将 res 当作负载发送。调用 close() 方法清空相关数据。使用消息提示框返回评论成功的消息。

定义 upload() 方法，用于评论图片选择并上传图片的逻辑，调用 isLogin() 方法判断用户是否已经登录，如果没有登录，则跳出方法。如果已经登录，则继续下面的步骤。将 replyFocus 的响应式变量的值设置为 false，将评论输入框设置为失去焦点状态。调用 uni.chooseImage() 方法从本地相册选择图片或使用相机拍照，调用 uploadCommentImg() 方法将选择的图片作为参数传入，上传到服务器。定义 res，用于接受返回结果。使用 JSON.parse() 方法将 res 的 JSON 字符串转换成对象并赋值给 preview，将 preview.value._id 的值赋值给 data.img。设置评论输入框的焦点关注状态。

定义 previewImage() 方法，用于预览上传的评论图片。previewImage() 方法接受一个参数，图片中的 url，调用 uni.previewImage() 方法预览图片。

定义 login() 方法和 register() 方法，用于跳转至登录和注册页面。

定义 del() 方法，用于删除已上传的评论图片。

4. 编写组件样式代码

打开 src/components/app-write-comment.vue 文件，编写组件样式，代码如下：

```scss
//ch9/6/src/components/app-write-comment.vue
<style lang="scss" scoped>
.uni-popup {
  z-index: 999;
}
.container {
  .content {
    .nologin {
      padding: 20upx;
      display: flex;
      flex-direction: column;
      height: 180upx;
      .btns {
        display: flex;
        flex-direction: row;
        .btn {
          flex: 1;
          padding: 15upx 20upx 20upx 20upx;
        }
      }
      .tips {
        text-align: center;
      }
    }
    .write-content {
      padding: 20upx;
      display: flex;
      flex-direction: row;
      //height: 160upx;
      .textarea {
        background: #efefef;

        textarea {
          padding: 10upx;
          height: 140upx;
        }
        .preview {
          position: relative;
          padding: 0 0 10upx 10upx;
          width: 80upx;
          height: 80upx;
          image {
            width: 80upx;
            height: 80upx;
            border-radius: 5%;
          }
          .del {
            position: absolute;
            top: -16upx;
            right: -16upx;
            background: #fff;
            width: 36upx;
            height: 36upx;
            border-radius: 50%;
            display: flex;
            align-items: center;
```

```
          justify-content: center;
        }
      }
    }
    .submitarea {
      width: 100upx;
      margin-left: 10upx;
      .submit {
        margin: 20upx 0;
        font-size: 36upx;
        display: flex;
        color: #999;
        align-items: flex-start;
        justify-content: center;
        flex-direction: column;
      }
      .color {
        color: rgb(206, 0, 0);
      }
      .upimg {
        display: flex;
        align-items: flex-start;
        justify-content: flex-start;
        padding: 10upx 0;
      }
    }
  }
}
.my-container {
  padding: 20upx 40upx;
  font-size: 28upx;
  line-height: 48upx;
  /* #ifndef APP-NVUE */
  display: flex;
  /* #endif */
  position: fixed;
  flex-direction: row;
  left: 0;
  right: 0;
  /* #ifdef H5 */
  left: var(--window-left);
  right: var(--window-right);
  /* #endif */
  bottom: 0;
  min-height: 60upx;
  background: #fff;

  display: flex;
  justify-content: space-between;
  align-items: center;
  .write {
    width: 400upx;
    background: #eee;
    height: 60upx;
    border-radius: 30upx;
    display: flex;
```

```
      align-items: center;
      padding: 0 16upx;
      text {
        margin-left: 10upx;
      }
    }
  }
}
</style>
```

5. 在状态管理中编写上传评论图片、发表评论和判断用户是否已登录等方法

打开 src/stores/modules/user.js 文件，编写 uploadCommentImg() 上传评论图片方法，代码如下：

```
//ch9/6/src/stores/modules/user.js
/**
 * 上传评论图片
 * @param {string} path 评论图片地址
 * @returns
 */
async uploadCommentImg(path) {
  return await upload("/comment/material", path);
}
```

上述代码是一个异步方法 uploadCommentImg()，用于处理评论图片上传逻辑，接受 path 作为参数，path 是用户需要上传的图片地址。

使用 await 语句调用了 upload 方法，向后端 API 发送请求，将 path 作为参数传入，使用 return 将结果直接返回。

编写 createComment() 发表评论方法，代码如下：

```
//ch9/6/src/stores/modules/user.js
/**
 * 发表评论
 * @param {object} data {content, img, parent}
 * @returns
 */
async createComment(data) {
  return await post("/comment", data);
}
```

上述代码是一个异步方法 createComment()，用于处理发表评论逻辑。接受 data 作为参数，data 是用户需要发表的评论内容，包含 content、img、parent 字段。

使用 await 语句调用了 POST 方法，向后端 API 发送请求，将 data 作为参数传入，使用 return 将结果直接返回。

编写 isLogin() 方法，判断用户是否已登录，代码如下：

```
//ch9/6/src/stores/modules/user.js
/**
 * 判断用户是否已登录，如果未登录，则显示模态对话框，如果用户单击"确定"按钮，则跳转到登录界面
 */
isLogin() {
  // 检查 Token 是否存在
  if (this.token) return true;
```

```
    // 如果 Token 不存在，则弹出提示框告知用户未登录并询问是否跳转到登录界面
    uni.showModal({
        title: "未登录",
        content: "是否跳转到登录界面？",
        showCancel: true,
        success: ({confirm, cancel}) => {
        // 如果用户确认，则跳转到登录页面
         if (confirm) {
           uni.navigateTo({url: "/pages/my/login"});
         }
         // 如果用户取消，则这里什么也不做（可以根据需要进行其他处理）
        },
    });
},
```

上述代码用于检查用户是否已经登录，并根据登录情况做出相应的处理。这种方法的逻辑是建立在一个假设上的，即如果存在 Token，则用户被视为已登录，返回值为 true；如果不存在 Token，则视为未登录。

如果未登录，则调用 uni.showModal() 方法显示一个模态对话框告知用户未登录，询问用户是否要跳转到登录界面。

uni.showModal() 方法是 uni-app 框架提供的 API，用于展示原生对话框。

9.14 引用写评论组件

在评论首页和评论二级页面引用写评论组件。

9.14.1 在评论首页引用 app-write-comment 组件

1. 修改首页模板代码

打开 src/pages/index/index.vue 文件，引用 app-write-comment 组件，代码如下：

```
//ch9/6/src/pages/index/index.vue
<app-write-comment :count="list.length" @change="change" />
```

2. 修改首页逻辑代码

打开 src/pages/index/index.vue 文件，增加逻辑，代码如下：

```
//ch9/6/src/pages/index/index.vue
/**
 * 将 item 插入数组的前面
 * @param {object} item 需要被插入数组的对象
 */
const change = (item) => {
  // 插入数组的第 1 条
  list.value.unshift(item);
};
```

上述代码定义了 change() 方法，用于将最新评论增加到数组的第 1 个。

3. 演示在首页写评论

uni-app 的 textarea 组件默认的 maxlength 长度是 140，作为评论内容，此长度有些不够用，打开 src/components/app-write-comment.vue 文件，将长度设置为 –1，表示最大长度不受限制，

代码如下:

```
//ch9/6/src/components/app-write-comment.vue
<textarea
  ref="textarea"
  v-model="data.content"
  maxlength="-1"
  :placeholder="username ? '回复给：' + username : '善语结善缘，恶语伤人心！'"
  :focus="replyFocus"
></textarea>
```

上述代码用于将 maxlength 的值设置为 –1。

在浏览器中打开 http://127.0.0.1:5173 评论列表首页，单击页面最下方的"写评论"，此时会弹出写评论弹窗，如图 9-37 所示。

单击"图片"的 icon 图标，上传评论图片，在输入框填写相关评论内容，单击"发布"按钮，发表评论，如图 9-38 所示。

在评论列表查看评论，显示评论成功，如图 9-39 所示。

图 9-37 写评论

图 9-38 发表评论

图 9-39 查看发表的评论

4. 演示在未登录状态下回复评论

在浏览器中打开 http://127.0.0.1:5173/ 评论列表。按 F12 键打开控制台。单击"应用"，找到"存储"→"本地存储空间"，单击 http://127.0.0.1:5173，右侧会出现键 - 值对的本地存储内容。

单击 user，删除。这样就会删除用户的登录信息，如图 9-40 所示。

图 9-40 删除本地存储

由于浏览器的厂商众多,上述操作无法适应各种浏览器。笔者使用的浏览器为谷歌浏览器。读者如果使用其他的浏览器,则可以在相应的浏览器本地存储里面找到保存的用户信息,删除即可。

删除用户登录信息后,用户就处于未登录状态了。

单击写评论后会出现用户未登录状态,并提示"请登录系统再进行评论!",如图 9-41 所示。

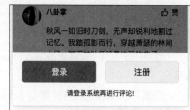

图 9-41 在未登录状态下写评论

9.14.2 在评论二级页面引用 app-write-comment 组件

1. 修改评论二级页面模板代码

打开 src/pages/comment.vue 文件,引用 app-write-comment 组件,代码如下:

```
//ch9/6/src/pages/comment.vue
<app-write-comment
  :count="list.length"
  :commentId="content._id"
  :commentUser="content.user && content.user.username"
  @change="change"
/>
```

2. 修改评论二级页面逻辑代码

打开 src/pages/comment.vue 文件，增加逻辑，代码如下：

```
//ch9/6/src/pages/comment.vue
/**
 * 将 item 插入数组的前面
 * @param {object} item 需要被插入数组的对象
 */
const change = (item) => {
  // 插入数组的第 1 条
  list.value.unshift(item);
  setTitle();
};
/**
 * 设置标题
 */
const setTitle = () => {
  const title = list.value.length === 0 ? "暂无回复" : list.value.length + "条回复";
  uni.setNavigationBarTitle({title});
};
```

上述代码实现了将一个对象插入响应式数组的前端，并且根据数组的内容动态地设置应用的导航栏标题的功能。在评论列表中添加新的回复，当新的回复被添加时自动更新标题，在用户界面中得到即时反馈。

定义 change() 方法，将参数 item 插入响应式数组 list 的前端。

使用 unshift () 方法将新的 item 对象插入 list 数组的开头。unshift() 是 JavaScript 数组的原生方法，可以将一个或多个元素添加到数组的前面，返回新的长度。

插入完成后，调用 setTitle() 方法更新页面的导航栏标题。

定义 setTitle() 方法，根据 list 数组的长度设置应用的导航栏标题。

如果 list 数组的长度为 0，则表示没有回复，将标题设置为"暂无回复"。

如果数组的长度不为 0，则表示有回复，标题显示数组的长度，并附加"条回复"的文本，例如"5 条回复"。

调用 uni.setNavigationBarTitle () 方法将 title 作为对象传入，设置当前页面的导航栏标题。

3. 演示在评论二级页面回复评论

在浏览器中打开 http://127.0.0.1:5173 评论列表首页，单击任意一篇评论内容，需要单击评论的文字部分，此时会出现评论二级页面，如图 9-42 所示。

单击页面最下方的"写评论"，此时会弹出弹窗，提示用户登录，在 9.14.1 节已经删除用户登录信息，退出登录，这里需要用户重新登录系统。

用户登录成功及写好评论后，单击"发布"按钮，发表评论完成，如图 9-43 所示。

若回复评论成功，在最下面写评论的地方会显示 1，表示当前的评论数量为 1，标题被修改为 1 条回复，如图 9-44 所示。

图 9-42　进入评论二级页面　　图 9-43　回复评论　　图 9-44　评论回复成功

9.14.3　在评论列表单击回复评论

在浏览器打开评论列表，单击列表中的"回复"按钮会进入二级评论页面，这样的交互效果不是期望的效果，期望的效果应该是：如果该条评论下存在多条评论，则单击"回复"进入二级评论页面，表示用户想查看评论内容；如果该条评论下不存在评论，则单击"回复"应该打开弹窗，显示评论输入框，以及"回复给：某某某"，这里的某某某指该条评论的作者，如图 9-45 所示。

如果要满足上述需求，则需要对 app-list-item 组件、app-write-comment 组件、评论首页、评论二级页面进行改造。

1. 修改 app-list-item 组件

打开 src/components/app-list-item.vue 文件，对下面的代码进行修改，代码如下：

```
//ch9/7/src/components/app-list-item.vue
<view class="reply" @click="detail(item._id)"
v-if="!isContent">

// 修改为
<view class="reply" @click="reply(item)"
v-if="!isContent">
```

上述代码用于将 detail() 方法修改为 reply() 方法，传入的参数也由 item._id 修改为 item。

图 9-45　回复给：某某某

逻辑部分增加的代码如下：

```
//ch9/7/src/components/app-list-item.vue
const emit = defineEmits(["write"]);
/**
 * 回复评论
 * - 判断 child 是否大于 0，如果大于 0，则跳转到相应的评论；如果不大于 0，则表示写评论
 * @param {object} item
 */
const reply = (item) => {
  const {child = 0, _id} = item;
  if (child > 0) {
    detail(_id);
  } else {
    emit("write", item);
  }
};
```

上述代码定义 emit 变量，用于接受 defineEmits() 方法并将返回一个 emit。

定义 reply() 方法，接受一个 object 的参数 item，解构 item 获得 child 和 _id，child 的默认值为 0，如果 item 不存在 child，就将 child 赋值为 0。判断 child 的值，如果 child 的值大于 0，则表示该评论下存在评论，调用 detail() 方法传入 _id，跳转到二级评论页面。如果 child 的值等于 0，则表示该评论下不存在评论，向父组件发送一个 write 事件，将 item 作为荷载发送。

对样式部分的代码进行修改，代码如下：

```
//ch9/7/src/components/app-list-item.vue
.content {
  padding: 20upx 0;
  font-size: 32upx;
}
.img {
  image {
    width: 400upx;
  }
}

// 修改为
.content {
  margin: 20upx 0;
  padding: 10upx 0;
  font-size: 32upx;
}
.img {
  image {
    width: 400upx;
  }
  margin: 0 0 10upx 0;
}
```

上述代码修改了 content 和 img 的样式代码，增加内容和按钮之间的空隙，防止误触碰。

2. 修改 app-write-comment 组件

打开 src/components/app-write-comment.vue 文件，对下面的代码进行修改，代码如下：

```
//ch9/7/src/components/app-write-comment.vue
<view class="write" @click="toggle">
```

```
// 修改为
<view class="write" @click="toggle()">
```

上述代码将模板部分的 toggle 修改为 toggle()，表示执行 toggle 方法不传入参数。修改后的代码如下：

```
//ch9/7/src/components/app-write-comment.vue
const toggle = () => {
console.log("toggle=>");
  if (popup.value) {
   popup.value.open();
  }
  replyFocus.value = true;

  if (props.commentId) {
   data.parent = props.commentId;
  }
  if (props.commentUser) {
   username.value = props.commentUser;
  }
}

// 修改为
const toggle = (commentId = "", commentUser = "") => {
  console.log("toggle=>", commentId, commentUser);
  if (popup.value) {
   popup.value.open();
  }
  replyFocus.value = true;
  if (commentId) {
   data.parent = commentId;
   username.value = commentUser;
  }
};
```

上述代码修改了 toggle() 方法，接受的参数为 commentId、commentUser，判断 commentId 是否存在，如果存在，则将 commentId 赋值给 data.parent 并将 commentUser 赋值给 username。
增加的代码如下：

```
//ch9/7/src/components/app-write-comment.vue
/**
* 使用 defineExpose 给父组件暴露方法
*/
defineExpose({
  toggle,
});
```

上述代码用于将 toggle() 方法暴露给父组件调用。

3. 修改评论首页

打开 src/pages/index/index.vue 文件，对下面的代码进行修改，代码如下：

```
//ch9/7/src/pages/index/index.vue
<app-list-item :item="item"></app-list-item>
// 修改为
<app-list-item :item="item" @write="write"></app-list-item>
```

在上述代码中 app-list-item 组件增加 @write="write"，用于接受子组件向父组件发送 write 事件。

修改后的代码如下：

```
//ch9/7/src/pages/index/index.vue
<app-write-comment :count="list.length" @change="change" />
// 修改为
<app-write-comment ref="writeRef" :count="list.length" @change="change" />
```

在上述代码中 app-write-comment 组件增加了 ref="writeRef"，用于在父组件中直接访问这个子组件，获取子组件实例和数据或方法。

对逻辑部分的代码进行修改，代码如下：

```
//ch9/7/src/pages/index/index.vue
const change = (item) => {
  list.value.unshift(item);
};

// 修改为
const change = (item) => {
  const {parent} = item;
  // 判断是否存在父 ID，如果不存在，则插入数组第 1 条
  if (!parent) {
    list.value.unshift(item);
    } else {
    // 显示多条回复的数量
    changeChild(parent);
  }
};
```

上述代码修改了 change() 方法，从 item 解构获得 parent，判断 parent 是否存在，如果不存在，则将 item 插入 list 数组第 1 条。如果存在，则调用 changeChild() 方法改变显示回复的数量。

逻辑部分增加的代码如下：

```
//ch9/7/src/pages/index/index.vue
const writeRef = ref(null);

/**
* 改变评论的子评论统计数量
* @param {object} parent
*/
const changeChild = (parent) => {
  list.value.map((item) => {
    if (item._id === parent._id) {
    item.child += 1;
    return item;
    }
  });
};

/**
* 调用子组件方法,打开写评论的弹窗
* @param {object} item
*/
```

```
const write = (item) => {
  const {_id, user} = item;
  writeRef.value.toggle(_id, user.username);
};
```

上述代码定义了 changeChild() 方法，用于改变评论的子评论统计数量，使用 map() 方法遍历 list 数组，判断 item._id 的值和 parent._id 的值是否相等，如果相等，则 item.child 的值 +1，返回 item。

定义 write() 方法，用于调用子组件暴露给父组件调用的方法 toggle，将 _id 和 user.username 作为参数传入。

4. 修改评论二级页面

打开 src/pages/comment.vue 文件，对下面的代码进行修改，代码如下：

```
//ch9/7/src/pages/comment.vue
<block v-for="(item, index) in list" :key="index">
  <app-list-item :item="item"></app-list-item>
</block>

// 修改为
<block v-for="(item, index) in list" :key="index">
  <app-list-item :item="item" @write="write"></app-list-item>
</block>
```

在上述代码中 app-list-item 组件增加 @write="write"，用于接受子组件向父组件发送 write 事件。

修改后的代码如下：

```
//ch9/7/src/pages/comment.vue
<app-write-comment
  :count="list.length"
  :commentId="content._id"
  :commentUser="content.user && content.user.username"
  @change="change"
/>

// 修改为
<app-write-comment
  :count="list.length"
  :commentId="content._id"
  :commentUser="content.user && content.user.username"
  ref="writeRef"
  @change="change"
/>
```

在上述代码中 app-write-comment 组件增加 ref="writeRef"，用于在父组件中直接访问这个子组件，获取子组件实例和数据或方法。

对逻辑部分的代码进行修改，代码如下：

```
//ch9/7/src/pages/comment.vue
const change = (item) => {
  // 插入数组的第 1 条
  list.value.unshift(item);
  // 设置标题
  setTitle();
```

```
};
// 修改为
const change = (item) => {
  const {parent} = item;
  // 判断是否存在父 ID，如果不存在，则插入数组第 1 条
  if (parent._id === content.value._id) {
    list.value.unshift(item);
    content.value.child += 1;
    // 设置标题
    setTitle();
  } else {
    // 显示多条回复的数量
    changeChild(parent);
  }
};
```

上述代码修改了 change() 方法，从 item 解构获得 parent，判断 parent._id 是否等于 content.value._id，也就是判断父 id 是否等于当前评论的 id，如果相等，则表示属于当前评论的子评论，将 item 插入 list 数组第 1 条，并且设置当前评论的子评论条数加 1。调用 setTitle() 方法设置标题。如果不相等，则调用 changeChild() 方法改变显示回复的数量。

逻辑部分增加的代码如下：

```
//ch9/7/src/pages/comment.vue
const writeRef = ref(null);

/**
 * 改变评论的子评论统计数量
 * @param {object} parent
 */
const changeChild = (parent) => {
  list.value.map((item) => {
    if (item._id === parent._id) {
      item.child += 1;
      return item;
    }
  });
};

/**
 * 调用子组件方法，打开写评论的弹窗
 * @param {object} item
 */
const write = (item) => {
  const {_id, user} = item;
  writeRef.value.toggle(_id, user.username);
};
```

上述代码定义了 changeChild()，用于改变评论的子评论统计数量，使用 map 方法遍历 list 数组，判断 item._id 的值和 parent._id 的值是否相等，如果相等，则 item.child 的值 +1，返回 item。

定义 write() 方法，用于调用子组件暴露给父组件调用的方法 toggle，将 _id 和 user.username 作为参数传入。

5. 操作流程详解

操作流程：子组件 app-list-item 向父组件 index 发送一个事件，父组件监听子组件发送的事件，执行操作子组件 app-write-comment 的内部方法，触发回复评论的弹窗。

可以理解为父组件作为桥梁，子组件 app-list-item 发送事件，经过父组件，操作另外一个子组件 app-write-comment 的内部方法。

具体为用户单击子组件 app-list-item 的"回复"按钮，触发 reply() 方法将 item 作为参数传入，在 reply() 方法中解构 item 获得 _id 和 child，判断 child 的值是否大于 0，如果大于 0，则表示该条评论下有评论存在，进入评论二级页面，否则表示该评论下还没有评论。向父组件发送一个 write 事件，将 item 作为荷载传入。父组件监听到子组件 app-list-item 发送的事件，执行 write() 方法，write() 方法执行子组件 app-write-comment 暴露给父组件执行的 toggle() 方法，完成回复评论弹窗的触发。

6. 测试效果

在浏览器打开评论列表，单击列表中的"回复"按钮，如果该条评论下存在多条评论，则单击"回复"进入二级评论页面，表示用户其实是想查看评论内容。如果该条评论下不存在评论，则单击"回复"应该是打开弹窗，显示评论输入框，以及"回复给：某某某"，这里的某某某是指该条评论的作者，如图 9-46 所示。

9.14.4　评论列表限制字数

1. 设置截取数值

在不限制 textarea 输入框的字数后，有些评论的字数会太长，如图 9-47 所示。

图 9-46　给用户回复评论　　　　图 9-47　评论列表文字太长

解决这个问题，可以在评论列表截取部分字数显示，对于超出的部分，打开详细评论内容可以查看。

打开 src/components/app-list-item.vue 文件，修改 app-list-item 组件，修改模板，代码如下：

```
//ch9/7/src/components/app-list-item.vue
<view class="content" @click="detail(item._id)" v-else>
  {{item.content}}
</view>

// 修改为
<view class="content" @click="detail(item._id)" v-else>
  {{item.content.substring(0, 96)}}
  <text v-if="item.content.length > 96" class="blue">
    {{item.content.length> 96 ? "... 全文" : ""}}
  </text>
</view>
```

上述代码模板部分被修改为截取 content 内容的前 96 个字符，判断内容长度是否大于 96 个字符，如果大于，则显示"... 全文"。

item.content.length > 96 ? "... 全文" : "" 是一个三目运算符，如果"?"前面的条件为真，则显示":"的第 1 个值，反之显示第 2 个值。

此处的数值 96，可以随意设置，笔者测试 96 个字符，评论内容最多显示 6 行，相对比较合适。读者可以根据自己的需要自行设置数值。

修改样式，代码如下：

```
//ch9/7/src/components/app-list-item.vue
.content {
  margin: 20upx 0;
  padding: 10upx 0;
  font-size: 32upx;
}
// 修改为
.content {
  margin: 20upx 0;
  padding: 10upx 0;
  font-size: 32upx;
  .blue {
    color: rgb(48, 95, 189);
  }
}
```

图 9-48 控制评论列表文字长度

上述样式代码主要增加了 blue 颜色。

2. 测试效果

在浏览器打开评论列表，查看截取内容长度后的效果，如图 9-48 所示。

9.15 点赞

评论系统中的点赞功能允许用户对他们喜欢的评论表达肯定，从而帮助突出优质内容。通过点赞数，可为其他用户提供对评论价值的参考，同时增强了参与度和互动性。

点赞功能需要修改的有 app-list-item 组件、index 评论首页、comment 评论二级页面，以及在状态管理中封装一些点赞方法。

9.15.1 修改 app-list-item 组件

1. 修改 app–list–item 模板代码

打开 src/components/app-list-item.vue 文件，修改模板，代码如下：

```
//ch9/8/src/components/app-list-item.vue
<view class="zan" v-if="!isContent">
  <uni-icons type="hand-up" size="22" />
  <text> 赞 </text>
</view>

// 修改为
<view class="zan" v-if="!isContent" @click="handleZan(item._id)">
  <uni-icons
    type="hand-up"
    size="22"
    :color="item.isZan ? '#dd0000' : ''"
  />
  <text :class="item.isZan ? 'color' : ''">
    {{item.zan !== 0 ? item.zan : " 赞 "}}
  </text>
</view>
```

上述代码增加了单击事件 handleZan() 方法，将 item._id 作为参数传入。

:color="item.isZan ? '#dd0000' : '"" 中的 ":" 是 Vue.js 绑定表达式，用于动态设置图标的颜色。如果 item.isZan 属性为真，则图标的颜色就会被设置为红色（#dd0000），否则不设置颜色。

:class="item.isZan ? 'color' : '"" 中的 ":" 使用了条件绑定类名。如果 item.isZan 为真，则给 class 添加 color 类名，用于将文本颜色变为红色。

{{ item.zan !== 0 ? item.zan : "赞" }} 是 Vue.js 的插值表达式，显示点赞的数量。使用三目运算符，如果 item.zan 的值不等于 0，则显示其数值；如果等于 0，则显示文本 "赞"。

2. 修改 app–list–item 逻辑代码

打开 src/components/app-list-item.vue 文件，修改逻辑，代码如下：

```
//ch9/8/src/components/app-list-item.vue
const props = defineProps({
  item: {
    type: Object,
    required: true,
  },
  isContent: {
    type: Boolean,
    default: false,
  },
});

// 修改为
const props = defineProps({
  item: {
    type: Object,
```

```
      required: true,
    },
    index: {
      type: Number,
      required: true,
    },
    isContent: {
      type: Boolean,
      default: false,
    },
});
```

props 增加接受参数 index，类型为 number，必填。修改逻辑，代码如下：

```
//ch9/8/src/components/app-list-item.vue
const emit = defineEmits(["write"]);

// 修改为
const emit = defineEmits(["write", "dianzan"]);
```

emit 增加了 dianzan 事件。

3. 增加 app-list-item 逻辑代码

打开 src/components/app-list-item.vue 文件，增加逻辑，代码如下：

```
//ch9/8/src/components/app-list-item.vue
import {useUserStore} from "@/stores";
const user = useUserStore();
const {isLogin, dianzan} = user;

/**
 * 给评论点赞
 * @param {string} id
 */
const handleZan = async (id) => {
  const _isLogin = isLogin();
  if (!_isLogin) return;
  const res = await dianzan(id);
  if (res === 204) {
    emit("dianzan", props.index);
    uni.showToast({
      title: "点赞成功",
      icon: "success",
      mask: true,
    });
  } else {
    uni.showToast({
      title: res.msg,
      icon: "none",
      mask: true,
    });
  }
};
```

上述代码增加了从状态管理库解构获得 isLogin() 方法和 dianzan() 方法。

定义 handleZan() 方法接受 id 作为参数。

isLogin() 方法用于判断用户是否已登录，如果未登录，则返回，并跳出方法。

执行 dianzan()，将 id 作为参数传入，定义常量 res，用于接受返回值。

判断 res 是否等于 204，如果等于 204，则调用 emit 发送 dianzan 事件，将 props.index 的值作为荷载发送给父组件。调用 uni.showToast 消息提示框，提示用户"点赞成功"。

如果 res 不等于 204，则调用 uni.showToast 消息提示框，将 res.msg 作为提示内容反馈给用户。将 icon 的值设置为 none，不显示 icon 图标。

4. 修改 app-list-item 样式代码

打开 src/components/app-list-item.vue 文件，修改样式部分的代码，代码如下：

```
//ch9/8/src/components/app-list-item.vue
.zan {
  display: flex;
  align-items: center;
  font-size: 30upx;
  text {
    margin-left: 10upx;
  }
}

// 修改为
.zan {
  display: flex;
  align-items: center;
  font-size: 30upx;
  .color {
    color: #dd0000;
  }
  text {
    margin-left: 10upx;
  }
}
```

上述代码增加了 color 属性。

5. 在状态管理中封装 dianzan 方法

打开 src/stores/modules/user.js 文件，增加 dianzan() 方法，代码如下：

```
//ch9/8/src/stores/modules/user.js
/**
 * 给评论点赞
 * @param {string} id
 * @returns
 */
async dianzan(id) {
  return await get(`/comment/zan/${id}`);
},
```

上述代码用于给评论点赞，调用 get() 方法将 id 和路径拼接成 url 字符串作为参数将一个请求发送到服务器，将返回结果返回。

9.15.2 修改评论首页

1. 修改首页模板代码

打开 src/pages/index/index.vue 评论首页文件，修改模板，代码如下：

```
//ch9/8/src/pages/index/index.vue
<app-list-item :item="item" @write="write"></app-list-item>

// 修改为
<app-list-item
  :item="item"
  :index="index"
  @write="write"
  @dianzan="handleDianzan"
></app-list-item>
```

上述代码增加传入参数 index，以及接受子组件发送的 dianzan 事件。

2. 修改首页逻辑代码

打开 src/pages/index/index.vue 评论首页文件，修改逻辑，代码如下：

```
//ch9/8/src/pages/index/index.vue
const user = useUserStore();
const {commentList} = user;

// 修改为
import {storeToRefs} from "pinia";
const user = useUserStore();
const {commentList, checkUserIsZan} = user;
const {userinfo} = storeToRefs(user);
```

上述代码增加了从 user 解构出 checkUserIsZan() 方法，用来检测用户是否为某条评论点过赞。

从 Pinia 引入了 storeToRefs() 方法，使用 storeToRefs 将 user 中的 userinfo 状态转换为响应式的引用。修改逻辑，代码如下：

```
//ch9/8/src/pages/index/index.vue
const loadData = async () => {
  const data = {page: page.value, pageSize: pageSize.value};
  const res = await commentList(data);
  console.log("commentList res =>", res);
  if (res) {
    list.value = res.data;
    console.log("list.value =>", list.value);
    page.value = res.page;
    pageSize.value = res.pageSize;
  }
};

// 修改为
const loadData = async () => {
  const data = {page: page.value, pageSize: pageSize.value};
  const res = await commentList(data);
  console.log("commentList res =>", res);
  if (res) {
    list.value = checkUserIsZan(res.data, userinfo.value._id);
    console.log("list.value =>", list.value);
    page.value = res.page;
    pageSize.value = res.pageSize;
  }
};
```

上述代码增加了调用 checkUserIsZan() 方法将 res.data 和用户 id 作为参数传入，检测用户是否为某条评论点过赞。

3. 增加首页逻辑代码

打开 src/pages/index/index.vue 评论首页文件，增加逻辑，代码如下：

```
//ch9/8/src/pages/index/index.vue
/**
 * 点赞
 * @param {number} index
 */
const handleDianzan = (index) => {
  const zan = list.value[index].zan * 1 + 1;
  list.value[index].zan = zan;
  list.value[index].isZan = true;
};
```

上述代码 handleDianzan() 方法用于监听子组件发送的 dianzan 事件。

获取点赞数，将点赞数转换为数字（*1 的作用是确保处理的是数值而非字符串），然后点赞数加 1，将点赞数赋值给常量 zan。

将 zan 赋值给 list 数组对应索引 index 项下的 zan 属性。

将 list 数组对应索引 index 项下的 isZan 属性设置为 true，表示该项已经被点赞。

4. 在状态管理中封装 checkUserIsZan 方法

打开 src/stores/modules/user.js 文件，封装 checkUserIsZan() 方法，用于检测用户是否对评论已经点赞过，代码如下：

```
//ch9/8/src/stores/modules/user.js
/**
 * 检测用户是否已点赞过
 * @param {array} data
 * @param {string} userId
 * @returns
 */
checkUserIsZan(data, userId) {
  const list = data.map((item) => {
    const {zanUsers} = item;
    zanUsers.forEach((i) => {
      if (i._id === userId) {
        item = {...item, isZan: true};
      } else {
        item = {...item, isZan: false};
      }
    });
    return item;
  });
  return list;
}
```

上述代码使用了 JavaScript 的 map() 方法来遍历 data 数组，针对每项数据检查 userId 是否在 zanUsers 数组里。如果找到匹配的用户，则将该项数据的 isZan 属性设置为 true，表示当前用户已经对该评论点赞过，否则 isZan 属性为 false。checkUserIsZan() 方法会返回一个新数组，其中的每项数据都根据用户的点赞状态更新了 isZan 属性。

9.15.3 修改评论二级页面

1. 修改评论二级页面模板代码

打开 src/pages/comment.vue 评论二级页面文件，修改模板，代码如下：

```
//ch9/8/src/pages/comment.vue
<app-list-item :item="content" :isContent="true"></app-list-item>

// 修改为
<app-list-item
  :item="content"
  :isContent="true"
  :index="0"
></app-list-item>
```

上述代码增加了传入参数 index。

修改模板，代码如下：

```
//ch9/8/src/pages/comment.vue
<view class="zan">
<uni-icons type="hand-up" size="22" ></uni-icons>
  <text>
    {{content.zan !== 0 ? content.zan : "赞"}}
  </text>
</view>

// 修改为
<view class="zan" @click="handleZan(content._id)">
  <uni-icons
    type="hand-up"
    size="22"
    :color="content.isZan ? '#dd0000' : ''"
  ></uni-icons>
  <text :class="content.isZan ? 'color' : ''">
    {{content.zan !== 0 ? content.zan : "赞"}}
  </text>
</view>
```

上述代码增加了单击事件 handleZan() 方法，将 content._id 作为参数传入。

:color="content.isZan ? '#dd0000' : '"" 中的 ":" 是 Vue.js 绑定表达式，用于动态地设置图标的颜色。如果 content.isZan 属性为真，则图标的颜色就会被设置为红色（#dd0000），否则不设置颜色。

:class="content.isZan ? 'color' : '"" 中的 ":" 使用了条件绑定类名。如果 content.isZan 为真，则给 class 添加 color 类名，用于将文本颜色变为红色。

{{ content.zan !== 0 ? content.zan : "赞"}} 是 Vue.js 的插值表达式，显示点赞的数量。使用三目运算符，如果 content.zan 的值不等于 0，就显示其数值；如果等于 0，就显示文本"赞"。

修改模板，代码如下：

```
//ch9/8/src/pages/comment.vue
<block v-for="(item, index) in list" :key="index">
  <app-list-item :item="item" @write="write"></app-list-item>
</block>
```

```
// 修改为
<block v-for="(item, index) in list" :key="index">
  <app-list-item
   :item="item"
   :index="index"
   @write="write"
   @dianzan="handleDianzan"
  ></app-list-item>
</block>
```

上述代码增加了传入参数 index，以及接受子组件发送的 dianzan 事件。

2. 修改评论二级页面逻辑代码

打开 src/pages/comment.vue 评论二级页面文件，修改逻辑，代码如下：

```
//ch9/8/src/pages/comment.vue
const {commentById, commentList} = user;

// 修改为
import {storeToRefs} from "pinia";
const {commentById, commentList, isLogin, dianzan, checkUserIsZan} = user;
const {userinfo} = storeToRefs(user);
```

上述代码增加了从 user 解构出 isLogin() 方法、dianzan() 方法和 checkUserIsZan() 方法。

isLogin() 方法用于判断用户是否已经登录，dianzan 方法用于用户点赞操作，checkUserIsZan 方法用来检测用户是否为某条评论点过赞。

从 Pinia 引入了 storeToRefs 方法，使用 storeToRefs 将 user 中的 userinfo 状态转换为响应式的引用。修改逻辑，代码如下：

```
//ch9/8/src/pages/comment.vue
/**
 * 获取评论
 */
const loadComment = async () => {
  const res = await commentById(id.value);
  if (res) {
    content.value = res;
  }
};

// 修改为
/**
 * 获取评论
 */
const loadComment = async () => {
  const res = await commentById(id.value);
  if (res) {
   content.value = checkUserIsZan([res], userinfo.value._id)[0];
  }
};
```

上述代码增加了调用 checkUserIsZan() 方法将 res 和用户 id 作为参数传入，检测用户是否为某条评论点过赞。

由于 res 是对象，checkUserIsZan 方法检测的是数组，所以需要将 res 转换为数组，使用 [res] 可以将 res 转换为对象数组。

由于 checkUserIsZan() 方法的返回值也是数组，content.value 接受的值是对象，需要将 checkUserIsZan 返回数组的第 1 个对象返回，所以这里写了 [0]，意思是取数组下标的第 0 个元素。

修改逻辑，代码如下：

```js
//ch9/8/src/pages/comment.vue
/**
 * 获取评论列表
 */
const loadCommentList = async () => {
  const data = {page: page.value, pageSize: pageSize.value, parent:id.value};
  const res = await commentList(data);
  if (res) {
    list.value = res.data;
    page.value = res.page;
    pageSize.value = res.pageSize;
  }
};

//修改为
/**
 * 获取评论列表
 */
const loadCommentList = async () => {
  const data = {page: page.value, pageSize: pageSize.value, parent:id.value};
  const res = await commentList(data);
  if (res) {
    list.value = checkUserIsZan(res.data, userinfo.value._id);
    page.value = res.page;
    pageSize.value = res.pageSize;
  }
};
```

上述代码增加了调用 checkUserIsZan() 方法将 res.data 和用户 id 作为参数传入，检测用户是否为某条评论点过赞。

3. 增加评论二级页面逻辑代码

打开 src/pages/comment.vue 评论二级页面文件，增加逻辑，代码如下：

```js
//ch9/8/src/pages/comment.vue
/**
 * 增加当前评论点赞数和设置当前评论已点赞
 * @param {number} index
 */
const handleDianzan = (index) => {
  const zan = list.value[index].zan * 1 + 1;
  list.value[index].zan = zan;
  list.value[index].isZan = true;
};

/**
 * 点赞
 */
```

```
const handleZan = async (id) => {
  const _isLogin = isLogin();
  if (!_isLogin) return;
  const res = await dianzan(id);
  if (res === 204) {
    loadComment();
    uni.showToast({
      title: "点赞成功",
      icon: "success",
      mask: true,
    });
  } else {
    uni.showToast({
      title: res.msg,
      icon: "none",
      mask: true,
    });
  }
};
```

上述代码定义了 handleDianzan() 方法，用于监听子组件发送的 dianzan 事件。

获取点赞数，将点赞数加 1 后赋值给常量 zan。

将 zan 赋值给 list 数组对应索引 index 项下的 zan 属性。

将 list 数组对应索引 index 项下的 isZan 属性设置为 true，表示该项已经被点赞。

上述代码定义了 handleZan() 方法，用于用户点赞后将数据发送到 API 服务器，等待服务器响应，判断相应结果，返回相关的交互。

handleZan() 方法接受 id 作为参数。

isLogin 用于判断用户是否已登录，如果未登录，则返回，并跳出方法。

执行 dianzan() 方法，将 id 作为参数传入，定义常量 res，用于接受返回值。

判断 res 是否等于 204，如果等于 204，则调用 loadComment() 方法，重新获取评论信息。调用 uni.showToast 消息提示框，提示用户"点赞成功"。

如果 res 不等于 204，则调用 uni.showToast 消息提示框，将 res.msg 作为提示内容反馈给用户。将 icon 的值设置为 none，不显示 icon 图标。

4. 修改评论二级页面样式代码

打开 src/pages/comment.vue 评论二级页面文件，修改样式，代码如下：

```
//ch9/8/src/pages/comment.vue
.zan {
  display: flex;
  align-items: center;
  font-size: 30upx;
  text {
      margin-left: 10upx;
  }
}

// 修改为
.zan {
  display: flex;
  align-items: center;
  font-size: 30upx;
```

```
  .color {
    color: #dd0000;
  }
  text {
    margin-left: 10upx;
  }
}
```

上述代码增加了 color 属性。

5. 效果演示

在浏览器打开评论列表,对评论进行点赞,如图 9-49 所示。

单击"评论全文",进入评论二级页面,查看点赞效果,如图 9-50 所示。

图 9-49 对首页评论点赞

图 9-50 对评论二级页面的评论点赞

9.16 点赞用户列表

点赞用户列表用于显示对特定内容表达过正面评价的用户,允许用户看到哪些用户对该内容表示了支持。

9.16.1 在评论二级页面增加跳转到点赞用户列表交互

1. 修改评论二级页面模板

打开 src/pages/comment.vue 文件,增加跳转到点赞用户列表交互,代码如下:

```
//ch9/9/src/pages/comment.vue
<view class="zanUsers">

// 修改为
<view class="zanUsers" @click="showZanUsers(content._id)">
```

上述代码增加了单击事件 showZanUsers() 方法,将 content._id 作为参数传入。

2. 增加评论二级页面逻辑

打开 src/pages/comment.vue 文件，增加逻辑，代码如下：

```
//ch9/9/src/pages/comment.vue
/**
 * 查看点赞用户列表
 * @param {string} id
 */
const showZanUsers = (id) => {
  uni.navigateTo({url: `/pages/zanusers?id=${id}`});
};
```

上述代码定义了 showZanUsers() 方法，接受一个参数 id，使用模板字符串拼接点赞用户列表 URL 网址，调用 uni-app 的原生路由跳转，将拼接的地址赋值给 url。

9.16.2 创建点赞用户列表页面

右击 VS Code 编辑器中的 src/pages 文件夹，选择"新建 uniapp 页面"，创建 uniapp 页面。

在弹窗的窗口写上页面的名称和标题名称，笔者这里写的是"zanusers 点赞用户"，zanusers 和"点赞用户"之间是空格，按 Enter 键确认。

1. 将点赞用户列表页面默认风格修改为组合式 API 风格

页面创建成功后，将页面修改成为组合式 API 风格，代码如下：

```
<script setup></script>
```

因为里面没有实际性的代码，所以只是在 script 后面添加了 setup，删除了其他的代码。

2. 编写点赞用户列表模板代码

打开 src/pages/zanusers.vue 文件，编写组件模板，代码如下：

```
//ch9/9/src/pages/zanusers.vue
<template>
  <view>
    <uni-list>
      <block v-for="(item, index) in list" :key="index">
        <uni-list-item
          :title="item.username"
          showArrow
          :thumb="item.avatar && item.avatar.url + '!img50'"
          thumb-size="lg"
        />
      </block>
    </uni-list>
  </view>
</template>
```

上述代码使用 uni-app 组件库的扩展组件 uni-ui 的 uni-list 列表渲染代码，每个 uni-list-item 代表列表中的一项，包含用户的头像和用户名。列表会根据 list 数组中的数据动态地生成对应的项，使用 v-for 来遍历数据。

3. 编写点赞用户列表逻辑代码

打开 src/pages/zanusers.vue 文件，编写组件逻辑，代码如下：

```
//ch9/9/src/pages/zanusers.vue
<script setup>
```

```
import {ref} from "vue";
import {onLoad} from "@dcloudio/uni-app";
import {useUserStore} from "@/stores";
const user = useUserStore();
const {zanUsers} = user;
const id = ref("");
const list = ref([]);
onLoad((options) => {
  if (options.id) {
    id.value = options.id;
    loadData();
  }
});

/**
 * 获取点赞用户数据
 */
const loadData = async () => {
  const res = await zanUsers(id.value);
  if (res) {
    list.value = res;
  }
};
</script>
```

上述代码从状态管理解构获得 zanUsers() 方法，定义常量 id 作为响应式引用，定义常量 list 作为响应式数组。

执行生命周期函数 onLoad()，onLoad() 函数接受参数 options，判断 options.id 是否存在，这个 options.id 是上一个页面传递过来的。如果 option.id 存在，则赋值给 id。执行 loadData() 方法获取点赞用户数据。

定义 loadData() 方法，用于获取点赞用户数据。loadData() 方法是异步方法，使用 async 关键词修饰，在方法体内执行 zanUsers() 方法，将 id 作为参数传入。使用 await 关键词等待执行结果，将结果赋值给常量 res。

判断 res 是否存在，如果存在，则将 res 赋值给 list。

4. 在状态管理编写 zanUsers 方法

打开 src/stores/modules/user.js 文件，编写 zanUsers() 方法，用于获取点赞用户列表，代码如下：

```
//ch9/9/src/stores/modules/user.js
/**
 * 获取评论的点赞用户列表
 * @param {string} id
 * @returns
 */
async zanUsers(id) {
  return await get(`/comment/zanusers/${id}`);
}
```

上述代码用于获取评论的点赞用户列表，调用 get() 方法将 id 和路径拼接成 url 字符串作为参数将一个请求发送到服务器，将返回结果返回。

5. 点赞用户列表演示

在浏览器打开评论列表，点赞任意评论，访问该评论详情，如图 9-51 所示。

单击点赞用户头像，跳转到点赞用户列表，如图 9-52 所示。

图 9-51　查看评论详情

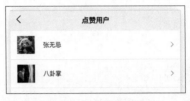

图 9-52　点赞用户列表

9.17　评论举报

举报功能在评论系统中至关重要，举报功能可以帮助维护一个积极、健康的在线讨论环境。用户可以通过举报不当评论来帮助平台监管社区，例如举报包含仇恨言论、色情内容或针对特定个体或群体的攻击。

不同国家和地区有关网络内容的法律法规不同，平台有责任对用户上传的内容实行监管，以确保遵守相关法律。举报功能是一个让用户参与内容监管过程的工具。

有了举报机制，低质量的评论（如垃圾邮件、误导信息或广告内容）可以被标记和删除，可以提高评论整体内容的质量和价值。

举报功能可以帮助平台及时发现并处理违规内容，从而避免因为用户生成内容而产生的法律责任。

9.17.1　在 app-list-item 组件中增加举报功能

1. 修改 app-list-item 组件模板

打开 src/components/app-list-item.vue 文件，修改模板，代码如下：

```
//ch9/10/src/components/app-list-item.vue
<view class="close">
  <uni-icons type="closeempty" color="#999" size="15" />
</view>

// 修改为
<view class="close" @click="handleReport(item._id)">
  <uni-icons type="closeempty" color="#999" size="15" />
</view>
```

上述代码增加了单击事件 handleReport() 方法，将 item._id 作为参数传入。

2. 修改 app-list-item 组件逻辑

打开 src/components/app-list-item.vue 文件，修改逻辑，代码如下：

```
//ch9/10/src/components/app-list-item.vue
const {isLogin, dianzan} = user;
// 修改为
const {isLogin, dianzan, report} = user;
```

上述代码从 store 状态管理器增加解构出 report() 方法。

3. 增加 app-list-item 组件逻辑

打开 src/components/app-list-item.vue 文件，增加逻辑，代码如下：

```
//ch9/10/src/components/app-list-item.vue
/**
 * 举报评论
 * @param {string} id 评论 ID
 */
const handleReport = (id) => {
  uni.showModal({
    title: "提示",
    content: "举报这条评论？",
    showCancel: true,
    success: ({confirm, cancel}) => {
      if (confirm) {
        doReport(id);
      }
    },
  });
};

/**
 * 选择原因，执行举报评论
 * @param {string} id 评论 ID
 */
const doReport = (id) => {
  const reportOptions = ["有害信息", "不实信息", "垃圾营销"];
  uni.showActionSheet({
    itemList: reportOptions,
    success: async (res) => {
      const title = reportOptions[res.tapIndex];
      const data = {id, title};
      const response = await report(data);
      if (response) {
        uni.showToast({
          title: "评论举报成功！",
          icon: "success",
          mask: true,
        });
      }
    },
    fail: (err) => {
      console.log("取消了", err);
    },
  });
};
```

在上述代码中，定义了 handleReport() 方法，用来触发举报流程，调用 uni.showModal() 方法弹出一个模态框，提醒用户确认是否要进行举报。如果用户确认举报，则会调用 doReport() 方法来继续进行举报流程。

在 doReport() 方法中,调用 uni.showActionSheet() 方法,用于展示包含不同举报选项的操作面板。用户选择其中一个举报理由后会以用户选择的理由将一个举报请求发送到服务器。根据服务器返回的响应结果,调用 uni.showToast() 方法来向用户展示举报成功的提示信息。

通过 handleReport() 方法和 doReport() 方法来协同工作,完成一个完整的用户举报交互流程。

9.17.2 在状态管理封装 report 方法

打开 src/stores/modules/user.js 文件,封装 report() 方法,用于举报评论,代码如下:

```
//ch9/10/src/stores/modules/user.js
/**
 * 举报评论
 * @param {object} data {title, id}
 * @returns
 */
async report(data) {
  const {title, id} = data;
  return await post(`/comment/report/${id}`, {title});
}
```

上述代码用于举报评论,从 data 解构获取 id 和 title,将 id 和路径拼接成 url 字符串,调用 post() 方法将 {title} 作为参数并将一个请求发送到服务器,将返回结果返回。

9.17.3 测试举报功能

在浏览器打开评论列表,单击任意评论右下角的 × 图标,进行评论举报,如图 9-53 所示。

单击"确定"按钮后,会弹出举报原因以供选择,如图 9-54 所示。

选择具体的举报原因后会完成举报的提交。举报成功后,会显示消息提示框"评论举报成功",如图 9-55 所示。

图 9-53 举报评论　　图 9-54 选择举报评论的原因　　图 9-55 举报评论成功

9.18 下拉刷新、上拉加载

在开发下拉刷新和上拉加载更多的功能之前，需要在评论系统中预先增加足够的评论内容，以便测试和演示这些功能。考虑到评论系统实现了每页显示 10 条评论的分页机制，至少需要准备 11 条评论数据。这样，当用户上拉滚动时，可以展示加载更多评论的行为，即拉取并显示下一页的 10 条评论。通过这种方式，用户可以继续浏览通过下拉刷新触发的新评论内容，同时通过上拉操作来加载更多评论列表。

9.18.1 封装 app-comment-list 组件

右击 VS Code 编辑器中的 src/components 文件夹，在弹出的快捷菜单中选择"新建 uniapp 组件"，创建 uniapp 组件。

在弹出的窗口中写上组件的名称，笔者这里写的是 app-comment-list，按 Enter 键确认。

1. 将组件默认风格修改为组合式 API 风格

组件创建成功后，将组件修改为组合式 API 风格，代码如下：

```
<script setup></script>
```

因为里面没有实际性的代码，所以只是在 script 后面添加了 setup，删除了其他的代码。

2. 编写组件模板代码

打开 src/components/app-comment-list.vue 文件，编写组件模板，代码如下：

```vue
//ch9/11/src/components/app-comment-list.vue
<template>
  <scroll-view
    scroll-y
    enable-back-to-top
    refresher-enabled
    @refresherrefresh="onRefresherrefresh"
    @scrolltolower="onScrolltolower"
    :refresher-triggered="isTriggered"
    :lower-threshold="150"
    :style="{height: list.length> 9 ? screenHeight - 120 + 'px' : ''}"
  >
    <view v-if="list.length > 0">
      <h4>{{isContent ? "全部回复" : "网友热议"}}</h4>
      <block v-for="(item, index) in list" :key="index">
        <app-list-item
          :item="item"
          :index="index"
          @write="write"
          @dianzan="handleDianzan"
        ></app-list-item>
      </block>
      <view v-if="isEnd" class="isEnd">———— 已加载完成 ————</view>
    </view>
    <view class="list" v-else>
      <h4>抢先评论</h4>
    </view>
  </scroll-view>
```

```
    <app-write-comment
      ref="writeRef"
      v-if="showWrite"
      :commentId="commentId"
      :commentUser="commentUser"
      :count="totalCount"
      @change="change"
    />
</template>
```

上述代码块实现了一个响应式的功能齐全的评论列表界面,用户可以通过下拉刷新和上拉加载更多的方式浏览评论,并提供了发表新评论的入口。

<scroll-view> 组件是一个可滚动视图区域,支持垂直滚动(scroll-y 属性)。通过监听 refresherrefresh 和 scrolltolower 事件,可以实现下拉刷新和上拉加载更多的功能。

@refresherrefresh="onRefresherrefresh" 用于监听用户下拉操作,触发 onRefresherrefresh() 方法,用来重新获取最新评论数据。

@scrolltolower="onScrolltolower" 用于监听视图滚动到接近底部的操作,触发 onScrolltolower() 方法,用于加载下一页的评论数据。

:refresher-triggered="isTriggered" 用于控制下拉刷新控件的显示。isTriggered 的值是一个布尔值,如果为 true,则表示下拉刷新控件被触发,通常在用户下拉时触发。

:lower-threshold="150" 用于指定触发上拉加载事件的阈值。当用户滚动至距离底部少于 150px 时触发加载更多评论的行为。

:style="{ height: list.length > 9 ? screenHeight - 120 + 'px' : '' }" 用于动态计算 <scroll-view> 的高度,使在评论数量不足一个界面时,不显示不必要的滚动条,其中,screenHeight 为屏幕的高度,120px 是页面上面部分和底部写评论部分的大概高度,笔者这里设定的是 120px,读者可以自行调整相关的数值进行测试。

判断 list 的长度,如果大于 0,则表示有评论,通过 v-if 条件渲染来显示评论列表,各条评论由子组件 <app-list-item> 处理。

如果 list 的长度不大于 0,则表示评论为空,提示用户"抢先评论"。

v-if="isEnd" class="isEnd" 在已加载所有评论数据的情况下显示提示信息,告知用户没有更多的数据可以加载。显示"已加载完成"。

<app-write-comment> 组件用于实现提交新评论的功能。ref="writeRef" 创建了一个引用,使父组件可以通过 writeRef.value 访问组件的方法。@change="change" 用于监听子组件发送的评论更新事件。showWrite 用于判断 <app-write-comment> 组件是否显示,默认显示。

3. 编写组件逻辑代码

打开 src/components/app-comment-list.vue 文件,编写组件逻辑,代码如下:

```
//ch9/11/src/components/app-comment-list.vue
<script setup>
import {ref, onMounted} from "vue";
import {useUserStore} from "@/stores";
import {storeToRefs} from "pinia";
const user = useUserStore();
const {commentList, checkUserIsZan} = user;
const {userinfo} = storeToRefs(user);
const id = ref("");
```

```
const list = ref([]);
const page = ref(0);
const pageSize = ref(10);
const totalCount = ref(100);
const isTriggered = ref(false);
const loading = ref(false);
const isEnd = ref(false);
const screenHeight = ref(0);
const writeRef = ref(null);
const props = defineProps({
  id: {
    type: String,
    default: "",
  },
  commentId: {
    type: String,
    default: "",
  },
  commentUser: {
    type: String,
    default: "",
  },
  isContent: {
    type: Boolean,
    default: false,
  },
showWrite: {
    type: Boolean,
    default: true,
  },
});

onMounted(() => {
  screenHeight.value = uni.getSystemInfoSync().screenHeight;
  if (props.id) {
    id.value = props.id;
  }
  loadData();
});

/**
 * 加载数据
 * @param {boolean} bool
 */
const loadData = async (bool = false) => {
  // 开启加载状态
  loading.value = true;
  // 判断 bool，如果为真，则表示刷新，如果为假，则表示加载更多
  if (bool) {
    //bool 为真，设置 page 页码为 1
    page.value = 1;
  } else {
    // 如果 bool 为假，则判断总数和 list 的长度是否相等，如果相等，则表示已经全部加载
    // 完成
    if (totalCount.value === list.value.length) {
      // 关闭加载状态
```

```
      loading.value = false;
      // 将 isEnd 设置为真
      isEnd.value = true;
      return;
    }
    // 如果 bool 为假，则 page 页码加 1
    page.value += 1;
  }
   const data = {page: page.value, pageSize: pageSize.value, parent: id.value};
   const res = await commentList(data);
   // 如果返回结果存在
   if (res) {
     // 关闭加载状态
     loading.value = false;
     // 关闭下拉返回状态
     isTriggered.value = false;
     // 将 isEnd 设置为假
     isEnd.value = false;
     // 判断 bool
     if (bool) {
       // 如果 bool 为真，则表示刷新，list 的值等于 checkUserIsZan 转换过的 res.data
       list.value = checkUserIsZan(res.data, userinfo.value._id);
     } else {
       // 如果 bool 为假，则 list 的值等于 list 的值和 checkUserIsZan 转换过的
       //res.data 值的合并值
       list.value = [
         ...list.value,
         ...checkUserIsZan(res.data, userinfo.value._id),
       ];
     }
     // 设置 page
     page.value = res.page;
     // 设置 pageSize
     pageSize.value = res.pageSize;
     // 设置 totalCount
     totalCount.value = res.totalCount;
     // 假如 totalCount 的值等于 list 的长度，表示已经全部加载完成
     if (totalCount.value === list.value.length) {
       // 关闭加载状态
       loading.value = false;
       // 将 isEnd 设置为真
       isEnd.value = true;
     }
   }
};

/**
 * 下拉刷新
 */
const onRefresherrefresh = async () => {
  console.log("下拉刷新 =>");
  isTriggered.value = true;
  isEnd.value = false;
  totalCount.value = 100;
  loadData(true);
```

```js
};

/**
 * 上拉加载
 */
const onScrolltolower = () => {
  console.log("上拉加载 =>");
  loadData();
};

/**
 * 调用子组件方法，打开写评论的弹窗
 * @param {object} item
 */
const write = (item) => {
  const {_id, user} = item;
  writeRef.value.toggle(_id, user.username);
};

/**
 * 增加当前评论点赞数和设置当前评论已点赞
 * @param {number} index
 */
const handleDianzan = (index) => {
  const zan = list.value[index].zan * 1 + 1;
  list.value[index].zan = zan;
  list.value[index].isZan = true;
};

/**
 * 将item插入数组的前面
 * @param {object} item 需要被插入数组的对象
 */
const change = (item) => {
  totalCount.value += 1;
  const {parent} = item;
  if (!parent) {
    // 判断是否存在父ID，如果不存在，则插入数组第1条
    list.value.unshift(item);
  } else if (parent._id === id.value) {
    // 如果父ID和当前评论ID相等，则插入数组第1条，并设置标题
    list.value.unshift(item);
    // 设置标题
    setTitle();
  } else {
    // 显示多条回复的数量
    changeChild(parent);
  }
};
/**
 * 设置标题
 */
const setTitle = () => {
  const title =
    totalCount.value === 0 ? "暂无回复" : totalCount.value + "条回复";
  uni.setNavigationBarTitle({title});
```

```
    };
    /**
     * 改变评论的子评论统计数量
     * @param {object} parent
     */
    const changeChild = (parent) => {
      list.value.map((item) => {
        if (item._id === parent._id) {
          item.child += 1;
          return item;
        }
      });
    };
</script>
```

上述代码实现的是评论列表的逻辑，包括加载评论数据、处理分页、实现下拉刷新和上拉加载更多数据等功能。

从状态管理解构 commentList() 方法和 checkUserIsZan() 方法，以及响应式引用 userinfo。

定义 id、list、page、pageSize 等变量，用于管理评论数据和分页。

定义 isTriggered、loading、isEnd，用于控制用户界面的反馈，如下拉刷新状态、加载状态、是否还有更多数据等。

定义 screenHeight、writeRef，用于控制页面布局和获取子组件的引用。

定义 props，用于接收从父组件传入的变量。

onMounted 生命周期函数用于在组件挂载后执行，执行以下 3 个任务：

（1）调用 uni.getSystemInfoSync() 方法获取屏幕高度，将屏幕高度值赋值给 screenHeight。

（2）判断 props.id 父组件是否传入 id 的值，如果有传入 id 值，则将 props.id 赋值给 id。

（3）调用 loadData() 方法加载评论数据。

定义 loadData() 异步方法，用于从服务器请求评论列表数据，根据请求结果更新状态。loadData() 方法支持两种操作模式：下拉刷新和上拉加载更多数据。这是通过参数 bool 来决定的，当 bool 为真时，执行刷新操作，否则执行加载更多数据的操作。

方法开始，将 loading 引用设置为 true，表示开始加载数据。

判断 bool，如果 bool 为 真，则表示用户发起了下拉刷新操作。在这种情况下，评论列表应从第 1 页开始加载，因此将 page 设置为 1。

如果 bool 为 假，则表示用户要加载更多数据，此时先检查已加载的评论数是否等于评论总数 totalCount.value，如果相等，则表明所有评论都已加载完毕，将 isEnd 设置为 true 并返回。

定义 data 对象，将 page、pageSize 和 parent 作为对象属性，将 parent 的值作为父评论的 id。

执行 commentList() 方法将 data 作为参数传入，将返回结果赋值给 res。

判断 res，如果 res 存在，则表示有返回结果，关闭加载状态和关闭下拉刷新的状态。

判断 bool，如果 bool 为真，则表示下拉刷新，评论列表将被替换为新请求到的数据。

如果 bool 为假，则表示加载更多数据，将新请求到的数据追加到现有的评论列表之后。

在更新列表时，使用 checkUserIsZan() 方法处理每条评论的点赞状态，checkUserIsZan() 方法会根据当前用户 id 来判断用户是否已经为某条评论点过赞。

将当前的页数、每页显示条数及总评论数量更新为从服务器返回的新值。

判断如果加载的评论数量已经等于总评论数量,则将 isEnd 设置为真,代表没有更多评论可以加载了。

定义 onRefresherrefresh() 方法,用于处理下拉刷新逻辑,重置相关状态并加载最新数据。

定义 onScrolltolower() 方法,用于处理上拉加载逻辑,请求下一页的数据。

定义 write() 方法,用于触发写评论的逻辑,通过引用 writeRef 调用子组件中的方法打开弹出窗口,给用户输入新评论。

定义 handleDianzan() 方法,用于处理点赞操作,更新评论列表中对应评论的点赞状态。

定义 change() 方法,用于在添加新评论后更新评论列表,将新评论插入列表顶部。

定义 setTitle() 方法,用于设置页面标题,根据评论数量显示不同的标题信息。

定义 changeChild() 方法,用于更新父评论下子评论的数量。

4. 编写组件样式代码

打开 src/components/app-comment-list.vue 文件,编写组件样式,代码如下:

```scss
//ch9/11/src/components/app-comment-list.vue
<style scoped lang="scss">
h4 {
  padding: 20upx 40upx;
}
.isEnd {
  text-align: center;
  color: #ccc;
  padding: 20upx 20upx 90upx 20upx;
}
</style>
```

上述代码用于定义 h4 的内边距和定义 isEnd 类的样式,设定居中对齐文本、将字体颜色设置为灰色,以及在元素的内边距。

9.18.2 修改 app-list-item 组件样式

打开 src/components/app-list-item.vue 文件,修改组件样式,代码如下:

```scss
//ch9/11/src/components/app-list-item.vue
.item {
  display: flex;
  padding: 30upx 0;
}

// 修改为
.item {
  display: flex;
  padding: 40upx;
}
```

上述代码用于将"padding: 30upx 0;"修改为"padding: 40upx;"。

9.18.3 在评论首页引入 app-comment-list 组件

1. 修改评论首页模板代码

打开 src/pages/index/index.vue 文件,修改评论首页模板,代码如下:

```
//ch9/11/src/pages/index/index.vue
```

```
<template>
  <view class="container">
    <app-comment-list />
  </view>
</template>
```

将模板部分的其他代码删除，引入 <app-comment-list /> 代码。

2. 修改评论首页逻辑

打开 src/pages/index/index.vue 文件，修改评论首页逻辑，代码如下：

```
//ch9/11/src/pages/index/index.vue
<script setup></script>
```

删除所有逻辑代码，保留 <script setup></script>。

3. 修改评论首页样式

修改评论首页样式，代码如下：

```
//ch9/11/src/pages/index/index.vue
<style lang="scss">
.container {
  font-size: 28upx;
  line-height: 48upx;
}
</style>
```

上述代码定义了 container 的属性。

9.18.4　在评论二级页面引入 app-comment-list 组件

1. 修改评论二级页面模板

打开 src/pages/comment.vue 文件，修改评论二级页面模板，代码如下：

```
//ch9/11/src/pages/comment.vue
<view class="list" v-if="list.length > 0">
  <h4> 全部回复 </h4>
  <block v-for="(item, index) in list" :key="index">
    <app-list-item
      :item="item"
      :index="index"
      @write="write"
      @dianzan="handleDianzan"
    ></app-list-item>
  </block>
</view>
<view class="list" v-else>
  <h4> 抢先评论 </h4>
</view>
<app-write-comment
  :count="list.length"
  :commentId="content._id"
  :commentUser="content.user && content.user.username"
  ref="writeRef"
  @change="change"
/>
```

```
//修改为
<view class="list">
<app-comment-list
:id="id"
:commentId="content._id"
:commentUser="content.user && content.user.username"
:isContent="true"
/>
</view>
```

上述代码删除了判断代码，引入了 app-comment-list 组件。

2. 修改评论二级页面逻辑

打开 src/pages/comment.vue 文件，修改评论二级页面逻辑，代码如下：

```
//ch9/11/src/pages/comment.vue
import {ref} from "vue";
import {useUserStore} from "@/stores";
import {onLoad} from "@dcloudio/uni-app";
import {storeToRefs} from "pinia";
onLoad((options) => {
  if (options.id) {
    id.value = options.id;
    loadComment();
  }
});
const id = ref("");
const content = ref({});
const user = useUserStore();
const {commentById, isLogin, dianzan, checkUserIsZan} = user;
const {userinfo} = storeToRefs(user);

/**
 * 获取评论
 */
const loadComment = async () => {
  const res = await commentById(id.value);
  if (res) {
    content.value = checkUserIsZan([res], userinfo.value._id)[0];
  }
};

/**
 * 点赞
 */
const handleZan = async (id) => {
  const _isLogin = isLogin();
  if (!_isLogin) return;
  const res = await dianzan(id);
  if (res === 204) {
    loadComment();
    uni.showToast({
      title: "点赞成功",
      icon: "success",
      mask: true,
    });
  } else {
```

```
      uni.showToast({
        title: res.msg,
        icon: "none",
        mask: true,
      });
    }
  };

/**
 * 查看点赞用户列表
 * @param {string} id
 */
const showZanUsers = (id) => {
  uni.navigateTo({ url: `/pages/zanusers?id=${id}` });
};
```

由于许多原本在评论二级页面上的功能已经被集成到 app-comment-list 组件中,导致之前定义的许多方法不再适用,所以进行了移除。

3. 修改评论二级页面样式

打开 src/pages/comment.vue 文件,修改评论二级页面样式,代码如下:

```
//ch9/11/src/pages/comment.vue
.container {
  padding: 20upx 40upx;
  font-size: 28upx;
  line-height: 48upx;
  .content {
    .zan_area {
      margin-left: 100upx;

// 修改为
.container {
  font-size: 28upx;
  line-height: 48upx;
  .content {
    .zan_area {
      padding: 20upx 40upx;
      margin-left: 100upx;
```

上述代码删除了 container 的 padding 属性,zan_area 增加了 padding 属性,值为 20upx 40upx。

修改后的代码如下:

```
//ch9/11/src/pages/comment.vue
.list {
  h4 {
    font-weight: normal;
  }
  padding: 20upx 0;
  margin: 20upx 0;
  border-top: 2upx solid #ddd;
}

// 修改为
.list {
```

```
        h4 {
          font-weight: normal;
        }
        margin: 20upx 0;
        border-top: 2upx solid #ddd;
}
```

上述代码删除了 list 的 padding 属性。

4. 组件封装引入完成后需要进行各种功能的测试

app-comment-list 组件完成封装引入后,笔者对各项功能进行了彻底测试。测试结果表明,封装后的功能与之前未封装时保持了高度一致性。此处不再提供截图说明,因为呈现的内容与之前截图呈现的内容几乎相同。

9.19 百度 AI 检测文本、检测图片

百度 AI 检测文本、检测图片用于将文本或图片发送到百度 AI 的服务器进行内容审核,从而保障评论系统的内容安全、合规。

9.19.1 在状态管理封装百度 AI 检测文本、检测图片

打开 src/stores/modules/user.js 文件,封装 checkImage() 方法和 checkTxt() 方法,代码如下:

```
//ch9/12/src/stores/modules/user.js
/**
 * 检测图片
 * @param {string} url
 * @returns
 */
async checkImage(url) {
  const res = await post("/checkImage", {url});
  if (res.conclusion === "合规") return true;
  uni.showModal({
    title: "图片不合规",
    content: "请重新选择图片上传",
    showCancel: false,
  });
  return false;
},

/**
 * 检测文本
 * @param {string} txt
 * @returns
 */
async checkTxt(txt) {
  const res = await post("/checkTxt", {txt});
  if (res.conclusion === "合规") return true;
  uni.showModal({
    title: "评论内容不合规",
    content: "请重写评论内容",
    showCancel: false,
  });
```

```
    return false;
}
```

上述代码 checkImage() 方法用于检测图片，接受 url 作为参数，url 是需要检测的图片的地址，调用 post() 方法向服务器发送检测图片请求，将返回结果赋值给 res，判断 res 的 conclusion 是否等于"合规"，如果相等，则表示检测通过，返回值为 true，否则显示模态弹窗，并提示"图片不合规，请重新上传图片"，返回值为 false。

上述代码 checkTxt() 方法用于检测文本，接受 txt 作为参数，txt 是需要检测的文本内容，调用 post() 方法向服务器发送检测文本的请求，将返回的结果赋值给 res，判断 res 的 conclusion 是否等于"合规"，如果相等，则表示检测通过，返回值为 true，否则显示模态弹窗，并提示"评论内容不合规，请重写评论内容"，返回值为 false。

9.19.2　在 app-write-comment 组件中引入图片检测和文本检测

打开 src/components/app-write-comment.vue 文件，增加图片检测和文本检测功能，修改后的代码如下：

```
//ch9/12/src/components/app-write-comment.vue
const {uploadCommentImg, createComment, isLogin} = user;

//修改为
const {uploadCommentImg, createComment, isLogin, checkImage, checkTxt} = user;
```

上述代码从状态管理解构 checkImage() 方法和 checkTxt() 方法。

修改逻辑，代码如下：

```
//ch9/12/src/components/app-write-comment.vue
const submit = async () => {
  const _isLogin = isLogin();
  console.log(_isLogin, "_isLogin");
  if (!_isLogin) return;
  const { content } = data;
  console.log(content, "submit data");
  if (!content) {
    uni.showModal({
      title: "提示",
      content: "评论内容为空",
      showCancel: false,
    });
    return;
  }

  const res = await createComment(data);
  console.log(res);
  emit("change", res);
  close();
  setTimeout(() => {
    uni.showToast({
      title: "评论成功",
      icon: "success",
      mask: true,
    });
  }, 500);
```

```
};

// 修改为
const submit = async () => {
  const _isLogin = isLogin();
  console.log(_isLogin, "_isLogin");
  if (!_isLogin) return;
  const {content} = data;
  console.log(content, "submit data");
  if (!content) {
    uni.showModal({
       title: "提示",
       content: "评论内容为空",
       showCancel: false,
    });
    return;
  }
  if (preview.value && preview.value.url) {
    uni.showLoading({
       title: "检测图片...",
       mask: true,
    });
    const checkImageRes = await checkImage(preview.value.url);
    uni.hideLoading();
    if (!checkImageRes) return;
  }

  uni.showLoading({
     title: "检测内容...",
     mask: true,
  });
  const checkTxtRes = await checkTxt(data.content);
  uni.hideLoading();
  if (!checkTxtRes) return;

  const res = await createComment(data);
  console.log(res);
  emit("change", res);
  close();
  setTimeout(() => {
    uni.showToast({
       title: "评论成功",
       icon: "success",
       mask: true,
    });
  }, 500);
};
```

上述代码增加了图片检测和文本内容检测流程。

判断 preview.value.url 是否有值；若有值，则显示 "检测图片..." 的加载提示框，异步执行 checkImage() 方法进行图片检测，等待结果。如果图片检测未通过（结果为假），则终止当前方法的执行。只有在检测通过的情况下，才会继续下面的操作。

显示另一个加载状态提示框，显示内容为 "检测内容..."，异步执行 checkTxt() 方法进行文本检测，同样等待结果。如果文本检测未通过，则会终止当前方法的运行。文本检测通过后会隐藏加载提示框，正常向下执行后续的代码。

9.19.3 效果演示

在浏览器打开评论首页，发表评论。在提交评论后会发起图片检测和文本检测，如图 9-56 所示。

图 9-56　图片检测

9.20　页面切换动画

页面切换动画是用户界面设计中用以提高用户体验的一种视觉效果，通过平滑的过渡效果，优雅地在应用程序的不同视图间转换。切换动画不仅能提升观赏性，还能帮助用户理解界面变化的逻辑，使导航过程更加流畅。

9.20.1 安装 uniapp 插件市场的插件

在 uni-app 插件市场 https://ext.dcloud.net.cn 搜索关键词：H5 页面动画 pageAnimation，查找相关插件。uni-app 插件市场有很多优秀的插件，建议读者可以多浏览插件市场，如图 9-57 所示。

打开插件页面 https://ext.dcloud.net.cn/plugin?id=9770，查看简介，发现插件的作者和笔者遇到了相同的苦恼。笔者之前是基于 uni-app 的 Vue.js 2 开发的，现在升级到 Vue.js 3 开发，遇到兼容性问题，发现有些插件无法使用了，这确实令人头疼。幸运的是，插件的作者开发了相关的功能，提供了一个有效的解决方案。这样笔者就可以不用再造轮子了，在此感谢插件的作者。

根据插件提供的安装方法，安装过程非常简单，分为两个步骤：首先是下载插件，然后是将插件引入项目中。

本项目是使用 CLI 脚手架构建的，不适合使用导入的方法引入插件。

1. 下载插件

单击"下载示例项目 ZIP"按钮，下载示例项目，如图 9-58 所示。

2. 将插件引入项目中

下载完成后，解压项目。进入解压后的文件夹，这是一个完整的示例项目。单击进入 static 文件夹，将 pageAnimation 文件夹复制到自己项目的 src/static 文件夹。

图 9-57　H5 页面动画 pageAnimation 插件　　　　图 9-58　下载示例项目 ZIP

打开 src/App.vue 文件，在项目中引入插件，修改逻辑，代码如下：

```
//ch9/13/src/App.vue
<script setup>
import {onLaunch, onShow, onHide} from "@dcloudio/uni-app";

import {useUserStore} from "@/stores";
const user = useUserStore();
const {getCsrfToken} = user;

onLaunch(async () => {
  console.log("App Launch");
  await getCsrfToken();
});
onShow(() => {
  console.log("App Show");
});
onHide(() => {
  console.log("App Hide");
});
</script>

// 修改为
<script setup>
import pageAnimation from "@/static/pageAnimation/animation.js";
import {onLaunch, onShow, onHide} from "@dcloudio/uni-app";

import {useUserStore} from "@/stores";
const user = useUserStore();
const {getCsrfToken} = user;

onLaunch(async () => {
  console.log("App Launch");
  await getCsrfToken();
  pageAnimation();
});
onShow(() => {
  console.log("App Show");
});
onHide(() => {
  console.log("App Hide");
});
</script>
```

上述代码通过 import 语句导入了名为 pageAnimation 的功能模块，该模块位于项目的 @/static/pageAnimation/animation.js 路径下。

在应用生命周期 onLaunch() 函数中调用 pageAnimation() 方法，初始化页面动画。

onLaunch() 函数是 uni-app 框架中的一个应用生命周期函数，当应用程序初始化启动时，只会触发一次，是开发者进行各种初始化设置的地方。

修改样式代码，修改后的代码如下：

```
//ch9/13/src/App.vue
<style>
/* 每个页面公共 CSS */
</style>

// 修改为
<style>
/* 每个页面公共 CSS */
@import url("@/static/pageAnimation/css.css");
</style>
```

上述代码通过 @import 引入了 @/static/pageAnimation/css.css 样式。

9.20.2 页面切换动画效果测试

重新启动项目后，在浏览器中打开评论列表首页，单击评论内容，进行页面之间的跳转切换，此时会发现页面转换时产生了流畅的动画效果，这些过渡动画提高了用户体验。

9.21 用户中心

用户中心是一个提供个性化服务的区域，让用户能管理个人资料、密码和查看自己发布的历史评论内容等。

9.21.1 创建我的页面

右击 VS Code 编辑器中的 src/pages/my 文件夹，选择"新建 uniapp 页面"，创建 uniapp 页面。

在弹出的窗口中写上页面的名称和标题名称，笔者这里写的是"index　我的"，index 和"我的"之间是空格，按 Enter 键确认。

1. 将我的页面默认风格修改为组合式 API 风格

页面创建成功后，将页面修改为组合式 API 风格，代码如下：

```
<script setup></script>
```

因为里面没有实际性的代码，所以只是在 script 后面添加了 setup，删除了其他的代码。

2. 编写我的页面模板代码

打开 src/pages/my/index.vue 文件，编写页面模板，代码如下：

```
//ch9/14/src/pages/my/index.vue
<template>
  <view class="my-container" v-if="token">
    <app-userinfo :userId="userinfo._id" />
    <view class="setting">
      <view class="item" @click="manage" v-if="userinfo.role === 'admin'">
```

```
            <uni-icons type="gear-filled" size="20" color="#fff"></uni-icons>
            <text>管理</text>
        </view>
        <view class="item" @click="setting">
            <uni-icons type="gear-filled" size="20" color="#fff"></uni-icons>
            <text>设置</text>
        </view>
        <view class="item" @click="logout">
            <uni-icons type="info-filled" size="20" color="#fff"></uni-icons>
            <text>退出</text>
        </view>
    </view>
  </view>
</template>
```

上述代码使用了条件渲染和事件监听功能来构建用户界面。

`<view class="my-container" v-if="token">` 表示如果 Token 为真（用户已登录或认证通过），则显示该容器及其内容。

`<app-userinfo :userId="userinfo._id" />` 是自定义 app-userinfo 组件，用于显示用户信息。

在 `<view class="setting">` 里面有 3 个子项目，每个子项目都用作不同的设置选项。

第 1 个是"管理"选项，通过 v-if 条件判断，仅对角色为 admin 的用户显示。当用户单击时会触发 manage() 方法，跳转到管理界面。

第 2 个是"设置"选项，单击时会触发 setting() 方法，跳转到用户设置界面。

第 3 个是"退出"选项，单击时会触发 logout() 方法，清空 Pinia 状态管理库里面的 token 和 userinfo 值，退出系统。

3. 编写我的页面逻辑代码

打开 src/pages/my/index.vue 文件，编写页面逻辑，代码如下：

```
//ch9/14/src/pages/my/index.vue
<script setup>
import {useUserStore} from "@/stores";
import {storeToRefs} from "pinia";
import {onLoad} from "@dcloudio/uni-app";

onLoad(() => {
// 判断用户是否已登录，如果未登录，则提示跳转到登录界面
  isLogin();
});
const user = useUserStore();
const {logOut, isLogin} = user;
const {userinfo, token} = storeToRefs(user);

/**
 * 跳转到用户设置界面
 */
const setting = () => {
  uni.navigateTo({url: "/pages/my/setting"});
};

/**
 * 跳转到管理界面
 */
```

```
const manage = () => {
  uni.navigateTo({url: "/pages/manage/index"});
};

/**
 * 退出系统
 */
const logout = () => {
  uni.showModal({
    title: "提示",
    content: "确定要退出系统？",
    showCancel: true,
    success: ({confirm, cancel}) => {
      if (confirm) {
        logOut();
        uni.reLaunch({url: "/pages/index/index"});
      }
    },
  });
};
</script>
```

上述代码定义了"我的"页面的一些跳转逻辑，包括跳转到管理界面、设置界面及退出系统。

从 @/stores 解构出 useUserStore。

从 Pinia 解构出 storeToRefs，用来将 store 转换为响应式变量。

从 @dcloudio/uni-app 解构出 onLoad 生命周期钩子函数。

在 onLoad() 生命周期钩子函数执行 isLogin()，用来判断用户是否登录，如果未登录，则提示跳转到登录界面。

从状态管理解构出 logout() 和 isLogin() 方法，从状态管理解构出响应式变量 userinfo 和 token。

定义 setting() 方法，用于跳转到用户设置，调用 uni.navigateTo() 方法，跳转到 /pages/my/setting 页面。

定义 manage() 方法，用于跳转到管理界面，调用 uni.navigateTo() 方法，跳转到 /pages/manage/index 页面。

定义 logout() 方法，退出系统，调用 uni.showModal() 方法显示模态弹窗，提醒用户是否确定要退出系统，如果用户单击"确定"按钮，则调用 logOut() 方法清空登录状态，调用 uni.reLaunch() 方法跳转到评论首页。

4. 编写我的页面样式代码

打开 src/pages/my/index.vue 文件，编写页面样式，代码如下：

```
//ch9/14/src/pages/my/index.vue
<style scoped lang="scss">
.my-container {
  position: relative;
  .setting {
    position: absolute;
    width: 200upx;
    top: 30upx;
    right: 20upx;
    display: flex;
```

```
      justify-content: flex-end;
      flex-direction: column;
      color: #fff;
      z-index: 1000;
      .item {
        padding: 0 0 20upx 0;
        margin-left: 20upx;
        display: flex;
        justify-content: flex-end;
        align-items: center;
        text {
          margin-left: 10upx;
        }
      }
    }
  }
</style>
```

5. 在状态管理中编写用户退出系统的方法

打开 src/stores/modules/user.js 文件，编写 logOut() 方法，用于用户退出系统，代码如下：

```
//ch9/14/src/stores/modules/user.js
/**
* 退出系统
*/
logOut() {
  this.token = "";
  this.userinfo = {};
}
```

上述代码用于退出系统，将 Token 值设置为空字符串，并将 userinfo 设置为空对象。

9.21.2 封装 app-userinfo 组件

右击 VS Code 编辑器中的 src/components 文件夹，选择"新建 uniapp 组件"，创建 uniapp 组件。

在弹出的窗口中写上组件的名称，笔者这里写的是 app-userinfo，按 Enter 键确认。

1. 将组件默认风格修改为组合式 API 风格

组件创建成功后，将组件修改为组合式 API 风格，代码如下：

```
<script setup></script>
```

因为里面没有实际性的代码，所以只是在 script 后面添加了 setup，删除了其他的代码。

2. 编写组件模板代码

打开 src/components/app-userinfo.vue 文件，编写组件模板，代码如下：

```
//ch9/14/src/components/app-userinfo.vue
<template>
  <view class="userinfo-container">
    <view class="focus">
      <image
        class="bg"
        mode="center"
        :src="userinfo && userinfo.avatar && userinfo.avatar.url + '!w500'"
      ></image>
```

```
      </view>
      <view class="userinfo-bg">
        <view class="userinfo">
          <view class="avatar">
            <image
              :src="
                userinfo && userinfo.avatar && userinfo.avatar.url + '!img100'"
            /></view>
            <view class="username">{{userinfo && userinfo.username}}</view>
        </view>
      </view>

      <view class="list">
        <app-comment-list :userId="userId"/>
      </view>
   </view>
</template>
```

上述代码用于显示用户头像、用户名，以及用户的评论列表。

<view class="userinfo-container"> 包含用户信息和评论列表。

<view class="focus"> 使用了绑定表达式 :src 来动态地绑定用户头像的 URL 网址。mode="center" 表示图片居中显示。

<view class="userinfo-bg"> 定义用户信息的背景样式。

<view class="userinfo"> 用于显示用户信息，包括用户头像和用户名。

<view class="avatar"> 包含一个 <image> 标签，使用动态绑定表达式 :src 来绑定用户头像 URL 网址。

<view class="username"> 使用插值表达式 {{ }} 显示用户的用户名。

<view class="list"> 定义了评论列表。

<app-comment-list> 自定义 app-comment-list 组件，用于显示对应用户的评论列表。接收 userId（通过 props.userId 访问）。

3. 编写组件逻辑代码

打开 src/components/app-userinfo.vue 文件，编写组件逻辑，代码如下：

```
//ch9/14/src/components/app-userinfo.vue
<script setup>
import {ref} from "vue";
import {onLoad} from "@dcloudio/uni-app";
import {useUserStore} from "@/stores";
const userinfo = ref();
const user = useUserStore();
const {userinfoById} = user;
const props = defineProps({
  userId: {
    type: String,
    required: true,
  },
});

/**
 * 获取用户数据
 */
```

```
const loadUserinfo = async () => {
  const res = await userinfoById(props.userId);
  if (res) {
    userinfo.value = res;
  }
};

onLoad(() => {
  if (props.userId) {
    loadUserinfo();
  }
});
</script>
```

上述代码用于获取用户数据。

从 Vue 解构出 ref，用于定义响应式变量。

从 @/stores 解构出 useUserStore。

从 @dcloudio/uni-app 解构出 onLoad 生命周期钩子函数。

定义响应式变量 userinfo。

从状态管理解构出 userinfoById() 方法。

定义 props，用于接收从父组件传入的变量 userId，类型为字符串，必填。

定义 loadUserinfo() 方法，用于获取用户数据，调用 userinfoById() 方法，将 props.userId 作为参数传入，将服务器返回结果赋值给 res，判断 res 是否存在，如果存在，则将 userinfo.value 的值设置为 res。

在 onLoad() 生命周期钩子函数中判断是否存在 props.userId，如果存在，则执行 loadUserinfo() 方法。

4. 编写组件样式代码

打开 src/components/app-userinfo.vue 文件，编写组件样式，代码如下：

```
//ch9/14/src/components/app-userinfo.vue
<style scoped lang="scss">
.userinfo-container {
  position: relative;
  .focus {
    width: 750upx;
    height: 300upx;
    .bg {
      position: absolute;
      left: 0;
      top: 0;
      width: 100%;
      height: 500upx;
      filter: blur(30upx);
      opacity: 1;
    }
  }
  .userinfo-bg {
    background: #fff;
    position: absolute;
    width: 750upx;
    height: 300upx;
```

```
      .userinfo {
        top: -60upx;
        position: absolute;
        width: 750upx;
        box-sizing: border-box;
        display: flex;
        flex-direction: column;
        align-items: center;
        z-index: 100;
        .avatar {
          image {
            width: 150upx;
            height: 150upx;
            border-radius: 50%;
          }
        }
        .username {
          font-size: 36upx;
        }
      }
    }
    .list {
      margin-top: 140upx;
      font-size: 28upx;
      line-height: 48upx;
    }
  }
</style>
```

5. 在状态管理中编写根据用户 ID 获取用户信息的方法

打开 src/stores/modules/user.js 文件，编写 userinfoById() 方法，用于根据用户 id 获取用户信息，代码如下：

```
//ch9/14/src/stores/modules/user.js
/**
 * 根据用户 id 获取用户信息
 * @param {string} id
 * @returns
 */
async userinfoById(id) {
  return await get(`/user/${id}`);
}
```

图 9-59　"我的"页面

上述代码用于根据用户 id 获取用户信息，将 id 和路径拼接成 url 字符串，调用 get() 方法将一个请求发送到服务器，将返回结果直接返给调用者。

6. 在浏览器查看演示

打开浏览器，在浏览器网址输入 http://127.0.0.1:5173/pages/my/index 地址访问"我的"页面，如图 9-59 所示。

"我的"页面支持下拉刷新、上拉加载更多、给评论点赞、回复评论、举报评论等功能。

9.21.3 创建查看用户评论页面

右击 VS Code 编辑器中的 src/pages 文件夹,选择"新建 uniapp 页面",创建 uniapp 页面。

在弹出的窗口中写上页面的名称和标题名称,笔者这里写的是"user 查看用户评论",user 和"查看用户评论"之间是空格,按 Enter 键确认。

1. 将查看用户评论页面默认风格修改为组合式 API 风格

页面创建成功后,将页面修改为组合式 API 风格,代码如下:

```
<script setup></script>
```

因为里面没有实际性的代码,所以只是在 script 后面添加了 setup,删除了其他的代码。

2. 编写查看用户评论页面模板

打开 src/pages/user.vue 文件,编写页面模板,代码如下:

```
//ch9/14/src/pages/user.vue
<template>
  <app-userinfo :userId="id" v-if="token" />
</template>
```

上述代码用于根据用户的登录状态来决定是否显示用户信息组件。如果用户已登录,有一个有效的 Token,则 <app-userinfo /> 组件会显示,用来展示用户信息。如果用户未登录,没有 Token 或 Token 无效,则组件不会显示。

<app-userinfo /> 是自定义 app-userinfo 组件。接收一个名为 userId 的 prop,通过判断 Token 是否存在来决定是否显示 app-userinfo 组件。

3. 编写查看用户评论页面逻辑

打开 src/pages/user.vue 文件,编写页面逻辑,代码如下:

```
//ch9/14/src/pages/user.vue
<script setup>
import {ref} from "vue";
import {useUserStore} from "@/stores";
import {storeToRefs} from "pinia";
import {onLoad} from "@dcloudio/uni-app";
const id = ref("");
onLoad((options) => {
  console.log("options =>", options);
  if (!options.id) {
    uni.showToast({
      title: "参数缺失,返回首页!",
      icon: "none",
    });
    uni.navigateTo({url: "/pages/index/index"});
    return;
  }
  id.value = options.id;
  // 判断用户是否登录
  isLogin();
});
const user = useUserStore();
const {token} = storeToRefs(user);
const {isLogin} = user;
</script>
```

上述代码从状态管理中获取 isLogin() 方法，在页面生命周期函数 onLoad() 方法中执行，如果用户未登录，则提示用户跳转到登录界面，进行登录。

onLoad() 方法接受 options 参数，判断 options.id 是否存在，如果不存在，则提示"参数缺失，返回首页！"，返回评论首页。如果 options.id 存在，则赋值给响应式变量 id。

9.21.4 用户设置页面

由于用户设置页面和用户注册页面有相似的界面和功能，为实现界面和功能的高效复用，对用户设置页面和用户注册页面中的大量相似部分进行提炼，封装成可复用的组件。

1. 封装 app-register 组件

右击 VS Code 编辑器中的 src/components 文件夹，选择"新建 uniapp 组件"，创建 uniapp 组件。

在弹出的窗口中写上页面的名称和标题名称，笔者这里写的是 app-register，按 Enter 键确认。

2. 将 app-register 组件默认风格修改为组合式 API 风格

页面创建成功后，将页面修改为组合式 API 风格，代码如下：

```
<script setup></script>
```

因为里面没有实际性的代码，所以只是在 script 后面添加了 setup，删除了其他的代码。

3. 编写 app-register 组件模板

打开 src/components/app-register.vue 文件，编写组件模板，代码如下：

```
//ch9/14/src/components/app-register.vue
<template>
  <view class="container">
    <uni-forms ref="valiForm" :rules="rules" :modelValue="userInfo">
      <uni-forms-item label="用户名" required name="username">
        <uni-easyinput
          type="text"
          v-model="userInfo.username"
          placeholder="请输入用户名"
        />
      </uni-forms-item>
      <!-- 使用三目运算符判断父组件传值，如果存在，则表示用户设置信息，设置密码不必填 -->
      <uni-forms-item
        label="密码"
        :required="myUserinfo ? false : true"
        name="password"
      >
        <uni-easyinput
          v-model="userInfo.password"
          type="password"
          :placeholder="myUserinfo ? '如不修改密码，则可不填写' : '请输入密码'"
        />
      </uni-forms-item>
      <uni-forms-item label="头像" required name="avatar">
        <view class="avatar" v-if="avatar.url">
          <image :src="avatar.url + '!img200'" />
```

```
                <view class="removeAvatar" @click="removeAvatar">
                    <uni-icons type="clear" size="30" color="#ffffff"></uni-icons>
                </view>
            </view>
            <view class="avatar" @click="upload" v-else>上传头像</view>
        </uni-forms-item>
    </uni-forms>
    <view class="buttons">
        <button type="primary" @click="submit" class="btn">
            <!-- 使用三目运算符判断父组件传值,如果存在,则表示用户设置信息,显示文字:
            设置,反之显示文字:注册 -->
            {{myUserinfo ? "设置" : "注册"}}
        </button>
    </view>
  </view>
</template>
```

上述代码用于用户注册或者用户信息修改。

<uni-forms> 组件是一个表单容器,包含表单项 <uni-forms-item>。使用 :rules 属性设置校验规则, :modelValue 属性用于双向绑定表单值。

第 1 个 <uni-forms-item> 是用户名表单项,包含了一个 <uni-easyinput> 组件,可以输入用户名。使用 v-model 进行双向数据绑定。

第 2 个 <uni-forms-item> 是密码表单项。:required 属性根据 myUserinfo 变量的值判断是否要求用户必须填写密码,如果 myUserinfo 变量的值为真,则表示用户设置了信息,无须必填密码。

第 3 个 <uni-forms-item> 是上传头像的表单项。用了两个标签实现显示和上传头像,如果头像 avatar.url 存在,则显示头像,并有一个删除图标,单击删除图片可以删除头像。如果不存在,则显示"上传头像",并绑定单击事件 @click="upload",用于触发上传操作。

<view class="buttons"> 包含了一个按钮,用于提交表单。按钮上显示的文本根据 myUserinfo 变量来决定,如果变量存在,则按钮文案为"设置",否则为"注册"。单击按钮触发 submit() 方法。

4. 编写 app-register 组件逻辑

打开 src/components/app-register.vue 文件,编写组件逻辑,代码如下:

```
//ch9/14/src/components/app-register.vue
<script setup>
import {reactive, ref} from "vue";
import {useUserStore} from "@/stores";
import {onLoad} from "@dcloudio/uni-app";
const user = useUserStore();
const {h5Register, uploadRegisterAvatar, userinfoUpdate} = user;
const valiForm = ref();
const avatar = ref({});

// 用户信息
const userInfo = reactive({
  username: "",
  password: "",
  avatar: "",
```

```
});
const props = defineProps({
  myUserinfo: {
    type: Object,
    default: null,
  },
});

onLoad(() => {
  // 判断父组件传值
  if (props.myUserinfo) {
    // 将用户名设置为父组件传值的 myUserinfo.username
    userInfo.username = props.myUserinfo.username;
    // 将用户头像设置为父组件传值的 myUserinfo.avatar._id,此处取值是 avatar 对象
    // 的_id
    userInfo.avatar = props.myUserinfo.avatar._id;
    // 将上传头像的返回值设置为父组件传值的 myUserinfo.avatar 对象
    avatar.value = props.myUserinfo.avatar;
  }
});

// 校验规则
const rules = {
  username: {
    rules: [
      {
        required: true,
        errorMessage: "用户名不能为空",
      },
      {
        validateFunction: (rule, value, data, callback) => {
          const reg = /^[A-Za-z0-9\u4e00-\u9fa5]{2,15}$/;
          if (!reg.test(value)) {
            callback("用户名长度需要在 2~15 个字符");
          }
        },
      },
    ],
  },
  password: {
    rules: [
      {
        // 使用三目运算符判断父组件传值,如果存在传值,则表示用户设置信息,密码可以不
        // 填写,设置不必填
        required: props.myUserinfo ? false : true,
        errorMessage: "密码不能为空",
      },
      {
        validateFunction: (rule, value, data, callback) => {
          const reg = /^(?=.*[A-Za-z])(?=.*\d)[A-Za-z\d]{5,20}$/;
          if (!reg.test(value)) {
            callback("密码为 5~20 个字符,至少包含 1 个字母和 1 个数字");
          }
        },
      },
    ],
```

```js
    },
    avatar: {
      rules: [
        {
          required: true,
          errorMessage: "用户头像需要上传",
        },
      ],
    },
};

/**
 * 注册头像上传
 */
const upload = () => {
  uni.chooseImage({
    success: async (chooseImageRes) => {
      const tempFilePaths = chooseImageRes.tempFilePaths;
      uni.showLoading({
        title: "上传中",
        mask: true,
      });
      console.log("tempFilePaths=>", tempFilePaths);
      const res = await uploadRegisterAvatar(tempFilePaths[0]);
      console.log("res=>", res);
      uni.hideLoading();
      if (res) {
        avatar.value = JSON.parse(res);
        userInfo.avatar = avatar.value._id;
      }
    },
  });
};

/**
 * 数据校验和提交
 */
const submit = () => {
  valiForm.value
    .validate()
    .then((res) => {
      // 判断父组件传值
      if (props.myUserinfo) {
        console.log("res =>", res);
        // 如果存在，则表示更新信息，调用 doUpdate() 方法
        // 从 res 解构获取 password 字符串和 data 对象
        const {password, ...data} = res;
        // 判断 password 是否有值
        if (password) {
          // 如果 password 有值，则提交 res
          doUpdate(res);
        } else {
          // 否则提交 data 对象，data 对象是排除 password 后的对象
          doUpdate(data);
        }
      } else {
```

```
        // 如果不存在, 则表示用户注册, 调用 doRegister() 方法
        doRegister(res);
      }
    })
    .catch((err) => {
      console.log("err", err);
    });
};

/**
 * 更新用户信息
 * @param {object} data
 */
const doUpdate = async (data) => {
  const res = await userinfoUpdate({...data, id: props.myUserinfo._id});
  if (res) {
    uni.showToast({
      title: "设置成功",
      icon: "success",
      mask: true,
    });
    setTimeout(() => {
      uni.navigateBack({delta: 1});
    }, 500);
  }
};

/**
 * 注册用户
 * @param {object} data
 */
const doRegister = async (data) => {
  const res = await h5Register(data);
  if (res) {
    uni.showToast({
      title: "注册成功",
      icon: "success",
      mask: true,
    });
    setTimeout(() => {
      uni.navigateBack({delta: 2});
    }, 500);
  }
};

/**
 * 删除头像
 */
const removeAvatar = () => {
  avatar.value = {};
  userInfo.avatar = "";
};
</script>
```

上述代码用于用户注册或者更新用户信息。

定义响应式变量 valiForm、avatar。

定义响应式对象 userInfo。

从父组件接受 myUserinfo，类型为对象，默认值为 null。

在 onLoad() 生命周期钩子函数中判断 props.myUserinfo 是否存在，如果存在，则将 userInfo 的 username 值设置为父组件传值的 myUserinfo.username，将 userinfo 的 avatar 值设置为父组件传值的 myUserinfo.avatar._id，此处取的值是 avatar 对象的 _id。

将 avatar.value 的值设置为父组件传值的 myUserinfo.avatar 对象。

定义校验规则：

（1）username 的规则为用户名不能为空且长度需要在 2~15 个字符。

（2）password 的规则为密码是否为空，由 props.myUserinfo 判断且密码为 5~20 个字符，至少包含 1 个字母和 1 个数字。

（3）avatar 的规则为用户头像需要上传。

定义 upload() 方法，用于注册头像上传，调用 uni.chooseImage() 方法选择本地图片，获取本地图片的临时地址后，调用 uni.showLoading() 方法显示"上传中"加载提示。

调用 uploadRegisterAvatar() 方法，将临时地址作为参数传入，临时地址是一个数组，这里上传了一张图片。选择数组下标为 0 的元素。

将服务器的返回结果赋值给 res。

在服务器返回结果后，无论 res 是否存在都关闭加载提示框。

判断 res 是否存在，如果存在，则将 avatar.value 的值设置为 JSON.parse(res)。JSON.parse 表示将 JSON 格式字符串转换为 js 对象。将 userInfo.avatar 的值设置为 avatar.value._id。

定义 submit() 方法，用于数据校验和将校验通过的数据提交注册或者更新用户信息。

调用 valiForm.value.validate().then() 方法，在回调函数里获取 res，如果 res 存在，则表示数据校验成功，判断 props.myUserinfo 是否存在，如果存在，则表示需要更新用户信息，解构 res 获得 password 字符串和 data 对象，判断 password 是否存在，如果存在，则表示需要更改密码，调用 doUpdate() 方法，将 res 作为参数传入。如果 password 不存在，则表示密码不需要更改，调用 doUpdate() 方法，将 data 作为参数传入，data 对象是排除 password 后的对象。

如果 props.myUserinfo 不存在，则表示用户注册，调用 doRegister() 方法，将 res 作为参数传入。

定义 doUpdate() 方法，用于更新用户信息。该方法接受一个参数 data，data 是在 submit() 方法中调用 doUpdate() 方法的时候传入的。调用 userinfoUpdate() 方法，将 data 和 id 合并为一个对象作为参数传入。将服务器返回的结果赋值给 res。id 的值为父组件传入的 myUserinfo._id。判断 res 的值是否存在，如果存在，则调用 uni.showToast() 方法，提示"设置成功"。

调用 setTimeout() 方法延时 500ms 执行返回上一页操作。

定义 doRegister() 方法，用于注册用户。该方法接受一个参数 data，data 是在 submit() 方法中调用 doRegister() 方法的时候传入的。调用 h5Register() 方法，将 data 对象作为参数传入。将服务器返回的结果赋值给 res。判断 res 的值是否存在，如果存在，则调用 uni.showToast() 方法，并提示"注册成功"。

调用 setTimeout() 方法延时 500ms 执行返回上一页操作。

定义 removeAvatar() 方法，用于删除用户头像。将 avatar.value 的值设置为空对象，将

userInfo.avatar 的值设置为空字符串。

5. 编写 app-register 组件样式代码

打开 src/components/app-register.vue 文件，编写组件样式，代码如下：

```scss
//ch9/14/src/components/app-register.vue
<style scoped lang="scss">
.container {
  padding: 40upx;
  font-size: 28upx;
  line-height: 48upx;
}

.avatar {
  width: 256upx;
  height: 256upx;
  border-radius: 5%;
  border: 2upx solid #eee;
  display: flex;
  align-items: center;
  justify-content: center;
  position: relative;
  .removeAvatar {
    position: absolute;
    top: 10upx;
    right: 10upx;
  }
  image {
    width: 256upx;
    height: 256upx;
    border-radius: 5%;
  }
}
</style>
```

6. 在状态管理中编写更新用户信息方法

打开 src/stores/modules/user.js 文件，编写 userinfoUpdate() 方法，代码如下：

```js
//ch9/14/src/stores/modules/user.js
/**
 * 更新用户信息
 * @param {object} data
 */
async userinfoUpdate(data) {
  const {id} = data;
  const res = await put(`/user/${id}`, data);
  if (res) {
    this.userinfo = res;
    return res;
  }
  return;
},
```

上述代码用于更新用户信息，从 data 解构获取 id，调用 put() 方法将 id 和路径拼接成 url 字符串及 data 作为参数并将一个请求发送到服务器，将返回结果赋值给 res，判断 res 是否存在，如果存在，则将 res 赋值给 this.userinfo，返回 res。

7. 在用户注册页面引入 app-register 组件

打开 src/pages/my/register.vue 文件,引入 app-register,模板代码如下:

```
//ch9/14/src/pages/my/register.vue
<template>
  <view class="container">
    <app-register />
    <view class="tips">注册即代表同意《用户协议》和《隐私政策》</view>
    <view class="login">
      <button
        class="mini-btn"
        type="primary"
        size="mini"
        plain="true"
        @click="login"
      >
        使用已有账户登录
      </button>
    </view>
  </view>
</template>
```

上述代码用于用户注册界面。

<app-register> 是自定义的 app-register 组件,用户可以通过输入账号、密码及用户头像进行注册。

<view class="tips"> 是文本提示,用于通知用户,注册即代表同意《用户协议》和《隐私政策》。

<button class="mini-btn" type="primary" size="mini" plain="true" @click="login"> 使用已有账户登录 </button> 用于实现当用户是注册用户时,可以单击"使用已有账户登录"按钮,触发 login() 方法,跳转到用户登录界面。

逻辑代码如下:

```
//ch9/14/src/pages/my/register.vue
<script setup>
/**
 * 到登录界面
 */
const login = () => {
  uni.navigateTo({url: "/pages/my/login"});
};
</script>
```

上述代码用于页面跳转,调用 uni-app 的路由跳转方法 uni.navigateTo(),进行页面跳转。

样式代码如下:

```
//ch9/14/src/pages/my/register.vue
<style scoped lang="scss">
.container {
  padding: 40upx 40upx;
  font-size: 28upx;
  line-height: 48upx;
  .tips {
```

```
    padding-top: 50upx;
    display: -webkit-box;
    display: -ms-flexbox;
    display: flex;
    -webkit-box-pack: center;
    -ms-flex-pack: center;
    justify-content: center;
    line-height: 30px;
  }
  .login {
    padding-top: 30upx;
    text-align: center;
  }
}
</style>
```

8. 新建用户设置页面

右击 VS Code 编辑器中的 src/pages/my 文件夹,在弹出的快捷菜单中选择"新建 uniapp 页面",创建 uniapp 页面。

在弹出的窗口中写上页面的名称和标题名称,笔者这里写的是"setting 设置",setting 和"设置"之间是空格,按 Enter 键确认。

9. 将用户设置页面默认风格修改为组合式 API 风格

页面创建成功后,将页面修改成为组合式 API 风格,代码如下:

```
<script setup></script>
```

因为里面没有实际性的代码,所以只是在 script 后面添加了 setup,删除了其他的代码。

10. 编写用户设置页面模板

打开 src/pages/my/setting.vue 文件,编写用户设置模板,代码如下:

```
//ch9/14/src/pages/my/setting.vue
<template>
  <view class="container">
    <app-register :myUserinfo="userinfo" />
  </view>
</template>
```

11. 编写用户设置页面逻辑

打开 src/pages/my/setting.vue 文件,编写用户设置逻辑,代码如下:

```
//ch9/14/src/pages/my/setting.vue
<script setup>
import {useUserStore} from "@/stores";
import {storeToRefs} from "pinia";

const user = useUserStore();
const {userinfo} = storeToRefs(user);
</script>
```

上述代码用于从状态管理获取 userinfo 响应式变量。

12. 编写用户设置页面样式

打开 src/pages/my/setting.vue 文件,编写用户设置样式,代码如下:

```
//ch9/14/src/pages/my/setting.vue
<style scoped lang="scss">
```

```
.container {
    padding: 40upx;
    font-size: 28upx;
    line-height: 48upx;
}
</style>
```

13. 在浏览器查看演示

打开浏览器，在浏览器网址输入 http://127.0.0.1:5173/pages/my/index 地址访问"我的"页面，在页面的右上角单击"设置"按钮，进入用户设置页面，如图 9-60 所示。

在用户设置页面，可以进行用户名修改、密码修改和上传新的用户头像操作。

当用户修改用户名和用户密码时会对新的用户名和新的密码进行数据校验，如果不符合校验规则，则会弹出相应的提示。

修改用户头像需要先单击头像右上角的"×"按钮，删除原先的用户头像，再选择新的头像上传。

如果用户不进行任何操作，则可单击左上角的返回按钮"<"。

9.21.5 修改 pages.json 页面配置

进入"我的"页面，每次都需要手动在浏览器地址栏输入 http://127.0.0.1:5173/pages/my/index 地址，很不方便，本节将在页面的右上角增加一个菜单按钮，单击后便可进入"我的"页面。

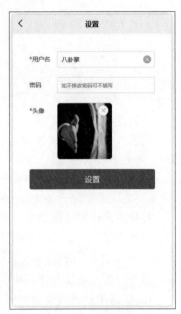

图 9-60 用户设置

1. 实现评论首页和评论二级页面右上角三个点的菜单

打开 src/pages.json 文件，修改后的代码如下：

```
//ch9/14/src/pages.json
{
  "path": "pages/index/index",
  "style": {
    "navigationBarTitleText": "之乎者也评论",
  }
},
{
  "path": "pages/comment",
  "style": {
    "navigationBarTitleText": "评论",
  }
},

// 修改为
{
  "path": "pages/index/index",
  "style": {
    "navigationBarTitleText": "之乎者也评论",
```

```
      "app-plus": {
        "titleNView": {
          "buttons": [
            {
              "type": "menu"
            }
          ]
        }
      }
    },
    {
      "path": "pages/comment",
      "style": {
        "navigationBarTitleText": "评论",
        "app-plus": {
          "titleNView": {
            "buttons": [
              {
                "type": "menu"
              }
            ]
          }
        }
      }
    },
```

上述代码在两个页面的配置块中都添加了 app-plus 属性。在 app-plus 中，设置了 titleNView 属性，titleNView 属性用于自定义标题栏，在 titleNView 中，设置了 buttons 属性，buttons 属性用于自定义按钮，buttons 值是数组，在数组里面添加对象，将 type 设置为 menu，表示是菜单按钮。

2. 在评论首页增加单击右上角菜单的方法

打开 src/pages/index/index.vue 文件，增加的代码如下：

```
//ch9/14/src/pages/index/index.vue
<script setup></script>

// 修改为
<script setup>
import {onNavigationBarButtonTap} from
"@dcloudio/uni-app";
onNavigationBarButtonTap(() => {
    uni.navigateTo({url: "/pages/my/index"});
});
</script>
```

图 9-61 评论首页右上角菜单按钮

上述代码增加了 uni-app 的页面生命周期函数 onNavigationBarButtonTap() 方法，用于监听原生标题栏按钮事件，即当单击了标题栏的按钮时会触发 onNavigationBarButtonTap() 方法，如图 9-61 所示。

单击评论首页右上角 "..." 菜单按钮，进入 "我的" 页面。

3. 在评论二级页面增加单击右上角菜单的方法

打开 src/pages/comment.vue 文件，修改后的代码如下：

```
//ch9/14/src/pages/comment.vue
import {onLoad} from "@dcloudio/uni-app";

// 修改为
import {onLoad ,onNavigationBarButtonTap} from "@dcloudio/uni-app";
```

上述代码用于增加从 @dcloudio/uni-app 解构出 onNavigationBarButtonTap 生命周期函数，增加的代码如下：

```
//ch9/14/src/pages/comment.vue
onNavigationBarButtonTap(() => {
  uni.navigateTo({url: "/pages/my/index"});
});
```

图 9-62　评论二级页面右上角菜单按钮

上述代码增加了 uni-app 的页面生命周期函数 onNavigationBarButtonTap() 方法，用于监听原生标题栏的按钮事件，如图 9-62 所示。

单击评论二级页面右上角"..."菜单按钮，进入"我的"页面。

4. 实现"我的"页面和"查看评论用户"页面导航栏透明

打开 src/pages.json 文件，修改后的代码如下：

```
//ch9/14/src/pages.json
{
  "path": "pages/my/index",
  "style": {
    "navigationBarTitleText": "我的",
  }
},
{
  "path": "pages/user",
  "style": {
    "navigationBarTitleText": "查看用户评论",
  }
},

// 修改为
{
  "path": "pages/my/index",
  "style": {
    "navigationBarTitleText": "我的",
    "app-plus": {
      "titleNView": {
          "type": "transparent"
      }
    }
  }
},
{
  "path": "pages/user",
```

```
    "style": {
      "navigationBarTitleText": "查看用户评论",
      "app-plus": {
          "titleNView": {
              "type": "transparent"
              }
          }
        }
},
```

上述代码在两个页面的配置块中都添加了 app-plus 属性。在 app-plus 中，设置了 titleNView 属性，titleNView 属性用于自定义标题栏，将 type 设置为 transparent，设置标题栏透明。

打开浏览器，进入 http://127.0.0.1:5173/pages/my/index 页面，向下滚动页面，此时会出现标题栏透明效果，如图 9-63 所示。

图 9-63 "我的"页面导航栏透明

9.21.6 修改 app-comment-list 组件适配"我的"页面和"查看用户评论"页面

1. 修改 app-comment-list 组件

打开 src/components/app-comment-list.vue 文件，修改模板，代码如下：

```
//ch9/14/src/components/app-comment-list.vue
<h4>{{ isContent ? "全部回复" : "网友热议" }}</h4>

// 修改为
<h4 v-if="!userId">{{isContent ? "全部回复" : "网友热议"}}</h4>
```

和

```
//ch9/14/src/components/app-comment-list.vue
<h4>抢先评论</h4>

// 修改为
<h4 v-if="!userId">抢先评论</h4>
```

上述两段代码都增加了判断 userId，如果不存在 userId，则显示内容。

打开 src/components/app-comment-list.vue 文件，修改逻辑，代码如下：

```
//ch9/14/src/components/app-comment-list.vue
const props = defineProps({
  id: {
    type: String,
    default: "",
  },
  commentId: {
    type: String,
    default: "",
  },
  commentUser: {
    type: String,
    default: "",
  },
  isContent: {
```

```
    type: Boolean,
    default: false,
  },
  showWrite: {
    type: Boolean,
    default: true,
  },
});

// 修改为
const props = defineProps({
  id: {
    type: String,
    default: "",
  },
  commentId: {
    type: String,
    default: "",
  },
  commentUser: {
    type: String,
    default: "",
  },
  isContent: {
    type: Boolean,
    default: false,
  },
  showWrite: {
    type: Boolean,
    default: true,
  },
  userId: {
    type: String,
    default: "",
  },
});
```

在上述代码中父组件传值增加 userId，类型为字符串，默认值为空。

修改逻辑，代码如下：

```
//ch9/14/src/components/app-comment-list.vue
const loadData = async (bool = false) => {
  console.log("loadData=>");
  // 开启加载状态
  loading.value = true;
  // 判断 bool，如果为真，则表示刷新，如果为假，则表示加载更多
  if (bool) {
    //bool 为真，设置 page 页码为 1
    page.value = 1;
  } else {
    // 如果bool为假，则判断总数和 list 的长度是否相等，如果相等，则表示已经全部加载
    // 完成
    if (totalCount.value === list.value.length) {
      // 关闭加载状态
      loading.value = false;
      // 将 isEnd 设置为真
```

```js
      isEnd.value = true;
      return;
    }
    // 如果 bool 为假,则 page 页码加 1
    page.value += 1;
  }
  const data = {
    page: page.value,
    pageSize: pageSize.value,
    parent: id.value,
  };
  const res = await commentList(data);
  // 如果返回结果存在
  if (res) {
    // 关闭加载状态
    loading.value = false;
    // 关闭下拉返回状态
    isTriggered.value = false;
    // 将 isEnd 设置为假
    isEnd.value = false;
    // 判断 bool
    if (bool) {
      // 如果 bool 为真,则表示刷新,list 的值等于 checkUserIsZan 转换过的 res.data
      list.value = checkUserIsZan(res.data, userinfo.value._id);
    } else {
      // 如果 bool 为假,则 list 的值等于 list 的值和 checkUserIsZan 转换过的
      //res.data 值的合并值
      list.value = [
        ...list.value,
        ...checkUserIsZan(res.data, userinfo.value._id),
      ];
    }
    // 设置 page
    page.value = res.page;
    // 设置 pageSize
    pageSize.value = res.pageSize;
    // 设置 totalCount
    totalCount.value = res.totalCount;
    // 假如 totalCount 的值等于 list 的长度,表示已经全部加载完成
    if (totalCount.value === list.value.length) {
      // 关闭加载状态
      loading.value = false;
      // 将 isEnd 设置为真
      isEnd.value = true;
    }
  }
};

//修改为
const loadData = async (bool = false) => {
  console.log("loadData=>");
  // 开启加载状态
  loading.value = true;
  // 判断 bool,如果为真,则表示刷新,如果为假,则表示加载更多
  if (bool) {
```

```js
      //bool 为真,设置 page 页码为 1
      page.value = 1;
    } else {
      // 如果 bool 为假,则判断总数和 list 的长度是否相等,如果相等,则表示已经全部加载
      // 完成
      if (totalCount.value === list.value.length) {
        // 关闭加载状态
        loading.value = false;
        // 将 isEnd 设置为真
        isEnd.value = true;
        return;
      }
      // 如果 bool 为假,则 page 页码加 1
      page.value += 1;
    }
    const data = {
      page: page.value,
      pageSize: pageSize.value,
      parent: id.value,
      user: props.userId,
    };
    const res = await commentList(data);
    // 如果返回结果存在
    if (res) {
      // 关闭加载状态
      loading.value = false;
      // 关闭下拉返回状态
      isTriggered.value = false;
      // 将 isEnd 设置为假
      isEnd.value = false;
      // 判断 bool
      if (bool) {
        // 如果 bool 为真,则表示刷新,list 的值等于 checkUserIsZan 转换过的 res.
        //data
        list.value = checkUserIsZan(res.data, userinfo.value._id);
      } else {
        // 如果 bool 为假,则 list 的值等于 list 的值和 checkUserIsZan 转换过的
        //res.data 值的合并值
        list.value = [
          ...list.value,
          ...checkUserIsZan(res.data, userinfo.value._id),
        ];
      }
      // 设置 page
      page.value = res.page;
      // 设置 pageSize
      pageSize.value = res.pageSize;
      // 设置 totalCount
      totalCount.value = res.totalCount;
      // 假如 totalCount 的值等于 list 的长度,表示已经全部加载完成
      if (totalCount.value === list.value.length) {
        // 关闭加载状态
        loading.value = false;
        // 将 isEnd 设置为真
        isEnd.value = true;
      }
    }
```

```
};
```

在上述代码中 data 对象增加了 user 属性，值为 props.userId。

2. 在浏览器查看演示

打开浏览器，进入评论系统首页，单击右上角的"..."菜单或者单击进入评论二级页面右上角的"..."菜单都可以进入"我的"页面，如图 9-64 所示。

如果用户没有登录系统，则会提示并引导用户登录。

在"我的"页面对于不需要"网友热议"和"抢先评论"的文字，在 app-comment-list.vue 文件对 props.userId 的值进行了判断，props.userId 的值默认为空，如果 props.userId 不等于空，则不显示 <h4 v-if="!userId">{{ isContent ? " 全部回复 " : " 网友热议 " }}</h4> 和 <h4 v-if="!userId"> 抢先评论 </h4> 的内容。

图 9-64 编辑后的"我的"页面

9.21.7 修改 app-list-item 组件增加"查看用户评论"按钮

1. 修改 app–list–item 组件

打开 src/components/app-list-item.vue 文件，修改模板，代码如下：

```
//ch9/14/src/components/app-list-item.vue
<view class="avatar">

// 修改为
<view class="avatar" @click="showUser(item.user._id)">
```

和

```
//ch9/14/src/components/app-list-item.vue
<view class="username">{{item.user && item.user.username}}</view>

// 修改为
<view class="username" @click="showUser(item.user._id)">
{{item.user && item.user.username}}
</view>
```

上述代码增加了单击事件 showUser() 方法，将 item.user._id 作为参数传入。

模板增加的代码如下：

```
//ch9/14/src/components/app-list-item.vue
<view
    class="parent"
    v-if="item.parent && id !== item.parent._id"
    @click="showComment(item.parent._id)"
>
    {{
      item.parent && item.parent.user && "@" + item.parent.user.username + ":"
    }}
    {{item.parent && item.parent.content.substring(0, 30) + "..."}}
</view>
```

增加的代码位于 <view class="userinfo">...</view> 和 <view class="content">...</view> 之间。

打开 src/components/app-list-item.vue 文件,增加逻辑,代码如下:

```
//ch9/14/src/components/app-list-item.vue
import {ref, onMounted} from "vue";
const id = ref("");
onMounted(() => {
  getPage();
});

/**
* 跳转到评论详情
* @param {string} id
*/
const showComment = (id) => {
  uni.navigateTo({url: `/pages/comment?id=${id}`});
};

/**
* 查看某用户的评论
* @param {string} id
*/
const showUser = (id) => {
  uni.navigateTo({url: `/pages/user?id=${id}`});
};

/**
* 获取页面参数
*/
const getPage = () => {
  const pages = getCurrentPages(); // 获取加载的页面
  const currentPage = pages[pages.length - 1].$page; // 获取当前页面的对象
  const options = currentPage.options;
  if (options.id) {
      id.value = options.id;
  }
};
```

上述代码增加了生命周期函数 onMounted,在 onMounted() 函数里执行 getPage() 方法,其目的是获取页面参数。判断 options.id 是否存在,如果存在,则将 options.id 赋值给 id。

定义响应式变量 id,类型是字符串。

定义 showComment() 方法和 showUser() 方法,都用于页面跳转。

定义 getPage 方法,用于获取当前页面的信息。调用 getCurrentPages() 方法,用于获取当前已加载的页面栈数组。页面栈是一个数组,里面包含了所有已加载的页面对象,其中第 1 个元素代表首页,最后一个元素代表当前页面。

获取当前页面对象后,获取 options 对象。options 对象包含页面的路径参数,在页面打开 url 中附带的查询字符串参数。

判断 options 对象中是否存在 id 属性。如果存在,则将其值赋给 id 响应式变量。

打开 src/components/app-list-item.vue 文件,修改样式,代码如下:

```
//ch9/14/src/components/app-list-item.vue
.main {
```

```
    flex: 1;
    .userinfo {
      display: flex;
      align-items: center;
      justify-content: space-between;
      .username {
        font-size: 30upx;
        font-weight: 600;
      }
      .zan {
        display: flex;
        align-items: center;
        font-size: 30upx;
        .color {
          color: #dd0000;
        }
        text {
          margin-left: 10upx;
        }
      }
    }
  }
  .content {
    margin: 20upx 0;
    padding: 10upx 0;
    font-size: 32upx;
    .blue {
      color: rgb(48, 95, 189);
    }
  }
  .img {
    image {
      width: 400upx;
    }
    margin: 0 0 10upx 0;
  }
  .func_area {
    display: flex;
    flex-wrap: wrap;
    align-items: center;
    justify-content: space-between;
    .func {
      display: flex;
      flex-wrap: wrap;
      color: #999;
      align-items: center;
      font-size: 26upx;
      justify-content: flex-start;
      .reply {
        margin-right: 20upx;
        background-color: #eee;
        border-radius: 15upx;
        padding: 0 10upx 0 20upx;
        color: #333;
      }
      .dot {
```

```
      margin: 0 12upx;
    }
  }
 }
}

// 修改为
.main {
  flex: 1;
  .userinfo {
    display: flex;
    align-items: center;
    justify-content: space-between;
    .username {
      font-size: 30upx;
      font-weight: 600;
    }
    .zan {
      display: flex;
      align-items: center;
      font-size: 30upx;
      .color {
        color: #dd0000;
      }
      text {
        margin-left: 10upx;
      }
    }
  }
  .parent {
    font-size: 26upx;
    background: #efefef;
    padding: 10upx;
    color: #666;
    border-radius: 10upx;
    margin: 20upx 0;
  }
  .content {
    margin: 20upx 0;
    padding: 10upx 0;
    font-size: 32upx;
    .blue {
      color: rgb(48, 95, 189);
    }
  }
  .img {
    image {
      width: 400upx;
    }
    margin: 0 0 10upx 0;
  }

  .func_area {
    display: flex;
    flex-wrap: wrap;
    align-items: center;
```

```
        justify-content: space-between;
      .func {
        display: flex;
        flex-wrap: wrap;
        color: #999;
        align-items: center;
        font-size: 26upx;
        justify-content: flex-start;
        .reply {
          margin-right: 20upx;
          background-color: #eee;
          border-radius: 15upx;
          padding: 0 10upx 0 20upx;
          color: #333;
        }
        .dot {
          margin: 0 12upx;
        }
      }
    }
  }
```

上述代码增加了 parent 选择器。

2. 在浏览器查看演示

单击评论首页或者评论二级页面任意用户名或者用户头像，可以打开"查看用户评论"页面，如图 9-65 所示。

"查看用户评论"页面支持下拉刷新、上拉加载更多、给评论点赞、回复评论、举报评论等功能。

图 9-65 "查看用户评论"页面

9.22 管理中心

管理中心是评论系统后台的核心区域，供管理员进行评论管理、用户管理、图片管理和举报评论管理等操作。

9.22.1 创建管理中心页面

右击 VS Code 编辑器中的 src/pages 文件夹，在弹出的快捷菜单中选择"新建文件夹"，创建 manage 文件夹。

右击 VS Code 编辑器中的 src/pages/manage 文件夹，在弹出的快捷菜单中选择"新建 uniapp 页面"，创建 uniapp 页面。

在弹出的窗口中写上页面的名称和标题名称，笔者这里写的是"index 管理"，index 和"管理"之间是空格，按 Enter 键确认。

1. 将管理页面默认风格修改为组合式 API 风格

页面创建成功后，将页面修改为组合式 API 风格，代码如下：

```
<script setup></script>
```

因为里面没有实际性的代码，所以只是在 script 后面添加了 setup，删除了其他的代码。

2. 编写管理页面模板代码

管理界面使用了 uni-app 的扩展组件 uni-ui 的 uni-segmented-control 分段器,用于创建分段控件,让用户可以在不同的段落之间进行选择。

uni-segmented-control 分段器的基本用法,代码如下:

```
<template>
  <view>
    <uni-segmented-control :current="current" :values="items"
      @clickItem="onClickItem" styleType="button" activeColor="#4cd964">
    </uni-segmented-control>
    <view class="content">
      <view v-show="current === 0"> 选项卡 1 的内容 </view>
      <view v-show="current === 1"> 选项卡 2 的内容 </view>
      <view v-show="current === 2"> 选项卡 3 的内容 </view>
    </view>
  </view>
</template>
<script setup>
import {ref} from "vue";
const items = ref(['选项 1', '选项 2', '选项 3'])
const current = ref(0)
const onClickItem = (e) => {
  if (current.value !== e.currentIndex) {
    current.value = e.currentIndex;
  }
}
</script>
```

上述代码用于展示 uni-segmented-control 分段器组件,使用 uni-segmented-control 组件可以创建一个分段控制器,用于在不同的内容选项卡之间进行切换。具体来讲,当用户单击"选项 1"时,页面将展示与之对应的"选项卡 1 的内容"。类似地,单击"选项 2"和"选项 3"将分别展示对应的"选项卡 2 的内容"和"选项卡 3 的内容"。通过这种方式,用户可以轻松地在不同的视图或数据集之间进行交互。

打开 src/pages/manage/index.vue 文件,编写页面模板,代码如下:

```
//ch9/15/src/pages/manage/index.vue
<template>
  <view class="container">
    <view class="control">
      <uni-segmented-control
        :current="current"
        :values="items"
        :style-type="styleType"
        @clickItem="onClickItem"
      />
    </view>

    <view class="content">
      <view v-if="current === 0">
        <view class="comment-list">
          <uni-card
            v-for="(item, index) in comments.list"
            :key="index"
            :title="item.user && item.user.username"
```

```html
          :sub-title="relativeDateTime(item.createdAt)"
          :extra="item.regionName"
          :thumbnail="
            item.user && item.user.avatar && item.user.avatar.url +
'!img50'
          "
        >
          <view class="parent" v-if="item.parent">
            {{
              item.parent &&
              item.parent.user &&
              "@" + item.parent.user.username + ":"
            }}
            {{item.parent && item.parent.content.substring(0, 100)
+ "..."}}
          </view>
          <text class="uni-body">{{ item.content }}</text>
          <view class="img" v-if="item.img">
            <image :src="item.img.url + '!w300'" mode="widthFix"
/></view>
          <view class="del" v-if="item.content !== '评论已删除'">
            <button
              @click="removeComment(item._id)"
              type="default"
              size="mini"
            >
              删除评论
            </button></view
          >
        </uni-card>

        <view v-if="comments.isEnd" class="isEnd">
          ———— 已加载完成 ————
        </view>
      </view>
    </view>
    <view v-if="current === 1">
      <view class="user-list">
        <uni-list-chat
          v-for="(item, index) in users.list"
          :key="index"
          :title="item.username"
          :avatar="item.avatar && item.avatar.url + '!img50'"
          :note="formatTime(item.updatedAt) + ' ' + item.regionName"
        >
          <view class="chat-custom-right" v-if="item.status === 1">
            <button
              @click="changeUserStatus(item._id, 0)"
              type="default"
              size="mini"
            >
              封禁
            </button>
          </view>
          <view class="chat-custom-right" v-else>
            <button
```

```
              @click="changeUserStatus(item._id, 1)"
              type="primary"
              size="mini"
            >
              解封
            </button>
          </view>
        </uni-list-chat>
      </view>
      <view v-if="users.isEnd" class="isEnd">———— 已加载完成 ————</view>
    </view>
    <view v-if="current === 2">
      <view class="comment-list">
        <uni-card
          v-for="(item, index) in materials.list"
          :key="index"
          :title="item.user && item.user.username"
          :sub-title="relativeDateTime(item.createdAt)"
          :extra="item.regionName"
          :thumbnail="
            item.user && item.user.avatar && item.user.avatar.url + '!img50'
          "
        >
          <view class="img" v-if="item.url">
            <image :src="item.url + '!w300'" mode="widthFix" />
            <view class="delete">
              <button
                @click="removeMaterial(item._id)"
                type="default"
                size="mini"
              >
                删除素材
              </button>
            </view>
          </view>
        </uni-card>

        <view v-if="materials.isEnd" class="isEnd">
          ———— 已加载完成 ————
        </view>
      </view>
    </view>
    <view v-if="current === 3">
      <view class="comment-list">
        <uni-card
          v-for="(item, index) in reports.list"
          :key="index"
          :title="item.comment.user && item.comment.user.username"
          :sub-title="relativeDateTime(item.comment.createdAt)"
          :extra="item.comment.regionName"
          :thumbnail="
            item.comment.user &&
            item.comment.user.avatar &&
            item.comment.user.avatar.url + '!img50'
```

```html
"
>
  <view class="parent" v-if="item.comment.parent">
    {{
      item.comment.parent &&
      item.comment.parent.user &&
      "@" + item.comment.parent.user.username + ":"
    }}
    {{
      item.comment.parent &&
      item.comment.parent.content.substring(0, 100) + "..."
    }}
  </view>
  <text class="uni-body">{{ item.comment.content }}</text>
  <view class="img" v-if="item.comment.img">
    <image :src="item.comment.img.url + '!w300'" mode="widthFix"
  /></view>

  <view class="report-title">
    <view
      >举报理由：<text> {{ item.title }}</text></view
    >
  </view>
  <view class="report-title">
    <view>举 报 人：{{ item.user.username }} </view>
  </view>
  <view class="report-title">
    <view>举报时间：{{ relativeDateTime(item.createdAt) }}</view>
  </view>
  <view class="del" v-if="item.status === 0">
    <button
      @click="handleReport(item, 0)"
      type="warn"
      size="mini"
      class="r-10"
    >
      举报属实
    </button>
    <button @click="handleReport(item, 1)" type="default" size="mini">
      举报不实
    </button>
  </view>
  <view v-else>
    <view class="report-title">
      处理时间：{{ formatTime(item.updatedAt) }} ({{
        relativeDateTime(item.updatedAt)
      }})
    </view>
    <view class="report-title">处理结果：{{ item.content }} </view>
  </view>
</uni-card>

<view v-if="reports.isEnd" class="isEnd"> ———— 已加载完成 ———— </view>
```

```
            </view>
          </view>
        </view>
      </view>
    </template>
```

上述代码用于系统管理页面，主要由4部分组成，这4部分由顶部的分段控制器来切换显示，每部分对应不同的内容。

（1）评论管理：显示评论列表，包括评论者的用户名、评论时间、地区名和用户头像。如果当前评论是对另一个评论的回复（存在父评论的情况下），则会展示父评论的内容。每条评论提供了删除操作，用于删除违规评论。

（2）用户管理：显示用户列表，包括用户的用户名、更新时间、地区名和用户头像。每个用户条目提供了操作按钮，用于改变用户的状态，即封禁或解封。

（3）图片管理：显示用户上传图片列表，包括用户的用户名、创建时间和用户头像，以及素材图片。每张图片提供了"删除素材"的操作按钮，用于删除违规的图片。

（4）举报处理：显示被举报的评论列表，包括评论者信息、举报人用户名、举报理由和举报时间。管理员可以通过提供的操作按钮来处理举报，标记为属实或不实，并且对处理完成的举报显示处理结果和处理时间。

3. 编写管理页面逻辑代码

打开 src/pages/manage/index.vue 文件，编写页面逻辑，代码如下：

```
//ch9/15/src/pages/manage/index.vue
import{ref, reactive}from "vue";
import{onLoad, onPullDownRefresh,onReachBottom}from"@dcloudio/uni-app";
import{formatTime, relativeDateTime} from "@/utils/tool";
const current = ref(0);
const styleType = ref("text");
onPullDownRefresh(() => {
  getData(true);
});
onReachBottom((e) => {
  console.log("e=>", e);
  getData();
});
onLoad(() => {
  getData();
});
```

上述代码从 @dcloudio/uni-app 解构出 onLoad()、onPullDownRefresh() 和 onReachBottom() 生命周期函数，onPullDownRefresh() 函数用于下拉刷新，onReachBottom() 函数用于上拉加载更多。

```
//ch9/15/src/pages/manage/index.vue
const items = ref(["评论管理","用户管理","图片管理","举报处理"]);
```

上述代码定义了响应式变量 items，用于 uni-segmented-control 分段器组件显示选项卡。

```
//ch9/15/src/pages/manage/index.vue
import { useUserStore } from "@/stores";
const user = useUserStore();
const {
  manageCommentList,
```

```
  manageUserList,
  manageMaterialList,
  manageReportList,
  manageRemoveComment,
  manageChangeUserStatus,
  manageRemoveMaterial,
  manageHandleReport,
} = user;
```

上述代码从 Pinia 状态管理解构获取 manageCommentList()、manageUserList()、manageMaterialList()、manageReportList()、manageRemoveComment()、manageChangeUserStatus()、manageRemoveMaterial()、manageHandleReport() 等方法：

（1）manageCommentList() 方法用于管理员获取管理评论列表。

（2）manageUserList() 方法用于管理员获取管理用户列表。

（3）manageMaterialList() 方法用于管理员获取管理素材列表。

（4）manageReportList() 方法用于管理员获取管理举报列表。

（5）manageRemoveComment() 方法用于管理员删除评论，不是真删除评论，属于软删除，清空评论内容和删除评论图片。

（6）manageChangeUserStatus() 方法用于管理员编辑用户状态。

（7）manageRemoveMaterial() 方法用于管理员删除素材。

（8）manageHandleReport() 方法用于管理员处理举报。

编写页面逻辑，代码如下：

```
//ch9/15/src/pages/manage/index.vue
/**
 * 评论对象
 */
const comments = reactive({
  page: 0,
  pageSize: 10,
  totalCount: 100,
  list: [],
  isEnd: false,
});

/**
 * 用户对象
 */
const users = reactive({
  page: 0,
  pageSize: 10,
  totalCount: 100,
  list: [],
  isEnd: false,
});

/**
 * 素材对象
 */
const materials = reactive({
  page: 0,
```

```
  pageSize: 10,
  totalCount: 100,
  list: [],
  isEnd: false,
});

/**
 * 举报对象
 */
const reports = reactive({
  page: 0,
  pageSize: 10,
  totalCount: 100,
  list: [],
  isEnd: false,
});
```

上述代码用于定义响应式对象 comments、users、materials 和 reports，分别用于存储评论列表信息、用户列表信息、素材列表信息和举报列表信息。

编写页面逻辑，代码如下：

```
//ch9/15/src/pages/manage/index.vue
/**
 * 加载数据
 */
const loadData = async (
  index = 0,
  params = { page: 0, pageSize: 10, totalCount: 100, list: [], isEnd: false },
  bool = false
) => {
  // 判断 bool, 如果为真，则表示刷新，如果为假，则表示加载更多数据
  if (bool) {
    //bool 为真，将 page 页码设置为1
    params.page = 1;
  } else {
    // 如果 bool 为假，则判断总数和 list 的长度是否相等，如果相等，则表示已经全部加载
    // 完成
    if (params.totalCount === params.list.length) {
      // 将 isEnd 设置为真
      params.isEnd = true;
      return;
    }
    // 如果 bool 为假，则 page 页码加 1
    params.page += 1;
  }
  const data = {
    page: params.page,
    pageSize: params.pageSize,
  };
  let res;
  // 判断 index
  if (index === 0) {
    // 如果 index 等于 0, 则调用 manageCommentList 方法
    res = await manageCommentList(data);
  } else if (index === 1) {
    // 如果 index 等于 1, 则调用 manageUserList 方法
```

```
      res = await manageUserList(data);
    } else if (index === 2) {
      // 如果 index 等于 2，则调用 manageMaterialList 方法
      res = await manageMaterialList(data);
    } else if (index === 3) {
      // 如果 index 等于 3，则调用 manageReportList 方法
      res = await manageReportList(data);
    }
    // 如果返回结果存在
    if (res) {
      uni.stopPullDownRefresh();
      // 设置 isEnd 为假
      params.isEnd = false;
      // 判断 bool
      if (bool) {
        // 如果 bool 为真，则表示刷新，list 的值等于 res.data
        params.list = res.data;
      } else {
        // 如果 bool 为假，则 list 的值等于 list 的值和 res.data 值的合并值
        params.list = [...params.list, ...res.data];
      }
      // 设置 page
      params.page = res.page;
      // 设置 pageSize
      params.pageSize = res.pageSize;
      // 设置 totalCount
      params.totalCount = res.totalCount;
      // 假如 totalCount 的值等于 list 的长度，表示已经全部加载完成
      if (params.totalCount === params.list.length) {
        // 将 isEnd 设置为真
        params.isEnd = true;
      }
    }
    return params;
};
```

上述代码定义了 loadData() 异步方法，根据传入的 index 参数来加载不同类型的列表数据。loadData() 方法接受以下 3 个参数。

（1）index：默认值为 0，代表要加载数据的类型。

（2）params：包含列表分页和加载状态信息的对象，默认值如下。

① page：当前页码，默认值为 0。

② pageSize：每页的数据条数，默认值为 10。

③ totalCount：数据的总条数，默认值为 100。

④ list：存放数据列表的数组，默认为空数组 []。

⑤ isEnd：标识是否已加载全部数据，默认值为 false。

（3）bool：布尔值，默认值为 false，用来判断是进行刷新操作还是加载更多数据操作。

loadData() 方法的逻辑分为以下几步：

（1）根据 bool 的值来判断是进行刷新操作（当 bool 的值为 true）还是进行加载更多数据操作（当 bool 的值为 false）。

（2）如果是刷新操作，则将 params.page 设置为 1。

（3）如果是加载更多数据操作，则检查当前已加载的数据条数（params.list.length）是否等

于总条数（params.totalCount）。如果相等，则说明无更多数据可加载，将 params.isEnd 设置为 true 并返回。

（4）如果还有数据可加载，则将 params.page 的值加 1，用来加载下一页数据。

（5）根据不同的 index 参数值，调用不同的异步数据加载方法。

① index 为 0：调用 manageCommentList() 方法。

② index 为 1：调用 manageUserList() 方法。

③ index 为 2：调用 manageMaterialList() 方法。

④ index 为 3：调用 manageReportList() 方法。

将返回结果赋值给变量 res。

（6）判断 res 是否存在，如果 res 存在，则停止下拉刷新动作（uni.stopPullDownRefresh()），将 isEnd 设置为假，更新 params 对象的 list、page、pageSize 和 totalCount。

（7）判断 bool 的值，如果 bool 为真，则表示刷新，params.list 的值等于 res.data。反之，将加载的新数据 res.data 追加到已有的 params.list 中。

（8）检查是否所有数据已加载完成，如果是，则将 params.isEnd 设置为 true。

（9）返回更新后的 params 对象。

编写页面逻辑，代码如下：

```
//ch9/15/src/pages/manage/index.vue
/**
 * 单击 Tab
 * @param {object} e
 */
const onClickItem = async (e) => {
  if (current.value !== e.currentIndex) {
    current.value = e.currentIndex;
  }
  getData();
};
```

上述代码用于处理 uni-segmented-control 分段器组件中的选项卡单击事件。onClickItem() 方法接受一个参数 e，这个参数包含了当前单击项的索引 currentIndex。

当用户单击了分段器中的不同选项卡时，如果单击的选项卡索引与当前选中的索引不一致，就更新当前选中的索引，调用 getData() 方法来刷新相应的数据内容。

判断当前选项卡的索引值 current.value 是否与传入参数 e.currentIndex 的值不同。如果当前选中的索引 current.value 与单击事件传入的索引 e.currentIndex 不同，则将 current.value 的值更新为 e.currentIndex，将当前被选中的选项卡的索引更新为单击事件中的索引值。

调用 getData() 方法来刷新相应的数据内容。

编写页面逻辑，代码如下：

```
//ch9/15/src/pages/manage/index.vue
/**
 * 获取数据
 * @param {boolean} bool
 */
const getData = async (bool = false) => {
  console.log("current.value=>", current.value);
  // 判断当前的 current 下标
```

```
    if (current.value === 0) {
      // 如果下标为 0，则调用 loadData 方法，传入参数 0, comments
      const res = await loadData(0, comments, bool);
      // 将返回值和 comments 合并
      Object.assign(comments, res);
    } else if (current.value === 1) {
      // 如果下标为 1，则调用 loadData 方法，传入参数 1, users
      const res = await loadData(1, users, bool);
      // 将返回值和 users 合并
      Object.assign(users, res);
    } else if (current.value === 2) {
      // 如果下标为 2，则调用 loadData 方法，传入参数 2, materials
      const res = await loadData(2, materials, bool);
      Object.assign(materials, res);
      // 将返回值和 materials 合并
    } else if (current.value === 3) {
      // 如果下标为 3，则调用 loadData 方法，传入参数 3, reports
      const res = await loadData(3, reports, bool);
      Object.assign(reports, res);
      // 将返回值和 materials 合并
    }
  };
```

上述代码定义了 getData() 异步方法，根据 current.value 下标和提供的 bool 参数来加载和更新不同类型的数据：comments、users、materials 或 reports。该方法接受一个参数 bool，默认值为 false。

判断 current.value 的值：

（1）如果 current.value 等于 0，则调用 loadData() 方法，将 0、comments、bool 作为参数传入，将返回结果与响应式对象 comments 合并。

（2）如果 current.value 等于 1，则调用 loadData() 方法，将 1、users、bool 作为参数传入，将返回结果与响应式对象 users 合并。

（3）如果 current.value 等于 2，则调用 loadData() 方法，将 2、materials、bool 作为参数传入，将返回结果与响应式对象 materials 合并。

（4）如果 current.value 等于 3，则调用 loadData() 方法，将 3、reports、bool 作为参数传入，将返回结果与响应式对象 reports 合并。

编写页面逻辑，代码如下：

```
//ch9/15/src/pages/manage/index.vue
/**
 * 删除评论
 * @param {string} id
 */
const removeComment = async (id) => {
  uni.showModal({
    title: "确定要删除吗？",
    content: "评论删除无法恢复！",
    showCancel: true,
    success: async ({confirm, cancel}) => {
      if (confirm) {
        const res = await manageRemoveComment(id);
        if (res === 204) {
```

```
            uni.showToast({
                title: "评论删除成功！",
                icon: "none",
                mask: true,
            });
            // 更新 comments.list 的评论数据
            comments.list.map((item) => {
                if (item._id === id) {
                    item.content = "评论已删除";
                    item.img = "";
                    return item;
                }
            });
        }
    },
    });
};
```

上述代码定义了 removeComment() 异步方法，用于删除评论。该方法接收一个参数 id，该参数是要删除的评论的 id。

调用 uni.showModal() 函数，显示一个模态对话框，询问是否确定要删除评论。如果用户在模态对话框中单击"确定"按钮，则会调用 manageRemoveComment() 异步方法，将评论的 id 作为参数传入，执行删除评论的操作。使用 await 关键词等待服务器返回结果，如果服务器成功处理请求并返回状态码 204（HTTP 状态码 204 代表请求成功处理，但没有内容返回），则表示评论被成功删除。

删除成功后，调用 uni.showToast() 函数向用户显示一个提示框，通知用户"评论删除成功！"。

更新评论列表 comments.list。通过数组的 map() 函数遍历列表，对匹配的评论 id 的信息进行更新。将匹配的评论内容替换为"评论已删除"，将评论图片设置为空字符串，将 item 返回。

编写页面逻辑，代码如下：

```
//ch9/15/src/pages/manage/index.vue
/**
 * 封禁/解封用户（改变用户状态）
 * @param {string} id 用户ID
 * @param {number} status 用户状态
 * - 0 封禁
 * - 1 解封
 */
const changeUserStatus = async (id, status = 0) => {
    const data = {id, status};
    uni.showModal({
        title: "提示！",
        content: `确定要${status === 0 ? "封禁" : "解封"}吗？`,
        showCancel: true,
        success: async ({confirm, cancel}) => {
            if (confirm) {
                const res = await manageChangeUserStatus(data);
                if (res) {
                    uni.showToast({
```

```
            title: `${status === 0 ? "封禁" : "解封"}成功!`,
            icon: "none",
            mask: true,
          });
          // 更新 users.list 数据状态
          users.list.map((item) => {
            if (item._id === id) {
              item.status = status;
              return item;
            }
          });
        }
      }
    },
  });
};
```

上述代码定义了 changeUserStatus() 异步方法,用于改变用户状态,实现封禁或解封用户的操作。

changeUserStatus() 方法接收以下两个参数。

(1) id:字符串类型,代表用户的 id。

(2) status:数字类型,代表用户的新状态,默认值为 0,有以下两种状态。

① 0:封禁用户。

② 1:解封用户。

创建一个对象 data,包括用户 id 和要变更的状态。

调用 uni.showModal() 方法,显示模态对话框,提示用户确认是否要执行封禁或解封操作。content 根据 status 状态判断要执行的操作是封禁还是解封。

当用户单击"确认"按钮时,调用 manageChangeUserStatus() 方法,将 data 作为参数传入,执行封禁或解封操作,将返回结果赋值给 res。

判断 res 是否存在,如果存在,则调用 uni.showToast() 方法,显示一条消息提示框,通知用户操作已成功完成。根据 status 的值来动态地显示"封禁成功!"或"解封成功!"。

更新 users.list 数组中的数据状态。遍历数组,判断 item._id 是否与 id 相等,如果相等,则将该信息的状态更新为 status 的值,返回 item。

编写页面逻辑,代码如下:

```
//ch9/15/src/pages/manage/index.vue
/**
 * 删除素材
 * @param {string} id
 */
const removeMaterial = async (id) => {
  uni.showModal({
    title: "确定要删除该素材吗?",
    content: "素材删除后无法恢复!",
    showCancel: true,
    success: async ({confirm, cancel}) => {
      if (confirm) {
        const res = await manageRemoveMaterial(id);
        if (res === 204) {
          uni.showToast({
```

```
              title: `删除成功！`,
              icon: "none",
              mask: true,
            });
            // 过滤掉刚刚删除的素材
            materials.list = materials.list.filter((item) => item._id !== id);
          }
        }
      },
    });
  };
```

上述代码定义了removeMaterial()异步方法，用于删除素材的操作。

removeMaterial()方法接收一个参数id，代表要删除的素材的id。

调用uni.showModal()函数，显示一个模态对话框来提示用户，确认是否真的要删除素材。如果用户在对话框中单击"确认"按钮，则调用manageRemoveMaterial()方法，将id作为参数传入，执行删除操作，将返回结果赋值给res，如果res为204，则表示素材已成功地被删除，调用uni.showToast()方法展示一个提示信息给用户，提示标题为"删除成功！"。

更新materials.list。通过数组的filter()方法实现，将所有id不等于已删除素材id的项保留下来，从而达到更新列表，移除被删除素材的效果。

编写页面逻辑，代码如下：

```
//ch9/15/src/pages/manage/index.vue
/**
 * 处理举报评论
 * @param {object} item 举报评论信息
 * @param {number} reportStatus 评论处理办法
 * - 0 举报属实，删除评论
 * - 1 举报不实，不做处理
 */
const handleReport = async (item, reportStatus) => {
  const {_id, comment} = item;
  const content =
    reportStatus === 0 ? "举报属实，评论已删除" : "举报不实，不做任何处理";
  const data = {
    id: _id,
    status: 1,
    commentId: comment._id,
    content,
    reportStatus,
  };

  uni.showModal({
    title: "提示",
    content: "处理评论举报",
    showCancel: true,
    success: async ({confirm, cancel}) => {
      if (confirm) {
        const res = await manageHandleReport(data);
        if (res) {
          uni.showToast({
            title: `举报处理成功！`,
            icon: "none",
```

```
        mask: true,
      });
      // 如果 reportStatus 的值为 0，则表示举报属实，执行评论删除操作
      if (reportStatus === 0) {
        await manageRemoveComment(comment._id);
        await getData(true);
      }
      // 替换被处理过的举报评论
      reports.list = reports.list.map((item) => {
        if (item._id === _id) {
          item = {...item, content: res.content, status: res.status};
        }
        return item;
      });
    }
  }
  },
});
};
```

上述代码定义了 handleReport() 异步方法，用于处理举报评论的操作。

handleReport() 方法接收以下两个参数。

（1）item：Object 类型，代表举报评论信息。

（2）reportStatus：Number 类型，评论处理办法，有以下两种值。

① 0：举报内容属实，评论应被删除。

② 1：举报内容不属实，评论将不会被删除，即不做任何处理。

解构 item 获得 id 和 comment。

判断 reportStatus 的值，如果 reportStatus 的值等于 0，则三目运算符将评估为真，content 变量将被赋值为"举报属实，评论已删除"。如果不等于 0，则三目运算符将评估为假，content 变量将被赋值为"举报不实，不做任何处理"。

创建一个对象 data，包括 id、status、commentId、content 和 reportStatus。

调用 uni.showModal() 方法，向用户展示一个模态对话框以获取用户的确认操作。

如果用户确认，则调用 manageHandleReport() 方法，将 data 作为参数传入，执行处理举报操作，将返回结果赋值给 res，判断 res 是否存在，如果 res 存在，则表示举报处理成功，调用 uni.showToast() 方法展示一个提示信息给用户，提示标题为"举报处理成功！"。

判断 reportStatus 的值，如果为 0，则表示举报属实，需要执行评论删除操作，调用 manageRemoveComment() 方法，将 comment._id 作为参数传递。使用 await 关键字等待执行完成后，执行 getData() 方法，传入参数 true，表示重新加载当前数据。

更新当前的举报列表，将处理后的举报信息替换到列表中。

完整的 src/pages/manage/index.vue 文件的逻辑代码如下：

```
//ch9/15/src/pages/manage/index.vue
<script setup>
import {ref, reactive} from "vue";
import {useUserStore} from "@/stores";
import {onLoad, onPullDownRefresh, onReachBottom} from "@dcloudio/uni-app";
import {formatTime, relativeDateTime} from "@/utils/tool";
```

```js
const items = ref(["评论管理", "用户管理", "图片管理", "举报处理"]);
const current = ref(0);
const styleType = ref("text");
const user = useUserStore();
const {
  manageCommentList,
  manageUserList,
  manageMaterialList,
  manageReportList,
  manageRemoveComment,
  manageChangeUserStatus,
  manageRemoveMaterial,
  manageHandleReport,
} = user;
onPullDownRefresh(() => {
  getData(true);
});
onReachBottom((e) => {
  console.log("e=>", e);
  getData();
});

/**
 * 评论对象
 */
const comments = reactive({
  page: 0,
  pageSize: 10,
  totalCount: 100,
  list: [],
  isEnd: false,
});

/**
 * 用户对象
 */
const users = reactive({
  page: 0,
  pageSize: 10,
  totalCount: 100,
  list: [],
  isEnd: false,
});

/**
 * 素材对象
 */
const materials = reactive({
  page: 0,
  pageSize: 10,
  totalCount: 100,
  list: [],
  isEnd: false,
});

/**
```

```
 * 举报对象
 */
const reports = reactive({
  page: 0,
  pageSize: 10,
  totalCount: 100,
  list: [],
  isEnd: false,
});

onLoad(() => {
  getData();
});

/**
 * 加载数据
 */
const loadData = async (
  index = 0,
  params = {page: 0, pageSize: 10, totalCount: 100, list: [], isEnd: false},
  bool = false
) => {
  //判断 bool, 如果为真,则表示刷新,如果为假,则表示加载更多数据
  if (bool) {
    //bool 为真, 将 page 页码设置为1
    params.page = 1;
  } else {
    // 如果bool为假, 则判断总数和 list 的长度是否相等, 如果相等, 则表示已经全部加载
    // 完成
    if (params.totalCount === params.list.length) {
      //将 isEnd 设置为真
      params.isEnd = true;
      return;
    }
    // 如果bool为假, 则 page 页码加 1
    params.page += 1;
  }
  const data = {
    page: params.page,
    pageSize: params.pageSize,
  };
  let res;
  //判断 index
  if (index === 0) {
    // 如果 index 等于 0, 则调用 manageCommentList 方法
    res = await manageCommentList(data);
  } else if (index === 1) {
    // 如果 index 等于 1, 则调用 manageUserList 方法
    res = await manageUserList(data);
  } else if (index === 2) {
    // 如果 index 等于 2, 则调用 manageMaterialList 方法
    res = await manageMaterialList(data);
  } else if (index === 3) {
    // 如果 index 等于 3, 则调用 manageReportList 方法
    res = await manageReportList(data);
```

```js
    }
    // 如果返回结果存在
    if (res) {
      uni.stopPullDownRefresh();
      // 将 isEnd 设置为假
      params.isEnd = false;
      // 判断 bool
      if (bool) {
        // 如果 bool 为真, 则表示刷新, list 的值等于 res.data
        params.list = res.data;
      } else {
        // 如果 bool 为假, 则 list 的值等于 list 的值和 res.data 值的合并值
        params.list = [...params.list, ...res.data];
      }
      // 设置 page
      params.page = res.page;
      // 设置 pageSize
      params.pageSize = res.pageSize;
      // 设置 totalCount
      params.totalCount = res.totalCount;
      // 假如 totalCount 的值等于 list 的长度, 表示已经全部加载完成
      if (params.totalCount === params.list.length) {
        // 将 isEnd 设置为真
        params.isEnd = true;
      }
    }
  return params;
};

/**
 * 单击 Tab
 * @param {object} e
 */
const onClickItem = async (e) => {
  if (current.value !== e.currentIndex) {
    current.value = e.currentIndex;
  }
  getData();
};

/**
 * 获取数据
 * @param {boolean} bool
 */
const getData = async (bool = false) => {
  console.log("current.value=>", current.value);
  // 判断当前的 current 下标
  if (current.value === 0) {
    // 如果下标为 0, 则调用 loadData 方法, 传入参数 0, comments
    const res = await loadData(0, comments, bool);
    // 将返回值和 comments 合并
    Object.assign(comments, res);
  } else if (current.value === 1) {
    // 如果下标为 1, 则调用 loadData 方法, 传入参数 1, users
    const res = await loadData(1, users, bool);
    // 将返回值和 users 合并
```

```javascript
      Object.assign(users, res);
    } else if (current.value === 2) {
      // 如果下标为 2, 则调用 loadData 方法, 传入参数 2, materials
      const res = await loadData(2, materials, bool);
      Object.assign(materials, res);
      // 将返回值和 materials 合并
    } else if (current.value === 3) {
      // 如果下标为 3, 则调用 loadData 方法, 传入参数 3, reports
      const res = await loadData(3, reports, bool);
      Object.assign(reports, res);
      // 将返回值和 materials 合并
    }
};

/**
 * 删除评论
 * @param {string} id
 */
const removeComment = async (id) => {
  uni.showModal({
    title: "确定要删除吗？",
    content: "评论删除后无法恢复！",
    showCancel: true,
    success: async ({confirm, cancel}) => {
      if (confirm) {
        const res = await manageRemoveComment(id);
        if (res === 204) {
          uni.showToast({
            title: "评论删除成功！",
            icon: "none",
            mask: true,
          });
          // 更新 comments.list 的评论数据
          comments.list.map((item) => {
            if (item._id === id) {
              item.content = "评论已删除";
              item.img = "";
              return item;
            }
          });
        }
      }
    },
  });
};

/**
 * 封禁/解封用户（改变用户状态）
 * @param {string} id 用户ID
 * @param {number} status 用户状态
 * - 0 封禁
 * - 1 解封
 */
const changeUserStatus = async (id, status = 0) => {
  const data = { id, status };
  uni.showModal({
```

```javascript
      title: "提示！",
      content: `确定要${status === 0 ? "封禁" : "解封"}吗？`,
      showCancel: true,
      success: async ({confirm, cancel}) => {
        if (confirm) {
          const res = await manageChangeUserStatus(data);
          if (res) {
            uni.showToast({
              title: `${status === 0 ? "封禁" : "解封"}成功！`,
              icon: "none",
              mask: true,
            });
            // 更新 users.list 数据状态
            users.list.map((item) => {
              if (item._id === id) {
                item.status = status;
                return item;
              }
            });
          }
        }
      },
    });
};

/**
 * 删除素材
 * @param {string} id
 */
const removeMaterial = async (id) => {
  uni.showModal({
      title: "确定要删除该素材吗？",
      content: "素材删除无法恢复！",
      showCancel: true,
      success: async ({confirm, cancel}) => {
        if (confirm) {
          const res = await manageRemoveMaterial(id);
          if (res === 204) {
            uni.showToast({
              title: `删除成功！`,
              icon: "none",
              mask: true,
            });
            // 过滤掉刚刚删除的素材
            materials.list = materials.list.filter((item) => item._id !== id);
          }
        }
      },
    });
};

/**
 * 处理举报评论
 * @param {object} item 举报评论信息
 * @param {number} reportStatus 评论处理办法
 * - 0 举报属实，删除评论
```

```
 * - 1 举报不实，不做处理
 */
const handleReport = async (item, reportStatus) => {
  const {_id, comment} = item;
  const content =
    reportStatus === 0 ? "举报属实，评论已删除" : "举报不实，不做任何处理";
  const data = {
    id: _id,
    status: 1,
    commentId: comment._id,
    content,
    reportStatus,
  };

  uni.showModal({
    title: "提示",
    content: "处理评论举报",
    showCancel: true,
    success: async ({confirm, cancel}) => {
      if (confirm) {
        const res = await manageHandleReport(data);
        if (res) {
          uni.showToast({
            title: `举报处理成功！`,
            icon: "none",
            mask: true,
          });
          // 如果 reportStatus 的值为 0，则表示举报属实，执行评论删除操作
          if (reportStatus === 0) {
            await manageRemoveComment(comment._id);
            await getData(true);
          }
          // 替换被处理过的举报评论
          reports.list = reports.list.map((item) => {
            if (item._id === _id) {
              item = {...item, content: res.content, status: res.status};
            }
            return item;
          });
        }
      }
    },
  });
};
</script>
```

4. 编写管理页面样式代码

打开 src/pages/manage/index.vue 文件，编写组件样式，代码如下：

```
//ch9/15/src/pages/manage/index.vue
<style scoped lang="scss">
page {
  background-color: #efefef;
}
.container {
  padding-bottom: 50upx;
```

```css
.control {
  padding: 10upx 30upx;
  position: sticky;
  top: 44px;
  background-color: #fff;
  z-index: 222;
}
.content {
  .parent {
    font-size: 26upx;
    background: #efefef;
    padding: 10upx;
    color: #666;
    border-radius: 10upx;
    margin: 20upx 0;
  }
  .del {
    padding: 20upx 0;
  }
  .report-title {
    margin: 20upx 0;
    padding: 20upx;
    background: #efefef;
    border-radius: 10upx;
    font-size: 26upx;
    text {
      color: #dd0000;
    }
  }
  .img {
    padding: 20upx 0;
    display: flex;
    justify-content: space-between;
    image {
      width: 400upx;
      border-radius: 10upx;
    }
    .delete {
      display: flex;
      justify-content: center;
      align-items: center;
    }
  }
  .isEnd {
    text-align: center;
    color: #ccc;
    padding: 20upx;
  }
  .from {
    font-size: 26upx;
    color: #888;
  }
}
.user-list {
  margin: 30upx;
  padding: 6upx;
```

```css
    border-radius: 10upx;
    background-color: #fff;
    border: 1px solid #eee;
    box-shadow: rgba(0, 0, 0, 0.08) 0px 0px 3px 1px;
  }
}

.chat-custom-right {
  display: flex;
  justify-content: center;
  align-items: center;
  text {
    font-size: 30upx;
    margin-right: 6upx;
  }
}
.r-10 {
  margin-right: 10upx;
}
</style>
```

5. 在状态管理编写管理方法

打开 src/stores/modules/user.js 文件，编写 manageCommentList() 方法，用于管理员获取评论列表，代码如下：

```js
//ch9/15/src/stores/modules/user.js
/**
 * 评论列表（管理员）
 * @param {object} data
 * @returns
 */
async manageCommentList(data) {
  return await get("/admin/comment/", data);
},
```

上述代码用于管理员获取评论列表，调用 get() 方法将 data 作为参数并将一个请求发送到服务器，将返回结果返回。

编写 manageRemoveComment() 方法，用于管理员删除评论，代码如下：

```js
//ch9/15/src/stores/modules/user.js
/**
 * 删除评论（管理员）
 * - 评论不是真删除，属于软删除，清空评论内容和删除评论图片
 * @param {string} id
 * @returns
 */
async manageRemoveComment(id) {
  return await del(`/admin/comment/${id}`);
},
```

上述代码用于管理员删除评论，调用 del() 方法将 id 和路径拼接成 url 字符串作为参数并将一个请求发送到服务器，将返回结果返回。

编写 manageUserList() 方法，用于管理员获取用户列表，代码如下：

```js
//ch9/15/src/stores/modules/user.js
/**
```

```
* 用户列表 (管理员)
* @param {object} data
* @returns
*/
async manageUserList(data) {
  return await get("/admin/user", data);
},
```

上述代码用于管理员获取用户列表,调用 get() 方法将 data 作为参数并将一个请求发送到服务器,将返回结果返回。

编写 manageChangeUserStatus() 方法,用于管理员改变用户状态,如封禁和解封用户,代码如下:

```
//ch9/15/src/stores/modules/user.js
/**
* 编辑用户状态 (管理员)
* - status: 1 解封
* - status: 0 封禁
* @param {object} data { id, status }
* @returns
*/
async manageChangeUserStatus(data) {
  const {id, status} = data;
  return await put(`/admin/user/changeUserStatus/${id}`, { status });
},
```

上述代码用于管理员编辑用户状态,从 data 解构获取 id 和 status,调用 put() 方法将 id 和路径拼接成 url 字符串及 {status} 作为参数并将一个请求发送到服务器,将返回结果返回。

编写 manageMaterialList() 方法,用于管理员获取素材列表,代码如下:

```
//ch9/15/src/stores/modules/user.js
/**
* 获取素材列表 (管理员)
* @param {object} data
* @returns
*/
async manageMaterialList(data) {
  return await get("/admin/material", data);
},
```

上述代码用于管理员获取素材列表,调用 get() 方法将 data 作为参数并将一个请求发送到服务器,将返回结果返回。

编写 manageRemoveMaterial() 方法,用于管理员删除素材,代码如下:

```
//ch9/15/src/stores/modules/user.js
/**
* 删除素材 (管理员)
* @param {string} id
* @returns
*/
async manageRemoveMaterial(id) {
  return await del(`/admin/material/${id}`);
},
```

上述代码用于管理员删除素材,调用 del() 方法将 id 和路径拼接成 url 字符串作为参数并将一个请求发送到服务器,将返回结果返回。

编写 manageReportList() 方法，用于管理员获取评论举报列表，代码如下：

```
//ch9/15/src/stores/modules/user.js
/**
 * 举报列表（管理员）
 * @param {object} data
 * @returns
 */
async manageReportList(data) {
  return await get("/admin/report", data);
},
```

上述代码用于管理员获取举报列表，调用 get() 方法将 data 作为参数并将一个请求发送到服务器，将返回结果返回。

编写 manageHandleReport() 方法，用于管理员处理评论举报，代码如下：

```
//ch9/15/src/stores/modules/user.js
/**
 * 处理举报（管理员）
 * @param {object} data { id,status,commentId,content }
 * @returns
 */
async manageHandleReport(data) {
  const {id} = data;
  return await post(`/admin/report/${id}`, data);
},
```

上述代码用于管理员处理举报，从 data 解构获取 id，调用 post() 方法将 id 和路径拼接成 url 字符串，将 data 作为参数并将一个请求发送到服务器，将返回结果返回。

9.22.2　在 pages.json 文件中设置管理界面下拉刷新

打开 src/pages.json 文件，设置管理界面下拉刷新，代码如下：

```
//ch9/15/src/pages.json
{
  "path": "pages/manage/index",
  "style": {
    "navigationBarTitleText": "管理"
    }
}

// 修改为
{
  "path": "pages/manage/index",
  "style": {
    "navigationBarTitleText": "管理",
    "enablePullDownRefresh": true
  }
}
```

上述代码用于将 pages/manage/index 页面的 enablePullDownRefresh 值设置为 true。

9.22.3　在工具文件中增加格式化时间

打开 src/utils/tool.js 文件，增加格式时间，代码如下：

```
//ch9/15/src/utils/tool.js
/**
* 格式化时间
* @param {number} time
* @returns
*/
export const formatTime = (time) => dayjs(time).format("YYYY-MM-DD HH:mm:ss");
```

上述代码用于将时间按 YYYY-MM-DD HH:mm:ss 进行格式化。

9.22.4 在浏览器查看演示

进入管理界面，笔者使用的是用户名张无忌和密码 123456q 登录系统，相关张无忌账户注册的详情，可查看 6.2.10 节，在笔者的演示系统中张无忌的密码稍后会被修改为其他密码。

读者也可以自行通过图形化管理工具打开数据库，选择一个自己喜欢的账户并将其设置为 admin 权限，如何设置用户权限可查看 6.3.2 节。

打开浏览器，在网址栏输入 http://127.0.0.1:5173 地址，单击右上角的"..."，进入"我的"页面，如果用户为未登录状态，则会引导提示登录，如图 9-66 所示。

输入有管理权限的用户名、密码进行登录，登录成功后，再次单击"..."菜单按钮，进入"我的"页面，如图 9-67 所示。

以管理员身份进入"我的"页面，右上角有一个"管理"按钮，单击此按钮便可进入管理界面，如图 9-68 所示。

图 9-66 未登录提示

图 9-67 "我的"页面（管理员权限）

图 9-68 管理界面

管理界面有 4 个选项卡：评论管理、用户管理、图片管理、举报处理，默认进入的选项卡是"评论管理"选项卡。

1. 评论管理

支持下拉刷新、上拉加载更多、查看评论内容、删除不合格评论等功能，如图 9-69 所示。

2. 用户管理

支持下拉刷新、上拉加载更多、封禁用户、解封用户等功能，如图 9-70 所示。

单击"封禁"按钮，可以封禁用户，被封禁的用户无法进行登录操作、发表评论等操作，如图 9-71 所示。

图 9-69　删除评论　　　　　图 9-70　用户管理

单击"解封"按钮，可以解封用户，如图 9-72 所示。

图 9-71　封禁用户　　　　　图 9-72　解封用户

3. 图片管理

图片管理用于管理用户上传的资源，包括用户头像、评论图片。支持下拉刷新、上拉加载更多等功能，如图9-73所示。

单击"删除素材"按钮，可以删除相关图片素材，如图9-74所示。

图 9-73　图片管理

图 9-74　删除图片素材

4. 举报管理

举报管理用于处理评论举报。支持下拉刷新、上拉加载更多等功能，如图9-75所示。举报处理有以下两种处理办法。

① 举报属实：删除评论，并提示"举报属实，评论已删除"。

② 举报不实：不做处理，并提示"举报不实，不做任何处理"。

单击"举报属实"按钮或者"举报不实"按钮，处理举报，如图9-76所示。

图 9-75　举报处理

图 9-76　处理举报

如果举报不属实，则不做任何处理，如图 9-77 所示。

如果举报属实，则将删除评论内容和评论图片，如图 9-78 所示。

图 9-77　举报不实，不做任何处理　　　　图 9-78　举报属实，评论已删除

9.23　发布上线

在发布上线前，需要先将 console.log 注销，以免泄露。

发布 h5 网站，需要在项目开发完成后进行编译打包，然后将打包后的文件部署到服务器。

9.23.1　将后端 API 地址修改为线上生产环境地址

打开 src/request/index.js 文件，修改后的代码如下：

```
//ch9/16/src/request/index.js
const baseURL = "api";

// 修改为
const baseURL = process.env.NODE_ENV === "development" ? "api" : "https://commentapi.aiboxs.cn";
```

上述代码用于将 baseURL 设置为线上生产环境地址，笔者的线上生产环境地址是 https://commentapi.aiboxs.cn，读者应该根据自己的域名进行设置。

process.env.NODE_ENV === "development" 通过环境变量来判断当前环境是否是开发环境，这是一个三目运算符，如果条件为真，则结果为":"前面的值 /api，如果条件为假，则结果为":"后面的值 https://commentapi.aiboxs.cn。

9.23.2　构建 h5 应用

构建 h5 应用，在项目根文件夹下，在命令行运行的命令如下：

```
npm run build:h5

// 或者
yarn build:h5
```

上述命令会构建最终发布的包，如图 9-79 所示。

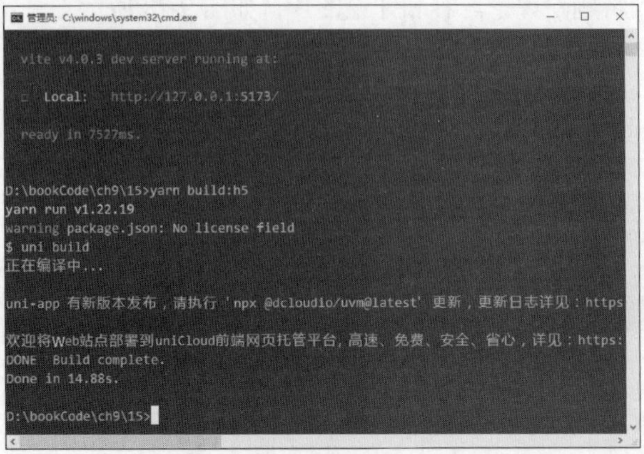

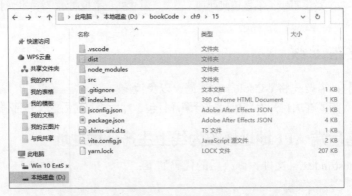

图 9-79 项目发布（1）

最终发布的包通常保存在项目的 dist/build/h5 文件夹中，如图 9-80 所示。

图 9-80 项目发布（2）最终发布的包的位置

9.23.3 将文件上传到服务器

进入 dist/build 文件夹，将 h5 文件夹压缩打包，复制到服务器，如何将文件复制到服务器可参考 6.13.7 节。将 h5.zip 复制到 C 盘下的 www 文件夹，如图 9-81 所示。

图 9-81 将最终发布的包压缩为 zip 包并复制到服务器的 C 盘下的 www 文件夹

将 h5 压缩包解压缩，进入 h5 文件夹，查看相关文件，如图 9-82 所示。

图 9-82　将 h5.zip 解压

9.23.4　配置 Nginx 的 nginx.conf 配置文件

在服务器进行操作，打开 C 盘下的 nginx 文件夹，进入 conf 文件夹，复制 nginx.conf 文件，在当前文件夹粘贴 nginx.conf 文件，nginx.conf 文件属于配置文件，每次在修改之前，笔者建议都先复制一份，如果修改配置失败，则可以使用备份的文件恢复。

打开 VS Code 编辑器，打开 nginx.conf 文件，增加的代码如下：

```
//ch6/27/nginx.conf
server {
        listen          80;
        server_name     comment.aiboxs.cn;
        rewrite ^(.*) https://comment.aiboxs.cn$1 permanent;
}
```

上述代码用于将访问 comment.aiboxs.cn 域名的 HTTP 请求重定向到对应的 HTTPS 地址。

server 定义了一个 Nginx 服务器监听配置。

listen 80 告诉 Nginx 监听 80 端口，80 端口是默认的 HTTP 端口。

server_name comment.aiboxs.cn 用于指定服务器主机名。

rewrite ^(.*) https://comment.aiboxs.cn$1 permanent 是一条 URL 重写规则。

^(.*) 是一个正则表达式，匹配任何向服务器发送的请求路径。

https://comment.aiboxs.cn$1 是重写的目标 URL，1 代表之前正则表达式匹配的请求路径部分。

permanent 表示这是一个永久重定向，相当于 HTTP 状态码 301。表示任何发送到 http://comment.aiboxs.cn 的请求都会被告知内容永久移到 https://comment.aiboxs.cn。

配置 Nginx，代码如下：

```
//ch6/27/nginx.conf
server {
        #Nginx 监听的端口号为 8202
        listen          8202;

        # 服务器名为 localhost
        server_name     localhost;
```

```
        # 配置根URL的处理方式
        location / {
            # 根目录的位置在 C:\www\h5,定义了服务器上静态文件的存放路径
            root   C:\www\h5;

            # 当访问根URL时默认返回的文件,这里是index.html或index.htm
            index  index.html index.htm;
        }

        # 当请求的页面或资源未找到时,返回根路径下的index.html文件
        error_page 404 /index.html;
}
```

上述代码用于配置 Nginx 来处理监听 8202 端口。

配置 Nginx,代码如下:

```
//ch6/27/nginx.conf
upstream comment {
    server 127.0.0.1:8202 fail_timeout=0;
}
```

上述代码用于定义一个上游服务器组,名为 comment。这个上游服务器组可以被用于反向代理或负载均衡。

配置 Nginx,代码如下:

```
//ch6/27/nginx.conf
server {
    listen          443 ssl;
    server_name     comment.aiboxs.cn;

    gzip on;
    gzip_min_length 100;
    gzip_types text/plain text/css application/xml application/javascript;
    gzip_vary on;
    ssl_certificate C:\ssl\comment\comment.pem;
    ssl_certificate_key C:\ssl\comment\comment.key;
    ssl_session_cache     shared:SSL:1m;
    ssl_session_timeout   5m;
    ssl_ciphers   HIGH:!aNULL:!MD5;

     location / {
        proxy_set_header X-Forwarded-For $proxy_add_x_forwarded_for;
        proxy_set_header Host $http_host;
        proxy_set_header X-Forwarded-Proto https;
        proxy_redirect off;
        proxy_connect_timeout         240;
        proxy_send_timeout            240;
        proxy_read_timeout            240;
        proxy_pass http://comment/;
     }
}
```

上述代码用于配置 Nginx 来处理 comment.aiboxs.cn 的 HTTPS 请求并转发到后端服务器。

完整的 nginx.conf 配置文件,代码如下:

```
//ch6/27/nginx.conf
#user  nobody;
worker_processes  1;

#error_log  logs/error.log;
#error_log  logs/error.log  notice;
#error_log  logs/error.log  info;

#pid        logs/nginx.pid;

events {
    worker_connections  1024;
}

http {
    include       mime.types;
    default_type  application/octet-stream;

    #log_format  main  '$remote_addr - $remote_user [$time_local] "$request" '
    #                  '$status $body_bytes_sent "$http_referer" '
    #                  '"$http_user_agent" "$http_x_forwarded_for"';

    #access_log  logs/access.log  main;

    sendfile        on;
    #tcp_nopush     on;

    #keepalive_timeout  0;
    keepalive_timeout  65;

    #gzip  on;

    server {
        listen       80;
        server_name  comment.aiboxs.cn;
        rewrite ^(.*) https://comment.aiboxs.cn$1 permanent;
    }

    server {
        listen       80;
        server_name  commentapi.aiboxs.cn;
        rewrite ^(.*) https://commentapi.aiboxs.cn$1 permanent;
    }

    server {
        listen       8202;
        server_name  localhost;

        location / {
            root   C:\www\h5;
            index  index.html index.htm;
        }
        error_page 404 /index.html;

    }
```

```nginx
server {
    #Nginx 监听的端口号为 8202
    listen       8202;

    #服务器名为 localhost
    server_name  localhost;

    #配置根 URL 的处理方式
    location / {

        #根目录的位置在 C:\www\h5,定义了服务器上静态文件的存放路径
        root    C:\www\h5;

        #当访问根 URL 时默认返回的文件,这里是 index.html 或 index.htm
        index   index.html index.htm;
    }

    #当请求的页面或资源未找到时,返回根路径下的 index.html 文件
    error_page 404 /index.html;
}

upstream comment {
    server 127.0.0.1:8202 fail_timeout=0;
}

upstream commentApi {
    server 127.0.0.1:7001 fail_timeout=0;
}

server {
    #定义 Nginx 监听 443 端口,启用 SSL
    listen       443 ssl;

    #设置域名
    server_name  commentapi.aiboxs.cn;

    #开启 Gzip 压缩
    gzip on;

    #将最小压缩长度设置为 100 字节
    gzip_min_length 100;

    #定义可以被压缩的类型
    gzip_types  text/plain text/css application/xml application/javascript;

    #在响应 header 中添加 Vary: Accept-Encoding,用以缓存代理正确处理带有不同
    #'Accept-Encoding' 请求头的对象
    gzip_vary on;

    #设置 SSL 证书文件的位置
    ssl_certificate C:\ssl\comment\commentapi.pem;

    #设置 SSL 证书密钥文件的位置
    ssl_certificate_key C:\ssl\comment\commentapi.key;
```

```nginx
        # 设置SSL会话缓存, 大小为1MB
        ssl_session_cache       shared:SSL:1m;

        # 将SSL会话的超时时间设置为5min
        ssl_session_timeout   5m;

        # 设置加密套件, 排除不安全的加密算法
        ssl_ciphers   HIGH:!aNULL:!MD5;

      location / {
         # 设置请求头部,将用户的真实IP传递给后端服务器
          proxy_set_header X-Forwarded-For $proxy_add_x_forwarded_for;

        # 将请求头部的Host字段设置为当前请求的Host
            proxy_set_header Host $http_host;

        # 设置请求头部,指示后端是HTTPS协议
            proxy_set_header X-Forwarded-Proto https;

        # 关闭代理后的重定向处理,通常允许Respond中的Location保持相对路径
            proxy_redirect off;

        # 设置代理连接的超时时间
            proxy_connect_timeout        240;

        # 设置代理发送数据的超时时间
            proxy_send_timeout           240;

        # 设置代理读取数据的超时时间
            proxy_read_timeout           240;

        # 设置代理的后端服务器地址,流量将被转发到这个后端地址
            proxy_pass http://commentApi/;
        }
    }

    server {
        listen       443 ssl;
        server_name  comment.aiboxs.cn;

        gzip on;
        gzip_min_length 100;
        gzip_types text/plain text/css application/xml application/javascript;
        gzip_vary on;
        ssl_certificate C:\ssl\comment\comment.pem;
        ssl_certificate_key C:\ssl\comment\comment.key;
        ssl_session_cache       shared:SSL:1m;
        ssl_session_timeout   5m;
        ssl_ciphers   HIGH:!aNULL:!MD5;

      location / {
          proxy_set_header X-Forwarded-For $proxy_add_x_forwarded_for;
          proxy_set_header Host $http_host;
```

```
                proxy_set_header X-Forwarded-Proto https;
                proxy_redirect off;
                proxy_connect_timeout          240;
                proxy_send_timeout             240;
                proxy_read_timeout             240;
                proxy_pass http://comment/;
        }
    }
}
```

重启 Nginx，打开命令行，进入 nginx 目录，重启 Nginx，命令如下：

```
nginx -s reload
```

9.23.5 测试网站可访问性

通过浏览器测试网站，确认可以被公开访问。检查所有链接、图片、脚本等资源是否都可以被正确地加载和显示。

在浏览器打开 https://comment.aiboxs.cn，如图 9-83 所示。

图 9-83 访问网站

此处读者应输入自己的网址进行测试。

网站的每个功能都需要逐个测试，确保网站功能完全正常。

9.23.6 监控和优化

发布上线后，持续监控网站的性能和各类指标，进行必要的优化，持续提升用户体验。

图书推荐

书　名	作　者
仓颉语言实战（微课视频版）	张磊
仓颉语言核心编程——入门、进阶与实战	徐礼文
仓颉语言程序设计	董昱
仓颉程序设计语言	刘安战
仓颉语言元编程	张磊
仓颉语言极速入门——UI 全场景实战	张云波
HarmonyOS 移动应用开发（ArkTS 版）	刘安战、余雨萍、陈争艳等
公有云安全实践（AWS 版·微课视频版）	陈涛、陈庭暄
虚拟化 KVM 极速入门	陈涛
虚拟化 KVM 进阶实践	陈涛
移动 GIS 开发与应用——基于 ArcGIS Maps SDK for Kotlin	董昱
Vue+Spring Boot 前后端分离开发实战（第 2 版·微课视频版）	贾志杰
前端工程化——体系架构与基础建设（微课视频版）	李恒谦
TypeScript 框架开发实践（微课视频版）	曾振中
精讲 MySQL 复杂查询	张方兴
Kubernetes API Server 源码分析与扩展开发（微课视频版）	张海龙
编译器之旅——打造自己的编程语言（微课视频版）	于东亮
全栈接口自动化测试实践	胡胜强、单镜石、李睿
Spring Boot+Vue.js+uni-app 全栈开发	夏运虎、姚晓峰
Selenium 3 自动化测试——从 Python 基础到框架封装实战（微课视频版）	栗任龙
Unity 编辑器开发与拓展	张寿昆
跟我一起学 uni-app——从零基础到项目上线（微课视频版）	陈斯佳
Python Streamlit 从入门到实战——快速构建机器学习和数据科学 Web 应用（微课视频版）	王鑫
Java 项目实战——深入理解大型互联网企业通用技术（基础篇）	廖志伟
Java 项目实战——深入理解大型互联网企业通用技术（进阶篇）	廖志伟
深度探索 Vue.js——原理剖析与实战应用	张云鹏
前端三剑客——HTML5+CSS3+JavaScript 从入门到实战	贾志杰
剑指大前端全栈工程师	贾志杰、史广、赵东彦
JavaScript 修炼之路	张云鹏、戚爱斌
Flink 原理深入与编程实战——Scala+Java（微课视频版）	辛立伟
Spark 原理深入与编程实战（微课视频版）	辛立伟、张帆、张会娟
PySpark 原理深入与编程实战（微课视频版）	辛立伟、辛雨桐
HarmonyOS 原子化服务卡片原理与实战	李洋
鸿蒙应用程序开发	董昱
HarmonyOS App 开发从 0 到 1	张诏添、李凯杰
Android Runtime 源码解析	史宁宁
恶意代码逆向分析基础详解	刘晓阳
网络攻防中的匿名链路设计与实现	杨昌家
深度探索 Go 语言——对象模型与 runtime 的原理、特性及应用	封幼林
深入理解 Go 语言	刘丹冰

续表

书 名	作 者
Spring Boot 3.0 开发实战	李西明、陈立为
全解深度学习——九大核心算法	于浩文
HuggingFace 自然语言处理详解——基于 BERT 中文模型的任务实战	李福林
动手学推荐系统——基于 PyTorch 的算法实现（微课视频版）	於方仁
深度学习——从零基础快速入门到项目实践	文青山
LangChain 与新时代生产力——AI 应用开发之路	陆梦阳、朱剑、孙罗庚、韩中俊
图像识别——深度学习模型理论与实战	于浩文
编程改变生活——用 PySide6/PyQt6 创建 GUI 程序（基础篇·微课视频版）	邢世通
编程改变生活——用 PySide6/PyQt6 创建 GUI 程序（进阶篇·微课视频版）	邢世通
编程改变生活——用 Python 提升你的能力（基础篇·微课视频版）	邢世通
编程改变生活——用 Python 提升你的能力（进阶篇·微课视频版）	邢世通
Python 量化交易实战——使用 vn.py 构建交易系统	欧阳鹏程
Python 从入门到全栈开发	钱超
Python 全栈开发——基础入门	夏正东
Python 全栈开发——高阶编程	夏正东
Python 全栈开发——数据分析	夏正东
Python 编程与科学计算（微课视频版）	李志远、黄化人、姚明菊 等
Python 数据分析实战——从 Excel 轻松入门 Pandas	曾贤志
Python 概率统计	李爽
Python 数据分析从 0 到 1	邓立文、俞心宇、牛瑶
Python 游戏编程项目开发实战	李志远
Java 多线程并发体系实战（微课视频版）	刘宁萌
从数据科学看懂数字化转型——数据如何改变世界	刘通
Dart 语言实战——基于 Flutter 框架的程序开发（第 2 版）	亢少军
Dart 语言实战——基于 Angular 框架的 Web 开发	刘仕文
FFmpeg 入门详解——音视频原理及应用	梅会东
FFmpeg 入门详解——SDK 二次开发与直播美颜原理及应用	梅会东
FFmpeg 入门详解——流媒体直播原理及应用	梅会东
FFmpeg 入门详解——命令行与音视频特效原理及应用	梅会东
FFmpeg 入门详解——音视频流媒体播放器原理及应用	梅会东
FFmpeg 入门详解——视频监控与 ONVIF+GB28181 原理及应用	梅会东
Python 玩转数学问题——轻松学习 NumPy、SciPy 和 Matplotlib	张骞
Pandas 通关实战	黄福星
深入浅出 Power Query M 语言	黄福星
深入浅出 DAX——Excel Power Pivot 和 Power BI 高效数据分析	黄福星
从 Excel 到 Python 数据分析：Pandas、xlwings、openpyxl、Matplotlib 的交互与应用	黄福星
云原生开发实践	高尚衡
云计算管理配置与实战	杨昌家
HarmonyOS 从入门到精通 40 例	戈帅
OpenHarmony 轻量系统从入门到精通 50 例	戈帅
AR Foundation 增强现实开发实战（ARKit 版）	汪祥春
AR Foundation 增强现实开发实战（ARCore 版）	汪祥春